Universum 1

Physik

Ausgabe A

Cornelsen

l, Ralf Buric, Dr. Christian Burisch,
Dr. Hans-Otto Carmesin, Anneke Emse, Dr. Detlef Lauterjung, Susanne Lauterjung,
Prof. Dr. Lutz Kasper, Jens Kahle, Dr. Reiner Kienle, Ulf Konrad, Thorsten Mitschke,
Carl-Julian Pardall, Prof. Bruno Rager, Stefan Ronellenfitsch, Antonius Rübbelke,
Torsten Trumme, Dr. Ursula Wienbruch, Lutz Witte

Beratung:
Dr. Horst Falk, Marburg
Hans Teetzmann, Mölln

Redaktion:
Dr. Andreas Hagedorn

Layoutkonzept, Umschlaggestaltung:
SOFAROBOTNIK GbR, Augsburg & München

Layout und technische Umsetzung:
Jesse Konzept & Text GmbH, Hannover

Grafik:
Franz Josef Domke, Hannover; Karin Mall, Berlin;
Atelier tigercolor Tom Menzel, Scharbeutz/Klingberg;
newVISION! GmbH Bernhard A. Peter, Pattensen

www.cornelsen.de

1. Auflage, 5. Druck 2022

Alle Drucke dieser Auflage sind inhaltlich unverändert
und können im Unterricht nebeneinander verwendet werden.

Druck und Bindung: Livonia Print, Riga

ISBN 978-3-06-420245-0 (Schülerbuch)
ISBN 978-3-06-420246-7 (E-Book)

PEFC
PEFC/12-31-006

PEFC zertifiziert
Dieses Produkt stammt aus nachhaltig
bewirtschafteten Wäldern und kontrollierten
Quellen.

www.pefc.de

Magnetismus und Elektrizität 190

Fortbewegung und Mobilität 234

Mit deinem Buch arbeiten

01 Ein schönes Naturschauspiel – der Regenbogen

Die Farben des Regenbogens

1

So etwas hast du schon einmal gesehen und vielleicht Fragen dazu.

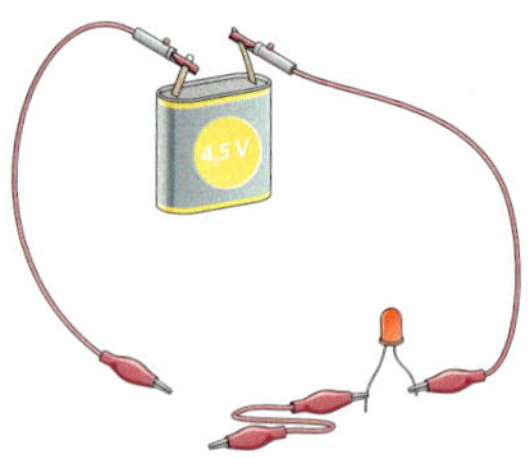

03 Welche Stoffe leiten den elektrischen Strom?

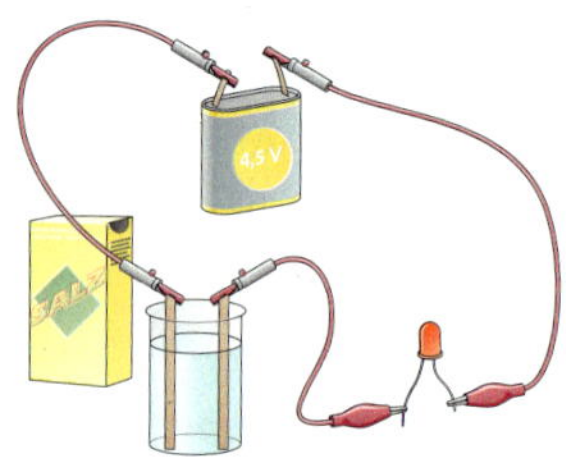

05 Leitet Wasser elektrischen Strom?

Als Ergebnis der Versuche können wir festhalten:

Metalle sind gute elektrische Leiter.
Glas, Keramik und Kunststoffe leiten den Strom nicht. Man bezeichnet sie als Nichtleiter oder Isolatoren.

(▸ Bild 05). Die LED leuchtet nur schwach. Leitungswasser leitet den Strom demnach nur schlecht. Gibt man aber Salz in das Wasser, leitet das Gemisch besser. Die im Wasser gelösten Stoffe sorgen dafür, dass normales Wasser den Strom leitet. Aus diesem Grund sollte man beim Baden keine elektrisch…

2

Versuche helfen dir, Antworten zu finden.

t in s	0	1,0	2,0	3,0	4,0
s in m	0	0,11	0,18	0,30	0,42
$\frac{s}{t}$ in $\frac{m}{s}$	–	0,11	0,09	0,10	0,11

02 „Blaue“ Messwerte

t in s	0	1,0	2,0	3,0	4,0
s in m	0	0,15	0,32	0,44	0,60
$\frac{s}{t}$ in $\frac{m}{s}$	–	0,15	0,16	0,15	0,15

03 „Rote“ Messwerte

In einem zweiten Versuch lassen wir die Lok schneller fahren. Wir markieren wieder jede Sekunde den Ort der Lok, diesmal mit einem …ich (▸ Bild 01). Die zurückgelegten Stre- …ler ▸ Tabelle 03 …tienten $\frac{s}{t}$. …s-

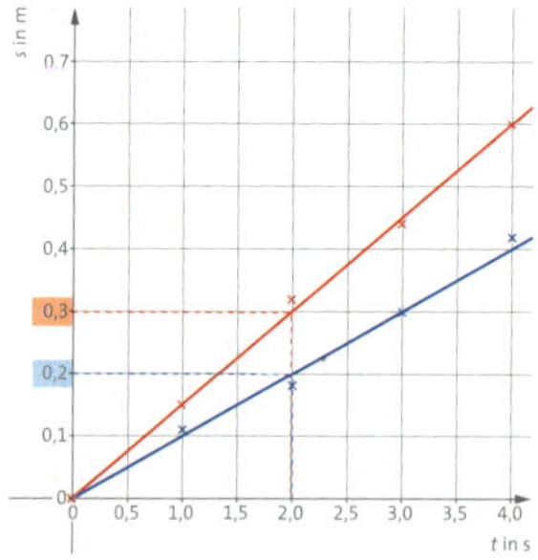

$v = \frac{0{,}3\,\text{m}}{2\,\text{s}} = 0{,}15\,\frac{\text{m}}{\text{s}}$

$v = \frac{0{,}2\,\text{m}}{2\,\text{s}} = 0{,}10\,\frac{\text{m}}{\text{s}}$

04 t-s-Diagramme der Modelllokomotive

EINHEITEN · In den Beispielen hast du die Geschwindigkeit in der Einheit $\frac{\text{m}}{\text{s}}$ berechnet. Aus dem Straßenverkehr und von deinem Fahrradtachometer kennst du die Einheit $\frac{\text{km}}{\text{h}}$. Wie rech- …heiten ineinander um?

3

Die Versuchsergebnisse führen dich zu allgemeinen Erkenntnissen. Diagramme stellen die Versuchsergebnisse übersichtlich dar.

6

Hier kannst du selbst Versuche durchführen und mit Aufgaben deine Kenntnisse erweitern.

MATERIAL

243

VERSUCHE ▸ Die Geschwindigkeit

Material:
Kleine Konservendose oder Paketbandrolle, Brett (länger als 1 m), Buch, Lineal, Stoppuhr

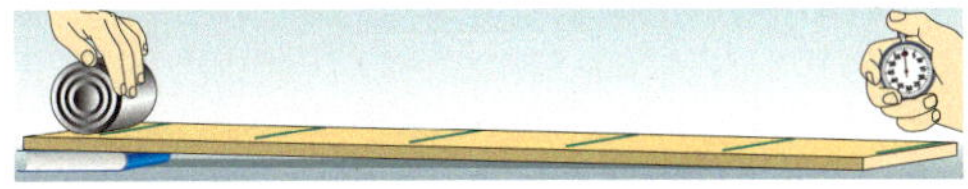

Durchführung:
Markiere an einem Ende des Brettes eine Startlinie für die Dose und mache von dort aus alle 20 cm einen Strich. Lege das Brett so auf das Buch, dass die Dose in 4–5 s das Brett hinunterrollt.

V1 Beobachte die Bewegung der Dose. Schreibe auf, woran man erkennt, dass ihre Geschwindigkeit zunimmt.

V2 Miss jeweils die Zeit, die die Dose für 20 cm, 40 cm usw. benötigt. Wiederhole dabei die Messungen mehrfach. Erläutere, weshalb Mehrfachmessungen sinnvoll sind.

V3 Erstelle ein *t*-*s*-Diagramm und bestimme die Geschwindigkeit der Dose in den einzelnen Abschnitten.

Material A ▸ Der Fahrradcomputer

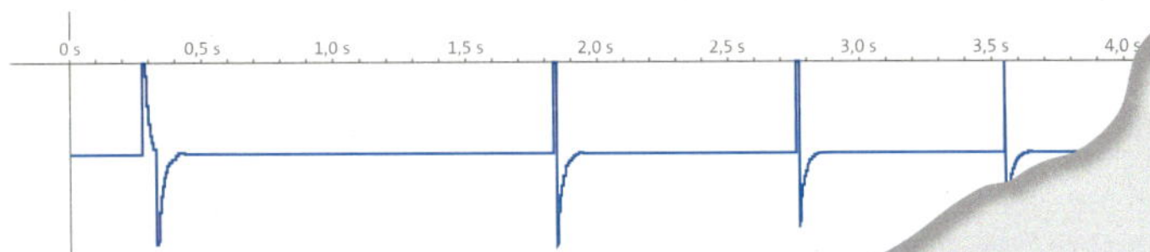

METHODE

Modelle in der Physik

01 **A** Modellathletin – Vorbild für Sportler, **B** Automodell – Muster für viele Autos, **C** Modelleisenbahn – verkleinerte Nachbildung eines echten Zuges

Modelle wie das Teilchenmodell sind in der Physik sehr wichtig. Wir erklären im Folgenden, warum das so ist.
Im Alltag hast du das Wort „Modell" bestimmt schon gehört. ▸ Bild 01 zeigt einige dir vielleicht bekannte Situationen. Die „Alltags-Modelle" sind sozusagen Gegenstände. Man kann sie sogar anfassen.

alle Eigenschaften der Wirklichkeit erfassen. Warum z. B. Wasser durchsichtig, aber Schnee weiß ist, können wir mit dem Teilchenmodell nicht erklären. Aber obwohl es sehr einfach ist, lassen sich damit schon viele Eigenschaften von Stoffen erklären.

5

Im Methodenkasten lernst du die Arbeitsweisen der Physik kennen.

BLICKPUNKT

Lärm und Lärmschutz

01 Lärm kann wehtun.

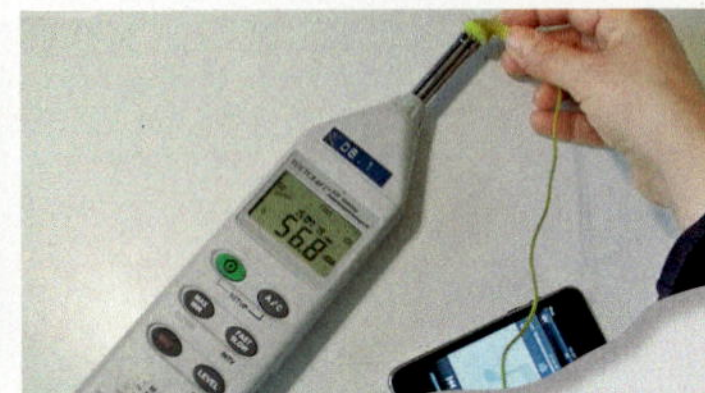

02 Schallpegelmessung bei …

Was ist eigentlich Lärm? · Manche Geräusche empfindet man als störend. Manchmal sind sie so laut, dass man sich die Ohren zuhalten muss (▸ Bild 01). Solche Geräusche, die man als unangenehm empfindet, werden als Lärm bezeichnet. Dazu gehört zum Beispiel Verkehrslärm oder Baust… Aber auch laute Musik, die nicht unserem G…

Messun…
Tön…

4

Im Blickpunkt erfährst du, was das Thema mit dir und deiner Umwelt zu tun hat.

Der Mensch will die Welt verstehen!

01 Gewitterblitze

Seit Urzeiten will der Mensch seine Welt erklären, so auch den Blitz. Vor Jahrtausenden stellten sich die Menschen vor, der Blitz sei eine Waffe des Göttervaters Zeus. Das ist Mythologie. Seit einem viertel Jahrtausend erklärt man den Blitz durch Elektrizität. Das ist Physik.

Blitze in der Mythologie · Die Dichter des Altertums hielten die Vorstellungen von der Welt schriftlich fest:
Aber sobald Zeus die Titanen vom Himmel vertrieben hatte, gebar die Riesin Gaia einen Sohn, Typhon. Auf seinen Schultern hatte er hundert grausige Schlangen- und Drachenköpfe. Er wäre der schreckliche Herrscher der Menschen und Götter geworden. Doch da griff Zeus zu den Waffen, zu Donner und Blitz. Er versengte dem Scheusal die Häupter.
So schrieb der Dichter HESIOD um 700 v. Chr. in seinem Werk „Theogonie" über die Entstehung der Welt. Solche Geschichten gehören zur Mythologie.

02 Zeus schleudert Blitze

Blitze in der Physik · BENJAMIN FRANKLIN beobachtete 1752, dass der Blitz aus einer Wolke kommt. Er vermutete, dass der Blitz etwas aus der Wolke in den Gegenstand transportiert, in den er einschlägt. Erst später konnte man nachweisen, dass er Recht hatte. Eine neuere Nachweismethode haben Studenten der Universität Konstanz entwickelt: Sie ließen gasgefüllte Ballons aufsteigen (▸ Bild 03). Ein Kabel führte von den Ballons zu einem speziellen Elektromotor und trieb diesen an. Da ein Elektromotor durch Elektrizität betrieben wird, muss in der Luft Elektrizität sein.

Vorsicht, bei Gewitter darfst du keinen Ballon aufsteigen lassen!

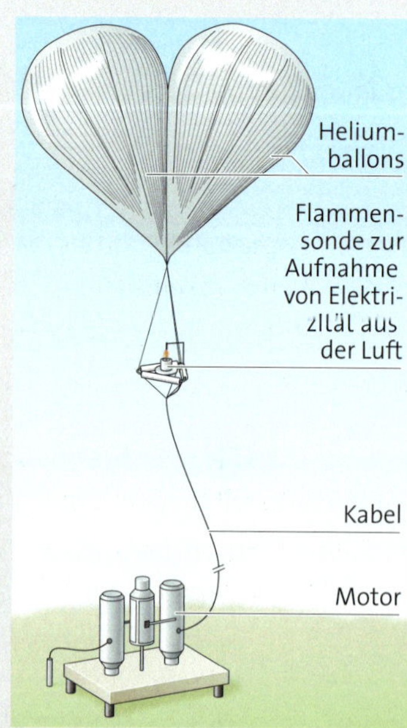

03 Elektrizität in der Luft

Physik erklärt Naturerscheinungen · Jemand vermutet, dass die Naturerscheinung einem physikalischen Prinzip entspricht. Das wird im Experiment überprüft.

Der Traum vom Fliegen

04 Möwe

Die Möwe gleitet entspannt durch die Luft. Schon immer hatten die Menschen den Traum, es den Vögeln gleichtun zu können. So versuchte schon IKARUS aus der griechischen Mythologie wie ein Vogel zu fliegen und stürzte ab.

Erste fliegende Menschen · Der Physiker JEAN-FRANCOIS PILATRE und der Offizier FRANCOIS D'ARLANDES flogen 1783 als erste Menschen. Doch woher hatten sie das Fluggerät? Die Brüder JOSEPH und JACQUES MONTGOLFIERE wussten, dass warme Luft aufsteigt. Sie bauten einen Ballon, der die heiße Luft eines Feuers auffängt.

05 Heißluftballon

06 Gleitflug

Erster Gleitflieger · Der Experimentator OTTO LILIENTHAL ahmte die Flügelform der Vögel nach, entdeckte so die Tragfläche und führte viele Gleitflüge durch (▸ Bild 06). So entwickelte er die physikalischen Grundlagen heutiger Flugzeuge.

Erster Raumfahrer · Nachdem man das Flugzeug erfunden hatte, wollte man weiter fliegen als die Vögel – ins Weltall. Weil dort keine Luft ist, halfen keine Flügel, sondern das physikalische Prinzip des Rückstoßes (▸ Bild 07).

07 Raumfahrt

So lernte man fliegen · Zuerst machten Physiker Experimente: Experimente mit heißer Luft zeigten den Weg zum Heißluftballon. Experimente mit bewegter Luft wiesen den Weg zur Tragfläche und zum Flugzeug. Experimente mit bewegten Massen ebneten den Weg zum Rückstoßprinzip, während Chemiker moderne Treibstoffe entwickelten. Beides zusammen ermöglichte die Weltraumrakete. So hat man von den Vögeln und durch Versuche viel über die Natur gelernt und sich den Traum vom Fliegen umfassend erfüllt.

Die Natur aus der Sicht der Wissenschaften

Bis ins 16. Jahrhundert konnte ein Gelehrter das Wissen über die gesamte Natur überblicken. Doch je mehr Menschen die Natur untersuchten, desto umfangreicher wurde das Wissen. So bildeten sich nach und nach Wissenschaftszweige, die im Laufe der Zeit zu eigenständigen Wissenschaften wurden: Physik, Chemie, Biologie, Philosophie ... Jede Wissenschaft hat einen anderen Blick auf die Natur.
Die Natur, die du im Physik-, Chemie- oder Biologieunterricht betrachtest, ist stets dieselbe. Du setzt jedoch für jedes Fach gewissermaßen eine andere Brille auf, durch die du die gleichen Naturerscheinungen von einem anderen Standpunkt aus betrachtest. Auch Geisteswissenschaften wie Kunst oder Literatur sowie Sozialwissenschaften wie Politik oder Wirtschaft beschäftigen sich manchmal mit der Natur und betrachten sie aus ihren eigenen Blickwinkeln.

Betrachten wir am Beispiel des Wassers die verschiedenen Sichtweisen der Wissenschaften:

Die **Physik** untersucht, wie sich Wasser unter verschiedenen Bedingungen verhält, z. B. beim Erwärmen und Abkühlen.
Physikerinnen und Physiker prüfen auch, unter welchen Bedingungen Wasser elektrischen Strom leitet oder wie Körper beschaffen sein müssen, um auf Wasser schwimmen zu können.

Die **Chemie** untersucht die Eigenschaften des Wassers als Stoff. Sie beschreibt, wie sich Wasser gegenüber anderen Stoffen verhält.
So ist Wasser in der Chemie das häufigste Lösungsmittel. Die Chemie untersucht auch, wie Wasser aus anderen Stoffen gebildet wird.

Die **Biologie** erforscht das Zusammenspiel von Lebewesen und Wasser. Wasser stellt die Grundlage des Lebens dar, denn ohne Wasser ist kein Leben möglich. Biologinnen und Biologen untersuchen z. B. die Qualität von Trinkwasser und deren Auswirkung auf Lebewesen.

Die **Geografie** untersucht, wie Wasser die Landschaft formt und das Klima beeinflusst.
Politik und **Wirtschaft** beschäftigen sich mit dem Problem der Wasserknappheit, denn weltweit gehen die Trinkwasservorräte zurück, während der Bedarf an Wasser steigt.
In der **Literatur** steht Wasser häufig für Leben, Neubeginn oder Gefühle.

Physik und ihre Bedeutung

Physik beobachtet und erklärt Naturerscheinungen · Menschen haben sich schon seit Urzeiten Fragen zu Naturerscheinungen gestellt, die ihren Alltag begleitet haben. Sie wollten verstehen, wieso Wasser zu Eis wird, wie Mondphasen entstehen oder was Blitze sind. Aus dem Bedürfnis heraus, die Welt zu verstehen, entwickelte sich die Physik als ein Teil der Naturwissenschaften. Ihre Aufgabe ist, Naturerscheinungen zu beobachten und zu erklären. Die Erklärungen müssen in Experimenten überprüft werden.

Physik macht die Natur nutzbar · Die Menschen haben aber nicht nur Naturphänomene beobachtet und Erklärungen gesucht. Sie haben ihr so gewonnenes Wissen über die Natur auch verwendet, um diese nutzbar zu machen.
So führte zum Beispiel die Frage nach der Natur von Blitzen zur Untersuchung der Elektrizität. Infolgedessen kannst du heute überall elektrischen Strom benutzen.

Was bedeutet die Physik für dich? · Hast du dich auch schon über Erscheinungen aus deinem Alltag gewundert und dir Fragen wie im Bild unten gestellt? Solche Fragen kannst du mithilfe der Physik beantworten. Die Erklärungen zu Erscheinungen wie diesen findest du in diesem Buch.

METHODE

So forscht man in der Naturwissenschaft
Was tun Naturwissenschaftler eigentlich, wenn sie „forschen“? Anhand von Sarahs Flaschengeisttrick zeigen wir, wie sie dabei vorgehen.

Ein Zaubertrick? · Sarah zeigt Lena einen Zaubertrick. Sie nimmt eine leere Glasflasche aus dem Kühlschrank und legt eine angefeuchtete Münze auf die Flaschenöffnung (▸ Bild 01). Anschließend umfasst sie die Flasche mit ihren Händen. Nach einer Weile beginnt die Münze zu klappern.

Eine Erklärung? · Sarah und Lena gehen dem Trick auf den Grund. Zunächst **beobachten** sie genau, was geschieht: Die kalte Flasche wird mit den warmen Händen umfasst. Kurz darauf wird die Münze angehoben und fällt auf die Flaschenöffnung zurück, sodass es klappert.

Ein Flaschengeist ist für das Anheben der Münze nicht verantwortlich. Aber wie kann man es dann **erklären?** Sarah hat eine **Vermutung** (▸ Bild 02).

Eine Vermutung überprüft man durch ein passendes Experiment. Sarah zieht hierfür einen Luftballon über die Öffnung der kalten Flasche. Sie macht eine Vorhersage für den Ausgang des Experiments (▸ Bild 02).

Sarah und Lena führen das Experiment durch (▸ Bild 02). Der Luftballon füllt sich tatsächlich. Sarahs Vermutung wird also durch das Ergebnis **bestätigt.**

Lena hat Zweifel und schlägt ein **weiteres Experiment** vor. Sie hält eine kalte Flasche so, dass die Öffnung nun nach unten zeigt. Sie umfasst sie mit den Händen. Auch jetzt füllt sich der Luftballon mit Luft (▸ Bild 03)! Das Ergebnis dieses Experiments hat Sarahs Vermutung **widerlegt.**

01 Sarah zeigt Lena einen Zaubertrick

02 Sarah testet ihre Vermutung

03 Lena prüft die zweite Vermutung.

Eine neue Vermutung · Sarah stellt daher eine neue Vermutung auf (▸ Bild 03). Damit lassen sich alle Beobachtungen erklären: Beim Ausdehnen der Luft spielt es keine Rolle, in welche Richtung die Flaschenöffnung zeigt. Der Ballon wird sich immer füllen. Somit haben Lena und Sarah eine Erklärung für den Trick mit der Münze gefunden. Die Luft dehnt sich beim Erwärmen aus und drückt die Münze nach oben.
Ob die Erklärung tatsächlich stimmt, wissen Lena und Sarah mit letzter Gewissheit eigentlich immer noch nicht. Schließlich hat sich erst im zweiten Experiment gezeigt, dass Sarahs erste Vermutung falsch war.
Man hat aber festgestellt, dass sich diese Erklärung in vielen verschiedenen Experimenten immer wieder bestätigt hat. Deswegen hält man die Erklärung für richtig.

Forschen in den Naturwissenschaften · So ähnlich wie Lena und Sarah gehen Forscher in den Naturwissenschaften vor. Auch sie suchen auf diese Weise nach Erklärungen für Vorgänge in Natur und Technik.
Natürlich sind die Phänomene, mit denen sie sich beschäftigen, oft komplizierter. Aber Lena und Sarah haben genauso „geforscht“!

1 Sarah hat den Trick mit einer Glasflasche gezeigt. Es ist nicht sinnvoll, eine Plastikflasche zu verwenden. Begründe.

2 Überprüfe Sarahs zweite Vermutung in einem Experiment:
a) Ziehe einen Luftballon über die Öffnung einer warmen Flasche. Stelle die Flasche in den Kühlschrank.
b) Was glaubst du: Was geschieht mit dem Luftballon nach einiger Zeit? Notiere deine Vorhersage.
c) Hole die Flasche nach einigen Minuten aus dem Kühlschrank. Beschreibe deine Beobachtung. Hat sich Sarahs Vermutung bestätigt?

3 Lena und Sarah haben zum Vorgehen beim Forschen Zettel geschrieben (▸ Bild 04).
a) Die Zettel sind durcheinander geraten. Bringe sie in eine sinnvolle Reihenfolge. Halte sie übersichtlich im Heft fest.
b) Ordne jedem Zettel zu, was Lena und Sarah beim Flaschentrick getan haben.

Du beobachtest die Natur genau, staunst und stellst Fragen.

Du planst Experimente, um deine Vermutung zu überprüfen.

Das Ergebnis eines Experiments widerlegt deine Vermutung.

Du entwickelst Vermutungen.

Das Ergebnis eines Experiments bestätigt deine Vermutung.

Du führst Experimente durch und beobachtest genau.

Du wendest die Erklärung auf andere Situationen an.

Du erklärst das Ergebnis des Experiments durch deine Vermutung.

04 Vorgehensschritte beim Forschen

METHODE

Beobachten und Beschreiben von Phänomenen und Versuchen

01 Ein beschlagenes Wasserglas

Wenn du Phänomene oder Versuche beobachtest, dann kannst du daraus etwas Neues lernen. Allerdings musst du dafür genau hinsehen. Damit du später noch weißt, was du beobachtet hast, ist es wichtig, dass du dies schriftlich festhältst. Das zeigen wir an einem Beispiel:

- Du gibst Eiswürfel in ein Glas mit Leitungswasser (▸ Bild 01). Was du genau untersuchst, hältst du in einer **Beschreibung** fest (▸ Bild 02). Eine vereinfachte **Skizze** mit Beschriftung hilft dir dabei.
- Dass das Wasser im Glas durch das Eis kälter wird und die Eiswürfel schmelzen, weißt du auch so. Wenn du genauer hinschaust, kannst du aber weitere **Beobachtungen** machen: Die Eiswürfel schwimmen an der Wasseroberfläche. Schon nach kurzer Zeit ist die Außenseite des Glases beschlagen, das heißt, dort haben sich Wassertröpfchen gebildet.
- Vielleicht kannst du manche deiner Beobachtungen **erklären,** weil du hierzu schon etwas gelernt hast. Das wird aber nicht immer so sein.
- Vielleicht hast du auch neue **Fragen und Ideen** für weitergehende Untersuchungen.

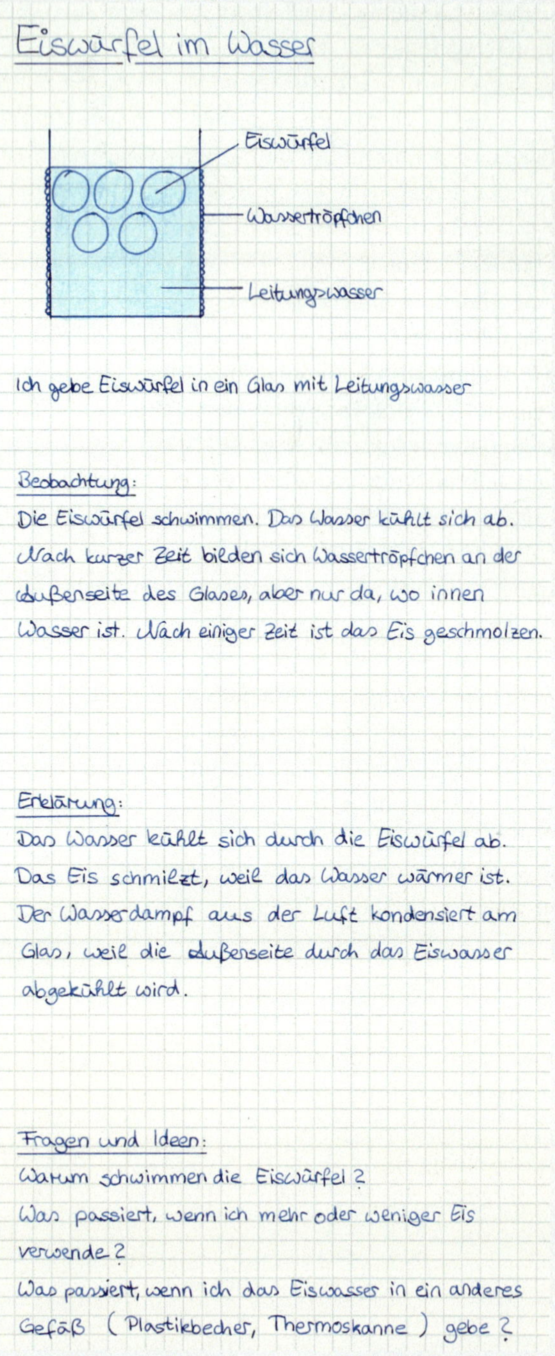

02 Versuch mit Eiswürfeln

METHODE

Anfertigen eines Protokolls

Ein wesentlicher Bestandteil der Physik sind Versuche. Mit manchen Versuchen werden ganz konkrete „Fragen" an die Natur gestellt. Du kannst Versuche durchführen, um Vermutungen zu bestätigen oder sie zu widerlegen. Oftmals machst du Versuche ohne konkrete Fragestellung und probierst dabei viele Sachen aus. Etwas jedoch gehört immer zu einem Versuch dazu – das Versuchsprotokoll. In einem Versuchsprotokoll hältst du schriftlich fest, wie du vorgegangen bist. Anhand des Protokolls kannst du oder eine andere Person den Versuch nachvollziehen.
▸ Bild 03 zeigt dir, wie so ein Protokoll aussieht.

Zu einem Protokoll gehören:

Fragestellung ①
Die Fragestellung wird von der Lehrerin oder dem Lehrer vorgegeben oder ergibt sich, wenn du etwas Ungewöhnliches beobachtest und es genauer untersuchen willst.
Formuliere deine Frage möglichst genau.

Material und Skizze ②
Liste alle verwendeten Materialien auf und fertige eine Skizze vom Versuchsaufbau an.

Durchführung ③
Beschreibe die wesentlichen Schritte des Versuchs möglichst genau.

Beobachtung ④
Notiere, was du beobachtest, aber zunächst ohne es zu erklären oder zu deuten.

Auswertung ⑤
Beantworte die Fragestellung ausgehend von deinen Beobachtungen und deinem Vorwissen. Beschreibe auch Probleme, die vielleicht bei der Versuchsdurchführung aufgetreten sind. Notiere neue Fragen und Ideen.

Protokoll — *20. Juni 20...*

Fragestellung: ①
Dehnen sich alle Flüssigkeiten bei Erwärmung gleich stark aus?

Material und Skizze: ②
- *Wasserbad mit heißem Wasser*
- *drei gleiche Gefäße*
- *drei Stopfen mit Loch*
- *drei Glasröhrchen*
- *Öl, Wasser, Benzin*

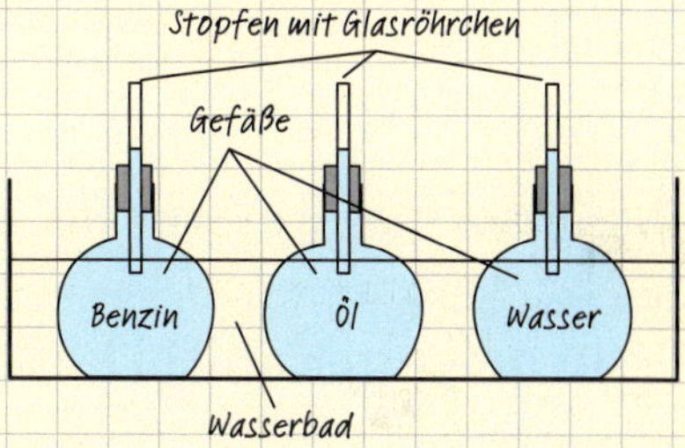

Durchführung: ③
Drei gleiche Gefäße werden bis zum Rand mit gleichen Mengen an Öl, Wasser und Benzin gefüllt. Die Gefäße werden jeweils mit Stopfen verschlossen, durch die Glasröhrchen laufen. Alle drei Gefäße werden in das heiße Wasserbad gestellt.

Beobachtung: ④
Alle drei Flüssigkeiten steigen in die Glasröhrchen. Benzin steigt höher als Öl und Öl höher als Wasser.

Auswertung: ⑤
Die Flüssigkeiten steigen in die Röhrchen, weil sie sich bei Erwärmung ausdehnen. Offensichtlich dehnen sich die drei Flüssigkeiten unterschiedlich stark aus.
Vielleicht dehnen sich alle Flüssigkeiten bei Erwärmung aus. Allerdings kann man das nur für die drei untersuchten Flüssigkeiten mit Sicherheit sagen.
Es war schwierig, die Gefäße randvoll zu füllen und mit den Stopfen zu verschließen. Trotzdem war die unterschiedliche Steighöhe der Flüssigkeiten deutlich sichtbar.

03 Beispiel für ein Versuchsprotokoll

Sehen und Hören

In diesem Kapitel beschäftigst du dich mit

- den grundlegenden Eigenschaften von Licht und Schall. Du lernst verschiedene Arten der Schallerzeugung kennen und erfährst dabei, wie Schall und Schwingungen zusammenhängen. Du lernst, wie man Schwingungen physikalisch beschreiben und bildlich darstellen kann.

- der Ausbreitung von Licht und Schall. Dabei erfährst du viel über das Sehen und Hören. Außerdem lernst du mithilfe des Lichtstrahlmodells die Ausbreitung des Lichts zu beschreiben. Du erfährst, dass der Schall Zeit braucht, um sich auszubreiten, und wie man die Schallgeschwindigkeit bestimmen kann. Du lernst, wie sich Licht und Schall beim Auftreffen auf Gegenstände und Körper verhalten.

- mit der Funktionsweise des menschlichen Ohrs. Dabei erfährst du einiges über Lärm und Lärmschutz.

01 Radfahrer im Straßenverkehr

Licht und Sehen

Wenn du im Dunkeln draußen unterwegs bist, bist du nicht immer gut zu sehen. Auch du kannst nicht alles um dich herum gleich gut sehen. Wann kann man überhaupt etwas sehen und wann sieht man gar nichts?

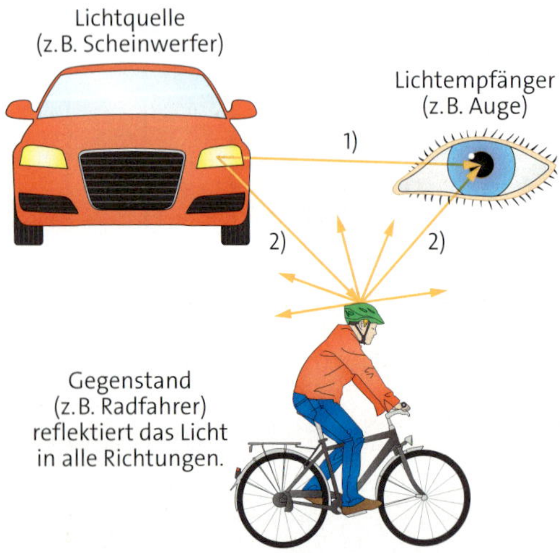

02 Zwei Fälle beim Sehvorgang:
1) Licht gelangt direkt von der Lichtquelle ins Auge
2) Licht trifft auf einen nicht selbstleuchtenden Gegenstand und ein Teil des Lichts gelangt von dort ins Auge.

WANN KANN MAN ETWAS SEHEN? · Zum Sehen braucht man nicht nur Augen, sondern auch Licht. Wenn es ganz dunkel ist, sieht man mit den besten Augen nichts. In einer Situation wie in ▸ Bild 01 siehst du also nur dann etwas, wenn Licht von den Scheinwerfern, vom Radfahrer, von der Straße oder von den Reflektoren in dein Auge gelangt.

SELBSTLEUCHTEND? BELEUCHTET? · Die Autoscheinwerfer leuchten selbst. Selbstleuchtende Körper nennt man in der Physik **Lichtquellen.** Beispiele sind Kerze, Lampe oder die Sonne. Die Scheinwerfer beleuchten Straße und Radfahrer. Beide reflektieren das Licht, das auf sie fällt, in verschiedene Richtungen (▸ Bild 02). Wenn dieses reflektierte Licht in dein Auge gelangt, dann kannst du Straße und Radfahrer sehen. Allgemein können wir sagen:

Du kannst selbstleuchtende und beleuchtete Körper nur dann sehen, wenn das von ihnen ausgehende Licht in dein Auge gelangt.

KANN MAN LICHT SEHEN? · Wenn du an einem sonnigen Morgen durch den Wald gehst und der Frühnebel noch zwischen den Bäumen hängt, sieht es so aus, als ob du Sonnenstrahlen sehen könntest (▸ Bild 03). Mit dem folgenden Versuch wollen wir dies genauer untersuchen.

In einem völlig abged unkelten Raum leuchten wir mit einem Laser auf eine Wand (▸ Bild 04). Im Gegensatz zur Szene im Wald können wir den Weg des Lichts nicht erkennen. Wir beobachten lediglich einen roten Fleck an der Wand. Das Laserlicht wird von der Wand reflektiert, sodass ein Teil davon in unser Auge gelangt. Zwischen Laser und Wand können wir kein Licht sehen.

Der Frühnebel im Wald besteht aus vielen kleinen Wassertröpfchen. Wenn wir nun wie im Wald Wassertröpfchen zwischen Laser und Wand sprühen, dann wird der Lichtweg auch zwischen Laser und Wand sichtbar: Denn Licht, das auf dem Weg zur Wand auf Wassertröpfchen trifft, wird in alle Richtungen reflektiert. Ein Teil des reflektierten Lichts gelangt dann in unser Auge (▸ Bild 05). Auch das Sonnenlicht wird an Wassertröpfchen reflektiert und gelangt in unsere Augen.

Du kannst das Licht auf seinem Weg nicht sehen. Du siehst nur das Licht, das unterwegs von anderen Körpern in dein Auge reflektiert wird.

03 Sonnenlicht im Wald

1 **a)** Nenne fünf selbstleuchtende Körper.
b) Überlege, ob bei den fünf Körpern aus Teilaufgabe a) die gesamten Körper selbst leuchten. Wenn das nicht der Fall ist, dann benenne die selbstleuchtenden Teile.
c) Entscheide, ob der Mond zu den selbstleuchtenden Körpern gehört. Begründe.

2 **a)** Nenne einen Körper, den du gerade sehen kannst, und begründe, warum du diesen Körper sehen kannst.
b) Nenne einen Körper, den du gerade nicht sehen kannst, und begründe, warum du diesen Körper nicht sehen kannst.

04 Der Laserstrahl ist unsichtbar. Wir sehen nur die Stelle, wo er auf die Wand trifft.

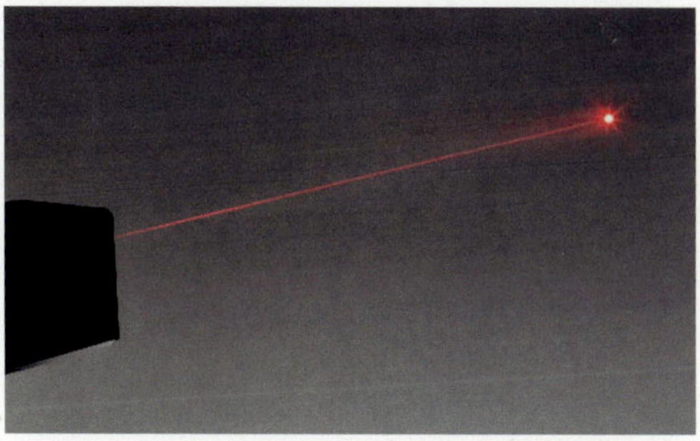

05 Wenn wir Wassertröpfchen in den Strahl sprühen, dann können wir den Weg des Lichts sehen.

01 Lichtbündel breiten sich geradlinig aus.

WIE BREITET SICH LICHT AUS? · Wenn du auf deinem Waldspaziergang den Weg des Lichts genau beobachtest, sieht es so aus, als würde es sich geradlinig ausbreiten. Mit dem Versuch im ▸ Bild 01 können wir dies bestätigen: In einem verdunkelten Raum überdecken wir eine Lampe mit einer durchlöcherten Alufolie. Wenn wir Kreidestaub in die Nähe der Lampe bringen, dann sehen wir, wie das Licht der Lampe aus den Löchern heraustritt. Wir erkennen dann schmale **Lichtbündel,** die sich geradlinig in den Raum ausbreiten.

Licht breitet sich geradlinig aus.

1 Erkläre, warum du die Lichtbündel im ▸ Bild 01 sehen kannst. Überlege dir mit einem Partner ein Experiment, mit dem ihr die geradlinige Ausbreitung von Licht untersuchen könnt. Stellt euer Experiment der Klasse vor.

2 Nenne Alltagssituationen, in denen die geradlinige Lichtausbreitung auffällt.

METHODE

Wie zeichnet man Licht? – Das Lichtstrahlmodell

Du findest viele Zeichnungen, in denen die Ausbreitung von Licht dargestellt wird. Wie zeichnet man Licht eigentlich?

Im Foto (▸ Bild 02 A) sehen wir Lichtbündel, die von einer Lichtquelle ausgehen. In der Zeichnung (▸ Bild 02 B) stellen wir die Lichtbündel als gelbe Flächen dar. Diese Flächen sind scharf begrenzt. Wir kennzeichnen die Begrenzungen durch rote Linien (▸ Bild 02 C). Da Licht sich geradlinig ausbreitet, können wir die Begrenzungslinien nach hinten bis zur Lichtquelle verlängern. Wir geben der roten Linie noch eine Pfeilspitze die in die Ausbreitungsrichtung des Lichts zeigt. Diese rote Linie mit der Pfeilspitze nennt man in der Physik einen **Lichtstrahl.** Die Lichtstrahlen, die die gelbe Fläche begrenzen, heißen Randstrahlen. Ist die Breite eines Lichtbündels wichtig, verwenden wir diese Randstrahlen. Wenn du nur die Ausbreitungsrichtung des Lichts angeben möchtest, genügt es, einen Lichtstrahl in der Mitte des Lichtbündels zu zeichnen (▸ Bild 02D).

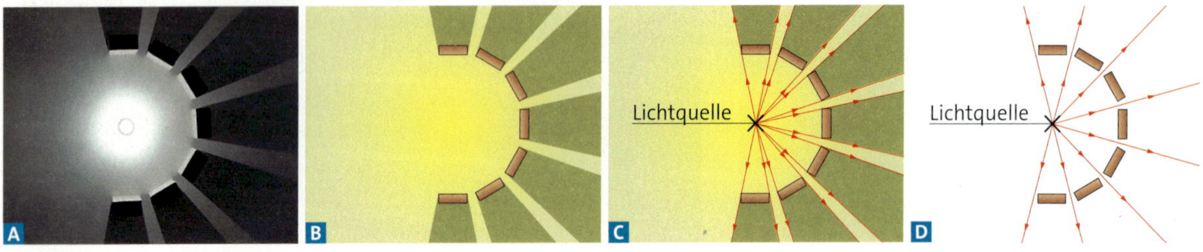

02 So zeichnet man Licht – vom Foto zum Lichtstrahl.

VERSUCHE ▸ In die Röhre schauen

Hier probierst du aus, wie du eine Pappröhre halten musst, damit das Licht einer Taschenlampe durch sie hindurchfällt.

Material:

Pappröhre, Taschenlampe, Tisch, leicht abgedunkelter Raum

Durchführung:

V1 Lege die Taschenlampe auf einen Tisch und nimm die Pappröhre in die Hand. Die Pappröhre soll mindestens 10 cm von deinem Auge und von der Taschenlampe entfernt sein. Betrachte die Taschenlampe durch die Pappröhre hindurch.

a) Beschreibe, wie du die Pappröhre halten musst, damit das Licht auch tatsächlich durch sie hindurchgelangt.

b) Beschreibe den Weg des Lichts.

V2 Stelle dir folgende Situation vor: Das Licht der Taschenlampe soll durch zwei Pappröhren hindurch an die Wand gelangen. Dabei sollen die Pappröhren etwa 20 cm voneinander entfernt sein. Sie sollen sich auch nicht direkt an der Wand oder an der Taschenlampe befinden. Fertige eine Skizze von der Situation an.

Material A ▸ Wer sieht wen?

03 Auf der Bühne

A1 Die dunkle Bühne in ▸ Bild 03 wird von zwei Lampen beleuchtet. Die drei Schauspieler stehen am vorderen Bühnenrand. Tina kann Marco sehen, weil das Licht von Marco in Tinas Auge gelangt. Tina kann Eva nicht sehen, weil das Licht von Eva nicht in Tinas Auge gelangt.

a) Wenn Tina Marco sehen kann, ist Tina dann auch für Marco sichtbar?

b) Im Text stehen zwei Sätze über Tina. Schreibe ähnliche Sätze für Eva und Marco auf.

c) Die linke Lampe geht aus. Schreibe für diese Situation pro Schauspieler einen Satz auf.

Material B ▸ Ausbreitungsgeschwindigkeit des Lichts

Die Ausbreitungsgeschwindigkeit des Lichts beträgt etwa 300 000 Kilometer in einer Sekunde. 300 000 Kilometer ist ungefähr die Entfernung zum Mond. Wenn man also auf dem Mond eine starke Lichtquelle, z. B. einen Laser, anschalten würde, dann würde man sie erst eine Sekunde später auf der Erde sehen. Von viel weiter entfernten Orten wie unserer Nachbargalaxie, dem Andromedanebel (▸ Bild 04), benötigt das Licht sogar zwei Millionen Jahre.

B1 Begründe, warum wir Sterne am Himmel sehen, obwohl sie schon gar nicht mehr existieren.

B2 Von der Sonne benötigt das Licht etwa acht Minuten zur Erde, vom Mond etwa eine Sekunde.
Berechne mithilfe eines Dreisatzes, wie viele Kilometer die Sonne von uns entfernt ist.

04 Das Licht des Andromedanebels wurde vor zwei Millionen Jahren ausgesendet.

01 Kopfball mit einem Apfel?

Licht und Schatten

An der Wand sieht es so aus, als würde Anna einen Fußball köpfen. Tatsächlich ist es gar kein Ball, sondern ein Apfel. Wie kann es sein, dass der Schatten des Apfels viel größer ist als der Apfel selbst?

DAS SCHATTENBILD · Anna und der Apfel werden von vorne von einer Lampe beleuchtet. Auf der Wand entsteht das, was wir im Alltag als Schatten bezeichnen. In der Physik verwendet man dafür den Begriff **Schattenbild.** Das Schattenbild entsteht durch das Licht, das an Anna und dem Apfel vorbeigeht und die Wand beleuchtet. Durch Anna und den Apfel dringt kein Licht hindurch. Sie sind **lichtundurchlässig.** Hinter Anna und dem Apfel bleibt die Wand dunkel.

Das Schattenbild vom Apfel hat zwar einen ähnlichen Umriss wie der Apfel, aber nicht dieselbe Größe. Wovon hängt die Größe des Schattenbilds ab? Dies können wir mit einem einfachen Versuch herausfinden.

GRÖSSE DES SCHATTENBILDS · Im ▸ Bild 02 siehst du den Versuchsaufbau mit einer Kerze als Lichtquelle, einem Klotz als lichtundurchlässigem Körper und einer Leinwand. Wir können die Anordnung leicht verändern, indem wir z. B. die Lichtquelle dichter an den Körper heranschieben. Wenn wir die Entfernung zwischen Lichtquelle und Körper verringern, dann beobachten wir, dass das Schattenbild größer wird. Wir halten fest:

/// Je näher die Lichtquelle dem lichtundurchlässigen Körper kommt, desto größer wird sein Schattenbild.

Wenn wir hingegen die Leinwand dichter an den Körper heranschieben, dann beobachten wir, dass das Schattenbild auf der Leinwand kleiner wird.

/// Je näher die Wand dem lichtundurchlässigen Körper kommt, desto kleiner wird das Schattenbild.

02 Klotz vor einer Kerze

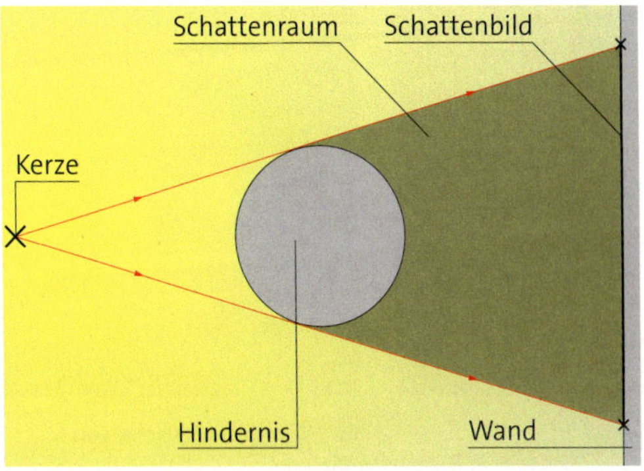

03 Konstruktion des Schattenbilds mit Lichtstrahlen

04 Im Schattenraum

DER SCHATTENRAUM · Nicht nur das Schattenbild, sondern auch der Raum zwischen dem Körper und der Wand wird nicht von der Lichtquelle beleuchtet. Dieser Raum wird im Alltag ebenfalls Schatten genannt. Wir bezeichnen ihn genauer als **Schattenraum.** Wenn du dich im Schattenraum befindest, dann kannst du die Lichtquelle nicht sehen, weil kein Licht von ihr in dein Auge gelangt. Die Person im ▸ Bild 04 kann lesen, obwohl sie sich im Schattenraum des Schirms befindet, weil der Himmel das Buch beleuchtet. Die Sonne kann diese Person aber nicht sehen.

SCHATTEN UND RANDSTRAHLEN · Mit Lichtstrahlen lassen sich genaue Vorhersagen darüber treffen, wo und wie groß ein Schattenraum oder ein Schattenbild sein wird. Dazu zeichnest du eine Skizze wie im ▸ Bild 03. Ausgehend von der Lichtquelle zeichnest du dann nur die Lichtstrahlen ein, die gerade noch an dem Hindernis vorbeigehen. Diese Lichtstrahlen heißen Randstrahlen. Sie grenzen den Schattenraum und das Schattenbild von den beleuchteten Bereichen ab. Wenn du maßstabsgerecht gezeichnet hast, dann kannst du die Größe des Schattenbildes an der Skizze ablesen.

METHODE

Immer nur eine Größe ändern!

Beim Versuch zum Schattenbild haben wir das Hindernis nicht verschoben. Wir haben ganz bewusst die Kerze näher an das Hindernis gebracht. Warum?

Wenn wir herausfinden wollen, ob die Größe des Schattenbildes vom Abstand der Kerze zum Hindernis abhängt, dann dürfen wir auch nur diesen Abstand verändern (▸ Bild 05B). Wenn wir dazu aber das Hindernis statt der Kerze verschieben, verändern wir nicht nur den Abstand zwischen Kerze und Hindernis, sondern gleichzeitig den Abstand zwischen Hindernis und Leinwand (▸ Bild 05C). Ändern wir zwei Größen gleichzeitig, können wir nicht unterscheiden, welche Folgen die einzelnen Veränderungen haben.

Hier wird ein grundlegendes Prinzip beim Experimentieren deutlich:

Achte darauf, dass du immer nur eine physikalische Größe veränderst. Sonst kannst du aus deinen Beobachtungen keine eindeutige Abhängigkeit ableiten.

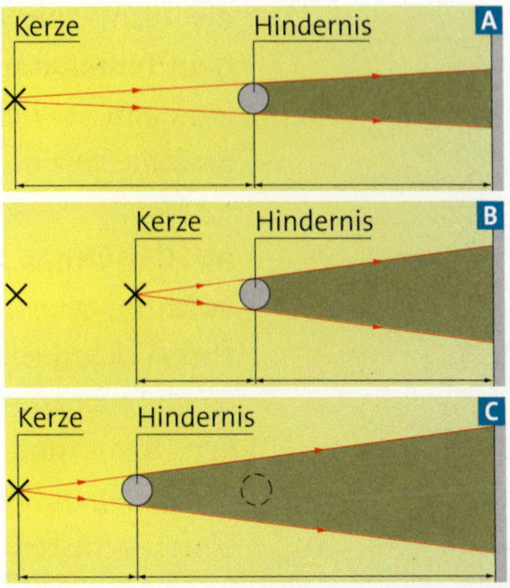

05 **A** Ausgangssituation, **B** Kerze verschoben, **C** Hindernis verschoben

01 Zwei Schatten bei zwei Lichtquellen

02 Kern- und Teilschatten

03 Schatten bei ausgedehnter Lichtquelle

ZWEI SCHATTENBILDER · Manchmal gibt es mehrere Schattenbilder. Wenn ein lichtundurchlässiger Körper von zwei Lichtquellen beleuchtet wird, dann kann es sein, dass man auf der Wand zwei Schattenbilder erkennt (▸ Bild 01). Das linke Schattenbild entsteht, weil dorthin kein Licht von der rechten Lichtquelle gelangt. Das rechte Schattenbild entsteht, weil dorthin kein Licht von der linken Lichtquelle gelangt.

KERNSCHATTEN · Wenn wir den Abstand zwischen den Lichtquellen verringern, dann sehen wir an der Wand, dass sich die beiden Schatten übereinanderschieben (▸ Bild 02). Dabei entsteht ein besonders dunkler Bereich. Dorthin gelangt weder Licht von der rechten noch von der linken Lichtquelle. Diesen Bereich nennt man **Kernschatten.** Die Bereiche des Schattens, die nicht zum Kernschatten gehören, nennt man **Teilschatten.** Bei mehr als zwei Lichtquellen kann es viele verschieden helle Schattenbereiche geben.

AUSGEDEHNTE LICHTQUELLEN · In den bisher beschriebenen Versuchen haben wir einzelne, kleine Lichtquellen verwendet. Wenn wir eine lange Leuchtstoffröhre als Lichtquelle verwenden, dann sind die Schattenränder unscharf (▸ Bild 03). Im Modell kannst du dir vorstellen, eine Leuchtstoffröhre sei aus vielen einzelnen, dicht nebeneinanderliegenden Lichtquellen aufgebaut. Das hat zur Folge, dass wir die einzelnen Schattenbilder nicht mehr getrennt wahrnehmen können. Das Schattenbild wird wieder schärfer, je weiter wir die ausgedehnte Lichtquelle vom Körper wegrücken.

Das kannst du z.B. tagsüber bei Sonnenschein und nachts bei Vollmond beobachten. Sonne und Mond sind so weit von uns entfernt, dass sie uns wie einzelne, kleine Lichtquellen erscheinen und scharfe Schatten erzeugen.

/// Mehrere Lichtquellen erzeugen Teil- und Kernschatten. Unscharfe Schatten entstehen durch ausgedehnte Lichtquellen.

1 Erläutere, was im ▸ Bild 01 verändert werden muss, damit das rechte Schattenbild größer wird als das linke.

2 Beschreibe, was du tun musst, damit dir das Schattenbild deiner Finger „Hasenohren" macht, wie es im ▸ Bild 04 zu sehen ist. Stelle die Szene nach.

04 „Hasenohren"

VERSUCHE ▸ Veränderungen von Schattenbildern

Schattenbilder lassen sich verändern, indem man die Abstände zwischen Lichtquelle, Gegenstand und Wand verändert. Im Folgenden wendest du deine Kenntnisse an, um konkrete Aufgaben zu lösen.

Material:

zwei gleiche Lichtquellen (z. B. zwei Teelichter oder Taschenlampen ohne Reflektor), ein Bauklotz, Pappe, ein abgedunkeltes Zimmer

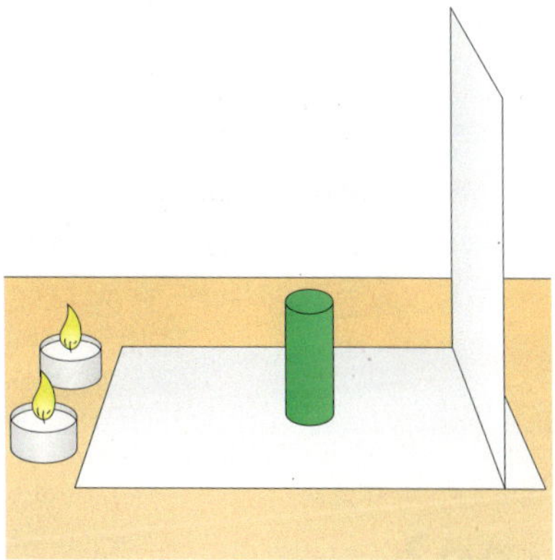

V1 Zwei Lichtquellen – viele Schatten

Durchführung:

Stelle zwei Lichtquellen nebeneinander, falte ein Stück Pappe zu einem Schirm und setze einen Gegenstand zwischen die Lichtquellen und den Schirm.

a) Beobachte, wo Kern- und Teilschatten entstehen. Stelle die Lichtquellen so auf, dass die Teilschatten möglichst klein werden.

b) Verschiebe die Lichtquellen so, dass der Kernschatten möglichst klein wird.

c) Ermittle, wo Lichtquellen und Gegenstand stehen müssen, damit zwei möglichst gleich große Teilschatten entstehen.
Skizziere deine Anordnung und formuliere eine Antwort in der Form „Wenn ..., dann sind die Teilschatten gleich groß".

V2 Küken im Ei

Durchführung:

a) Beleuchte den Pappschirm mit den Lichtquellen. Stelle ein ausgeschnittenes Pappküken und ein Ei so auf, dass das Schattenbild des Eies das Schattenbild des Kükens vollständig überdeckt.

b) Beschreibe dein Vorgehen bei der Lösung von Versuchsteil a).

c) Überlege, welche der beiden Lichtquellen du ausschalten musst, damit nur das Schattenbild des Kükens bzw. des Eies zu sehen ist. Überprüfe deine Überlegung.

Material A ▸ Schatten auf dem Spielfeld

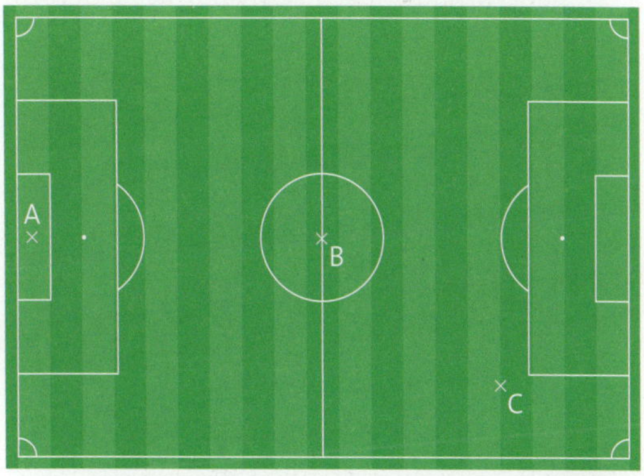

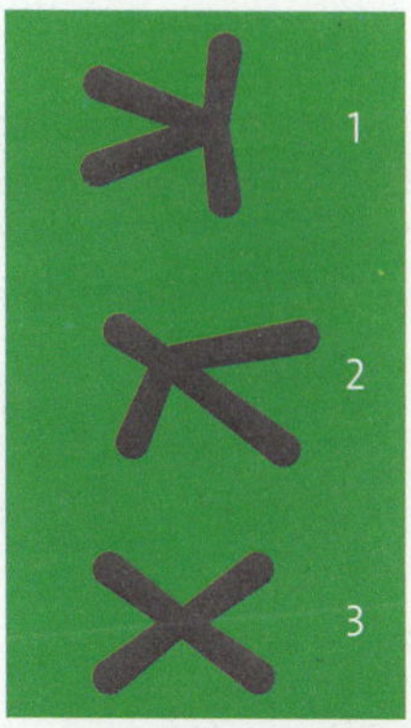

Das Bild zeigt die Positionen von drei Spielern auf einem beleuchteten Fußballplatz. Daneben siehst du die Schatten der Spieler auf dem Rasen.

A1 Betrachte die Schatten der Spieler. Von wie vielen Flutlichtern werden die Spieler angestrahlt? Begründe deine Aussage.

A2 Ordne die Schatten der Spieler jeweils den Positionen auf dem Spielfeld zu. Überlege zunächst, wo die Flutlichter stehen.

01 Halbmond und Halbballon

Wie entstehen die Mondphasen?

Du siehst den Ballon, wie er von rechts durch die Sonne angeleuchtet wird. Der beleuchtete Teil sieht wie eine Halbkugel aus. Der von der Sonne beleuchtete Teil des Mondes sieht genauso aus. Wenn du den Mond beobachtest, dann kannst du ihn mal als Vollmond, mal als Halbmond und manchmal als Sichelmond sehen. Wovon hängt sein Aussehen ab?

AUSSEHEN UND MONDBEWEGUNG · Warum sehen wir den Mond mal teilweise und mal ganz beleuchtet (▸ Bild 02)? Liegt das daran, dass der Mond sich bewegt? Wie bewegt er sich eigentlich?

Um etwas darüber herauszufinden, beobachten wir den Vollmond mehrmals in einer Nacht. Dabei achten wir auf die Himmelsrichtung, die Uhrzeit und die Höhe des Mondes über dem Horizont. Das Ergebnis einer solchen Beobachtung zeigt ▸ Bild 03:

Wir erkennen, dass der Mond täglich im Osten aufgeht, im Süden am höchsten steht und im

02 Vielfältiges Aussehen des Mondes

03 Position des Mondes im Laufe einer Nacht

Westen wieder untergeht. Das läuft genauso ab wie bei der Sonne. Deshalb muss – wie bei der Sonne – die Ursache die tägliche Drehung der Erde um die eigene Achse sein. Allerdings bleibt das Aussehen des Mondes während einer Nacht praktisch gleich.

Woran liegt es aber dann, dass wir den Mond ganz unterschiedlich beleuchtet sehen? Um eine Antwort auf diese Frage zu finden, beobachten wir den Mond einen Monat lang. Wir beginnen bei Vollmond. Während der ersten zwei Wochen nimmt der beleuchtete Teil des Mondes immer mehr ab (▸ Bild 02 oben), um während der nächsten vierzehn Tage gleichmäßig zuzunehmen (▸ Bild 02 unten). Da sich das Aussehen des Mondes in dieser festen immer wiederkehrenden Reihenfolge ändert, spricht man von **Mondphasen.**

ENTSTEHUNG DER MONDPHASEN · Auffällig ist, dass abends der Vollmond im Osten aufgeht, während gleichzeitig die Sonne im Westen untergeht (▸ Bild 04). Das heißt, dass wir den Vollmond ungefähr gegenüber der Sonne sehen. Demnach steht bei Vollmond die Erde zwischen der Sonne und dem Mond. Das zeigt auch ▸ Bild 05: Der Vollmond steht rechts und die Sonne links von der Erde.

04 Der Fotograf blickt zum Vollmond, während die untergehende Sonne die Berggipfel in rotes Licht taucht.

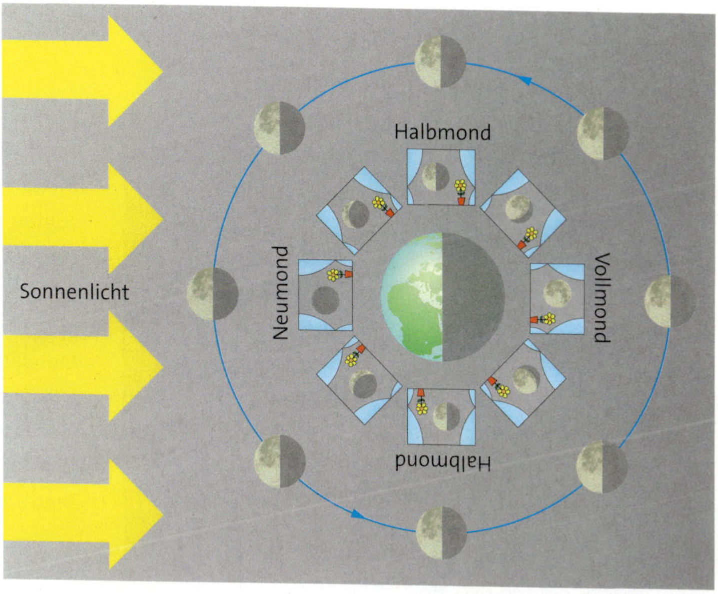

05 Während der Mond sich in einem Monat um die Erde dreht, beobachten wir ihn durch das Fenster.

▸ Bild 05 stellt unsere Beobachtungen übersichtlich dar: Der Mond umkreist jeden Monat einmal die Erde. Dabei wird er stets von der Sonne zur Hälfte beleuchtet. Wir sehen die beleuchtete Hälfte beim Vollmond ganz, sonst nur teilweise und bei Neumond gar nicht.

1 Beschreibe, wie es zur Entstehung der Mondphasen kommt.

2 Anna beobachtet den Mond durch ihr Fenster. An welchem Tag des Mondumlaufs sieht der Mond so aus wie im ▸ Bild 06? Begründe.

3 Steht der Mond bei Neu-, Halb- oder bei Vollmond zwischen Erde und Sonne? Erkläre.

4 In welche Himmelsrichtung dreht sich die Erde um die eigene Achse? Begründe.

5 Ein Astronaut sieht die Erde und dahinter den Mond (▸ Bild 07). Wo ist gerade Nacht? Welche Mondphase sehen die Menschen? Begründe deine Antwort.

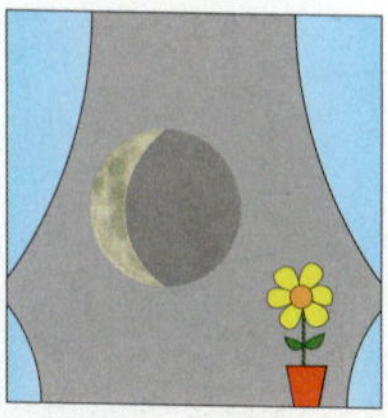

06

07

BLICKPUNKT

Begründung des heliozentrischen Weltbildes

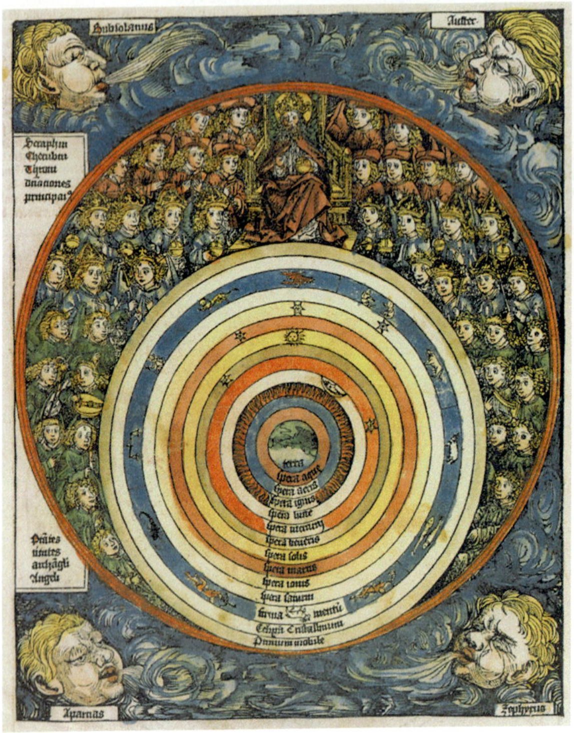

01 Das geozentrische Weltbild zeigt die Erde im Zentrum und mit ihr Wasser, Luft und Feuer. Es folgen der Mond (weiß), die Planeten Merkur (orange) und Venus (ocker), die Sonne, Mars (braun), Jupiter sowie Saturn und schließlich die Sterne.

Wenn man den Mond oder auch die Sonne während eines Tages beobachtet, dann entsteht der Eindruck, dass sich der Mond und die Sonne um die Erde drehen. Deshalb bevorzugten die Menschen über Jahrtausende hinweg ein **geozentrisches Weltbild** mit der Erde im Zentrum (▸ Bild 01). Mithilfe dieser Vorstellung und mathematischer Berechnungen konnten Astronomen viele Beobachtungen des Mondes, der Sonne und Planeten sowie der Sterne genau erklären und vorhersagen. Dennoch waren wenige Astronomen wie ARISTARCH (um 300 v. Chr.) und KOPERNIKUS (um 1500) nicht überzeugt und meinten, die Sonne stehe im Zentrum. Sie vertraten ein **heliozentrisches Weltbild.**

Der italienische Physiker, Mathematiker und Astronom GALILEO GALILEI (1564–1642) beobachtete den Himmel durch das damals gerade erfundene Fernrohr. Dabei entdeckte er, dass auch die Venus Phasen hat, ebenso wie der Mond (▸ Bild 02 A). Die Venus steht am Himmel immer nahe der Sonne, die abnehmende Venus links der Sonne, die zunehmende rechts. Auffällig ist, dass wir die Venus nur dann voll erleuchtet sehen, wenn sie praktisch bei der Sonne steht. Was ist die Ursache dafür? GALILEI deutete diese Beobachtung so: Zu der Zeit, zu der wir die Venus voll beleuchtet sehen, steht die Venus von der Erde aus gesehen hinter der Sonne (▸ Bild 02 B). Das darf nach dem geozentrischen Weltbild aber nicht sein, da dort die Bahn der Venus innerhalb der Bahn der Sonne liegt (▸ Bild 01). So konnte GALILEI viele Menschen vom heliozentrischen Weltbild überzeugen.

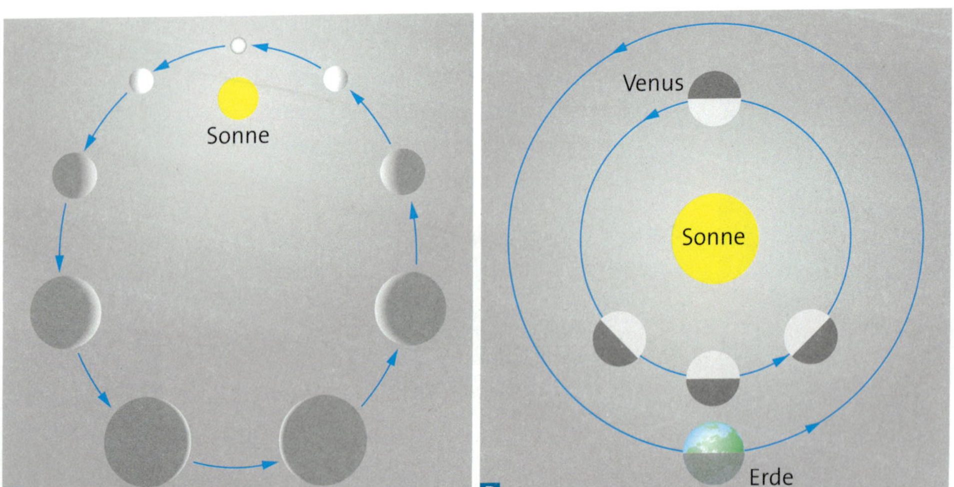

02 **A** Venusphasen von der Erde aus gesehen. **B** Venus und Erde kreisen um die Sonne.

1 Erläutere die Entstehung der Venusphasen.

Material A ▸ Tageslauf der Sonne

03 Lauf der Sonne

A1 Anna beobachtet den links (▸ Bild 03) dargestellten Lauf der Sonne. Ordne den einzelnen Sonnenbildern grob Himmelsrichtungen und Tageszeiten zu.

A2 Erkläre diese Beobachtung erst mit dem geozentrischen und dann mit dem heliozentrischen Weltbild.

Material B ▸ Mondbeobachtung

Datum 2010	Uhrzeit	Mond sichtbar	heller Anteil	helle Seite	Himmelsrichtung	Höhe ü. d. Horizont
9.11.	16:30	ja	$\frac{1}{4}$	rechts	SSW	10°
13.11.	18:30	ja	$\frac{1}{2}$	rechts	S	30°
16.11.	20:30	ja	$\frac{3}{4}$	rechts	S	40°
20.11.	20:20	ja	1		SSO	40°
24.11.	21:20	ja	$\frac{3}{4}$	links	O	20°
27.11.	23:00	ja	$\frac{1}{2}$	links	O	10°
1.12.	6:30	ja	$\frac{1}{4}$	links	SSO	20°
6.12.		nein				

04

B1 Anna hat ihre Beobachtungen in der ▸ Tabelle 04 eingetragen. Gib an, woran du erkennen kannst, ob beim Mond der helle Bereich zu- oder abnimmt.

B2 Lies ab, in welcher Himmelsrichtung der Mond besonders hoch steht.

B3 Erkläre, warum der Mond am 6.12.2010 nicht zu sehen war.

B4 Gib an, welche Mondphase am 20.12.2010 vorlag.

Material C ▸ Mond am Morgen

05 Mondsichel am Morgenhimmel

C1 Erläutere an dem ▸ Bild 05, wie der Mond beleuchtet wird.

C2 Erläutere an dem Bild, wie die Mondsichel entsteht.

C2 Gib an, ob der Mond im Bild gerade auf- oder untergeht.

01 Phasen der Sonnenfinsternis vom 11.08.1999

Totale Sonnenfinsternis 1999

Am 11.8.1999 konnte ich von 11.13 Uhr bis 13.56 Uhr in Süddeutschland eine totale Sonnenfinsternis erleben. Vormittags waren viele Menschen auf den Straßen und in den Eisenbahnzügen unterwegs, um sich das spektakuläre Schauspiel anzusehen.

Wir hatten spezielle, extrem dunkle und geprüfte Sonnenbrillen dabei, die unsere Augen vor dem sichtbaren Licht und der unsichtbaren Sonnenstrahlung schützten, sodass wir abgesichert direkt in die Sonne blicken konnten. Fotografen hatten entsprechende dunkle Filter vor ihre Kameras geschraubt. Dadurch erscheint der blaue Himmel auf den Fotos schwarz und die Sonne zeigt sich als milchig-blaue Leuchtscheibe.

Viele Menschen aus allen Landesteilen trafen sich auf Straßen, Plätzen oder freien Rasenflächen. Die Leute redeten miteinander über das gemeinsame Thema Finsternis. Manche erzählten von ihren Erfahrungen bei früheren Finsternissen, manche über die Anreise, andere über ihre Erwartungen.

Die Gespräche verstummten kurz vor dem vorhergesagten Beginn der Finsternis – alle blickten zur Sonne. Es ging los: Wir sahen durch unsere Brillen, wie der Mond die Sonne zunächst nur ein wenig verdeckte. Ganz gleichmäßig schob sich der Mond immer weiter vor die Sonne. Als die Sonne schon fast völlig verdunkelt war, stieg die Spannung der Leute noch mal gewaltig an. Dann war es soweit. Es wurde völlig dunkel, die Sonne stand vollständig hinter dem Mond. Es war ein einmaliges Erlebnis. Selbst die Vögel hörten auf zu zwitschern.

Nun konnten wir erkennen, dass die Umgebung der Sonne ebenfalls hell ist (Bild Mitte).

Schon nach wenigen Minuten totaler Finsternis konnte ich durch meine Schutzbrille sehen, wie die Sonne auf der anderen Seite des Mondes wieder auftauchte. Die Dunkelheit verwandelte sich schlagartig in ein Dämmerlicht, das allmählich an Helligkeit zunahm.

Wie entstehen Finsternisse?

Eine Sonnenfinsternis ist ein beeindruckendes Naturschauspiel. Wie entstehen eigentlich Sonnenfinsternisse und Mondfinsternisse?

ERDE IM SCHATTEN · Im ▸ Bild 01 kannst du sehen, dass eine Sonnenfinsternis entsteht, wenn sich der Mond zwischen die Sonne und die Erde bewegt. Dabei wirft der Mond seinen Schatten auf die Erde.

Diesen Schatten konnten Astronauten von einem Raumschiff aus sogar fotografieren (▸ Bild 04). Man sieht deutlich, dass dieser Schatten nur einen relativ kleinen Bereich auf der Erde überdeckt. Auf dem Bild kann man außerdem erkennen, dass der Schatten nur in der Mitte ganz dunkel ist. Dort ist der Kernschatten des Mondes. Dorthin gelangt kein Sonnenlicht. Menschen, die sich innerhalb dieses Kernschattens befinden, können die Sonne nicht sehen. Eine Sonnenfinsternis, bei der der Mond die Sonnenscheibe vollständig verdeckt, nennt man total. Eine **totale Sonnenfinsternis** ist nur in einem sehr kleinen Gebiet auf der Erde zu beobachten.

Im ▸ Bild 04 erkennt man um den Kernschatten herum einen helleren, grauen Bereich. Menschen in diesem Bereich sehen die Sonne nur teilweise verdeckt. Im ▸ Bild 02 sind die Schattenräume bei einer Sonnenfinsternis übersichtlich dargestellt.

HÄUFIGKEIT VON SONNENFINSTERNISSEN · Die nächste totale Sonnenfinsternis tritt in Deutschland erst am 03.09.2081 auf. Weltweit gibt es von 2016 bis 2024 nur 20 Sonnenfinsternisse, von denen lediglich sechs total sind. Da der Mond die Erde in einem Monat einmal umkreist, könnten wir doch eigentlich jeden Monat auf eine Sonnenfinsternis hoffen. Warum gibt es eine Sonnenfinsternis dann nur etwa alle sechs Monate?

Die Antwort auf diese Frage liefert ein Blick auf die Lage der Mondbahn gegenüber der Bahn der Erde um die Sonne (▸ Bild 03). Die Mondbahn ist etwas geneigt gegenüber der Bahn der Erde um die Sonne. So kommt es, dass sich der Mond meistens um die Erde bewegt, ohne die Verbindungsstrecke zwischen Erde und Sonne zu kreuzen. Entweder bewegt sich der Mond oberhalb oder unterhalb der Verbindungsstrecke. Nur zweimal im Jahr kann es dazu kommen, dass Erde, Mond und Sonne so in einer Linie stehen, dass der Mond die Sonnenscheibe verdeckt.

1 Kann man eine Sonnenfinsternis überall auf der Erde sehen? Begründe deine Antwort.

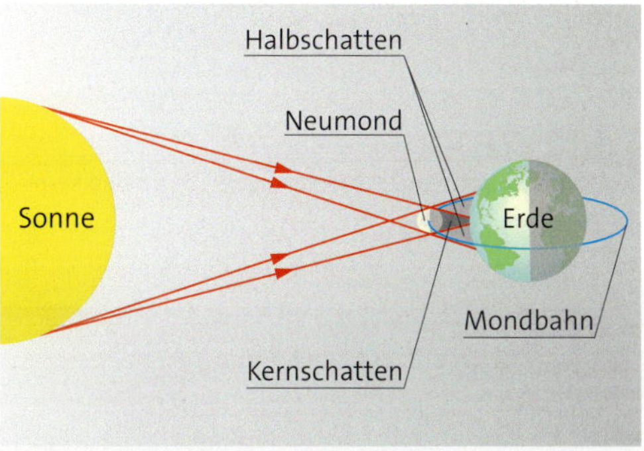

02 Schattenräume bei einer Sonnenfinsternis

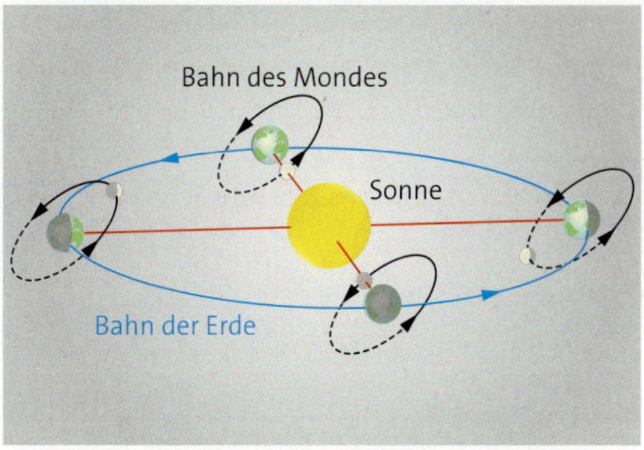

03 Der Mond umkreist die Erde auf einer zur Bahn der Erde um die Sonne geneigten Bahn.

04 Schatten des Mondes auf der Erde

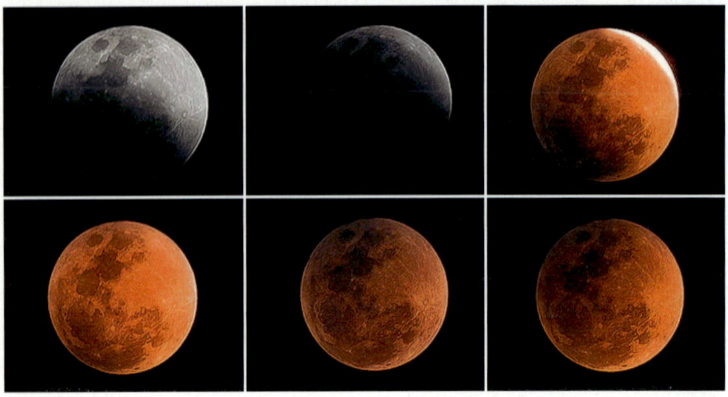

01 Verlauf einer Mondfinsternis in Europa

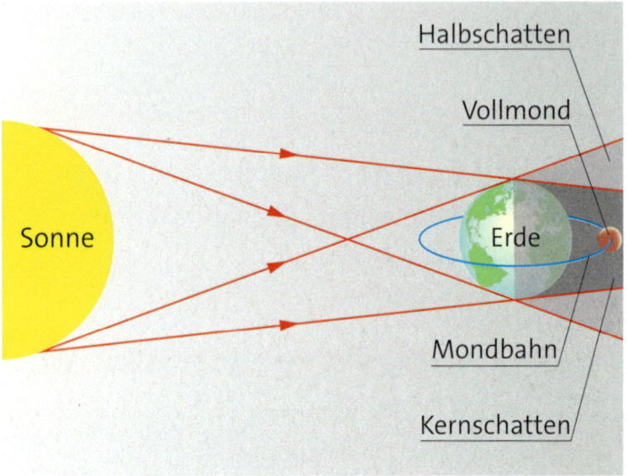

02 Mondfinsternis: Der Mond wandert durch den Kernschatten der Erde.

03 Abendrot: Obwohl du dich nach Sonnenuntergang bereits im Kernschatten der Erde befindest, kannst du noch rotes Sonnenlicht sehen.

VERLAUF EINER MONDFINSTERNIS · Eine Mondfinsternis verläuft ähnlich wie eine Sonnenfinsternis. Ganz allmählich wird die Vollmondscheibe immer mehr verdeckt (▸ Bild 01). Nach einigen Minuten befindet sich der ganze Mond im Schatten. Aber wie entsteht der Schatten?

Schauen wir uns dazu die Mondfinsternis von außerhalb der Erde an (▸ Bild 02):
Hinter der von der Sonne beleuchteten Erde entsteht ein Schattenraum. Der Mond wandert auf seiner Bahn um die Erde regelmäßig durch diesen Schattenraum – den Kernschatten der Erde. Doch es ist schon erstaunlich, dass der Mond dabei nicht im Dunkel des Kernschattens verschwindet, sondern rötlich leuchtet (▸ Bild 01, Mitte). Nach einigen Minuten verlässt der Mond allmählich den Schattenraum wieder.

WIESO LEUCHTET DER MOND ROT? · Vergleichen wir die Mondfinsternis kurz mit der Situation beim Sonnenuntergang:
Nachdem die Sonne untergegangen ist, befindest du dich im Kernschatten der Erde. Dennoch kannst du oft im Westen den Himmel rot leuchten sehen (▸ Bild 03). Die Luft in der Erdatmosphäre kann offenbar rotes Licht in den Kernschatten der Erde lenken. Das rote Licht, das die Luft in den Kernschatten der Erde lenkt, lässt auch den Mond bei einer Mondfinsternis rot erscheinen.

1) Gib die Mondphasen an, die vor und nach einer Sonnenfinsternis auftreten.

2) In ▸ Bild 03 der vorigen Seite ist bei zwei Erdpositionen eine Mondfinsternis möglich. Gib diese an. Gib für diese beiden Erdpositionen eine Mondposition an, bei der es keine Mondfinsternis gibt.

3) Erläutere, bei welchen Mondphasen überhaupt Finsternisse auftreten können.

Material A ▸ Ringförmige Sonnenfinsternis

04 Ringförmige Sonnenfinsternis

A1 Das ▸ Bild 04 zeigt eine so genannte ringförmige Sonnenfinsternis. Skizziere, wie Strahlen vom Sonnenrand zum Beobachter kommen.

A2 Sind die Abstände der Sonne und des Mondes zur Erde immer konstant? Begründe deine Antwort.

Material B ▸ Mond im Schatten

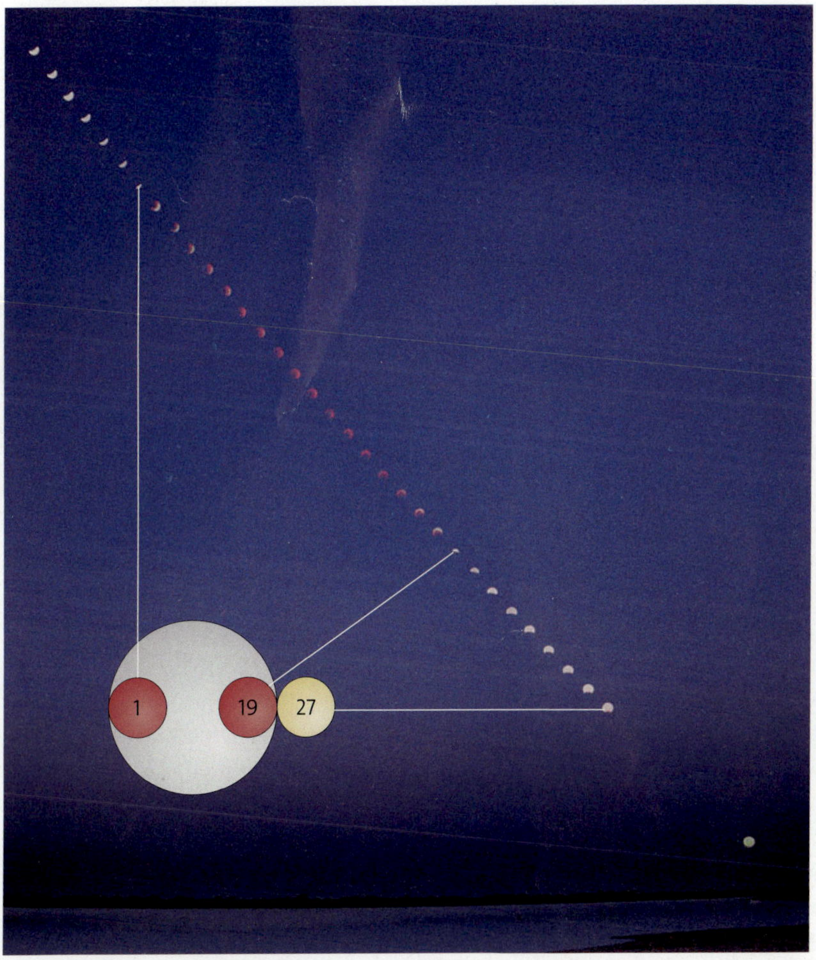

05 Phasen einer Mondfinsternisfinsternis

B1 Die Abbildung links (▸ Bild 05) stellt eine Mondfinsternis in Nordamerika dar. Der Mond wurde in Abständen von sechs Minuten fotografiert und wandert von links oben nach rechts unten. Nenne die Mondphase und die Himmelsrichtung.

B2 Anna hat eine Idee: „Das Bild zeigt, dass der Mond lange im Kernschatten ist (Bild 1 bis 19) und schnell rauskommt (Bild 19 bis 27). Deshalb ist der Mond kleiner als die Erde.“ Begründe ihre Idee mit dem Bild. Hat Anna Recht?

B2 Simon behauptet, dass er sogar ausrechnen kann, um welchen Faktor die Erde größer ist: „Der Mond legt in 26 mal 6 Minuten (Bild 1 bis 27) einen Erddurchmesser zurück. Dagegen legt er in 8 mal 6 Minuten den Monddurchmesser zurück (Bild 19 bis 27).“ Berechne, um welchen Faktor die Erde größer ist als der Mond.

01 Im Badezimmer

Licht trifft auf Oberflächen

Wenn du morgens im Badezimmer stehst, siehst du dein Spiegelbild möglicherweise nicht nur im Spiegel. Wie beeinflussen die Oberflächen der Gegenstände das, was wir sehen?

LICHTAUSBREITUNG IM BADEZIMMER · Du hast bereits gelernt, dass du Körper nur sehen kannst, wenn das von ihnen ausgehende Licht dein Auge erreicht. Wir können also den Duschraum in ▸ Bild 01 auch durch die Glasscheibe hindurch sehen, weil das Glas die geradlinige Ausbreitung des Lichts nicht behindert. Körper wie die Klarglasscheibe nennt man **lichtdurchlässig.**
Körper, die die geradlinige Ausbreitung des Lichts behindern und nur einen Teil des Lichts hindurchlassen, nennt man **durchscheinend:** Die Fensterscheibe aus Milchglas ist durchscheinend. Die Bäume dahinter kannst du nur verschwommen sehen.
Die Bademattе ist **lichtundurchlässig** und verschluckt das Licht. Den Vorgang des Verschluckens nennt man **Absorption.**

Aber gibt es auch Oberflächen, die Licht weder durchlassen noch absorbieren?

LICHT WIRD ZURÜCKGEWORFEN · Körper mit heller Oberfläche werfen einen großen Teil des Lichts zurück. Das Zurückwerfen von Licht bezeichnet man in der Physik als **Reflexion.**

Die meisten Körper besitzen mehrere optische Eigenschaften gleichzeitig. So wirft die helle Wand das Licht nicht vollständig zurück, sondern absorbiert auch einen Teil. Die Milchglasscheibe lässt einen Teil des Lichts hindurch und reflektiert den Rest in alle Richtungen. Auf Körpern mit spiegelglatter Oberfläche wie dem Toilettendeckel oder der Duschabtrennung kannst du sogar Spiegelbilder sehen.

Wie wird das Licht an den verschiedenen Oberflächen reflektiert?

REFLEXION – GENAUER UNTERSUCHT · Wir legen einen Spiegel auf einen Tisch und richten das schmale Lichtbündel eines Lasers darauf. Mit kleinen Wassertröpfchen machen wir den Weg des Lichts sichtbar (▸ Bild 02). Wir stellen dabei fest, dass das Licht nicht irgendwie, sondern nach bestimmten Gesetzmäßigkeiten reflektiert wird.

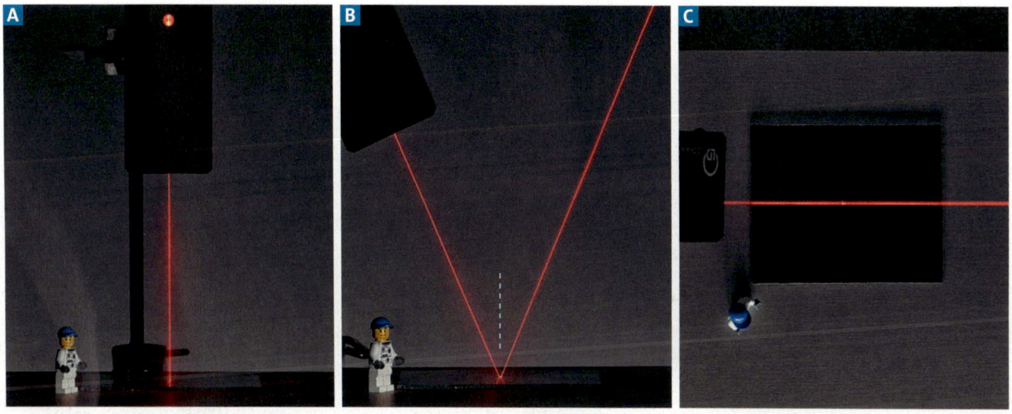

02 Reflexion von Licht: **A** bei senkrechtem Lichteinfall, **B** bei schrägem Lichteinfall, **C** Ansicht von oben

Im ersten Versuch richten wir den Laserstrahl senkrecht auf die Oberfläche des Spiegels (▸ Bild 02 A). Wir sehen keinen zweiten Lichtstrahl. Da wir wissen, dass der Spiegel das Licht nicht absorbiert, muss er es auf gleichem Weg senkrecht nach oben reflektieren.

Im zweiten Versuch fällt der Lichtstrahl nicht mehr senkrecht auf den Spiegel (▸ Bild 02 B). Je weiter wir den Laserstrahl zur Tischplatte absenken, desto weiter senkt sich auch der reflektierte Strahl. Wir vermuten, dass das einfallende Lichtbündel unter dem gleichen Winkel reflektiert wird, mit dem es auf den Spiegel trifft.

Unsere Vermutung überprüfen wir in einem weiteren Versuch. In ▸ Bild 02 B und ▸ Bild 03 siehst du eine senkrecht zum Spiegel verlaufende Linie. Sie wird **Lot** genannt. Wir messen den Winkel zwischen Lot und einfallendem Lichtbündel **(Einfallswinkel)** sowie zwischen Lot und reflektiertem Lichtbündel **(Reflexionswinkel).** Bis auf kleine Abweichungen, z.B. durch Ablesefehler, sind die gemessenen Winkel gleich (▸ Tabelle 04). Damit haben wir unsere Vermutung bestätigt.

Wenn wir abschließend noch einen Blick von oben auf den Versuchsaufbau werfen, dann stellen wir noch etwas anderes fest (▸ Bild 02 C): Von oben betrachtet ändert das Licht seine Ausbreitungsrichtung nicht.

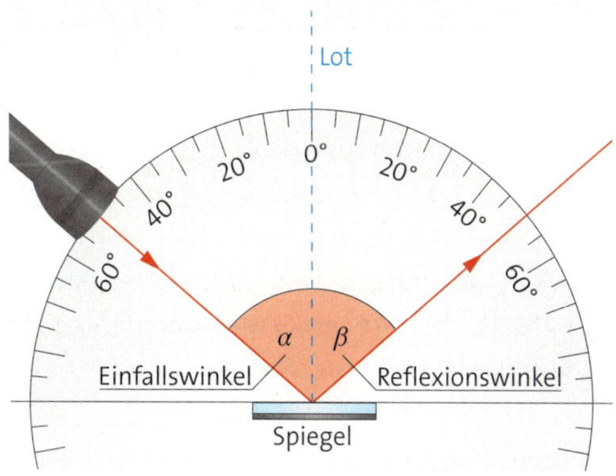

03 Messung von Einfalls- und Reflexionswinkel

Einfallswinkel α	Reflexionswinkel β
0°	0°
10°	10°
21°	20°
29°	30°
40°	41°
45°	44°
50°	51°

04 Messwerte

Einfallendes und reflektiertes Lichtbündel liegen also in einer Ebene. In dieser Ebene liegt auch das Lot.
Wir fassen unsere Ergebnisse im **Reflexionsgesetz** zusammen:

Bei der Reflexion am Spiegel gilt:
Der Einfallswinkel und der Reflexionswinkel sind immer gleich groß.
Das einfallende Lichtbündel, das reflektierte Lichtbündel und das Lot liegen in einer Ebene.

1 **a)** Im ▸ Bild 05 siehst du die Skizze eines Grabenspiegels. Übertrage die Zeichnung in dein Heft und zeichne den Weg des Lichts bis zum Auge des Betrachters.
b) Nenne Anwendungsmöglichkeiten für den Grabenspiegel.

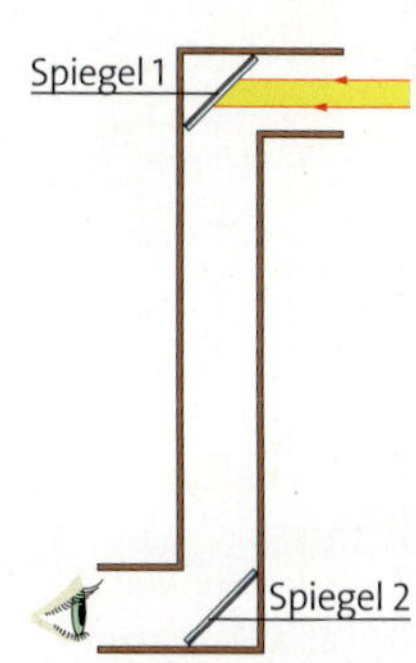

05 Grabenspiegel

01 Licht trifft auf verschiedene Oberflächen.

REFLEXION UND STREUUNG · Die drei Gegenstände im ▸ Bild 01 werden gleich stark beleuchtet. Das raue, weiße Papier erscheint am hellsten, der glatte Spiegel erscheint dunkel und die zerknitterte Alufolie ist an einigen Stellen hell, an anderen dunkel.

Das weiße Papier reflektiert viel Licht in alle Richtungen. Man spricht von **Streuung.** Wenn viel von dem Licht in dein Auge gelangt, dann erscheint die Fläche hell.
Der Spiegel reflektiert viel Licht in eine einzige Richtung: An der Wand siehst du deshalb einen hellen Fleck. Die Spiegeloberfläche erscheint dir dagegen schwarz, denn von ihr gelangt kein Licht in dein Auge.
Die zerknitterte Alufolie reflektiert an einigen Stellen viel Licht in dein Auge. Andere Stellen reflektieren das Licht in eine andere Richtung, z.B. an die Wand. Daher erscheinen sie dunkel.
Wir fassen zusammen:

Ob ein Gegenstand das Licht nur in eine Richtung reflektiert oder in viele Richtungen streut, hängt davon ab, wie rau seine Oberfläche ist.

1 Wenn Autoscheinwerfer eine nasse Straße beleuchten, dann erscheint sie dem Autofahrer dunkler als eine trockene. Erläutere, wie es zu diesem Unterschied kommt.

2 Beschreibe die Unterschiede zwischen Reflexion und Streuung.

02 Rückstrahler

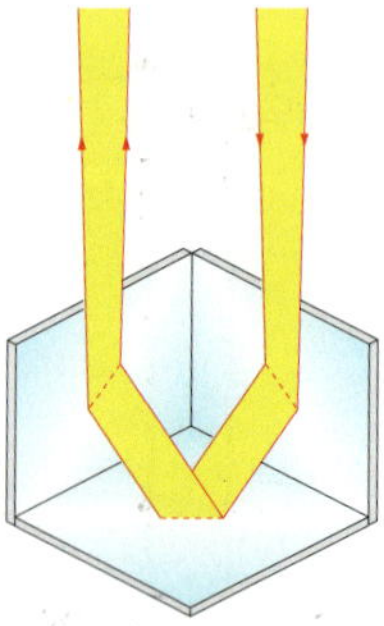

03 Strahlenverlauf am Tripelspiegel

BLICKPUNKT

Reflektoren

Reflektoren, z.B. „Katzenaugen" am Fahrrad, werfen das Licht in die Richtung zurück, aus der es gekommen ist. Wie gelingt das?
▸ Bild 04 zeigt zwei Spiegel, die senkrecht zueinander stehen. Wenn du den Weg eines beliebigen Lichtstrahls in der Buchebene verfolgst, stellst du fest, dass er zweimal reflektiert wird. Dabei wird er in die Richtung zurückgeworfen, aus der er gekommen ist.

Um auch Lichtstrahlen zurückzuwerfen, die schräg zur Buchebene einfallen, müssen drei Spiegel senkrecht zueinander stehen. Das Licht wird dann dreimal reflektiert (▸ Bild 03). Solche Tripelspiegel werden in vielen Reflektoren eingesetzt. Deshalb wirft ein Katzenauge im Lichtkegel eines Scheinwerfers das Licht zum Auto zurück. Aus der Sicht des Fahrers leuchtet es hell auf.

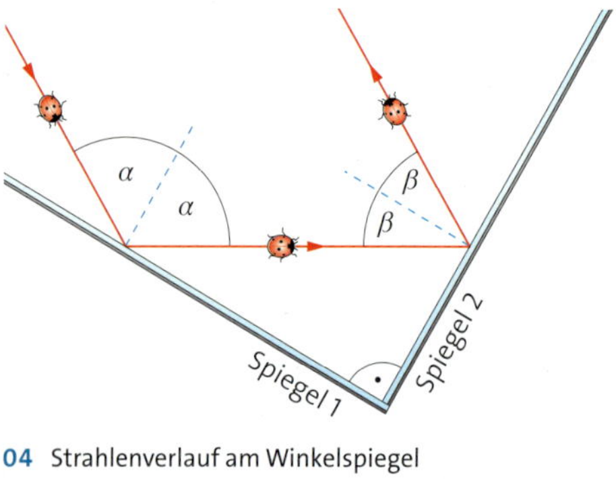

04 Strahlenverlauf am Winkelspiegel

VERSUCHE ▸ Der Unterschied zwischen Streuung und Reflexion

Mit diesem Versuch kannst du herausfinden, wie Oberflächen auf Licht reagieren.

05 Reflexion und Streuung

Material:

Taschenlampe, Spiegel, weißes Blatt Papier, möglichst gut abgedunkeltes Zimmer

Durchführung:

Für diesen Versuch brauchst du einen Partner.
Lege den Spiegel und das Blatt Papier nebeneinander auf einen Tisch. Dein Partner hält die Taschenlampe auf Kopfhöhe und richtet das Lichtbündel auf Papier und Spiegel (▸ Bild 05).

V1 **a)** Gehe um den Tisch herum und betrachte beide Oberflächen von verschiedenen Positionen aus. Beschreibe, was du dabei beobachtest.
b) Erkläre das unterschiedliche Verhalten der Oberflächen.

Material A ▸ Im Lichtstrahlmodell: Licht trifft auf Gegenstände

A1 Hier ist so einiges durcheinandergeraten. Beginne mit Teilbild 1 von ▸ Bild 06 und verbinde nacheinander jedes Bild mit dem richtigen Gegenstand und der richtigen Aussage. Aus der Reihenfolge der acht Buchstaben ergibt sich ein Lösungswort.

S weißer Gegenstand
N durchsichtiger Gegenstand
U durchscheinender Gegenstand
R schwarzer Gegenstand

E Licht wird absorbiert.
U Licht wird teilweise durchgelassen.
T Licht wird zurückgestreut.
G Licht wird durchgelassen.

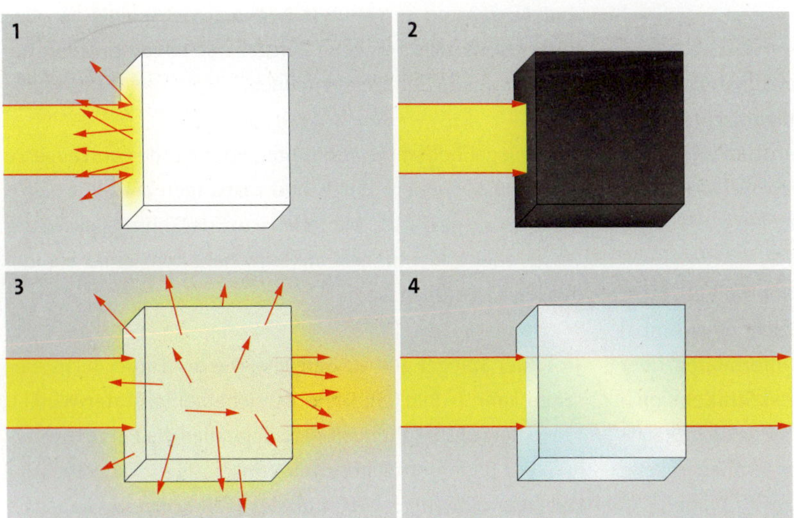

06 Verschiedene beleuchtete Körper

Material B ▸ Airhockey

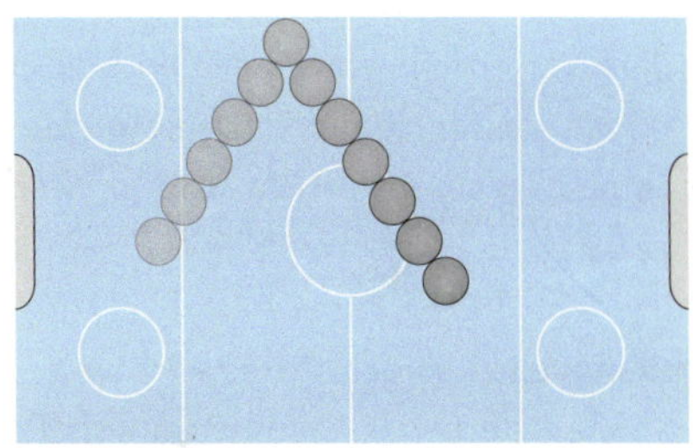

07 Langzeitaufnahme eines nach rechts gleitenden Pucks

B1 Beim Airhockey geht es darum, einen auf einem Luftkissen schwebenden Puck mit einem Schläger ins gegnerische Tor zu befördern.
a) Betrachte die Langzeitaufnahme eines Schusses beim Airhockey (▸ Bild 07). Beschreibe die Bewegung des Pucks. Vergleiche die Bewegung mit der Reflexion eines Lichtstrahls an einem Spiegel.
b) Vermute, wie der weitere Weg des Pucks verläuft.
Erläutere, wie du vorhersagen kannst, ob der Puck das Tor trifft oder nicht.

BLICKPUNKT

Augen auf im Straßenverkehr

01 Beleuchtete Kreuzung

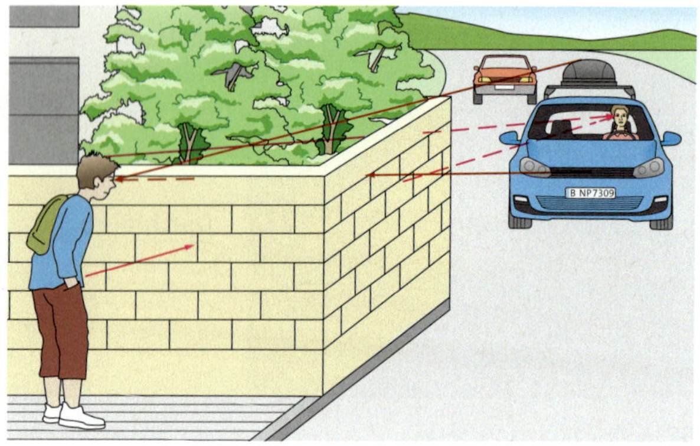

02 Der Schüler ist für den Fahrer nicht sichtbar.

Ob du auf dem Schulweg oder in deiner Freizeit unterwegs bist: Du musst dich im Straßenverkehr orientieren, auf andere Verkehrteilnehmer achten und in gefährlichen Situationen richtig reagieren. Deine Augen sind dabei wichtige Sinnesorgane, denn Licht wird im Straßenverkehr vielfältig genutzt.

Lichtquellen sorgen für Beleuchtung · Im ▸ Bild 01 erhellen Straßenlaternen einen Kreuzungsbereich. Sie beugen dadurch Unfällen vor und machen die Straße nachts sicherer. Das Fahrlicht eines Radfahrers oder eines Autos beleuchtet ebenfalls die dunkle Straße, sodass beide nicht vom Weg abkommen.

Lichtquellen informieren und warnen · Verkehrsteilnehmer verständigen sich mithilfe verschiedenfarbiger Lichtsignale. Der gelbe Blinker eines Autos kündigt einen Spur- oder Richtungswechsel an, Fahrlichter sind weiß und rote Rücklichter machen vorausfahrende Fahrzeuge sichtbar.

Rote Warnlichter warnen vor Gefahren und sollten nicht überfahren werden. So warnt z. B. das rote Licht einer Ampel vor dem Querverkehr. Gelbe Warnlichter informieren über Hindernisse, z. B. über einen Servicewagen des Straßendienstes, der eine Fahrspur blockiert. Ein blaues Blinklicht kennzeichnet ein Fahrzeug mit Sonderrechten im Straßenverkehr, z. B. Krankenwagen, Polizeiwagen oder Feuerwehrwagen.

Hindernisse nehmen die Sicht · Nicht nur Dunkelheit, sondern auch Hindernisse bringen im Straßenverkehr besondere Gefahren mit sich. Du kannst einen Körper nur dann sehen, wenn Lichtstrahlen von ihm dein Auge erreichen. Umgekehrt wirst auch du von einem Autofahrer auch nur dann wahrgenommen, wenn das Licht, das von dir ausgeht, den Autofahrer erreicht. Hindernisse wie parkende Autos unterbrechen den Lichtweg und führen zu gefährlichen Situationen (▸ Bild 02). Achte deshalb darauf, dass du selbst dein Sichtfeld nicht durch Kapuzen oder Ähnliches verkleinerst.

Spiegel erweitern das Sichtfeld · An unübersichtlichen Ein- und Ausfahrten sorgen fest angebrachte Spiegel für eine bessere Übersicht. Manche Spiegel sind sogar gewölbt, um einen größeren Bereich abzubilden.

Rückspiegel helfen dir, von hinten kommende Fahrzeuge zu sehen. Insbesondere Busse und Lastwagen sind mit vielen Spiegeln ausgestattet. Mit ihnen kann der Fahrer gleichzeitig verschiedene Richtungen im Blick behalten, ohne ständig den Kopf zu drehen.

Trotz der Spiegel gibt es Bereiche, die der Fahrer nicht einsehen kann (▸ Bild 03). Diese Bereiche heißen **toter Winkel.** Wenn der Fahrer sehr hoch sitzt, liegt auch der Bereich unterhalb der Beifahrertür im toten Winkel. Damit du nicht vom Lkw überrollt wirst, solltest du deshalb rechtzeitig anhalten – und zwar hinter dem Lastwagen und nicht neben ihm!

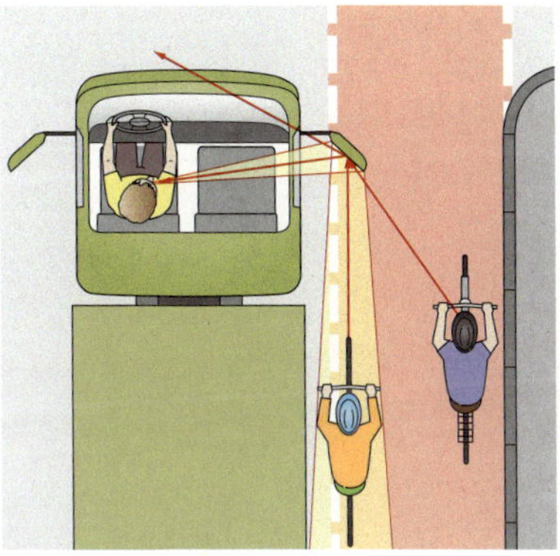

03 Rechter Radfahrer im toten Winkel

04 Sichtbar ist sicherer.

05 Reflektoren am Fahrrad

Weil der Weg des Lichts umkehrbar ist, gilt folgende Regel: Siehst du die Augen des Fahrers im Spiegel nicht, so kann auch er dich nicht sehen.

Störende Lichterscheinungen · Auf nassen Fahrbahnen kannst du Markierungen manchmal schlecht erkennen, weil die gesamte Fahrbahn wie ein Spiegel wirkt. Wenn dadurch zu viel Licht von einer Lichtquelle in dein Auge fällt, dann wirst du geblendet und du schließt dabei vielleicht sogar kurzzeitig deine Augen.

Geblendet wirst du manchmal auch durch die Scheinwerfer des Gegenverkehrs, die Strahlen der tief stehende Sonne oder durch einen sehr hellen, wolkenlosen Himmel.

Unbedingt auffallen im Straßenverkehr · Wenn nur wenig Licht die Straße erleuchtet, dann kannst du durch helle Kleidung, die das Licht in alle Richtungen reflektiert, auf dich aufmerksam machen. Besonders gut gelingt dies mit einer Warnweste, wie sie auch Schülerlotsen tragen.
Wenn du dagegen dunkle Kleidung trägst, die das Licht weitgehend absorbiert, dann bist du getarnt und in der Dunkelheit schwer erkennbar (▸ Bild 04).

Fahrbahnmarkierungen, bestimmte Fahrzeuge und Verkehrsschilder müssen besonders auffallen. Deshalb werden Fahrbahnmarkierungen in weißer Farbe aufgemalt und Einsatzfahrzeuge z. B. der Feuerwehr besonders lackiert.

Wichtige Verkehrszeichen fallen nicht nur durch ihre Farbe auf, sondern sind auch mit Reflektorfolie überzogen. Reflektorstreifen findest du auch an Schulranzen, an Jacken und Hosen. An Armen oder Beinen sind sie besser zu erkennen als am Oberkörper, weil das Gehirn bewegte Lichtreflexe viel deutlicher und schneller wahrnimmt als ruhende.

Auf dem Fahrrad bist du ohne den Vorderscheinwerfer bei schlechtem Licht nicht zu sehen. Aber selbst mit Vorderscheinwerfer kann man deine Umrisse und die Bewegung des Rades von der Seite kaum erkennen. Damit du gut sichtbar bist, müssen nach der Straßenverkehrsordnung Fahrräder an allen Seiten Reflektoren haben. Im ▸ Bild 05 siehst du einen weißen Frontreflektor, zwei rote Reflektoren an Gepäckträger und hinterem Schutzblech sowie Reflektoren an Pedalen und Speichen. Reflektoren werfen das Licht in diejenige Richtung zurück, aus der es gekommen ist.

Achte immer darauf, dass Reflektoren und Lampen an deinem Fahrrad frei von Verschmutzungen sind. Nur so kannst du sehen und gesehen werden.

1 Du bist bei schlechter Sicht als Fußgänger oder Radfahrer im Straßenverkehr unterwegs.
Nenne Maßnahmen, die dafür sorgen, dass du von anderen gut gesehen wirst.

01 Blick in die Spiegelwelt

Spiegelbilder

Wenn du vor einem Spiegel stehst, dann siehst du ein Bild von dir und dem Raum, in dem du stehst. Die Welt um dich herum scheint noch einmal zu entstehen. Alles sieht auf den ersten Blick aus wie im Original. Was hat diese Spiegelwelt mit dem Original gemeinsam und wie entsteht sie?

BLICK IN DIE SPIEGELWELT · Die Gegenstände in der Spiegelwelt sehen so aus, als könntest du sie anfassen. Kannst du das?
Mit einer spiegelnden Glasscheibe kannst du die Kerze und ihr Spiegelbild gleichzeitig sehen (▸ Bild 02). Es gelingt dir aber nicht, die Kerze anzuzünden, die du hinter der Scheibe siehst. Es gibt sie also nicht wirklich.

Das Spiegelbild verhält sich auch anders als ein Foto. Wenn du bei einem Foto beispielsweise ein Gesicht zudeckst, dann bleibt es unsichtbar, unabhängig davon, aus welcher Richtung du das Foto betrachtest.
Beim Spiegelbild ist das anders. In ▸ Bild 03 A scheint das Spiegelbild der Kerze zunächst verschwunden zu sein. Wenn wir jedoch den Spiegel aus einer anderen Blickrichtung betrachten, dann sehen wir es wieder (▸ Bild 03 B). Bewegt sich das Spiegelbild also?

02 Kann man den Docht anzünden?

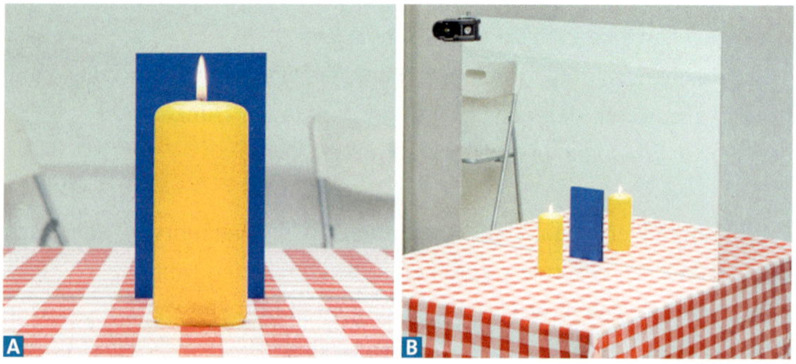

03 **A** Das Spiegelbild ist verdeckt. **B** Das Spiegelbild ist wieder sichtbar.

Wenn wir auf das Karomuster der Tischdecke achten, stellen wir fest, dass das Spiegelbild unabhängig von unserer Blickrichtung immer auf denselben Kästchen steht. Das Spiegelbild bewegt sich also nicht.

GRÖSSE UND LAGE DES SPIEGELBILDS · Mithilfe der karierten Tischdecke in ▸ Bild 03 können wir Abstände gut vergleichen. Das Spiegelbild der Kerze ist genauso weit von der Scheibe entfernt wie die Kerze selbst. Das Spiegelbild ist auch nicht nach rechts oder links verschoben.
Während wir von vorne durch die Scheibe sehen, stellen wir nun ein Lineal neben das Spiegelbild und lesen seine Höhe ab. Anschließend messen wir die Höhe der echten Kerze und stellen fest, dass die Höhen ebenfalls gleich sind.

ENTSTEHUNG DES SPIEGELBILDS · Wir wollen verstehen, wie das Spiegelbild entsteht. Dazu betrachten wir das Lichtbündel, das von der Spitze der Kerzenflamme in das Auge des Betrachters gelangt (▸ Bild 04). Wir verfolgen das Lichtbündel vom Auge zurück zur Kerze. Am Spiegel wird es reflektiert. Das Gehirn geht aber davon aus, dass sich das Licht geradlinig ausbreitet. Daher kommt das Lichtbündel für den Betrachter scheinbar von einem Punkt hinter dem Spiegel, dem Bildpunkt. Diesen Punkt erhalten wir, wenn wir die beiden Randstrahlen des Lichtbündels vom Auge aus rückwärts verlängern. Diese Verlängerung ist im ▸ Bild 04 gestrichelt gezeichnet. Der Schnittpunkt der beiden Randstrahlen ist der Bildpunkt der Flammenspitze.

Diese Überlegung gilt auch für jeden weiteren Punkt der Kerze. ▸ Bild 04 zeigt: Alle Lichtbündel, die von der Kerze ausgehen, werden so reflektiert, dass sie scheinbar vom Spiegelbild der Kerze herkommen.

UNTERSCHIEDLICHE BLICKRICHTUNGEN · Wir erinnern uns: Das Spiegelbild erscheint uns aus verschiedenen Blickrichtungen immer an derselben Stelle. ▸ Bild 05 zeigt die Entstehung des Spiegelbilds für drei verschiedene Betrachter. Auch hier schneiden sich die Randstrahlen der Lichtbündel im Bildpunkt. Du siehst, dass der Schnittpunkt der Randstrahlen für alle drei Betrachter derselbe ist. Diese Überlegungen erklären unsere Beobachtungen aus dem Kerzenexperiment und wir fassen zusammen:

Gegenstand und Spiegelbild sind gleich groß und gleich weit vom Spiegel entfernt. Das Spiegelbild befindet sich für alle Betrachter an derselben Stelle.

1 Eine Person steht vor einem Spiegel (▸ Bild 07, Angaben in Metern). Kann sie ihre Füße betrachten? Konstruiere im Maßstab 1:10.

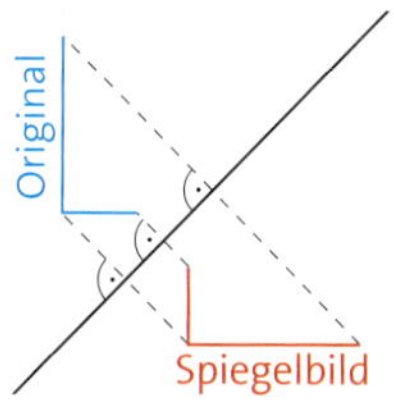

06 Du kannst ein einfaches Spiegelbild mithilfe einer Achsenspiegelung konstruieren.

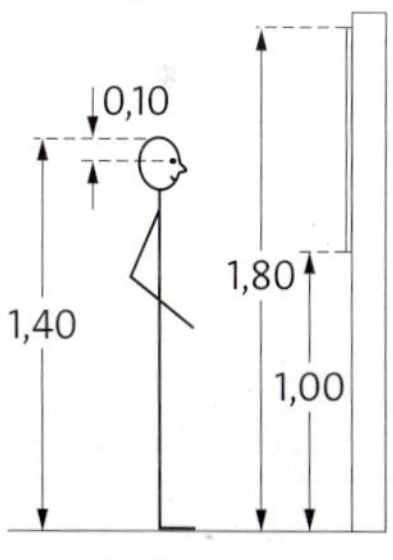

07 Vor dem Spiegel

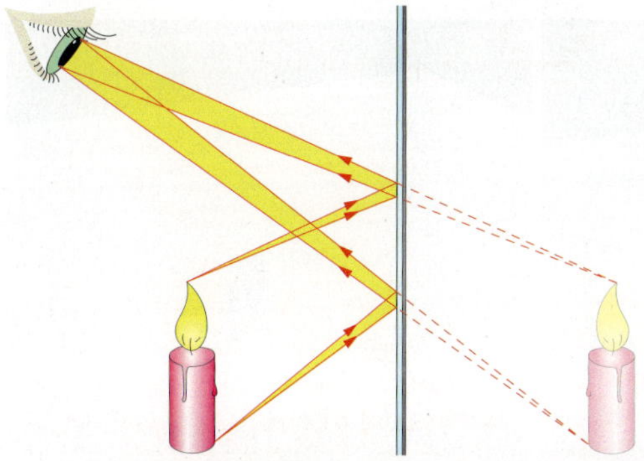

04 So entsteht das Spiegelbild.

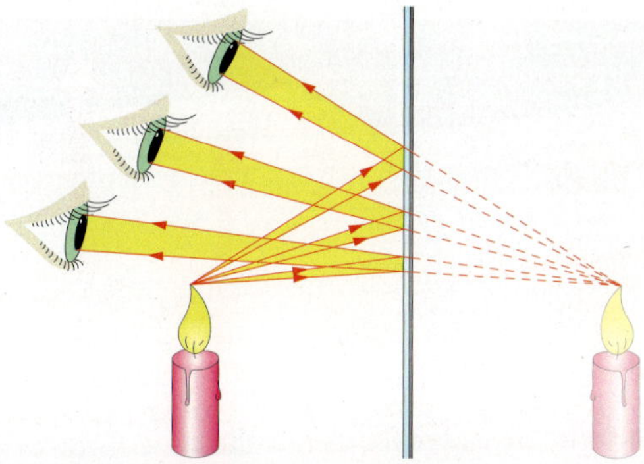

05 Das Spiegelbild ist für alle an derselben Stelle.

01 Spiegelschrift auf einem Feuerwehrwagen

VERKEHRTE WELT · Auf dem Feuerwehrwagen in ▸ Bild 01 ist die Beschriftung in Spiegelschrift angebracht, damit man diese im Rückspiegel des eigenen Autos lesen kann. Spiegelschrift sieht seltsam verkehrt herum aus: Der Buchstabe „F" steht am rechten und nicht am linken Ende des Wortes.

Eine ähnlich verkehrte Welt ist dir vielleicht auch schon beim Kämmen aufgefallen: Wenn du dich vor einem Spiegel mit der rechten Hand kämmst, dann kämmt sich dein Spiegelbild mit der linken Hand (▸ Bild 02). Tauscht der Spiegel also rechts und links?

Wenn du das Mädchen und ihr Spiegelbild auf dem Foto betrachtest, siehst du in beiden Fällen links den Kopf und rechts die Bürste.

Nur wenn du dich in das Mädchen im Spiegel hineinversetzt, wird die Hand rechts vom Kopf zur linken Hand. „Rechts" und „links" sind also Bezeichnungen, die vom Betrachter abhängen.

Die Vertauschungen in der Spiegelwelt untersuchen wir nun genauer und legen dazu einen Pfeil vor den Spiegel.

Wenn der Pfeil nach rechts zeigt, dann zeigt sein Spiegelbild ebenfalls nach rechts (▸ Bild 03 A). Entsprechend ist es, wenn der Pfeil nach links zeigt: Sein Spiegelbild zeigt ebenso nach links. Diese Richtungen lässt der Spiegel also unver-

02 „Rechts" und „links" hängen vom Betrachter ab.

ändert. Auch oben und unten werden durch den Spiegel nicht vertauscht (▸ Bild 03 B). Wenn der Pfeil dagegen nach vorne zeigt, dann zeigt sein Spiegelbild in die entgegengesetzte Richtung (▸ Bild 03 C). Genauso ist es, wenn der Pfeil nach hinten zeigt. Sein Spiegelbild zeigt wieder in die entgegengesetzte Richtung.

/// Der Spiegel vertauscht nur vorne und hinten.

Deshalb siehst du auf dem Foto einmal den Hinterkopf des Mädchens, einmal sein Gesicht im Spiegel.

1 Wie musst du einen Spiegel halten, damit du die Schrift auf dem Feuerwehrauto in ▸ Bild 01 lesen kannst? Begründe deine Antwort.

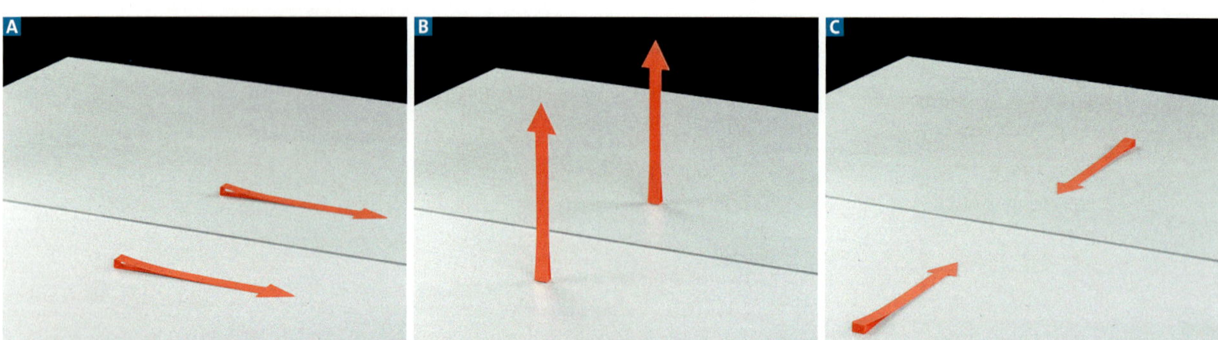

03 **A** Rechts bleibt rechts, **B** oben bleibt oben, **C** vorne und hinten werden vertauscht.

VERSUCHE ▸ Untersuchung von Spiegelbildern

Material:

Spiegel, Kekse, Stifte, Kerze, Spielfigur

Durchführung:

Stelle den Spiegel senkrecht zur Tischoberfläche auf. Du kannst den Spiegel z. B. zwischen zwei Wasserflaschen einklemmen.

V1 Lege einen Keks so vor den Spiegel, dass du im Spiegelbild nur den halben Keks siehst (▸ Bild 04). Lege den zweiten Keks so hinter den Spiegel, dass der halbe Keks vervollständigt wird.

a) Beschreibe die Lage der Kekse und erkläre.

b) Verändere deine Position und wiederhole den Versuch.

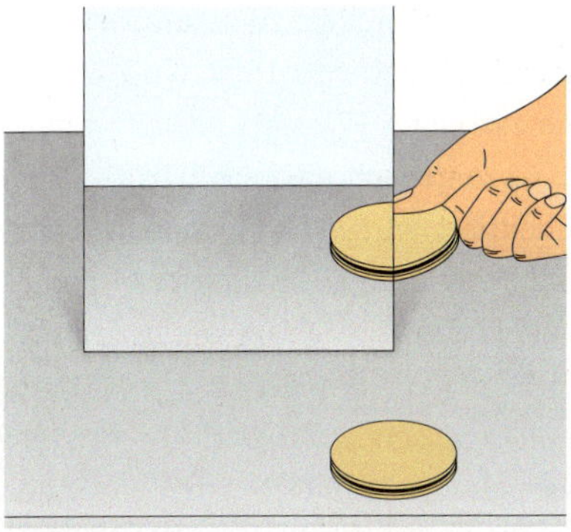

04 Spiegelkeks

V2 Lege die Stifte vor den Spiegel. Sie sollen in unterschiedliche Richtungen zeigen. Beschreibe, wie sich die Richtungen der Spiegelbilder verändert haben.

V3 Stelle die nicht brennende Kerze und die Figur wie im ▸ Bild 05 gezeigt vor den Spiegel. Überlege dir zuerst, wie viele Schatten die Figur und ihr Spiegelbild jeweils haben. Zünde nun die Kerze an und überprüfe deine Überlegungen.

05 Schatten im Spiegel

Material A ▸ Versteckspiel

Tom und Mia spielen Verstecken in einem Zimmer. Mia hat sich hinter dem Sessel versteckt (▸ Bild 06).

A1 a) Übertrage die Skizze in dein Heft. Zeichne Mias Spiegelbild und den Lichtweg von Mia zu Tom ein. Kann Tom Mias Spiegelbild sehen? Erläutere.

b) Markiere zwei weitere Positionen, von denen aus Tom Mias Spiegelbild sehen kann.

c) Kann Mia Toms Spiegelbild sehen? Erläutere.

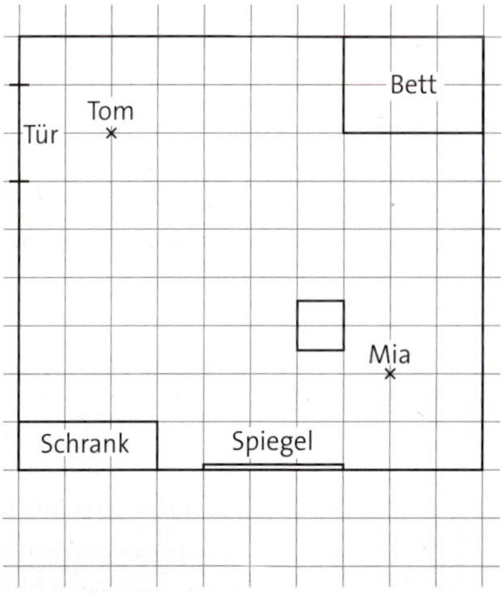

06 Versteckspiel

Material B ▸ Falsche Spiegelbilder

B1 a) ▸ Bild 07 zeigt eine Person vor einem Spiegel. Entscheide für jede Skizze, ob sie richtig oder falsch ist. Begründe deine Antwort jeweils.

b) Probiere aus, ob du mit einem Metalllöffel ein Spiegelbild wie in ▸ Bild 07 A erzeugen kannst. Finde eine Erklärung.

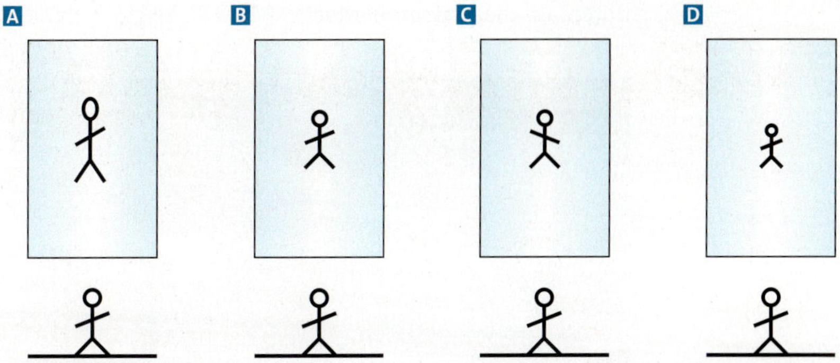

07 Falsche Spiegelbilder?

01 Zauberei?

Licht wird gebrochen

Ein „Zauberer“ gießt Wasser in eine anscheinend leere Tasse. Wenn die Tasse gefüllt ist, dann erscheint dort, wo zunächst nichts zu sehen war, eine Münze.

Unter Grenzfläche versteht man die Fläche zwischen zwei unterschiedlichen Stoffen, hier Wasser und Luft.

GEKNICKTE LICHTBÜNDEL · Die Münze war natürlich schon in der Tasse, sie war nur hinter der Tassenwand verborgen. Das Wasser scheint also das von der Münze ausgehende Licht über die Tassenkante in das Auge des Betrachters zu lenken.
Zur Überprüfung dieser Vermutung führen wir einen Versuch durch: In einem mit Wasser gefüllten Behälter befindet sich eine Lampe. Von der Lampe trifft ein schmales Lichtbündel von unten auf die Wasseroberfläche. ▸ Bild 02 zeigt, dass das Lichtbündel an der Wasseroberfläche geknickt ist. Man sagt: Das Licht wird an der Grenzfläche zwischen Wasser und Luft gebrochen. ▸ Bild 02 zeigt auch, dass ein Teil des Lichtbündels reflektiert wird. Wir beschäftigen uns im Folgenden erst einmal nur mit dem gebrochenen Lichtbündel.

Nun können wir den „Zaubertrick“ erklären: Ohne Wasser gelangt kein Licht von der Münze in das Auge, da die Tassenwand im Weg ist. Mit Wasser wird das von der Münze ausgehende Licht an der Wasseroberfläche gebrochen. Licht, das vorher am Auge vorbei gegangen ist, trifft nun in das Auge. ▸ Bild 03 verdeutlicht dies anhand einiger Lichtstrahlen.

02 Das Lichtbündel trifft auf die Wasseroberfläche.

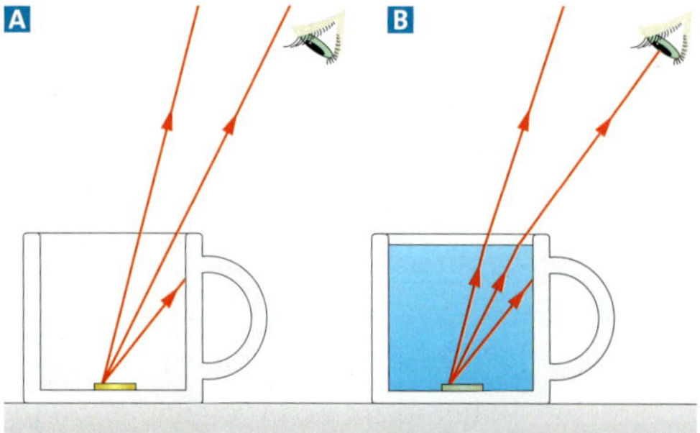

03 Lichtstrahlen **A** ohne und **B** mit Wasser

BRECHUNG AN GRENZFLÄCHEN · Licht wird beim Übergang von Wasser in Luft gebrochen. Es liegt nahe zu vermuten, dass es beim Übergang von Luft in Wasser ähnlich ist.

Der Versuch nach ▸ Bild 04 A bestätigt unsere Vermutung: Ein Lichtbündel trifft schräg auf die Grenzfläche zwischen Luft und Wasser. Es wird dort ebenfalls gebrochen. Zum Vergleich mit dem Übergang Wasser-Luft, liegt auf dem Boden des Beckens ein Spiegel. Das Licht wird dort reflektiert und trifft auf die Grenzfläche Wasser-Luft. Dort wird es zum zweiten Mal gebrochen. ▸ Bild 04 B zeigt den Aufbau von vorne: Man erkennt, dass alle Lichtbündel in einer Ebene senkrecht zur Wasseroberfläche liegen. Wir können daher den Versuch in einer vereinfachten Zeichnung betrachten (▸ Bild 04 C).

Wie bei der Reflexion misst man bei der Brechung die Winkel immer vom Lot aus. Beim Übergang Luft-Wasser ist der Brechungswinkel in Wasser kleiner als der Einfallswinkel in Luft. Man sagt: Das Licht wird zum Lot hin gebrochen. Beim Übergang Wasser-Luft ist es umgekehrt: Diesmal wird das Licht vom Lot weg gebrochen.

Einen Spezialfall der Brechung zeigt ▸ Bild 05: Wenn das Lichtbündel senkrecht auf die Wasseroberfläche trifft, dann betragen Einfalls- und Brechungswinkel 0°.

DER LICHTWEG IST UMKEHRBAR · Der Versuch nach ▸ Bild 04 A zeigt noch mehr: Wir nutzen aus, dass der Verlauf der Lichtbündel bei der Reflexion achsensymmetrisch ist. Folglich müssen auch die Winkel im Wasser bei beiden Brechungen gleich sein. Man kann nachmessen, dass die Winkel in Luft ebenfalls gleich sind. Wenn die Lampe rechts oben wäre, dann würde das Licht denselben Weg in umgekehrter Richtung durchlaufen. Man sagt: Der Lichtweg ist umkehrbar. Daher reicht es im Folgenden, wenn wir einen der beiden Übergänge untersuchen.

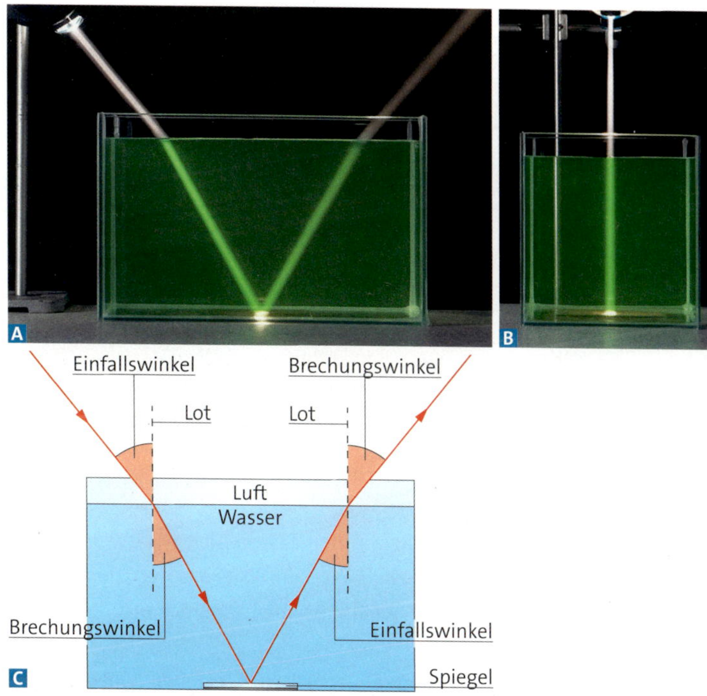

04 Licht wird an der Grenzfläche Wasser-Luft gebrochen: **A** Sicht von der Seite, **B** Sicht von vorn, **C** Zeichnung

Licht wird an der Grenzfläche zwischen Luft und Wasser gebrochen. Das einfallende und das gebrochene Lichtbündel sowie das Lot liegen dabei in einer Ebene.
Beim Übergang Luft-Wasser wird das Licht zum Lot hin gebrochen, beim Übergang Wasser-Luft vom Lot weg.
Dabei ist der Lichtweg umkehrbar.

BRECHUNG BEI ANDEREN STOFFEN · Was wir für Luft und Wasser festgestellt haben, gilt allgemein: Licht wird an der Grenzfläche zwischen unterschiedlichen durchsichtigen Stoffen, z. B. Luft und Glas, gebrochen. Dabei hat sich folgende Benennung bewährt. Wenn das Licht an der Grenzfläche zwischen zwei Stoffen zum Lot hin gebrochen wird, dann sagt man: Der erste Stoff ist **optisch dünner** als der zweite, bzw. der zweite Stoff ist **optisch dichter** als der erste. Wasser ist also optisch dichter als Luft. Wenn Licht von Luft auf Glas trifft, dann wird es zum Lot hin gebrochen. Glas ist also optisch dichter als Luft.

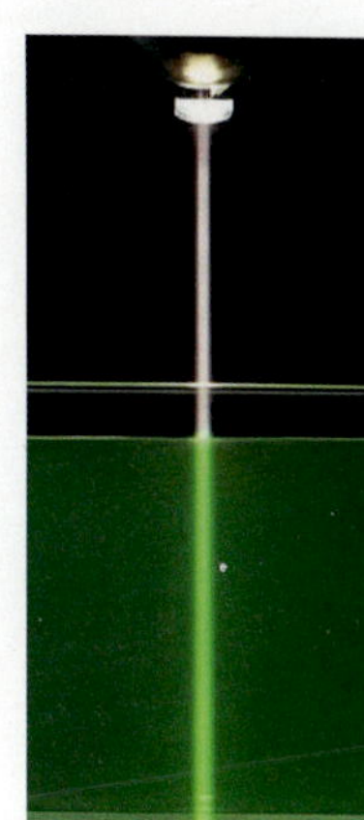

05 Licht trifft senkrecht auf die Wasseroberfläche.

Beim Übergang vom Glas zur Luft trifft das Licht senkrecht auf die Grenzfläche.

α	β
0°	0°
10°	7°
20°	13°
30°	19°
40°	25°
50°	31°
60°	35°
70°	39°
80°	41°

02 Messwerte

METHODE

Erstellen von Diagrammen

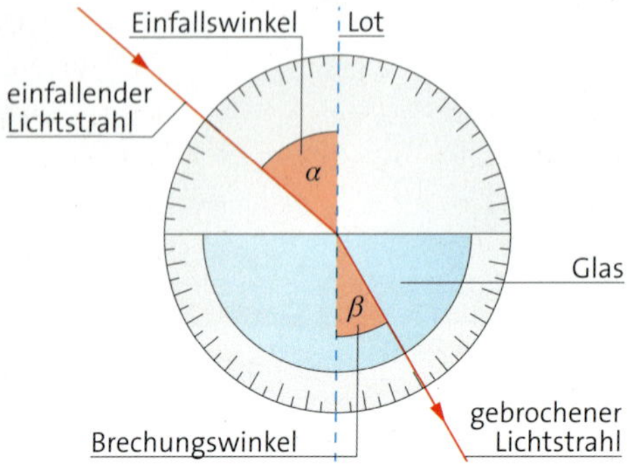

01 Messung an der Winkelscheibe

In Diagrammen lassen sich Messwerte übersichtlich darstellen. Wie das funktioniert, erklären wir am Beispiel der Brechung.

In einem Versuch untersuchen wir folgende Frage: Wie verändert sich der Brechungswinkel in Glas, wenn der Einfallswinkel in Luft verändert wird? Dazu verwenden wir eine Winkelscheibe wie in ▸ Bild 01. Wir messen für verschiedene Einfallswinkel *α* in Luft jeweils den Brechungswinkel *β* in Glas. ▸ Tabelle 02 zeigt die Messwerte.
Aus diesen Messwerten erstellen wir nun ein Diagramm (▸ Bild 03): In einem Koordinatensystem verwenden wir die Rechtsachse für den Einfallswinkel *α* in Luft und die Hochachse für den Brechungswinkel *β* in Glas.

Die jeweils zusammengehörenden Werte *(α, β)* tragen wir als kleine Kreuze ein. In ▸ Bild 03 ist markiert, wie man den Punkt einträgt, der zum Einfallswinkel 30° gehört.

Das Diagramm zeigt auf einen Blick, wie Brechungswinkel und Einfallswinkel zusammenhängen. Das erkennt man bei der Tabelle nicht so leicht.

Wie groß ist der Brechungswinkel in Glas bei einem Einfallswinkel von 45° in Luft? Auch bei dieser Frage hilft das Diagramm weiter: Wir zeichnen eine möglichst glatte Kurve durch die eingetragenen Punkte. In ▸ Bild 03 ist sie rot dargestellt. Mit der Kurve können wir nun ablesen: Beim Einfallswinkel 45° ist der Brechungswinkel 28°.

Da der Lichtweg umkehrbar ist, können wir das Diagramm auch umgekehrt lesen. Wenn in Glas der Einfallswinkel 35° ist, dann ist in Luft der Brechungswinkel 60°.

In ▸ Bild 04 ist der Zusammenhang zwischen Einfallswinkel und Brechungswinkel für verschiedene Übergänge dargestellt. Man erkennt leicht, dass Licht beim Übergang von Luft zu Diamant am stärksten gebrochen wird.

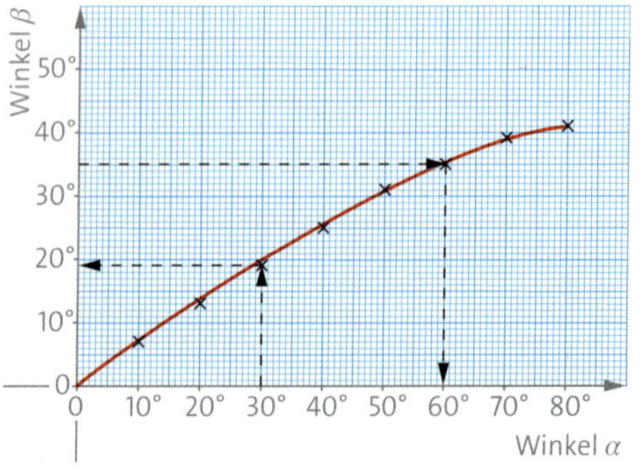

03 Messwerte werden im Diagramm dargestellt.

04 Winkel für verschiedene Übergänge

VERSUCHE ► Lichtbrechung

Du untersuchst die Brechung von Licht an der Grenzfläche Wasser-Luft.

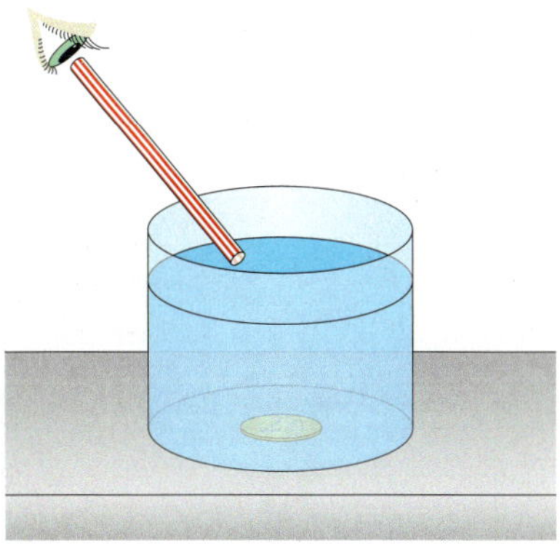

05 Zielversuch

Material:

Breites Glasgefäß (Schüssel), Münze, Trinkhalm oder dünne Papierröhre, Stricknadel oder langer dünner Stab.

Durchführung:

V1 **a)** Lege die Münze in die Schüssel und fülle sie mit Wasser. Blicke durch den Trinkhalm auf die Münze (► Bild 05). Halte den Trinkhalm in dieser Stellung fest und schiebe die Stricknadel durch den Trinkhalm in Richtung Münze. Notiere deine Beobachtung.

b) Schreibe auf, wie du zielen musst, damit du die Münze triffst. Erkläre.

V2 Stelle die Stricknadel in das gefüllte Glasgefäß. Betrachte sie von schräg oben. Notiere deine Beobachtungen. Erkläre.

Material A ► Lichtbrechung an verschiedenen Grenzflächen

A1 In den Zeichnungen ist jeweils ein Lichtstrahl beim Übergang zwischen verschiedenen Grenzflächen eingezeichnet. Entscheide und begründe, ob die Zeichnungen falsch oder richtig sind. Erstelle für die falschen Zeichnungen eine richtige in dein Heft.

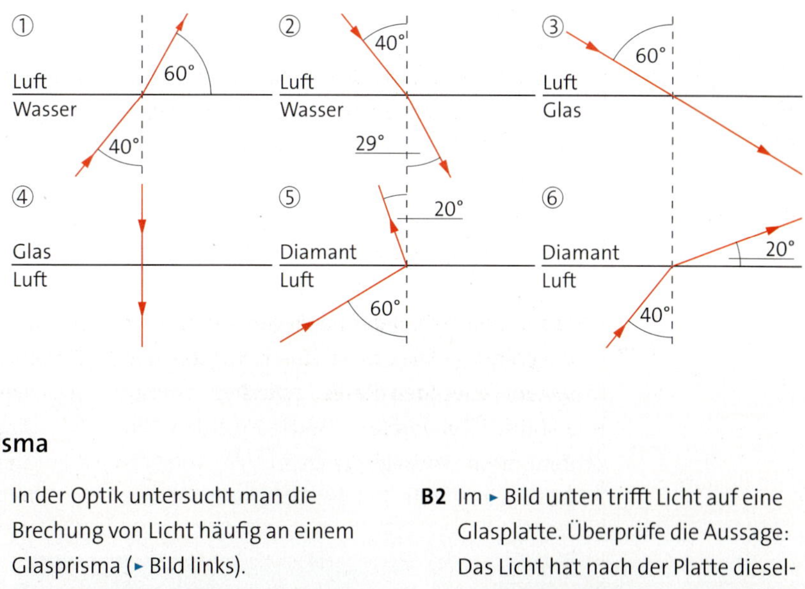

Material B ► Lichtbrechung am Prisma

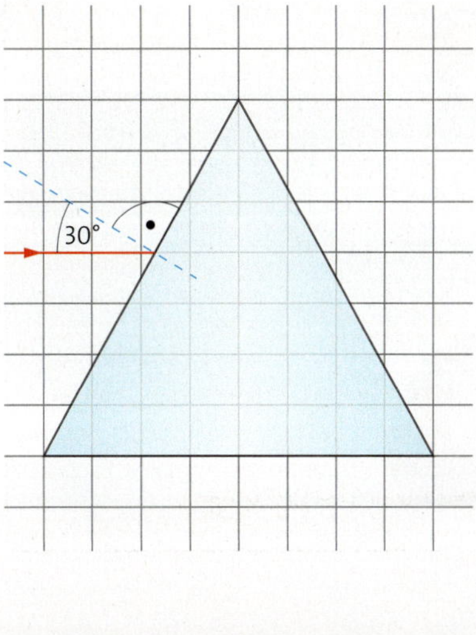

In der Optik untersucht man die Brechung von Licht häufig an einem Glasprisma (► Bild links).

B1 **a)** Übernimm die Zeichnung in dein Heft und zeichne den weiteren Verlauf des Lichtstrahls ein. Entnimm die dazu nötigen Werte aus ► Bild 04 auf der vorherigen Seite.

b) Der Lichtstrahl soll nun im Glasprisma parallel zur unteren Kante verlaufen. Bestimme den Einfallswinkel. Fertige eine Zeichnung an.

B2 Im ► Bild unten trifft Licht auf eine Glasplatte. Überprüfe die Aussage: Das Licht hat nach der Platte dieselbe Ausbreitungsrichtung wie davor.

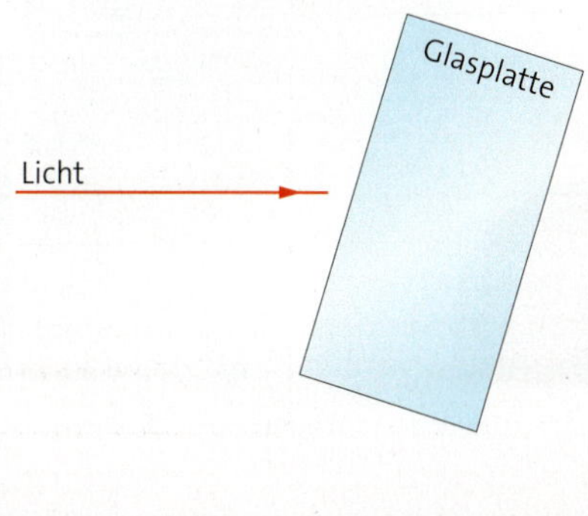

01 Spiegelung
A unter Wasser,
B über Wasser

Totalreflexion

Im Bild links ist an der Wasseroberfläche ein Spiegelbild des Meeresbodens und der Schildkröte zu erkennen. Rechts ist das Spiegelbild eines schneebedeckten Gipfels zu sehen. In beiden Fällen wirkt die Wasseroberfläche wie ein Spiegel. Gibt es dennoch Unterschiede bei der Spiegelung?

ÜBERGANG WASSER – LUFT · Wir betrachten zuerst die Situation mit der Schildkröte. Damit ein Spiegelbild entsteht, muss das Licht, das von unten auf die Grenzfläche zwischen Wasser und Luft trifft, an dieser reflektiert werden. Wir prüfen diese Vermutung in einem Versuch. ▸ Bild 02 A zeigt: Ein Teil des Lichts wird an der Grenzfläche reflektiert, der Rest verlässt das Wasser und wird gebrochen. Je größer der Einfallswinkel ist, desto heller ist das reflektierte Lichtbündel und desto dunkler ist das gebrochene Lichtbündel (▸ Bild 02 B). Wenn wir den Einfallswinkel immer weiter vergrößern, dann gibt es ab einem bestimmten Winkel, dem so genannten **Grenzwinkel,** keinen gebrochenen Anteil mehr, das gesamte Licht wird reflektiert (▸ Bild 02 C). Man spricht von **Totalreflexion.**

Wenn Licht auf die Grenzfläche von Wasser zu Luft trifft und der Einfallswinkel größer als der Grenzwinkel ist, dann wird es total reflektiert.

02 Ein Lichtbündel trifft auf die Grenzfläche Wasser-Luft: **A, B** Reflexion und Brechung, **C** Totalreflexion

ÜBERGANG LUFT – WASSER · Beim gespiegelten Gipfel im Bergsee trifft Licht von Luft auf die Grenzfläche zum Wasser (▸ Bild 01B). Kann es dabei auch zu Totalreflexion kommen? Gibt es Einfallswinkel, bei denen kein Licht mehr ins Wasser eindringt?

Aus dem vorigen Kapitel weißt du, dass Licht beim Übergang von Luft zu Wasser zum Lot hin gebrochen wird. Der Brechungswinkel ist also immer kleiner als der Einfallswinkel. Der größtmögliche Einfallswinkel beträgt 90°. Der Brechungswinkel im Wasser ist daher stets kleiner als 90°. Das heißt: Bei jedem Einfallswinkel in Luft dringt Licht ins Wasser ein. Es gibt hier keine Totalreflexion.

DER GRENZWINKEL IM DIAGRAMM · Im vorigen Kapitel wurde ein Diagramm für den Brechungswinkel in Glas in Abhängigkeit vom Einfallswinkel in Luft aufgenommen. ▸ Bild 03 zeigt ein entsprechendes Diagramm für den Übergang Luft – Wasser. Dieses Diagramm kann man aber auch für den umgekehrten Übergang benutzen: Z.B. beträgt bei einem Einfallswinkel von $\beta = 35°$ in Wasser der Brechungswinkel in Luft $\alpha = 50°$.
Dem Diagramm kann man auch den Grenzwinkel für den Übergang Wasser – Luft entnehmen: Dazu liest man den Winkel β in Wasser ab, der zum Winkel $\alpha = 90°$ in Luft gehört. Man erhält $\beta = 49°$. Der Grenzwinkel für den Übergang Wasser-Luft ist also 49°.

ÜBERGANG GLAS – LUFT · Wie verhält sich Licht an der Grenzfläche zwischen Glas und Luft? Wir vermuten, dass beim Übergang vom optisch dichteren Stoff Glas zum optisch dünneren Stoff Luft ebenfalls Totalreflexion auftreten kann, beim umgekehrten Übergang dagegen nicht. Ein Versuch bestätigt dies (▸ Bild 04). Es ergibt sich nur ein anderer Grenzwinkel. Diesen können wir dem Diagramm im vorigen Kapitel entnehmen. Wir lesen dort für den Grenzwinkel ca. 42° ab.

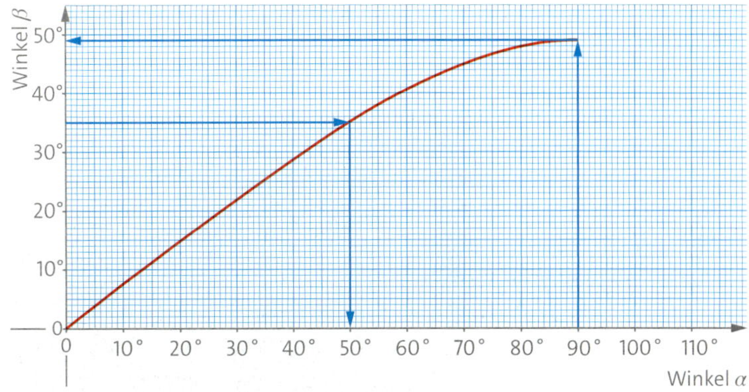

03 Zusammenhang zwischen dem Winkel β in Wasser und dem Winkel α in Luft

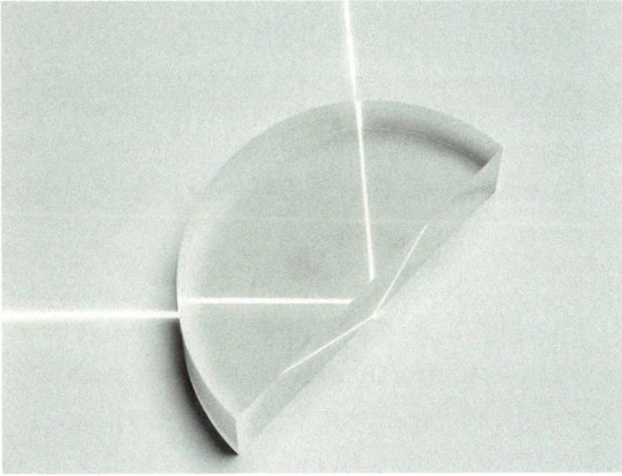

04 Licht trifft aus Glas an die Grenzfläche zur Luft.

Allgemein gilt, dass der Grenzwinkel von den beiden Stoffen abhängt, die aneinander grenzen.

Totalreflexion tritt dann auf, wenn Licht aus einem optisch dichteren Stoff auf die Grenzfläche zu einem optisch dünneren Stoff trifft und der Einfallswinkel größer als der Grenzwinkel ist.

1 Nenne Gemeinsamkeiten und Unterschiede von Reflexion und Totalreflexion.

2 Experimentell kann man einen Einfallswinkel von 90° beim Übergang von Luft in Wasser kaum einstellen. Erläutere, wie man den zugehörigen Brechungswinkel bestimmen kann.

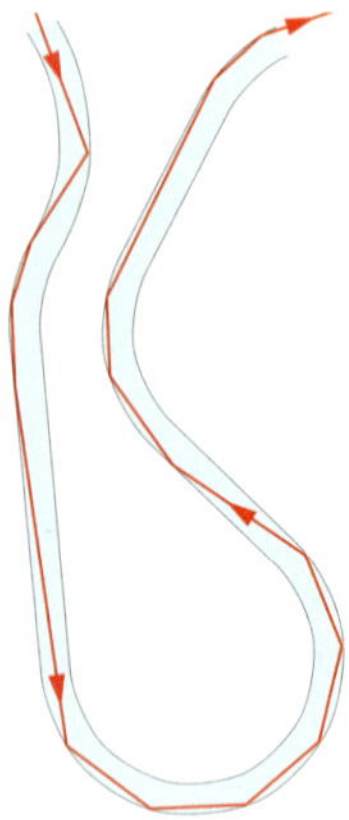

01 Totalreflexion in einem Lichtleiter

BLICKPUNKT

Der Lichtleiter

02 Eine Lampe aus Lichtleitern

Im ▸ Bild 02 folgt Licht den Kurven der gebogenen Glasfasern. Du hast aber gelernt, dass Licht sich geradlinig ausbreitet. Wie ist das möglich?

Ein genauerer Blick zeigt, dass sich Licht auch in den Glasfasern geradlinig ausbreitet. Dabei trifft es auf die Grenzfläche zwischen Glas und umgebender Luft (▸ Bild 01). Wenn der Einfallswinkel größer als der Grenzwinkel ist, dann wird es total reflektiert und folgt so der gebogenen Glasfaser.

Mit Lichtleitern werden im Internet Daten über Strecken von bis zu 20 km ohne Verstärkung übertragen.

Glasfasern benutzt man auch in der Medizin: Um z. B. die Nasennebenhöhlen zu untersuchen, schiebt der Arzt einen dünnen Schlauch durch die Nase. Dieser Schlauch enthält zwei Lichtleiter: den einen zum Beleuchten des Körperinneren, den anderen, um das Streulicht nach außerhalb des Körpers zu leiten, damit der Arzt ein Bild der Nasennebenhöhle erhält.

Ein Regensensor

In manchen Autos wird der Scheibenwischer automatisch von einem Regensensor gesteuert. Woher weiß so ein Sensor, wann es regnet?

▸ Bild 03 A zeigt den prinzipiellen Aufbau: Eine Lichtquelle sendet Licht so aus, dass es bei einer trockenen Scheibe total reflektiert und von einem Empfänger registriert wird. Wenn Wassertropfen auf der Glasscheibe liegen, dann verlässt ein Teil des Lichts das Glas (▸ Bild 03 B). Das liegt daran, dass der Grenzwinkel beim Übergang von Glas in Wasser größer ist als beim Übergang von Glas in Luft. Am Empfänger kommt weniger Licht an. Er meldet „Regen". Bei stärkerem Regen liegen mehr Wassertropfen auf der Scheibe und noch weniger Licht kommt beim Empfänger an. So weiß der Sensor sogar, wie stark es regnet.

03 Prinzip eines Regensensors: **A** Scheibe trocken, **B** Scheibe feucht

VERSUCHE ▸ „Zaubertricks“

Die folgenden Versuche zeigen auf den ersten Blick ein überraschendes Verhalten von Licht. Die Erklärung der angeblichen Zaubertricks sollst du selbst geben.

V1 Der leuchtende Wasserstrahl

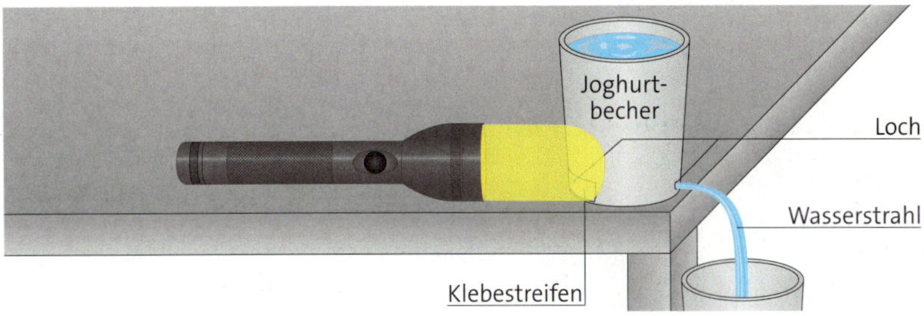

Material:

Joghurtbecher, Nagel, transparentes Klebeband, Lampe, Wasser

Durchführung:

Stich mit dem Nagel zwei Löcher in den Becher, die sich in etwa gegenüberliegen. Verschließe eines der Löcher wasserdicht mit Klebeband. Leuchte mit der Lampe durch beide Löcher hindurch. Ob du mit der Lampe durch beide Löcher getroffen hast, kannst du daran erkennen, dass an der Wand ein Lichtfleck zu sehen ist.

Fülle dann Wasser in den Becher. Vergiss nicht, das Wasser aufzufangen. Notiere deine Beobachtung. Erkläre deine Beobachtung.

V2 Die verschwundene Münze

Material:

Glas, Münze, Wasser

Durchführung:

Befeuchte die Münze mit Wasser und stelle das Glas auf die Münze. Lass deinen Nachbarn von der Seite durch das Glas auf die Münze schauen. Sprich ein paar magische Worte und gieße Wasser ein. Notiere deine Beobachtung. Erkläre deine Beobachtung.

Material A ▸ Konstruktionen

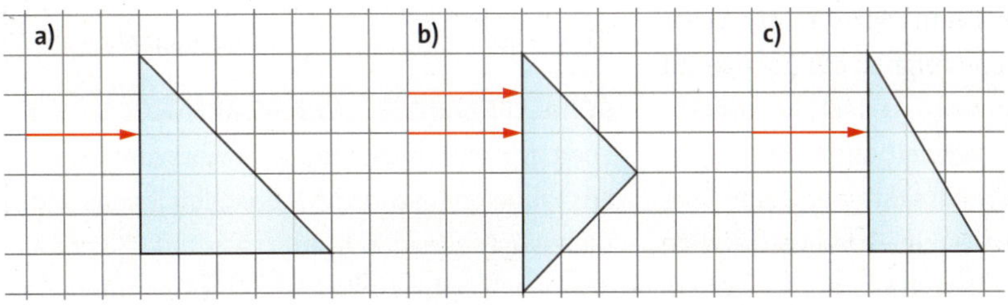

A1 Im ▸ Bild links trifft Licht von links auf verschiedene Glaskörper. Übertrage die Skizzen in dein Heft. Zeichne den weiteren Verlauf des Lichts ein.

Material B ▸ Was sieht ein Taucher?

B1 Wenn ein Taucher nach unten oder zur Seite schaut, dann sieht er die Unterwasserwelt. Was sieht er aber, wenn er nach oben schaut? Als Hilfe kannst du dir zuerst anhand einer Zeichnung überlegen, wohin das Licht einer Taschenlampe gelangen kann, wenn der Taucher sie in verschiedene Richtungen hält.

01 Sängerin AnNa R. der Gruppe Rosenstolz

02 Musikgenuss mit dem MP3-Player

Schall umgibt uns überall

Hast du schon einmal darüber nachgedacht, wie es wäre, wenn es keinen Schall gäbe? Ohne Schall könnten wir keine Musik hören, nicht miteinander sprechen und viele Gefahren, wie z.B. heranfahrende Autos, nicht rechtzeitig wahrnehmen.

Wenn du Musik hörst, dann sicherlich, weil sie dir gefällt. Du empfindest diese Musik als schön. Falls du ein Instrument spielst oder in einem Chor singst, dann weißt du, wie wichtig es ist, den „richtigen Ton zu treffen". Wenn du gut spielst oder singst, dann klingt es schön. Andernfalls kann es ziemlich „schräg" klingen.

Hoch – tief, laut – leise, angenehm – entsetzlich sind alles Begriffe zur Beschreibung von Musik oder allgemein von Schall. Manche dieser Begriffe drücken eher das persönliche Empfinden aus. Manche können durch die Physik genauer erklärt werden.

VORGEHENSWEISE DER PHYSIK · In der Physik versucht man Vorgänge und Erscheinungen, z.B. die Entstehung und Wahrnehmung eines Tons, möglichst objektiv zu beschreiben. Objektiv bedeutet, dass die Beschreibung unabhängig vom persönlichen Empfinden ist. Ob ein Musikstück gefällt oder nicht, das ist keine Frage der Physik. Die Tonhöhe und die Lautstärke sind dagegen Begriffe, die auch in der Physik behandelt werden. Musik, die für dich leise ist, empfinden deine Eltern vielleicht als laut. Auch die Tonhöhe empfinden Menschen unterschiedlich. In der Physik wurden daher Methoden entwickelt, um Tonhöhe und Lautstärke exakt angeben zu können. Wie das geht, kannst du auf den nächsten Seiten lernen.

SCHALLERZEUGER UND -EMPFÄNGER · Sprechen und Hören sind für uns selbstverständlich. Für taube oder stumme Menschen ist das leider nicht so: Die beiden Kinder in ▸ Bild 03 verständigen sich mit Handzeichen, der Gebärdensprache. Stumme Menschen können nicht sprechen, taube Menschen können nicht hören. Daran erkennst du schon zwei Seiten des Themas Schall: **Schallerzeugung** und **Schallempfang.**

Und irgendwie muss der Schall auch vom Schallerzeuger zum Schallempfänger gelangen. Man nennt dies die **Schallübertragung.** Dies ist die dritte Seite, die uns am Thema Schall interessiert (▸ Bild 04).

SCHALLERZEUGUNG · Wir beginnen mit der Untersuchung der Schallerzeugung. Ein sehr einfacher Schallerzeuger ist das Lineal aus deinem Schreibmäppchen. Wenn du das Lineal mit der einen Hand oberhalb der Tischkante gut festhältst und mit der anderen Hand anschlägst, dann kannst du einen Ton hören. Gleichzeitig siehst du, wie das Lineal auf und ab schwingt (▸ Bild 05).
Je länger der schwingende Teil des Lineals ist, umso besser kannst du die Bewegung erkennen. Ist er zu lang, dann hörst du keinen richtigen Ton mehr. Wenn du aber den schwingenden Teil des Lineals immer mehr verkürzt, dann hörst du den Ton deutlicher und auch die Tonhöhe verändert sich. Allerdings kannst du die Bewegung nun kaum noch sehen. Erst wenn das Lineal zur Ruhe gekommen ist, hörst du den Ton nicht mehr. Wir schließen daraus, dass der Ton mit den Schwingungen des Lineals zu tun hat.

Gilt das auch für andere Schallerzeuger? Wir vermuten, dass Schallerzeuger immer schwingen müssen, damit Schall entsteht. Um unsere Vermutung zu überprüfen, kannst du weitere Versuche durchführen.

Wenn du eine Stimmgabel anschlägst, dann kannst du einen Ton hören. Es ist aber keine Bewegung an der Stimmgabel sichtbar. Schwingt die Stimmgabel also nicht?
Du kannst diese Frage in einem weiteren Versuch überprüfen (▸ Bild 06): Wenn du die Spitzen der angeschlagenen Stimmgabel in ein Glas mit Wasser hältst, dann spritzt das Wasser aus dem Glas. Daran erkennst du, dass die Stimmgabel sehr schnell schwingt und zwar so schnell, dass deine Augen die Bewegung nicht mehr wahrnehmen können.
Auch wenn wir sprechen oder singen, schwingt etwas sehr schnell. Du kannst dies spüren, wenn du deinen Kehlkopf beim Sprechen oder Singen („aaa“) berührst (▸ Bild 07). Wie du später noch lernen wirst, sind es die Stimmbänder, die hier schwingen.

03 Die beiden Mädchen unterhalten sich ohne gesprochene Worte.

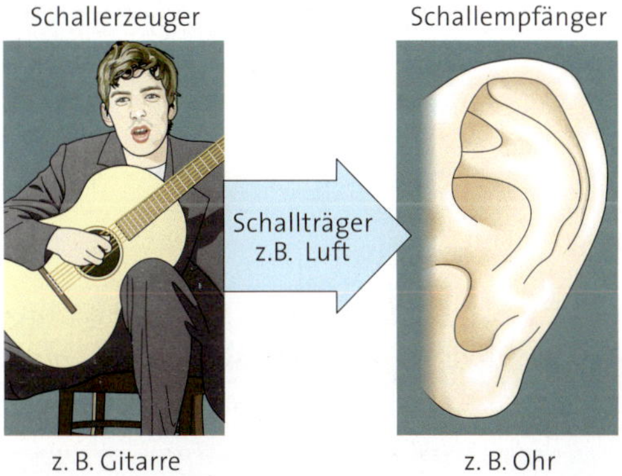

04 Der Schall entsteht in der Gitarre, wird von der Luft übertragen und vom Ohr empfangen.

05 Das Lineal schwingt auf und ab.

06 Die Stimmgabel schwingt so schnell, dass das Wasser aus dem Glas spritzt.

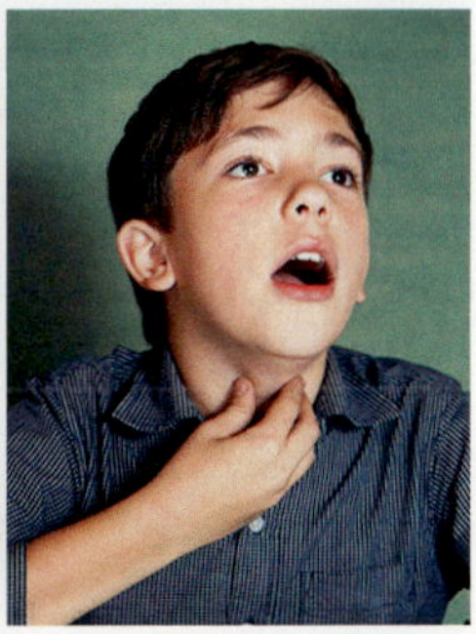

07 Du spürst die Vibration deiner Stimmbänder.

01 Gitarrenspiel unter Freunden

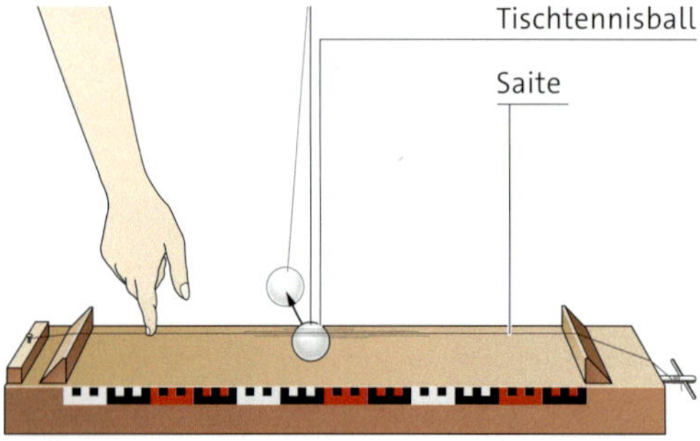

02 Die schwingende Saite stößt den Tischtennisball ab.

03 Fliegender Schmetterling

04 Fliegende Honigbiene

Vielleicht spielst du selbst ein Musikinstrument. Was bewegt sich z.B. bei einer Geige oder Gitarre (▸ Bild 01)? Diese Frage beantworten wir mithilfe des folgenden Versuchs (▸ Bild 02):

Eine einzelne Saite wird fest eingespannt, sodass beim Anschlagen ein Ton hörbar ist. Ein Tischtennisball, der an einem Faden aufgehängt ist, berührt die Saite. Wenn wir die Saite anschlagen, dann wird der Ball heftig abgestoßen. Die Saite bewegt sich offenbar für das Auge nicht sichtbar sehr schnell hin und her.

Alle bisher behandelten Beispiele zeigen:
Offensichtlich muss ein Gegenstand schwingen, um Schall zu erzeugen. Bedeutet das gleichzeitig, dass alles, was schwingt, Schall erzeugt? Nein – ein umherflatternder Schmetterling beispielsweise schwingt seine Flügel regelmäßig auf und ab (▸ Bild 03). Doch wir können keinen Ton hören. Eine fliegende Hummel oder Biene hören wir dagegen sehr wohl. Das liegt daran, dass der Flügelschlag beim Schmetterling sehr langsam ist, bei der Hummel und der Biene jedoch sehr schnell (▸ Bild 04).

Fassen wir unsere bisherigen Erkenntnisse zusammen:

/// Damit ein hörbarer Ton entsteht, muss ein Gegenstand genügend schnell schwingen.

1 **a)** Nenne mindestens fünf weitere Beispiele für Schallerzeugung.
b) Beschreibe jeweils eine Möglichkeit, wie du die schnelle Bewegung dabei nachweisen kannst.

2 Beschreibe, was du hörst, wenn du mit einem angefeuchteten Finger über den Rand eines dünnwandigen Glases streichst. Hast du eine Vermutung, welche Teile schwingen? Schreibe auf.

VERSUCHE ▸ Schallerzeugung

V1 Knarrender Becher

Material:

Joghurtbecher, Faden, Streichholz

Durchführung:

Bohre in die Bodenmitte eines leeren und sauberen Joghurtbechers ein kleines Loch. Stecke einen Faden hindurch und verknote diesen mit dem Streichholz, sodass der Faden nicht mehr durch das Loch rutschen kann. Zupfe mit den Fingern am gestrafften Faden, sodass du einen Ton hören kannst.

a) Welche Vermutung hast du zur Tonentstehung?

b) Führe einen Versuch durch, mit dem du deine Vermutung überprüfen kannst. Protokolliere.

V2 Klangstäbe

Material:

Stativstab, Hammer

Durchführung:

Halte mit einer Hand einen Stativstab etwa in der Mitte fest. Nimm den Hammer in die andere Hand und schlage auf ein Ende des Stabes.

a) Stelle eine Vermutung dazu auf, wie der Ton entsteht. Überlege, wie du deine Vermutung experimentell überprüfen kannst.

b) Beschreibe, wie sich der Ton ändert, wenn du verschieden lange Stäbe verwendest.
Protokolliere jeweils die Durchführung der Versuche.

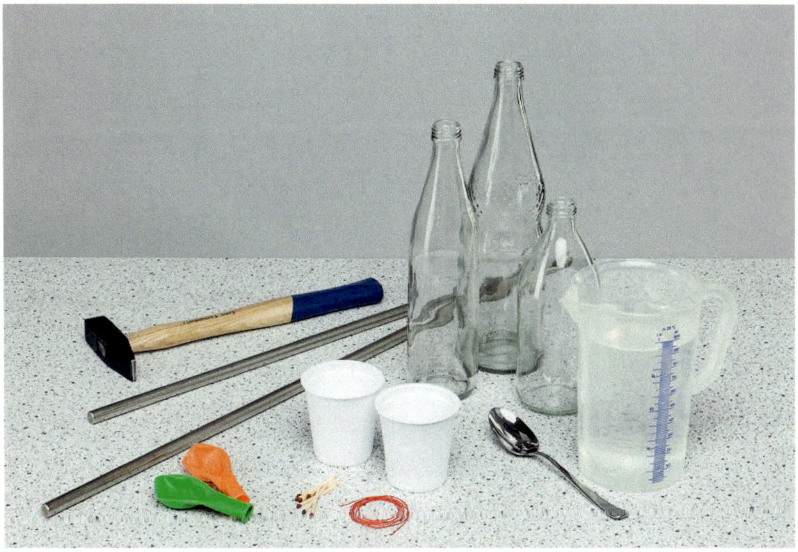

02 Versuchsgeräte zur Schallerzeugung

V3 Quietschender Luftballon

Material:

Luftballon

Durchführung:

Blase einen Luftballon auf. Ziehe mit den Fingern die Ballonöffnung zu einem dünnen Schlitz auseinander, sodass die Luft quietschend entweichen kann.

a) Beschreibe, wie du unterschiedliche Töne erzeugen kannst.

b) Vermute, welche Teile bei der Schallerzeugung schwingen. Prüfe deine Vermutung und protokolliere.

V4 Flaschenklang 1

Material:

Glasflasche, Wasser, Löffel

Durchführung:

Schlage mit dem Löffel an die leere Glasflasche. Du hörst einen Ton.

a) Stelle eine Vermutung dazu auf, welche Teile so schnell schwingen, dass ein hörbarer Ton entsteht.

b) Untersuche, wie sich der Ton ändert, wenn du die Flasche mit Wasser füllst. Protokolliere.

c) Versuche zusammen mit deinen Mitschülern, eine Melodie zu spielen.

V5 Flaschenklang 2

Material:

Glasflasche, Wasser

Durchführung:

Fülle in eine Glasflasche Wasser (nicht ganz voll). Blase nun schräg in die Flaschenöffnung hinein, sodass ein Ton entsteht.

a) Formuliere eine Vermutung dazu, wie der Ton entsteht. Überprüfe deine Vermutung und protokolliere.

b) Ändere die Wassermenge in der Flasche und beschreibe, wie sich der Ton ändert.

01 Schwingende Saite eines Kontrabasses

Schall und Schwingungen

Die Saite des Kontrabasses auf dem Foto schwingt so schnell, dass wir die Schwingung mit unseren Augen nicht mehr verfolgen können. Nur mit einem Trick ist es dem Fotografen gelungen, die Schwingung „einzufangen". Wie kann man solche Schwingungen beschreiben?

Die Einheit Hertz wurde zu Ehren des deutschen Physikers HEINRICH HERTZ, 1857 – 1894, vergeben.

GRÖSSEN EINER SCHWINGUNG · Betrachten wir zuerst noch einmal das schwingende Lineal. Wir haben festgestellt, dass das Lineal schneller schwingt, wenn man den schwingenden Teil verkürzt. Gleichzeitig ändert sich auch die Tonhöhe. Genau genommen bedeutet „schneller", dass sich das Lineal öfter in einer bestimmten Zeit, z.B. in einer Sekunde, hin und her bewegt. Die Tonhöhe hängt also davon ab, wie oft sich das Lineal in einer Sekunde hin und her bewegt. In der Physik verwendet man dafür den Begriff der **Frequenz.**

Die Frequenz ist ein Beispiel für eine **physikalische Größe.** Zu jeder physikalischen Größe gehören ein **Formelzeichen** und eine **Einheit.** Bestimmt kennst du schon andere Größen: Die Größe **Zeit** hat das Formelzeichen t und die Einheit eine Sekunde (1 s). Die Länge einer Strecke hat das Formelzeichen s und die Einheit ein Meter (1 m).

Der Frequenz hat man das Formelzeichen f und die Einheit ein **Hertz** (1 Hz) gegeben. Wenn sich das Lineal in 5 s genau 600-mal hin und her bewegt, dann sind es in einer Sekunde 120 Hin- und Herbewegungen (600 : 5 = 120). Die Frequenz beträgt in diesem Fall 120 Hz. Zur Berechnung der Frequenz dividiert man also die Anzahl der Hin- und Herbewegungen, bezeichnet mit n, durch die Zeit t:

$$f = \frac{n}{t} = \frac{600}{5\,\text{s}} = 120\,\frac{1}{\text{s}}.$$

Die Gleichung zeigt, dass gilt: $1\,\text{Hz} = \frac{1}{\text{s}}$.

Die Frequenz f einer Schwingung gibt an, wie viele Hin- und Herbewegungen in einer Sekunde erfolgen. Die Einheit der Frequenz ist ein Hertz (1 Hz). Für die Frequenz gilt:

$$f = \frac{n}{t},$$

n: Anzahl der Hin- und Herbewegungen,
t: dafür benötigte Zeit.

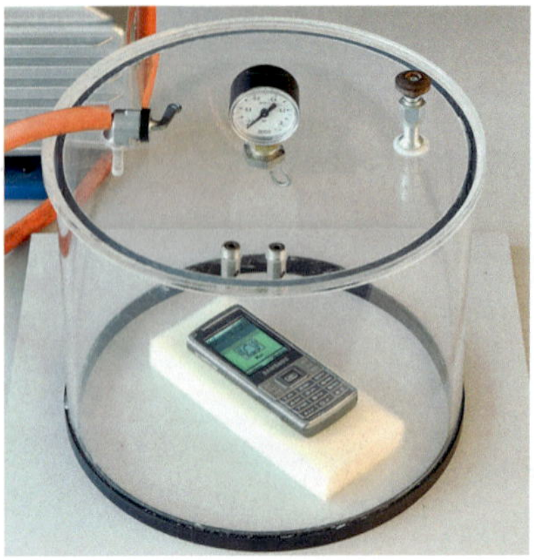

03 Ohne Luft hört man das Handy nicht.

04 Die Luft vor dem Lautsprecher schwingt.

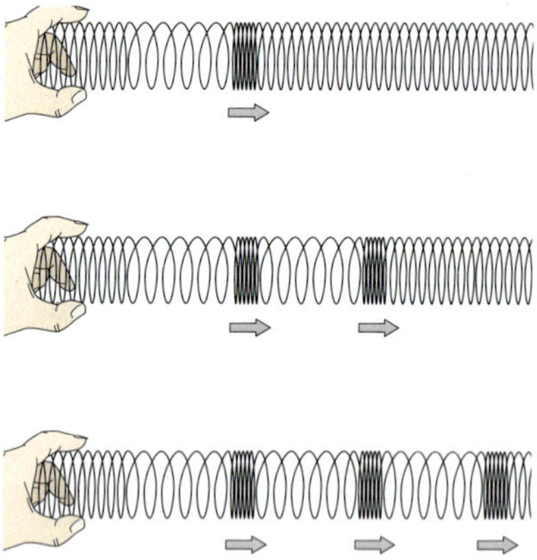

05 Veranschaulichung der Schallausbreitung

NICHT NUR LUFT IST EIN SCHALLTRÄGER · Beim Tauchen im Schwimmbad kannst du unter Wasser viele Geräusche hören. Wasser ist also auch ein Schallträger. Deshalb können sich Wale und Delfine über große Entfernungen durch Laute verständigen. Auch feste Materialien können Schall übertragen. Wenn du dein Handy auf Vibrationsalarm stellst und es in der Hand hältst, dann hörst du nur ein leises Brummen. Wenn du es auf den Tisch legst und dein Ohr in einem Meter Abstand gegen den Tisch drückst, dann hörst du das Brummen des Handys viel lauter.

Tatsächlich kann sich der Schall in praktisch allen Materialien ausbreiten. Allerdings breitet er sich in den verschiedenen Materialien unterschiedlich gut aus. Im luftleeren Raum aber kann sich der Schall nicht ausbreiten.

/// Schall kann sich nur in einem Schallträger ausbreiten. Alle Materialien können den Schall übertragen.

WAS GESCHIEHT IM SCHALLTRÄGER? · Zur Untersuchung der Schallübertragung stellen wir eine Kerzenflamme vor eine schwingende Lautsprechermembran (▸ Bild 04). Wir beobachten, dass die Kerzenflamme auseinander gezogen wird. Wir erklären uns das folgendermaßen: Wenn eine Lautsprechermembran hin und her schwingt, dann wird die Luft vor der Membran abwechselnd zusammengedrückt und auseinandergezogen. Dabei schwingt die Luft selbst wie die Membran hin und her. Durch die schnellen Bewegungen der Luft wird die Flamme in die Breite gezogen. Die Schwingung der Lautsprechermembran wird durch die Luft sozusagen weitergegeben.

Wir veranschaulichen die Schallausbreitung mit einer Spiralfeder (▸ Bild 05): Wenn wir ein Ende der Spirale mit der Hand schnell hin und her bewegen, dann entstehen abwechselnd Verdichtungen und Verdünnungen in der Spirale. Diese Verdichtungen und Verdünnungen wandern von links nach rechts durch die Spirale.

Die Schallausbreitung in Luft stellen wir uns ähnlich vor: Wenn eine Lautsprechermembran hin und her schwingt, dann entstehen in der Luft vor der Membran abwechselnd Verdichtungen und Verdünnungen. Diese breiten sich durch die Luft in den Raum aus.

1 Mithilfe des Echos kannst du den Abstand zu einer Felswand abschätzen. Dazu musst du die Zeit messen, die zwischen einem kurzen Ruf und dem Echo vergeht. Bestimme die Entfernung zu einer Felswand, wenn zwischen Ruf und Echo zwei Sekunden vergehen.

BLICKPUNKT

Technische Anwendungen des Schalls

01 Mit dem Echolot wird der Meeresboden erkundet.

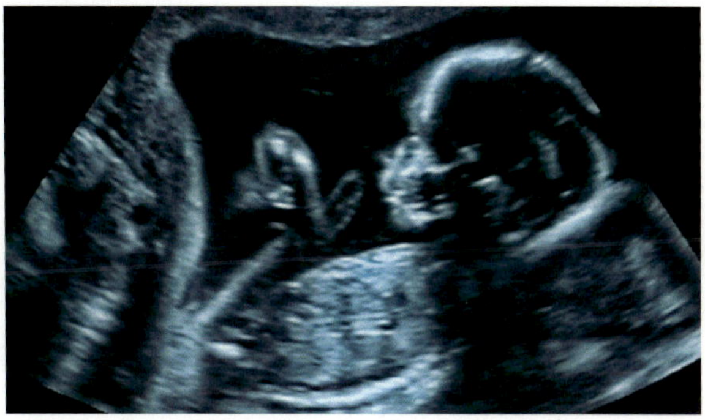

02 Ultraschallbild eines Fötus

Der Meeresboden wird erkundet · Motiviert vom Schicksal der Titanic, die nach dem Zusammenstoß mit einem Eisberg im Jahre 1912 im Nordmeer unterging, versuchte der Physiker ALEXANDER BEHM (1880–1952) ein Eisberg-Ortungssystem zu entwickeln. Von einem Eisberg ragt immer nur ein kleiner Teil aus dem Wasser. Die wahren Ausmaße unter Wasser sind mit dem bloßen Auge schwer zu erkennen. BEHM versuchte die Eisberge mithilfe von reflektierten Schallwellen zu orten. Dafür befestigte er außen am vorderen Teil eines Schiffes unterhalb der Wasseroberfläche einen Schallsender und -empfänger. Die Schallwellen wurden nach vorne durch das Wasser ausgesendet. BEHM wollte auf diese Weise das Hindernis unter Wasser rechtzeitig erkennen. Für diesen Zweck war sein Ortungssystem allerdings nicht geeignet. Er konnte keine reflektierten Schallwellen registrieren. BEHM richtete seinen Schallsender auf den Meeresgrund und entdeckte, dass die Schallwellen reflektiert wurden. Dafür war offensichtlich der Meeresboden verantwortlich. BEHM hatte das Echolot erfunden.

Warum aber versagte sein System bei den Eisbergen? Untersuchungen der Schallreflexion an Körpern haben Folgendes ergeben: Der Schall wird an Körpern reflektiert, wenn er sich im Körper mit einer höheren Geschwindigkeit ausbreitet als in der Umgebung. Wenn der Unterschied der Geschwindigkeiten groß ist, dann wird der Schall fast vollständig reflektiert. Die Schallgeschwindigkeit in Wasser unterscheidet sich aber nur wenig von der in Eis. Daher wird der Schall im Wasser kaum am Eis reflektiert.

Das Echolot wird auch heute noch eingesetzt. Bei der Echoortung sind an der Unterseite des Schiffs ein Sender und ein Empfänger für Schallwellen angebracht. Die ausgesendeten Schallwellen breiten sich so lange aus, bis sie auf den Meeresgrund oder ein anderes Hindernis treffen und dort reflektiert werden (▸ Bild 01). Die reflektierten Schallwellen werden vom Empfänger registriert. Aus der Zeit zwischen Aussenden und Empfangen kann man die Meerestiefe oder auch die Position eines Fischschwarms bestimmen.

Ultraschall in der Medizin · Das Prinzip des Echolots wird auch in der Medizin angewendet. Es gibt Schallwellen mit einer hohen Frequenz, die für uns Menschen nicht hörbar sind, den Ultraschall. Mit einem Ultraschallgerät können Körperorgane oder auch ungeborene Kinder untersucht werden. Bei dieser schmerzlosen Untersuchung wird ein Schallkopf auf die Haut gesetzt. Dieser sendet Ultraschallwellen aus und empfängt die reflektierten Wellen. Die Schallwellen werden im Körpergewebe unterschiedlich stark reflektiert. Auf dem Bildschirm des Ultraschallgerätes erscheinen Bereiche, die den Schall stark reflektieren, hell. Diejenigen Bereiche, die ihn kaum oder gar nicht reflektieren, erscheinen dunkel. Auf diese Weise erzeugt das Gerät z. B. Bilder eines ungeborenen Kindes (▸ Bild 02).

1 Im Meer breitet sich der Schall mit einer Geschwindigkeit von 1500 Metern pro Sekunde aus. Wie tief ist das Meer, wenn das reflektierte Signal nach 3 Sekunden registriert wird?

VERSUCHE ▸ Zur Schallausbreitung in verschiedenen Schallträgern

Mit den Versuchen V1 und V2 erkundest du die Schallausbreitung in verschiedenen Materialien. In Versuch V3 misst du die Schallgeschwindigkeit in Luft.

V1 Löffel an der Schnur

Material:

Suppenlöffel, Schnur (1 m)

Durchführung:

Binde in der Mitte der Schnur den Suppenlöffel fest. Wickle jeweils ein Ende der Schnur um einen Zeigefinger jeder Hand. Stecke deine Zeigefinger in die Ohren und lasse den Löffel gegen eine Tischkante pendeln.
Beschreibe, was du hörst.
Überlege dir, wodurch der Schall übertragen wird.

V2 Verschiedene Schallträger

Material:

Tickende Uhr, Blech, Holzbrett, Styropor, Papierblock, Schaumstoff

Durchführung:

Untersuche, wie die verschiedenen Materialien das Ticken der Uhr übertragen.
Lege die Uhr auf die verschiedenen Unterlagen auf einen Tisch und lege dein Ohr im Abstand von 1 m auf den Tisch. Bewerte deine Wahrnehmung und fertige eine Tabelle an.

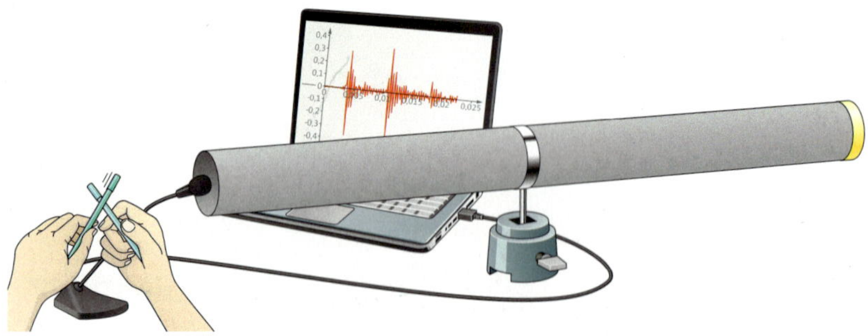

03 Messung der Schallgeschwindigkeit

V3 Messung der Schallgeschwindigkeit in Luft

Material:

Papprohr (ca. 1 m lang, ca. 10 cm Durchmesser) mit Deckel, Lineal, Computer mit Soundeditor, Mikrofon, zwei Kunststoffstäbe (z. B. Filzstifte)

Durchführung:

Baue den Versuch wie im ▸ Bild 03 auf. Verschließe eine Seite des Papprohrs mit einem Deckel und stelle das Mikrofon genau vor das offene Ende des Rohrs. Miss die Länge des Rohrs. Starte die Aufnahme im Soundeditor. Erzeuge ein kurzes Schallsignal, indem du die zwei Kunststoffstäbe einmal aneinander schlägst. Der Schall erreicht das Mikrofon, breitet sich weiter aus, wird am Ende des Rohrs reflektiert und erreicht dann wieder das Mikrofon. Der zeitliche Abstand zwischen dem direkt gemessenen Signal und dem reflektierten Signal kann im Diagramm abgelesen werden (▸ Bild 04). Berechne daraus die Schallgeschwindigkeit.

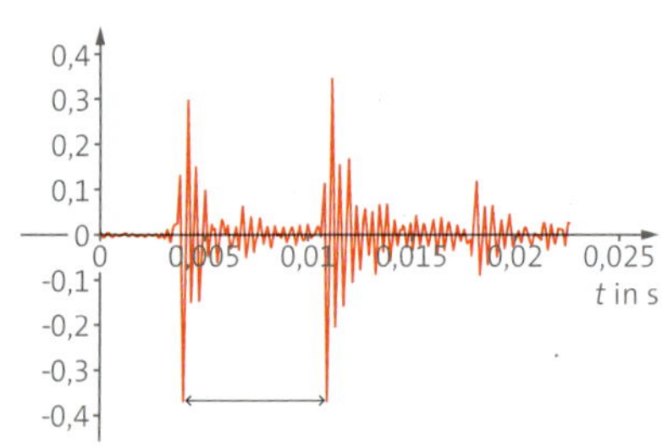

04 Gemessenes Signal

Material A ▸ Aus der Tierwelt

Die Fledermaus jagt nachts. Sie stößt sehr hohe Töne aus, die für uns nicht hörbar sind. Die Fledermaus kann diese hohen Töne aber sehr gut hören. Sie werden sowohl an Gegenständen, als auch an Insekten reflektiert. Die Fledermaus nimmt die reflektierten Töne wahr und kann so Hindernissen ausweichen oder dem Insekt folgen.

A1 Überlege, woran die Fledermaus erkennen kann, dass es sich um ein Insekt handelt, das sich von ihr wegbewegt. Fertige dazu eine Filmleiste mit Skizzen an.

01 Im Gespräch

Wahrnehmung von Schall

Mit einem gesunden Gehör kannst du mühelos einem Gespräch folgen. Deine Ohren sind dabei die Schallempfänger. Aus dem Schall bilden deine Ohren Signale, die sie an dein Gehirn weitergeben. Aber was geschieht dabei in deinen Ohren?

AUFBAU UND FUNKTION DES OHRS · Anhand von ▸ Bild 02 kannst du verstehen, wie das Ohr funktioniert. Die Ohrmuschel fängt den Schall wie ein Trichter auf. Der Schall gelangt über den Gehörgang zum **Trommelfell.** Das Trommelfell ist ein dünnes Häutchen, das durch den Schall in Schwingungen versetzt wird. Die Schwingungen des Trommelfells werden nun über die sogenannten **Gehörknöchelchen** Hammer, Amboss und Steigbügel auf ein weiteres Häutchen übertragen. Hinter diesem Häutchen, dem sogenannten **ovalen Fenster,** befindet sich die **Gehörschnecke.** Die Schwingungen des Häutchens übertragen sich auf die Flüssigkeit im Innern der Gehörschnecke. Die Gehörschnecke enthält Sinneszellen, die durch die Schwingungen der Flüssigkeit selbst zu Schwingungen angeregt werden. Die Sinneszellen bilden daraus elektrische Signale, die über den **Gehörnerv** an das Gehirn weitergegeben werden. Dort findet die Verarbeitung dieser Signale und die Wahrnehmung des Schalls statt.

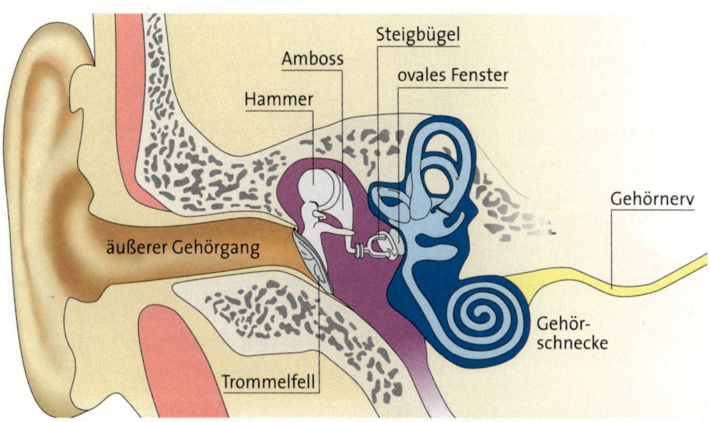

02 Aufbau des menschlichen Ohrs

HOHE UND TIEFE TÖNE · Dein Gehör kann viel mehr als nur Schall empfangen. Es kann unterschiedlich hohe Töne sehr genau unterscheiden. Wie das prinzipiell funktioniert, veranschau-

licht folgender Versuch: Wir vergleichen dazu die Sinneszellen in der Gehörschnecke mit Stimmgabeln. ▸ Bild 03 zeigt drei Stimmgabeln, eine mit einer Frequenz von 440 Hz, eine mit einer größeren und eine mit einer kleineren Frequenz. Wenn wir nun eine mit 440 Hz schwingende Stimmgabel in die Nähe bringen, dann wird nur die Stimmgabel gleicher Frequenz zum Schwingen angeregt. Die anderen Stimmgabeln bleiben in Ruhe.
Mit den Sinneszellen ist es ähnlich: Jede Sinneszelle reagiert nur auf ganz bestimmte Frequenzen. So kann das Gehör unterschiedlich hohe Töne unterscheiden.

DER HÖRBEREICH · Der Mensch kann Töne mit Frequenzen im Bereich von 16 Hz bis 20 000 Hz wahrnehmen. Für kleinere bzw. größere Frequenzen gibt es keine Sinneszellen in unserem Ohr. Für den Menschen nicht wahrnehmbare Töne mit Frequenzen unterhalb von 16 Hz nennt man **Infraschall** und Töne mit Frequenzen oberhalb von 20 000 Hz nennt man **Ultraschall.**

DER KLANG DER EIGENEN STIMME · Sicherlich hast du schon einmal eine Aufnahme deiner eigenen Stimme gehört und sie als ganz fremd empfunden. Woran liegt das? Wenn du sprichst, dann gelangt der Schall durch die Luft und gleichzeitig auch über deine Schädelknochen zur Gehörschnecke. Das Ergebnis ist der Klang deiner Stimme, wie du ihn gewohnt bist.
Wenn du eine Aufnahme deiner Stimme hörst, dann fehlt der Anteil des Schalls, der durch die Knochen übertragen wird. Dadurch hat deine Stimme einen ganz anderen, für dich ungewohnten Klang.

RICHTUNGSHÖREN · Wenn du ein unerwartetes Geräusch hörst, dann drehst du deinen Kopf automatisch in die Richtung, aus der das Geräusch kam. Wie funktioniert das? Mit einem einfachen Versuch kannst du prüfen, dass du dazu zwei Ohren brauchst. Wenn du dich mit dem Rücken zur Klasse stellst und einzelne Mitschüler kurz in die Hände klatschen, dann fällt es dir nicht schwer anzugeben, woher das Klatschen jeweils kam. Wenn du den Versuch wiederholst und dir dabei ein Ohr zuhältst, dann kannst du nicht genau sagen, wer geklatscht hat.

Wir haben also zwei Ohren, damit wir räumlich hören können. Wenn der Schall von der Seite kommt, dann erreicht er die beiden Ohren nicht gleichzeitig (▸ Bild 04). Der Schall kommt zuerst an dem Ohr an, das näher an der Schallquelle ist. Das andere Ohr wird später erreicht. Aus diesem Zeitunterschied kann das Gehirn die Richtung bestimmen, aus der der Schall kam.

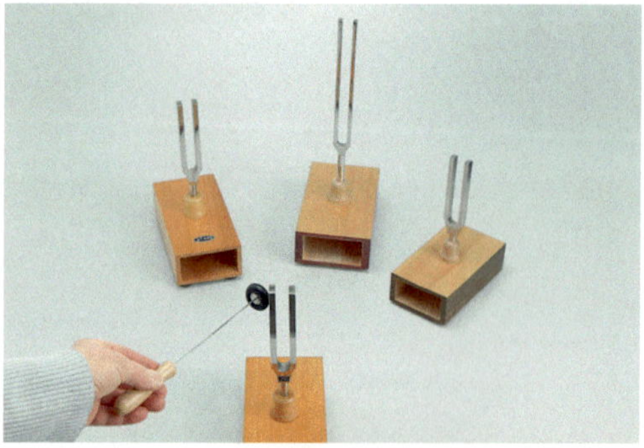

03 Nur die Stimmgabel gleicher Frequenz beginnt zu schwingen.

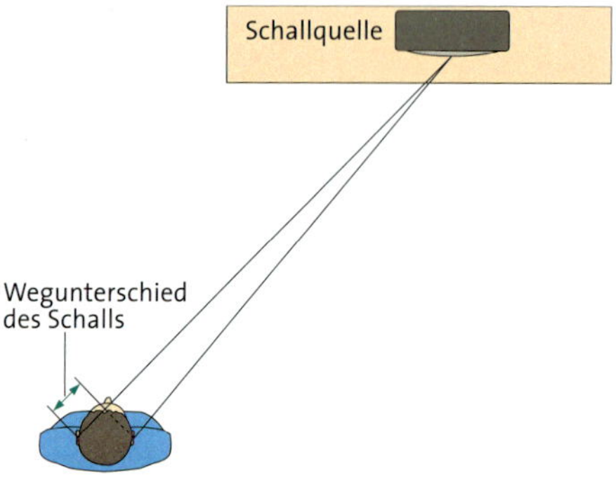

04 Mit zwei Ohren kann man die Richtung feststellen, aus der der Schall kommt.

1 Warum ist es gefährlich, im Straßenverkehr Musik über Kopfhörer zu hören?

BLICKPUNKT

Hör- und Stimmbereiche

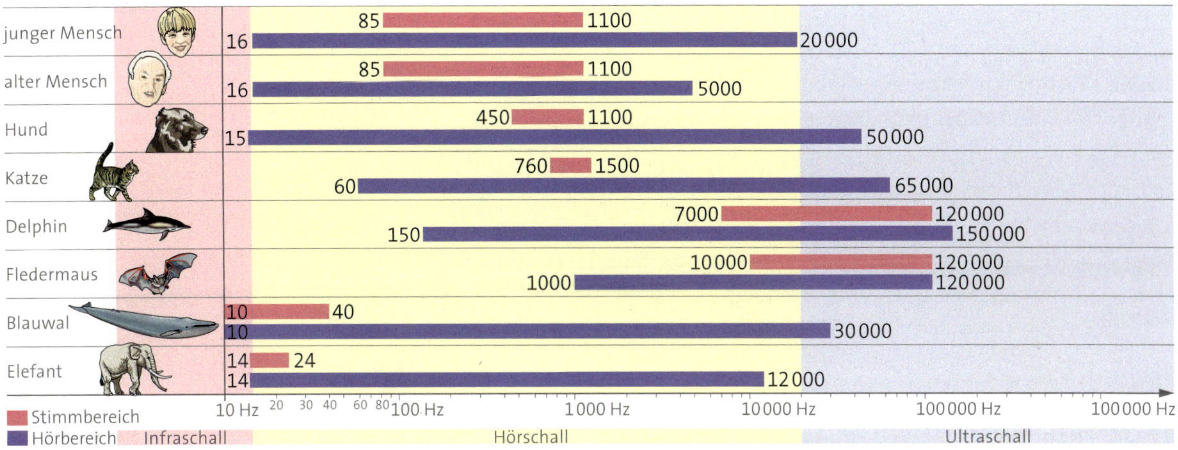

01 Hör- und Stimmbereiche

Beim Menschen · Das Ohr des Menschen ist so gebaut, dass er Töne und Geräusche im Frequenzbereich von 16 bis 20 000 Hz wahrnehmen kann. Der Stimmbereich des Menschen liegt etwa zwischen 85 und 1100 Hz. Die Empfindlichkeit des menschlichen Gehörs ist stark von der Frequenz abhängig. Im Sprachbereich ist das Ohr besonders empfindlich. So kann man auch bei vielen Umgebungsgeräuschen die Worte eines Gesprächspartners gut verstehen.

Mit zunehmendem Alter jedoch nimmt die Empfindlichkeit im Bereich hoher Frequenzen ab. Manche Geräusche können ältere Menschen deshalb nicht mehr wahrnehmen, andere nur dann, wenn sie besonders laut sind. Leises Vogelgezwitscher oder Wasserrauschen können sie nicht mehr hören.

Die menschliche Sprache setzt sich aus Vokalen und Konsonanten zusammen. Die Vokale sind in der Regel lauter als die Konsonanten und sie liegen in einem Frequenzbereich, der für ältere Menschen gut wahrnehmbar ist. Die Konsonanten dagegen sind Geräusche mit vielen hohen Frequenzen. Sie können von Älteren nicht mehr richtig wahrgenommen werden. Deswegen können sie ähnlich lautende Worte nicht mehr unterscheiden, wie z. B. Fest und Rest. Bei starken Umgebungsgeräuschen ist es für sie noch schwerer zu verstehen, was gesagt wird.

Bei Tieren · Bei allen Säugetieren ist der Aufbau des Ohrs grundsätzlich wie beim Menschen. Allerdings ist die Form und Länge der Gehörschnecke unterschiedlich. Dadurch ist der Hörbereich anders als beim Menschen. Den Ton einer Hundepfeife kann der Mensch nicht hören, der Hund aber sehr wohl. Hund, Katze, Delfin, Igel und Fledermaus können noch Töne hören, deren Frequenzen größer als 20 000 Hz sind. Diesen Frequenzbereich bezeichnet man als Ultraschall.

Blauwale und Elefanten können Töne erzeugen und hören, deren Frequenzen kleiner als 16 Hz sind. Diesen Frequenzbereich bezeichnet man als Infraschall. Schall mit einer so tiefen Frequenz hat eine sehr große Reichweite, besonders unter Wasser. Die Tiere können sich mit den tiefen Lauten über sehr große Entfernungen verständigen. Den Ton eines Blauwals hat man noch in 3500 km Entfernung nachweisen können.

1 Ermittle mithilfe der Grafik, welche Tiere Töne im Ultraschallbereich für die Ortung von Beute oder zur Orientierung nutzen können.

2 Ein Hörgerät kann hohe Frequenzen verstärken und es alten Menschen erleichtern, Gesprächen zu folgen. Warum empfinden sie das Hörgerät in großen Gesellschaften oft als störend?

VERSUCHE ▸ Zum Hören

Mithilfe der folgenden Versuche erfährst du noch mehr über das Hören.

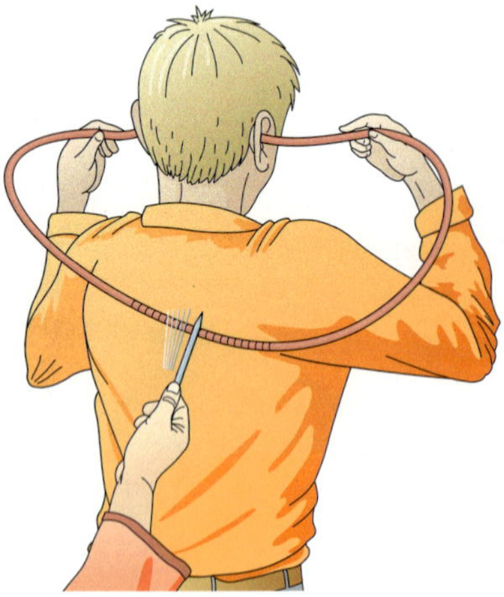

V1 Links oder rechts?

Material:

Schlauch (1 m lang), Stift

Durchführung:

Für diesen Versuch brauchst du einen Partner.
Markiere mit einem Stift die Mitte des Schlauchs. Bringe rechts und links davon in jeweils 1 cm Abstand zehn weitere Markierungen an.
Lege den Schlauch auf deinem Rücken ab und stecke die Schlauchenden vorsichtig in deine Ohren (▸ Bild links).

a) Dein Partner schlägt nun zufällig mal rechts, mal links von der Mitte mit einem Stift auf den Schlauch. Gib jeweils an, ob du den Schall von links oder rechts kommend wahrnimmst. Ermittle den kleinsten Abstand von der Mitte, bei dem du noch eine Richtung angeben kannst.

b) Bestimme für diesen Abstand den Wegunterschied zu den Ohren. Berechne den zugehörigen Zeitunterschied, mit dem der Schall die Ohren erreicht.

c) Erkläre mit diesem Versuch, wie das Richtungshören funktioniert.

V2 Das Hörrohr

Material:

Leise tickende Uhr, Plastiktrichter und Schlauchstück

Durchführung:

Baue mit diesen Materialien ein Hörrohr wie im ▸ Bild rechts und untersuche, wie es deine Schallwahrnehmung verändert:

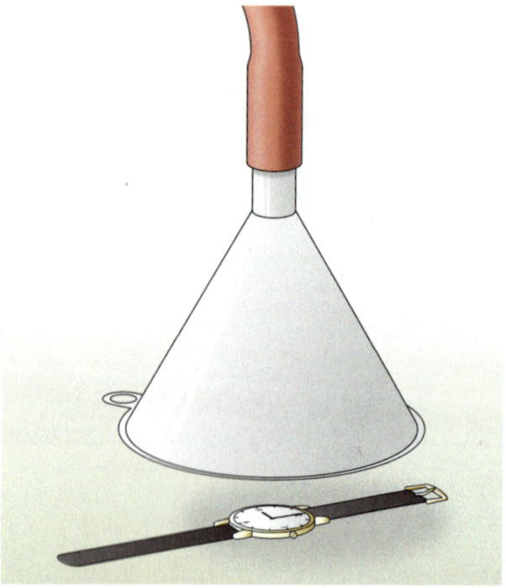

a) Lege die Uhr auf den Tisch. Versuche das Ticken der Uhr zu hören, ohne dein Ohr auf die Uhr zu legen.
Halte nun den Schlauch des Hörrohrs an dein Ohr und den Trichter über die Uhr. Beschreibe, wie sich deine Schallwahrnehmung verändert.

b) Erläutere, warum früher alte Menschen ein Hörrohr benutzten.

Material A ▸ Mit Schall Marder vertreiben?

Aus einem Zeitungsartikel:

Gefährdung durch Marderbisse

Der Motorraum eines Autos bietet dem Steinmarder einen attraktiven Unterschlupf. Dort verbeißt er sich gerne an Kabeln und Schläuchen aller Art. Kühlwasserschläuche und Bremsschläuche sind besonders gefährdet. Durch einen defekten Bremsschlauch kann ein Unfall passieren.
Die Marder lassen sich durch Einbau eines Hochfrequenzgerätes vertreiben, das äußerst unangenehm laute Töne erzeugt. Diese Töne können Menschen nicht hören. Lediglich Tiere, Marder und auch Hunde und Katzen, können diese Töne wahrnehmen.

A1 Erkläre, warum sich Menschen von dem im Text links erwähnten Gerät nicht gestört fühlen. In welchem Frequenzbereich liegen die Töne vermutlich? Notiere Folgen, die der Einsatz dieses Gerätes für die Tiere haben könnte.

A2 Was hältst du vom Einsatz solcher Geräte? Diskutiere mit deinen Mitschülern.

BLICKPUNKT

Lärm und Lärmschutz

01 Lärm kann wehtun.

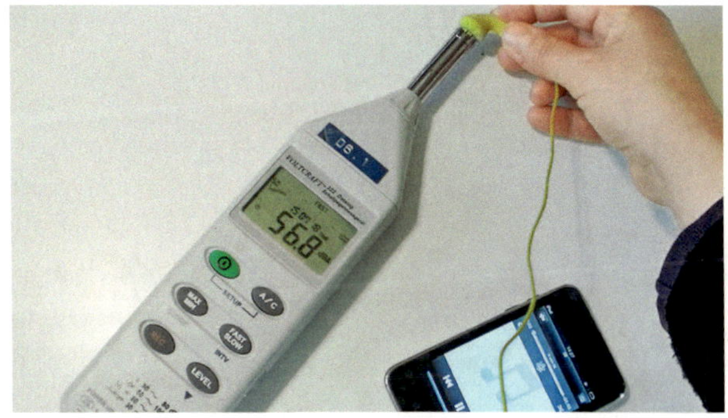

02 Schallpegelmessung bei einem Kopfhörer

Was ist eigentlich Lärm? · Manche Geräusche empfindet man als störend. Manchmal sind sie so laut, dass man sich die Ohren zuhalten muss (▸ Bild 01). Solche Geräusche, die man als unangenehm empfindet, werden als Lärm bezeichnet. Dazu gehört zum Beispiel Verkehrslärm oder Baustellenlärm. Aber auch laute Musik, die nicht unserem Geschmack entspricht, können wir als Lärm empfinden. Das Lärmempfinden ist bei jedem Menschen unterschiedlich.

Unabhängig vom jeweiligen Empfinden kann Schall ab einer bestimmten Lautstärke sogar gefährlich werden. Wenn man sich dieser Gefahr nicht bewusst ist, dann riskiert man gesundheitliche Schäden. Du hörst bestimmt oft Musik von deinem Handy oder MP3-Player über Kopfhörer. Das kann unter Umständen schlecht für deine Gesundheit sein. Im Artikel unten wird auf die Gefahr durch Dauerbeschallung über Kopfhörer hingewiesen.

Messung der Lautstärke · Je nach Frequenz empfindet man Töne mit gleicher Amplitude unterschiedlich laut. Das berücksichtigen Schallpegelmessgeräte (▸ Bild 02). Diese Geräte messen den so genannten Schallpegel in Dezibel (dB(A)). Der Schallpegel ist ein Maß für die wahrgenommene Lautstärke.

Der Schallpegel nimmt nicht linear mit der Anzahl der Schallquellen zu. Wenn zum Beispiel ein Kind in der Sporthalle einen Gymnastikball auf den Boden wirft, dann misst man in zwei Meter Abstand einen Schallpegel von etwa 60 dB(A). Wenn zwei Kinder gleichzeitig einen Ball auf den Boden werfen, dann hört sich das Geräusch kaum lauter an. Der gemessene Schallpegel nimmt um 3 dB(A) zu. Erst wenn zehn Kinder gleichzeitig ihren Ball auf den Boden werfen, dann empfindet man das Geräusch als doppelt so laut. Das Schallpegelmessgerät zeigt dann einen Wert von 70 dB(A) an.

Hörschäden: Besonders Jugendliche gefährdet

Kinder und Jugendliche verlassen das Haus kaum noch ohne ihre Lieblingsmusik auf den Ohren. Doch die Dauerbeschallung erhöht das Risiko für Hörschäden. Wer fünf Jahre lang wöchentlich fünf Stunden laute Musik über Kopfhörer hört, riskiert einen dauerhaften Gehörschaden. Darauf weist der Berufsverband der Kinder- und Jugendärzte unter Berufung auf eine britische Studie hin. Demnach überlasten etwa fünf bis zehn Prozent der MP3-Nutzer ihr Gehör, sodass gesundheitliche Folgen zu erwarten sind.

„Schon bei einer dauerhaften Belastung von 85 Dezibel können Hörstörungen entstehen. Diese Lautstärke erreicht ein Lkw im Straßenverkehr", erklärt die Kinderärztin Monika Niehaus. Jugendliche stellten ihr Gerät in der U-Bahn, im Bus oder an der Haltestelle in der Regel lauter, damit sie den Lärmpegel in der Umgebung ausblenden könnten. Der Studie zufolge drehen junge Menschen ihren MP3-Player durchschnittlich auf 92 Dezibel auf. Hinzu kämen weitere Lärmquellen wie Musikkonzerte und Diskothekenbesuche. „Pfeifgeräusche und vorübergehende Schwerhörigkeit können die ersten Anzeichen dafür sein, dass das Gehör eines Jugendlichen übermäßig strapaziert wird", warnt die Ärztin.

(Vergleiche www.n24.de/news.)

Schallpegel in dB(A)	Schallquelle	Einfluss auf den Menschen	Lärmstufe
130	Startschuss am Ohr des Starters	Schmerzgrenze	4
120	Düsenjet, Entfernung 100 m	Dauerhafte Gehörschäden bei kurzzeitiger Einwirkung	
110	Laute Musik (Disko, Pop-Konzert)	Dauerhafte Gehörschäden bei längerer Einwirkung	3
100	Presslufthammer, Entfernung 1 m		
85	Lkw, Entfernung 5 m	Hörstörungen bei Dauerbelastung	
70 bis 85	Stadtverkehr an Hauptverkehrsstraße, Entfernung 10 m	Lärm wird als lästig empfunden. Psychische und physische Störungen	2
65	Gruppengespräch, Entfernung 1 m	Beeinträchtigung der Konzentrationsfähigkeit	1
50 bis 65	Normale Gespräche, Entfernung 1 m		
45	Geräusche in der Wohnung		
40	Leise Musik		0
30	Flüstern		
20	Ticken einer Armbanduhr		
10	Atmen, raschelnde Blätter		
0	Hörschwelle		

03 Einfluss von Lärm auf den Menschen

Gefahren für die Gesundheit · Lärm hat einen Einfluss auf den gesamten Körper. Schon bei niedrigen Schallpegeln können negative Auswirkungen auf den Körper auftreten. In ▸ Tabelle 03 sind verschiedene Schallpegel mit möglichen Ursachen und dem Einfluss auf den Menschen angegeben. Der Abstand zur Schallquelle muss dabei berücksichtigt werden, weil der Schallpegel mit zunehmendem Abstand von der Schallquelle abnimmt.

Wenn du Musik über Kopfhörer hörst, die du direkt ins Ohr setzt, nimmt der Schallpegel bis zum Trommelfell kaum ab. Mit einem Schallpegelmessgerät kannst du die Lautstärke deines MP3-Players überprüfen. Damit du keine Hörschäden bekommst, sollte der Schallpegel unterhalb von 85 dB(A) liegen.

Schutz vor Lärm · Die beste Maßnahme ist die Verringerung des Lärms direkt an der Schallquelle. Kraftfahrzeuge haben deswegen einen Schalldämpfer in der Auspuffanlage. Dadurch gelangt weniger Motorenlärm in die Umgebung. Manche Straßen haben einen speziellen Belag zur Verringerung der Fahrgeräusche.

Die nächste Möglichkeit besteht darin, die Ausbreitung des Schalls zu behindern. Dies erreicht man z. B. mit Lärmschutzwänden. Sie reflektieren den größten Teil des Schalls in eine Richtung weg von den zu schützenden Wohngebieten. Spezielle Lärmschutzfenster verhindern, dass sich der Schall in die Häuser ausbreitet.

In Räumen mit glatten Wänden wird der Schall gut reflektiert. Dadurch entsteht ein Nachhall, der z. B. in Klassenräumen zu einem schlechteren Hörverständnis und einer Zunahme des Schallpegels führt. Um die Schallreflexion zu verringern, müssen an der Decke und an den Wänden Verkleidungen mit rauen und porösen Oberflächen angebracht werden. Diese absorbieren einen Teil des Schalls. Dadurch wird der Schall gedämpft.

Wenn sich Lärm nicht vermeiden lässt, wie z. B. auf einer Baustelle oder in einer Rock-Band, dann sollte man zum Schutz des eigenen Gehörs einen Gehörschutz tragen.

1 Ermittle, welcher Schallpegel erreicht werden kann, wenn zehn (zwanzig) Schüler gleichzeitig mit einem Pegel von 65 dB(A) sprechen.

Sehvorgang

Eine **Lichtquelle** sendet Licht aus, ohne dass sie beleuchtet wird. Du kannst einen Körper nur dann sehen,:

- wenn er Licht aussendet und das Licht in dein Auge gelangt oder
- wenn er beleuchtet wird und ein Teil des gestreuten Lichts in dein Auge gelangt.

Eigenschaften von Licht

Lichtausbreitung: Licht breitet sich geradlinig aus. Im **Lichtstrahlenmodell** zeichnet man Licht als Lichtbündel oder vereinfacht als Lichtstrahlen.

Schatten: Wenn Licht auf einen lichtundurchlässigen Gegenstand trifft, dann entsteht hinter dem Gegenstand ein lichtfreier Raum, der **Schattenraum.** Auf einer Fläche hinter dem Gegenstand kann das **Schattenbild** entstehen. In den **Kernschatten** gelangt kein Licht. Mehrere oder auch ausgedehnte Lichtquellen erzeugen auch **Teilschatten.**

Wenn Licht auf Gegenstände trifft, dann kann Folgendes geschehen:

- Bei der **Absorption** verschluckt die Oberfläche das Licht.
- Bei der **Streuung** wird das Licht in alle Richtungen umgelenkt.
- Bei der **Reflexion** wird das Licht in eine bestimmte Richtung umgelenkt.

Reflexion: Hierbei gilt: Das einfallende Lichtbündel, das reflektierte Lichtbündel und das Lot liegen in eine Ebene. Der Einfallswinkel und der Reflexionswinkel sind gleich groß.

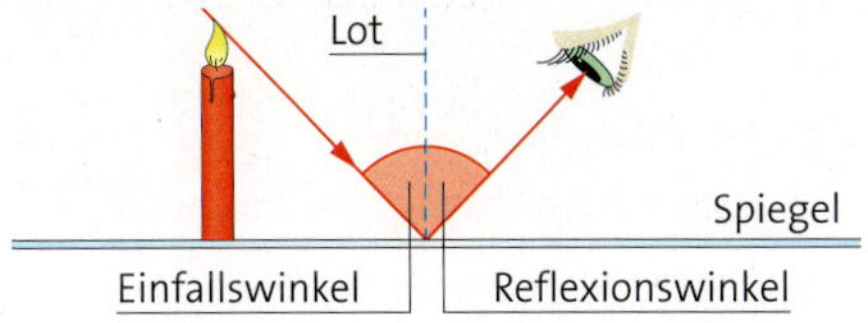

Lichtbrechung: Wenn Licht auf die Grenzfläche zwischen einem optisch dünneren Stoff (z.B. Luft) und einem optisch dichteren Stoff (z.B. Wasser) trifft, dann wird es zum Lot hin gebrochen. Das einfallende und das gebrochene Lichtbündel und das Lot liegen in einer Ebene. Der **Lichtweg** ist umkehrbar.

Totalreflexion: Wenn Licht aus einem optisch dichteren Stoff (z.B. Wasser) auf die Grenzfläche zu einem optisch dünneren Stoff (z.B. Luft) trifft, dann tritt ab einem Einfallswinkel, der größer als der **Grenzwinkel** ist, Totalreflexion auf. Das heißt, das Lichtbündel wird vollständig reflektiert.

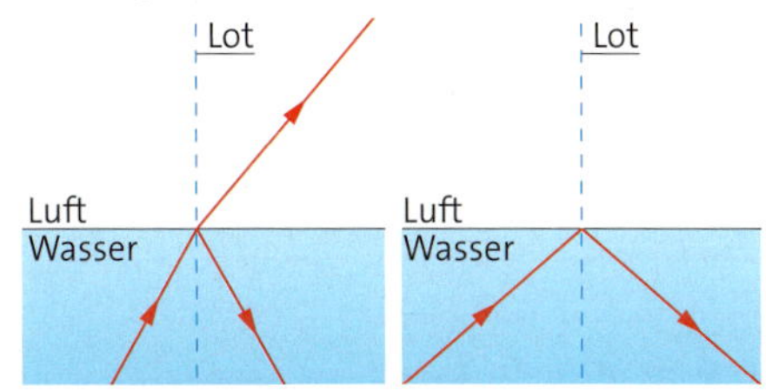

Schallerzeugung

Alle Schallerzeuger schwingen. Damit ein hörbarer Ton entsteht, muss ein Gegenstand genügend schnell und genügend stark schwingen.

Schwingungsgrößen

Frequenz: Die Frequenz f einer Schwingung gibt an, wie viele Hin- und Herbewegungen in einer Sekunde erfolgen. Für die Frequenz gilt:

$f = \frac{n}{t}$,

wobei n die Anzahl der Hin- und Herbewegungen und t die dafür benötigte Zeit ist. Die Einheit der Frequenz ist ein Hertz (1 Hz): $1\,Hz = \frac{1}{s}$.

Amplitude: Die Amplitude einer Schwingung gibt die Länge der Strecke vom

Mittelpunkt der Schwingung bis zu einem der beiden Umkehrpunkte an.
Je größer die Amplitude einer hörbaren Schwingung ist, desto lauter ist der Ton.

Schwingungsbilder: Anhand von Schwingungsbildern kann man Schwingungen untersuchen. An ihnen lassen sich Frequenz und Amplitude der Schwingung ablesen.
Je größer die Frequenz einer hörbaren Schwingung ist, desto höher ist der Ton.

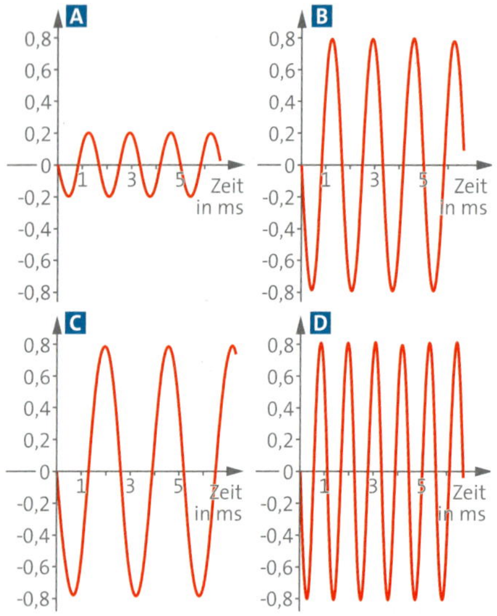

01 **A** leiser, **B** lauter, **C** tiefer, **D** hoher Ton

Schallausbreitung

Schall kann sich nur in einem **Schallträger** ausbreiten. Alle Materialien können den Schall übertragen. In Luft breitet sich der Schall mit einer Geschwindigkeit von 340 Meter je Sekunde aus. Trifft Schall auf eine glatte Oberfläche, wird er reflektiert.

Schallwahrnehmung

Wir Menschen können Schall im Frequenzbereich von 16 Hz bis 20 000 Hz wahrnehmen. Schall mit Frequenzen kleiner als 16 Hz nennt man **Infraschall,** Schall mit Frequenzen größer als 20 000 Hz heißt **Ultraschall.**

Überprüfe dich selbst:

Kann ich ...

... ein Versuchsprotokoll anfertigen?

... erläutern, was man unter einem Lichtbündel und einem Lichtstrahl versteht?

... die Begriffe Schattenraum und Schattenbild erläutern und Schattenbilder konstruieren?

... erklären, wie Mondphasen und Finsternisse entstehen.

... das Reflexionsgesetz erläutern und anwenden – insbesondere bei der Konstruktion von Spiegelbildern?

... den Vorgang der Lichtbrechung beschreiben und die Begriffe Grenzwinkel und Totalreflexion erklären?

... aus Messwerten Diagramme erstellen und Diagramme lesen?

... einige typische Experimente zur Schallentstehung beschreiben?

... die Größen zur physikalischen Beschreibung einer Schwingung nennen (mit Formelzeichen und Einheit)?

... aus Schwingungsbildern Frequenz und Amplitude bestimmen?

... die Wahrnehmung laut-leise und hoch-tief den physikalischen Größen Frequenz und Amplitude zuordnen?

... beschreiben, wie die Schwingungsbilder eines Tons, Klangs, Geräuschs und Knalls aussehen?

... die Schallausbreitung anhand eines Modells erklären?

... erläutern, was Lärm ist und weshalb Lärm gesundheitsschädlich ist.

Sehen und Wahrnehmen

In diesem Kapitel beschäftigst du dich mit

- der Entstehung von optischen Bildern. Du lernst, mithilfe des Lichtstrahlmodells optische Bilder zu konstruieren.
- optischen Instrumenten und Geräten. Du lernst die Funktionsweise des menschlichen Auges und einiger optischer Alltagsgeräte kennen. Dabei erfährst du, dass das Sehen mehr als nur optische Abbildung ist.
- der Farbigkeit von Licht. Du lernst, dass weißes Licht aus farbigem Licht zusammengesetzt ist. Du erfährst, wie der Farbeindruck von Gegenständen und Körpern entsteht.

BLICKPUNKT

01 Auswahl verschiedener Musikinstrumente

Musikinstrumente

Ein Orchester benötigt für eine Aufführung viele verschiedene Instrumente. Jedes Instrument hat einen bestimmten Klang und erst das Zusammenspiel ergibt den vollen Musikgenuss.

Saiteninstrumente · Bekannte Saiteninstrumente sind das Klavier, die Geige und die Gitarre. Bei diesen Instrumenten werden die Saiten durch Anschlagen, Streichen oder Zupfen in Schwingungen versetzt. Eine schwingende Saite allein ist kaum hörbar. Damit der Ton laut genug ist, müssen größere Flächen zum Mitschwingen angeregt werden. Für hohe Töne müssen die Flächen klein sein, für tiefe Töne müssen sie groß sein. Bei der Geige ist z. B. die Rückseite, der sogenannte Boden, gerade groß genug für ihre tiefsten Töne.

Blasinstrumente · Unter den Blasinstrumenten sind die Flöte, die Klarinette, das Saxofon, die Trompete, die Posaune und die Orgel die bekanntesten. Bei diesen Instrumenten wird die in einem Rohr eingeschlossene Luft unmittelbar zum Schwingen gebracht. Wenn man das Volumen der eingeschlossenen Luft ändert, dann ändert sich dadurch die Tonhöhe. Bei der Blockflöte geschieht dies durch das Öffnen und Schließen der Grifflöcher.

Schlaginstrumente · Zu diesen Instrumenten gehören das Xylophon, der Gong und die Triangel. Bei ihnen werden durch Anschlagen Platten und Stäbe aus Holz oder Metall zum Schwingen gebracht. Andere Schlaginstrumente wie Pauken und Trommeln sind mit Membranen bespannt.

Elektrische Musikinstrumente · Musikbands benutzen E-Gitarre, Keyboard, Synthesizer usw. und gestalten damit vollkommen andere Klänge. Bei der E-Gitarre wird der Ton noch mit den Saiten erzeugt, dann allerdings elektronisch verstärkt, verändert und durch einen Lautsprecher hörbar gemacht. Ganz ohne Saiten kommen elektronische Musikinstrumente wie Keyboard oder Synthesizer aus. Der Ton wird mithilfe elektronischer Bauelemente erzeugt und auch verstärkt.

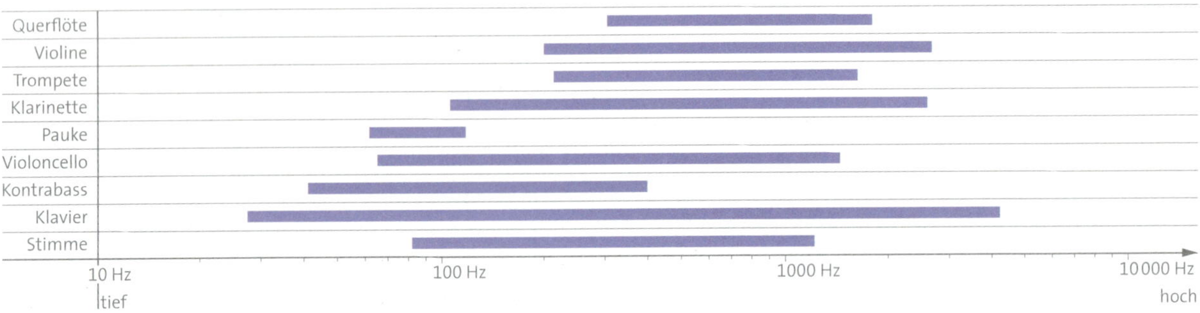

02 Frequenzumfang verschiedener klassischer Musikinstrumente und der menschlichen Stimme

VERSUCHE ▸ Tonhöhe und Frequenz

V1 Musikinstrument

Der höhere Ton eines Musikinstruments ist mit einer höheren Frequenz verbunden. In diesem Versuch soll dieser Zusammenhang durch eine Messung bestätigt werden.

Material:

Musikinstrument (am besten Flöte), Gerät zur Frequenzmessung (z. B. Computer, Mikrofon, Smartphone).

Durchführung:

Spiele mit dem Musikinstrument die Tonleiter und bestimme die Frequenzen der einzelnen Töne. Bestätige den Zusammenhang: Hoher Ton – hohe Frequenz, tiefer Ton – niedrige Frequenz.

V2 Boomwhacker

Aus dem Musikunterricht kennst du vielleicht bereits die sogenannten „Boomwhackers". Das sind Plastikröhren, die nach dem Anschlagen klingen. Mit diesen „Musikinstrumenten" kannst du gut untersuchen, wie die Länge der Röhren mit der Frequenz des Tons zusammenhängt.

Material:

„Boomwhackers", Gerät zur Frequenzmessung (z. B. Computer, Mikrofon, Smartphone)

Durchführung:

a) Formuliere eine Vermutung in der Form: „Je länger ..., desto ..." und überprüfe sie.

b) Wenn du ein Ende der Röhre mit einem Deckel verschließt, dann entsteht ein anderer Ton. Vergleiche die Frequenzen der offenen und der geschlossenen Röhre. Wiederhole dies für andere Rohrlängen. Dabei solltest du eine Regelmäßigkeit erkennen. Formuliere einen Ergebnissatz.

Material A ▸ Laut und leise, hoch und tief

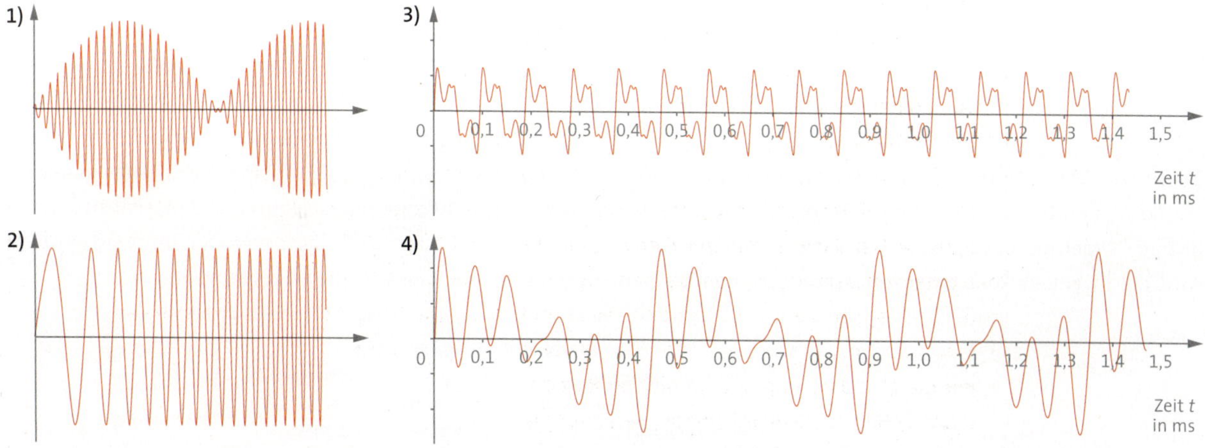

A1 Mit dem Computer wurden die Schwingungsbilder 1) bis 4) aufgezeichnet.

a) Beschreibe die Schwingungsbilder 1) und 2) mithilfe der Größen Amplitude und Frequenz. Beschreibe, wie sich Tonhöhe und Lautstärke jeweils verändern.

b) Bestimme für die Schwingungsbilder 3) und 4) jeweils die Frequenz des Klangs.

A2 Beim Tippen einer Taste des Festnetztelefons ist jeweils ein kurzer Ton hörbar.

a) Beschreibe, wie du am Schwingungsbild erkennen kannst, wie viele Tasten gedrückt wurden.

b) Erläutere die Funktion der unterschiedlichen Frequenzen der gedrückten Tasten.

BLICKPUNKT

Die menschliche Stimme

Auch ohne Instrumente können wir nur mit unserer Stimme die unterschiedlichsten Laute erzeugen. Du kannst sprechen, singen, summen usw. Wie entstehen diese Laute, die Sprache?

Wenn du beim Singen bei den Vokalen a, e, oder i mit deinen Fingern den Hals unterhalb des Kinns berührst, dann kannst du spüren, dass etwas schwingt. Am stärksten ist die Schwingung in der Nähe des Kehlkopfes. Dort verengt sich die Luftröhre und dort befinden sich die Stimmbänder (▸ Bild 01). Die **Stimmbänder** bestehen aus elastischen Fasern, die sich beim Sprechen oder Singen spannen und dadurch eine schmale Stimmritze bilden. Wenn die Luft hindurchgepresst wird, dann beginnen sie zu schwingen. Bei tiefen Tönen sind die Stimmbänder locker gespannt und schwingen mit kleiner Frequenz. Bei Kindern sind die Stimmbänder noch kürzer und straff gespannt: Die Stimmbänder schwingen mit großer Frequenz. Daher klingt eine Kinderstimme höher als die Stimme von Erwachsenen. Männer haben dickere und längere Stimmbänder als Frauen. So erklärt sich, dass Männer meist eine tiefere Stimme haben.

Die Stimmbänder allein machen noch keine Sprache. Erst das Zusammenwirken der Stimmbänder mit dem Mund, dem Rachenraum und der Luft ergibt die uns bekannten Vokale und Konsonanten. Bei jedem Buchstaben verändern wir die Mundstellung und damit den Rachenraum (▸ Bild 02). Nur mit dieser Veränderung können wir die **Vokale** bilden.

Wenn man die Schwingungsbilder für Vokale aufzeichnet, dann erhält man für jeden Vokal ein anderes Bild (▸ Bild 03). Bei gleichen Vokalen sind diese für verschiedene Menschen sehr ähnlich, aber nicht gleich.

Bei den **Konsonanten** p, t, k, g und d wird durch Lippen, Zunge und Zähne der Rachenraum verschlossen und dann plötzlich geöffnet, sodass die Luft entweichen kann.

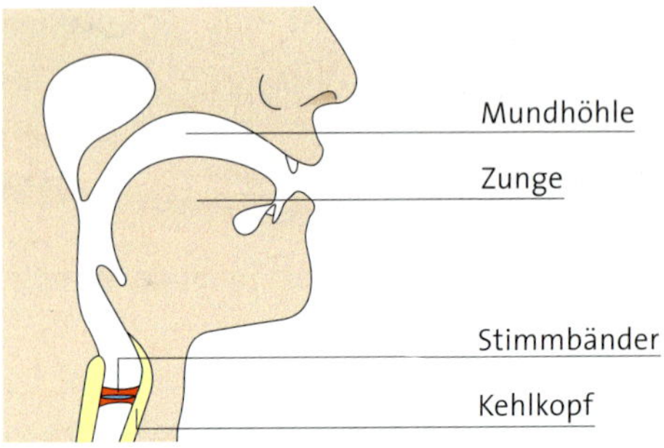

01 Kehlkopf und Stimmbänder

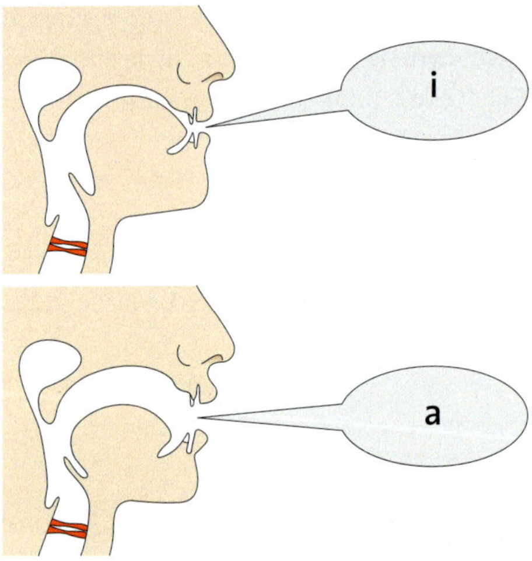

02 Mundhöhle und Rachenraum bei Vokalen

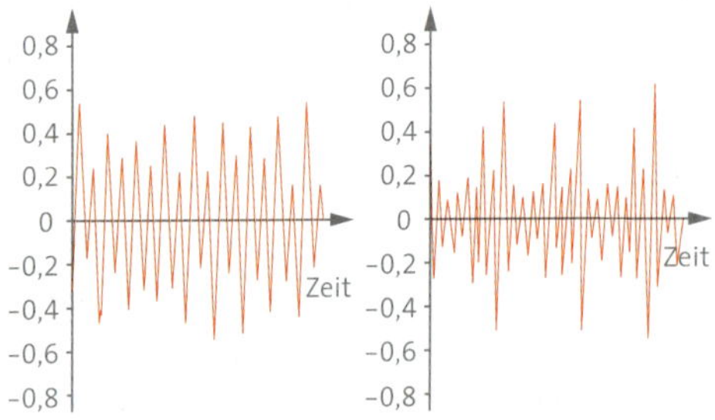

03 Schwingungsbilder der Vokale i und a

KLANG · Warum hört sich derselbe Ton bei einer Flöte anders an als bei einer Violine? Du kannst mit Mikrofon und Computer die Schwingungsbilder von verschiedenen Instrumenten aufnehmen und miteinander vergleichen. Was haben sie gemeinsam, was unterscheidet sie?

Das einfachste Schwingungsbild erhält man mit der Stimmgabel, es ist eine regelmäßige Wellenlinie (▸ Bilder 03, 04).

Das Schwingungsbild einer Flöte sieht dem Schwingungsbild der Stimmgabel noch recht ähnlich (▸ Bild 05 A).

Bei der Violine jedoch erhält man ein komplizierteres Schwingungsbild. Allerdings ist auch dieses Schwingungsbild in gewisser Weise regelmäßig, da es sich aus immer gleichen Abschnitten zusammensetzt (▸ Bild 05 B).

Bei der Violine klingen immer mehrere Töne gleichzeitig, sodass dieses komplizierte Schwingungsbild entsteht. Die Unterschiede zur regelmäßigen Wellenlinie der Stimmgabel sind bei jedem Instrument anders. Sie zeigen den Klang des Instruments. Genau genommen erzeugen Instrumente keine Töne, sondern Klänge.

/// Ein Ton hat eine regelmäßige Wellenlinie als Schwingungsbild.
Das Schwingungsbild eines Klangs ist eine geschwungene Linie mit sich wiederholenden Abschnitten.

GERÄUSCH · Geräusche wie der Lärm eines Presslufthammers oder der Knall eines Luftballons beim Platzen nehmen wir auch als Schall wahr. Sie klingen aber völlig anders als Flöte oder Violine. Kann man das auch am Schwingungsbild erkennen?

Im Vergleich zu den Schwingungsbildern von Stimmgabel, Flöte und Violine sind beim Presslufthammer keinerlei Regelmäßigkeiten mehr zu erkennen (▸ Bild 06 A). Dies gilt für alle Geräusche.

Auch der Knall eines platzenden Luftballons ist im Schwingungsbild gut zu erkennen

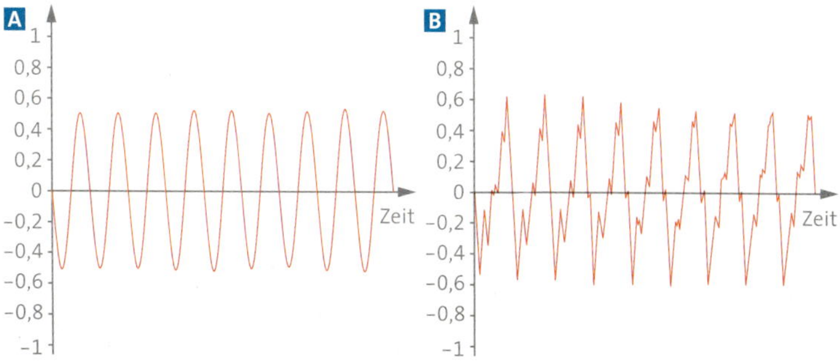

05 Derselbe Ton **A** auf einer Flöte, **B** auf einer Violine gespielt

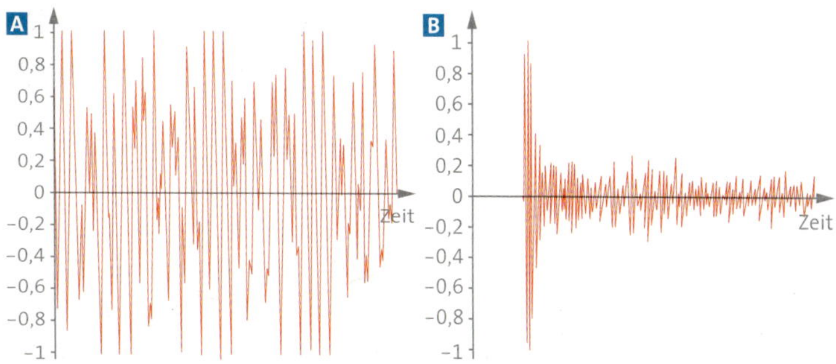

06 **A** Geräusch (Presslufthammer), **B** Knall (platzender Luftballon)

(▸ Bild 06 B). Die Amplitude ist zunächst sehr groß und nimmt dann sehr schnell ab. Wie bei anderen Geräuschen sind auch hier keine Regelmäßigkeiten zu erkennen.

/// Ein Geräusch hat ein unregelmäßiges gezacktes Schwingungsbild.

1 **a)** Derselbe Ton wird auf einer Violine und auf einer Flöte gespielt. Beschreibe den unterschiedlichen Klang mithilfe von Schwingungsbildern.
b) Beschreibe den Unterschied im Schwingungsbild zwischen einem Geräusch und dem Ton einer Stimmgabel.

2 Skizziere das Schwingungsbild eines Tons, der mit zunehmender Zeit lauter wird.

3 Beschreibe den an- und abschwellenden Ton einer Feuersirene mit physikalischen Größen. Skizziere den Ton in einem Schwingungsbild. Was ist bei der Zeichnung zu beachten?

Für die Frequenz gibt es noch weitere gebräuchliche Einheiten:
1 Kilohertz (1 kHz): 1 kHz = 1000 Hz,
1 Megahertz (1 MHz): 1 MHz = 1000 kHz.

Außer der Frequenz gibt es noch eine weitere Größe, die bei den Schwingungen wichtig ist. Wenn man das Lineal stärker anschlägt, dann hört man den Ton lauter. Die Lautstärke hängt also davon ab, wie weit das Lineal hin und her schwingt. In der Physik verwendet man dafür den Begriff **Amplitude.** Die Amplitude gibt die Länge der Strecke zwischen dem Mittelpunkt der Schwingung und einem der beiden Umkehrpunkte an (▸ Bild 02).

Die Amplitude einer Schwingung gibt die Länge der Strecke vom Mittelpunkt der Schwingung bis zu einem der beiden Umkehrpunkte an.

AUFZEICHNEN VON SCHWINGUNGEN · Die Schwingungen der meisten Schallerzeuger kannst du mit dem Auge kaum verfolgen. Dies liegt an der hohen Frequenz dieser Schwingungen. Möchte man solche Schwingungen untersuchen, dann hilft es, die Schwingungen aufzuzeichnen. Das Prinzip einer solchen Aufzeichnung untersuchen wir zuerst anhand einer gut beobachtbaren Schwingung eines Pendels.

Ein Eisenklotz mit Bohrung wird so aufgehängt, dass er frei pendeln kann. In der Bohrung steckt ein Filzstift (▸ Bild 03). Auf dem Tisch darunter liegt ein langer Papierstreifen. Sobald der Klotz in Schwingung versetzt wird, schreibt der Filzstift einen Strich auf das Papier. Wenn man das Papier gleichzeitig nach links zieht, dann schreibt der Stift eine Wellenlinie auf das Papier. Diese Wellenlinie zeigt deutlich die Umkehrpunkte, die Mittelpunkte und damit die Amplitude der Schwingung (▸ Bild 04). Die Amplitude wird mit der Zeit kleiner, was im Schwingungsbild gut zu sehen ist.

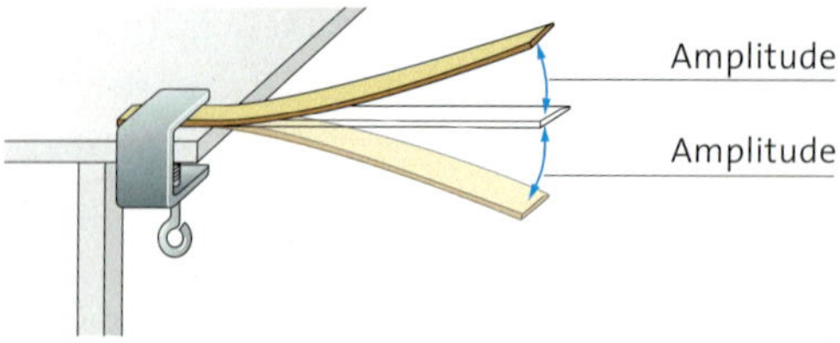

02 Schwingendes Lineal

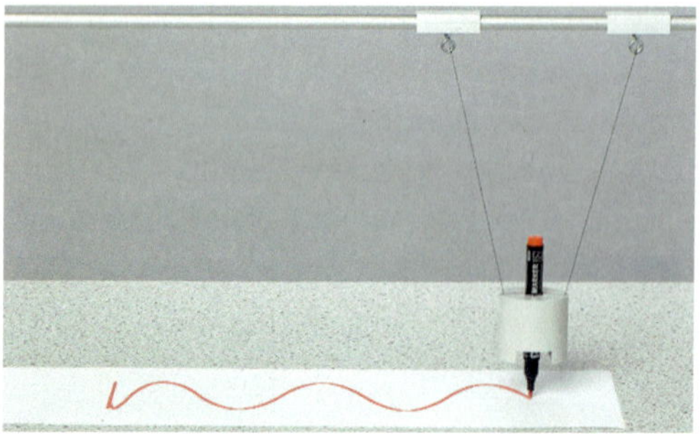

03 Eine Pendelschwingung wird auf Papier gezeichnet.

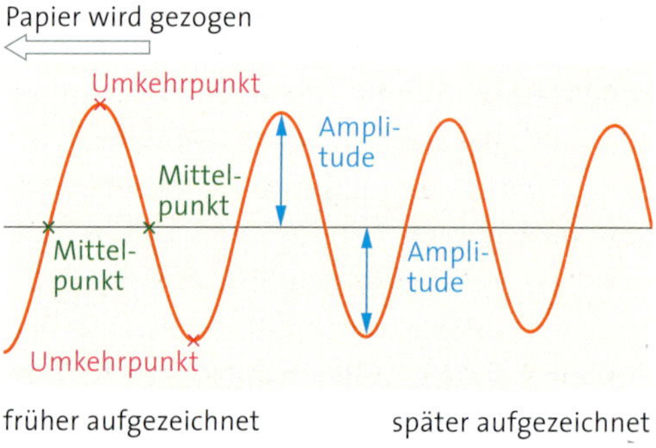

04 Schwingungsbild des Pendels aus ▸ Bild 03

1 Auch im Alltag sind Größen und Einheiten wichtig. Notiere mindestens fünf Beispiele.

2 Bestimme die Frequenz deines Pulsschlags. Zähle dazu deinen Puls für eine geeignete Zeitspanne (z. B. 15 s).

3 Ein Pendel benötigt für 15 Schwingungen 22,5 s. Berechne die Frequenz.

4 Die Membran eines Lautsprechers schwingt in einer Sekunde 14 000-mal hin und her. Gib die Frequenz des Lautsprechers in Hz und in kHz an.

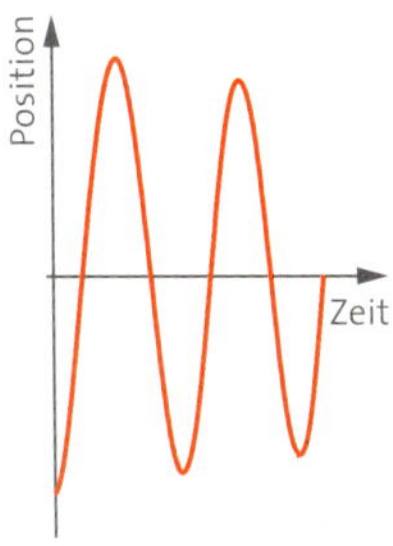

01 Schwingungsbild mit Zeit- und Positionsachse

SCHWINGUNGSBILDER · Erinnern wir uns an das Schwingungsbild des Pendels auf der vorangegangenen Seite: Was ganz links auf dem Papier zu sehen ist, das ist zuerst geschehen. Je weiter man auf dem Papier nach rechts geht, desto später wurde dieser Teil des Schwingungsbildes aufgezeichnet. Um zu verdeutlichen, dass die Zeit nach rechts zunimmt, ergänzen wir das Schwingungsbild durch eine Rechtsachse für die Zeit (▸ Bild 01). Das Pendel schwingt zwischen den beiden Umkehrpunkten hin und her. Zu jedem Zeitpunkt hat es eine andere Position. Deshalb zeichnen wir noch eine Hochachse für die Position des Pendels. Sie gibt die Auslenkung, also den Abstand zum Mittelpunkt, an.

In der Praxis ist es nachträglich oft nicht mehr möglich, die Achsen mit den richtigen Zahlenwerten zu beschriften. Dazu muss man schon bei der Aufzeichnung die Zeit und die Auslenkung messen. Dies wurde im Schwingungsbild von ▸ Bild 02 gemacht. Dann kann man die Frequenz und die Amplitude aus dem Schwingungsbild ablesen.

Um die schnelle Bewegung einer schwingenden Stimmgabel darzustellen, benutzt man ein ähnliches Verfahren: Auf einer berußten Glasplatte wird eine Stimmgabel mit einer Metallspitze schnell entlang gezogen und damit eine Spur gezeichnet. Auch hierbei werden die zeitlich nacheinander erfolgenden Schwingungen der Stimmgabel räumlich hintereinander auf das Glas gezeichnet (▸ Bild 03). Wenn die Stimmgabel schneller gezogen wird, dann liegen die Bögen weiter auseinander. Deshalb kann man die Frequenz aus solchen Schwingungsbildern nicht bestimmen.

Bisher haben wir die Schwingungen direkt am Schallerzeuger aufgezeichnet. Mit einem Computer und einem Mikrofon können wir die Schwingungen auch beim Empfangen aufzeichnen. Mit einem Programm zur Aufzeichnung und Wiedergabe von Tönen, einem so genannten Soundeditor, können die aufgezeichneten Schwingungen betrachtet, gedruckt und ausgewertet werden (▸ Bild 04). Der Vorteil gegenüber anderen Aufzeichnungen ist, dass der Computer gleichzeitig die Zeit misst und aufzeichnet. Es fehlt aber die Beschriftung der Hochachse.

1 Beschreibe die Schwingung eines Pendels anhand ▸ Bild 02. Notiere die Zeitpunkte, an denen sich das Pendel gerade im Mittelpunkt bzw. in einem Umkehrpunkt befindet. Bestimme die Frequenz des Pendels. Zeichne ein Schwingungsbild für ein Pendel mit der doppelten Frequenz.

2 Erkläre, warum man aus den Schwingungsbildern der Schreibstimmgabel (▸ Bild 03) die Frequenz nicht bestimmen kann. Beschreibe, wie man den Versuch abändern muss, damit die Bestimmung der Frequenz doch möglich ist.

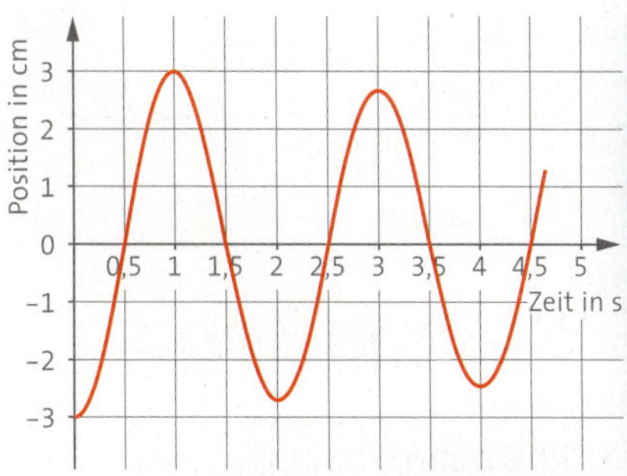

02 Schwingungsbild mit beschrifteten Achsen

03 Aufzeichnung mit Schreibstimmgabel

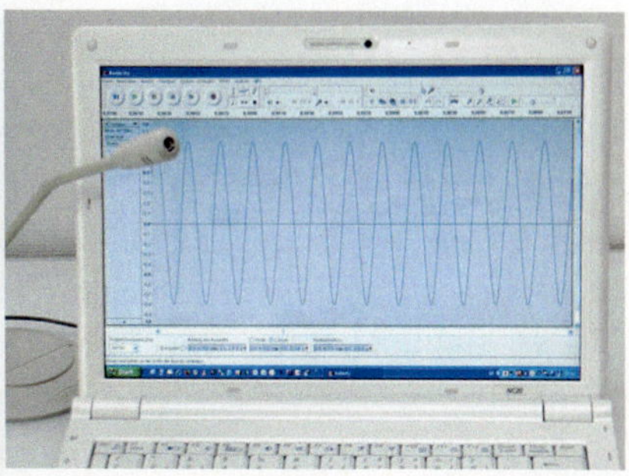

04 Aufzeichnung mit Computer und Mikrofon

VERSUCHE ▸ Frequenzmessung in der Praxis

Für den folgenden Versuch musst du die Frequenz aus Schwingungsbildern bestimmen, auch wenn diese komplizierter sind als die bisher betrachteten. Wir zeigen dies am Beispiel eines Gongs:

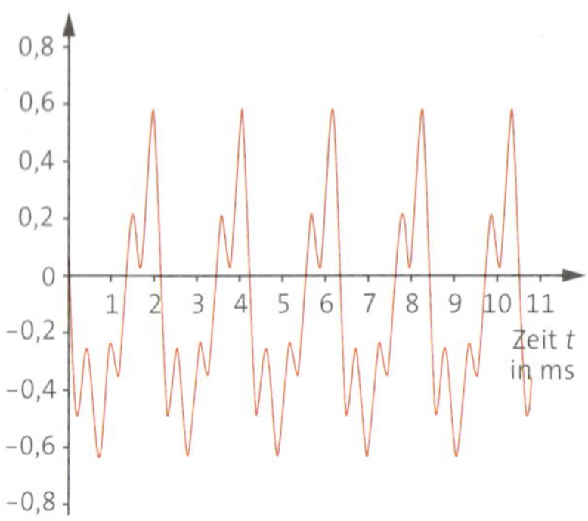

Das Schwingungsbild setzt sich aus immer gleichen Abschnitten zusammen. Fünf solche Abschnitte dauern 10,5 ms lang. Somit ist die Frequenz dieser Schwingung:

$$f = \frac{n}{t} = \frac{5}{0{,}0105\ \text{s}} = 476\ \text{Hz}.$$

V1 Gummibanjo

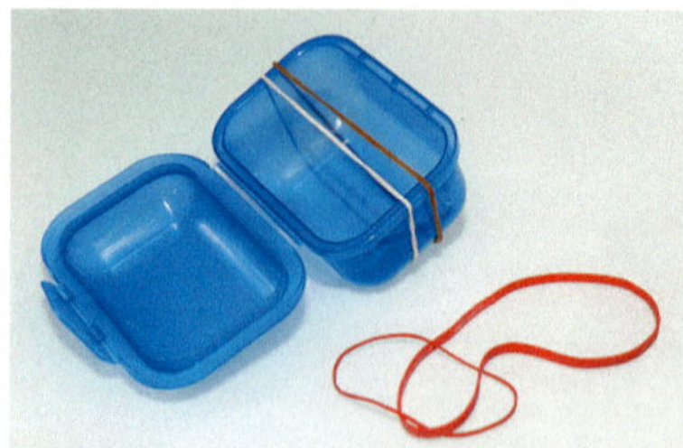

Material:

verschiedene Gummibänder, Holz- oder Plastikschachtel, Computer, Mikrofon, Programm (Soundeditor).

Durchführung:

a) Spanne ein Gummiband über die Schachtel. Zupfe an dem Gummiband und zeichne die Schwingung auf. Bestimme die Frequenz der Schwingung.

b) Bestimme mit dieser Anordnung die Frequenz eines möglichst tiefen (hohen) Tons.

V2 Sekundenpendel

Ein Pendel, das von einem Umkehrpunkt zum anderen Umkehrpunkt genau eine Sekunde benötigt, heißt Sekundenpendel. Du sollst ein Sekundenpendel bauen. Die Frequenz des Pendels hängt nur von der Länge der Schnur ab.

Material:

Schnur, Pendelkörper, Stoppuhr

Durchführung:

a) Untersuche, wie die Dauer der Schwingung von der Länge der Schnur abhängt.

b) Baue ein Sekundenpendel und bestimme auf 0,1 s genau, wie lange eine Schwingung tatsächlich dauert. Beschreibe dein Vorgehen.

Material A ▸ Auswertung von Schwingungsbildern

A1 Mit dem Computer wurden Schwingungsbilder aufgezeichnet, Ausschnitte sind in den Diagrammen unten dargestellt.
Bestimme die Frequenz der beiden Schwingungen a) und b).

a)

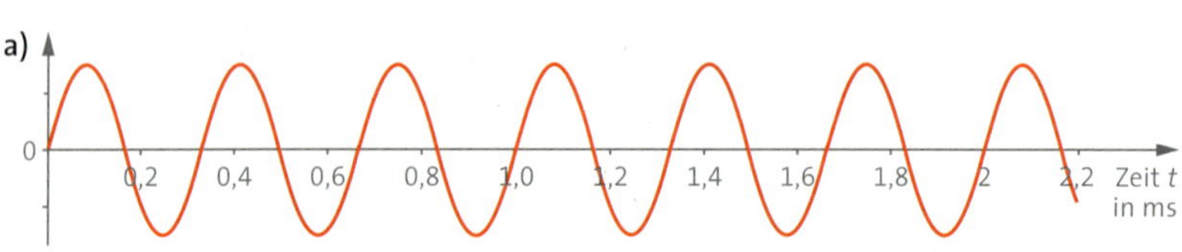

b)

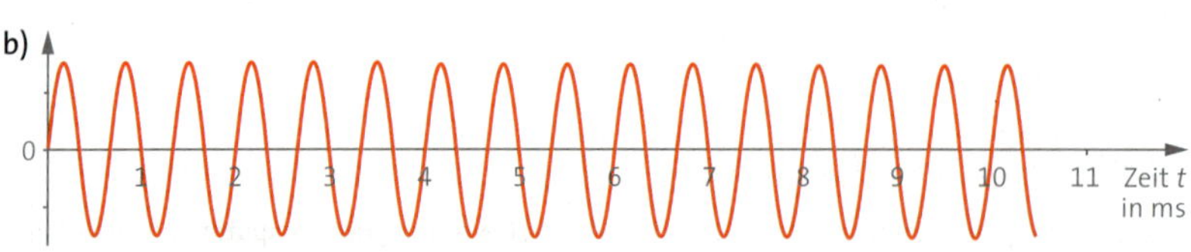

A2 In der Anleitung eines elektrischen Weckers sind für die Wahl des Wecksignals drei Möglichkeiten 1) bis 3) abgebildet. Welchen Weckton würdest du wählen? Begründe deine Wahl.

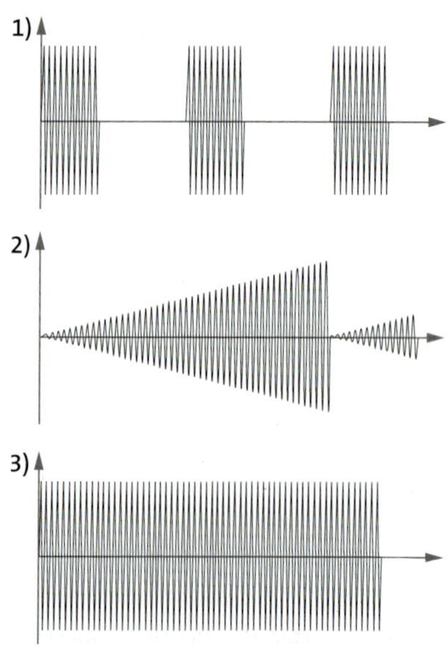

01 Das Schulorchester musiziert.

02 Presslufthammer in Aktion

Ton – Klang – Geräusch

Schall kann laut oder leise sein. Töne können hoch oder tief sein. Derselbe Ton klingt bei einer Flöte anders als bei einer Violine. Wie können wir diese Unterschiede physikalisch beschreiben?

Mithilfe von Schwingungsbildern können wir den Zusammenhang zwischen unserer Wahrnehmung und der physikalischen Beschreibung untersuchen.

LAUT – LEISE · Wenn du eine Stimmgabel einmal schwach und einmal stark anschlägst, dann hörst du den Ton einmal leise und einmal laut. Ob ein Ton laut oder leise ist, das kann man auch an den Schwingungsbildern der Töne erkennen: Beim leisen Ton beobachtet man eine kleine Amplitude, beim lauten Ton eine große Amplitude (▸ Bild 03).

HOCH – TIEF · Wenn du zwei unterschiedliche Stimmgabeln verwendest, dann hörst du bei der einen Stimmgabel einen tiefen Ton, bei der anderen einen hohen Ton. Hoch oder tief, auch das zeigen die Schwingungsbilder (▸ Bild 04): Beim hohen Ton wurden in der gleichen Zeit viel mehr Schwingungen aufgezeichnet als beim tiefen Ton. Die Frequenz des hohen Tons ist also größer als die Frequenz des tiefen Tons.

Je lauter man einen Ton hört, desto größer ist die Amplitude der Schwingung.
Je höher man einen Ton hört, desto größer ist die Frequenz der Schwingung.

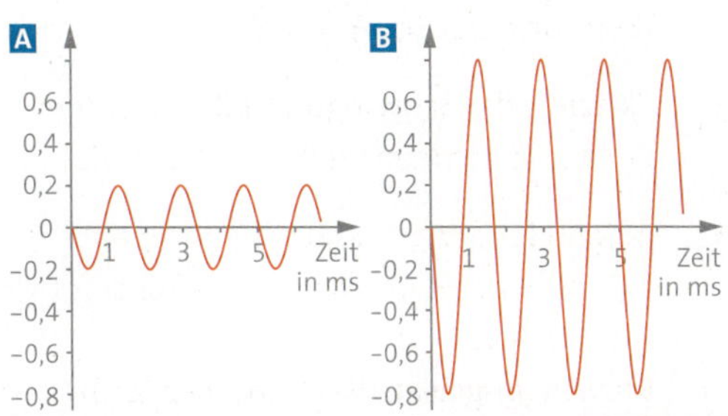

03 Auslenkung bei einem **A** leisen Ton, **B** lauten Ton

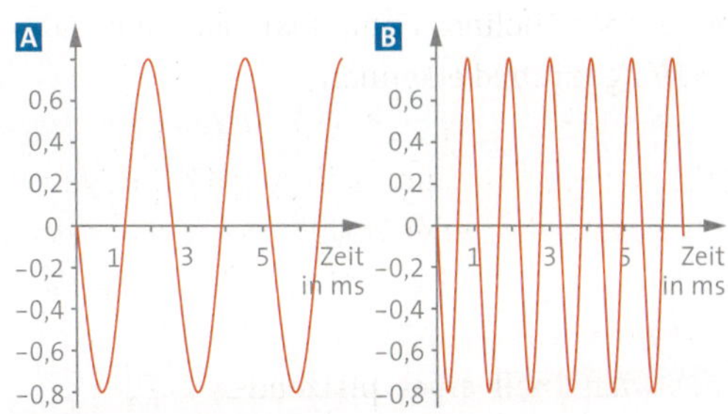

04 Auslenkung bei einem **A** tiefen Ton, **B** hohen Ton

Die C-Dur-Tonleiter · Du kannst vielleicht eine Tonleiter singen oder auf einem Instrument spielen. Was ist das Besondere an einer Tonleiter? Wir erklären das am Beispiel der C-Dur-Tonleiter:

In ▸ Tabelle 03 sind die Frequenzen der Töne und ihre Bezeichnungen in der Musik dargestellt. Die Frequenzen der einzelnen Töne einer Tonleiter sind, nach Festlegung des Anfangstons, durch ihren Abstand zueinander bestimmt. Diesen Abstand nennt man in der Musik **Intervall.** Die verschiedenen Intervalle haben auch eigene Namen. In ▸ Tabelle 03 sind die Intervall-Namen in Bezug auf den Ton c^1 angegeben.

Zu jedem Intervall gehört ein bestimmtes Frequenzverhältnis: Die Oktave hat das besonders einfache Verhältnis von 2 : 1, die Frequenz von c^2 (528 Hz) ist doppelt so groß wie die Frequenz des Tones c^1 (264 Hz).

Das Intervall von c^1 zu g^1 mit 396 Hz ist eine Quinte. Das Frequenzverhältnis ist 396 Hz : 264 Hz = 3:2.

Die Intervalle, deren Frequenzverhältnisse besonders einfach sind, werden als wohlklingend empfunden.

Du siehst: Wenn man die Frequenz von einem bestimmten Ton festlegt, dann kann man durch die Frequenzverhältnisse bei den Intervallen die Frequenzen aller anderen Töne berechnen. In der Musik ist dieser bestimmte Ton der „Kammerton" a^1 mit 440 Hz.

Der Klang der Instrumente · Mit dem Wissen über die Intervalle kannst du den verschiedenen Klang der Musikinstrumente besser verstehen.

Wenn man z. B. auf der Geige ein a^1 spielt, dann erklingt nicht nur ein Ton mit 440 Hz, sondern noch viele weitere Töne, die man in der Musik Obertöne nennt. Die Frequenzen der Obertöne sind immer Vielfache der Frequenz des tiefsten Tons, der Grundton heißt. Beim a^1 haben die Obertöne die Frequenzen 880 Hz, 1320 Hz usw.

Wenn man Grundton und Obertöne zusammen hört, dann nimmt man das als einen Klang wahr. Im Schwingungsbild eines Klangs kann man Grundton und Obertöne erkennen (▸ Bild 04). Der typische Klang eines Musikinstruments entsteht dadurch, dass die Obertöne bei jedem Instrument verschiedene Amplituden haben und dadurch unterschiedlich laut gehört werden.

Bei Synthesizern kann man Grundtöne und Obertöne nach Wunsch zusammensetzen. So kann man den Klang anderer Instrumente nachmachen oder ganz neue Klänge entstehen lassen.

f in Hz	264	297	330	352	396	440	495	528
Ton	c^1	d^1	e^1	f^1	g^1	a^1	h^1	c^2
Intervall	Sekunde 9:8							
	Terz 5:4							
	Quarte 4:3							
	Quinte 3:2							
	Sextе 5:3							
	Septime 15:8							
	Oktave 2:1							

03 C-Dur-Tonleiter mit Intervallen

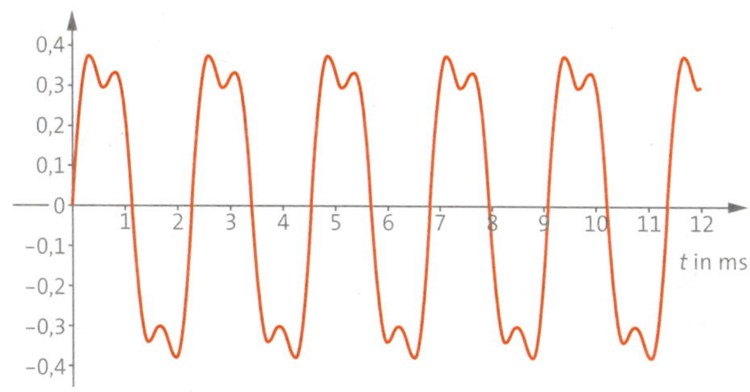

04 Grundton (440 Hz) mit 1. (880 Hz) und 2. Oberton (1320 Hz)

1 **a)** Bei den Saiteninstrumenten hat jedes Instrument einen bestimmten Frequenzbereich. Beschreibe, wovon dieser abhängt.
b) Beschreibe, wovon die Frequenz eines Fadenpendels abhängt. Vergleiche mit a).

2 Ein Klavier hat einen Tonumfang von sieben Oktaven. Einer der tiefsten spielbaren Töne ist das C_1. Er hat eine Frequenz von 33 Hz. Bestimme die Frequenz des höchsten spielbaren Tones (c^5).

01 Start beim 100 m-Lauf

Schall breitet sich aus

Bei einem 100 m-Lauf gibt der Starter mit einem Schuss das Signal zum Start. Die Sportler sollen loslaufen, sobald sie den Knall hören. Die Zuschauer an der Ziellinie sehen zuerst, wie die Läufer starten und hören danach den Knall. War es ein Fehlstart?

RAUCH UND KNALL · An der Starterpistole ist der Rauch vom Startschuss zu sehen (▸ Bild 01). Der Startschuss ist also schon gefallen. Die Läufer haben den Knall gehört und setzen sich in Bewegung. Die Zuschauer an der Ziellinie hören den Knall offensichtlich später als die Läufer. Deshalb sieht es für das Publikum wie ein Fehlstart aus, obwohl es keiner war.

An dem Beispiel siehst du, dass der Schall nicht sofort überall ist. Er braucht Zeit, um sich auszubreiten. Je weiter man von einer Schallquelle entfernt ist, desto länger dauert es, bis man den Schall hört.

02 Zuerst siehst du den Blitz, etwas später hörst du den Donner.

BLITZ UND DONNER · Etwas Ähnliches kannst du auch bei einem Gewitter erleben. Wenn du dabei einen Blitz siehst, dann hörst du erst mit zeitlicher Verzögerung den zugehörigen Donner (▸ Bild 02).

Wenn ein Blitz entsteht, dann wird die Luft um ihn herum sehr stark erhitzt und dehnt sich explosionsartig aus. Dieser Vorgang erzeugt einen Knall, der in größerer Entfernung als ein Grollen oder Donnern zu hören ist.

Der Schall braucht mehr Zeit als das Licht, um den Weg vom Blitz zu dir zurückzulegen. Das Licht braucht zwar auch eine gewisse Zeitspanne, allerdings ist sie unvorstellbar kurz.

WIE SCHNELL IST DER SCHALL? · Diese Frage untersuchen wir nun experimentell. Wir stellen dazu die Situation beim 100 m-Lauf nach (▸ Bild 03).

03 Schüler bestimmen die Schallgeschwindigkeit.

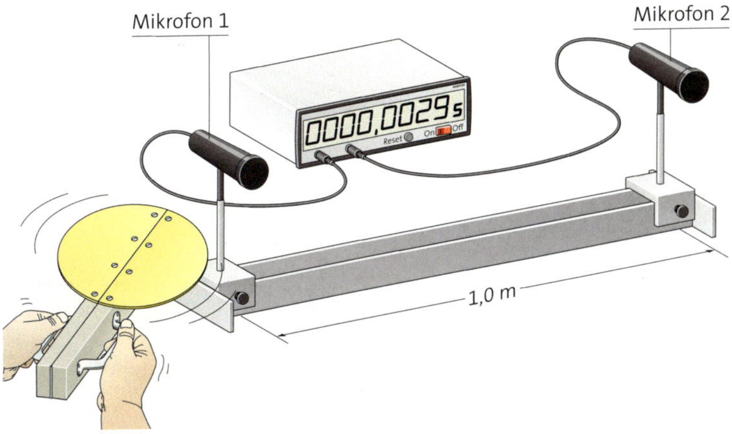

04 Elektronische Messung der Schallgeschwindigkeit

Statt einer Pistole benutzen wir eine Starterklappe. Eine Person steht mit der Starterklappe an der Startlinie. Zwei andere stellen sich an der Ziellinie auf. Einer der beiden verbindet sich die Augen. Sie haben jeweils eine Stoppuhr, die sie gleichzeitig starten. Der „Sehende" hält seine Stoppuhr an, wenn er sieht, wie die Starterklappen aneinander schlagen. Der „Blinde" hält seine Uhr an, wenn der Knall zu hören ist. Der Unterschied bei der Anzeige der beiden Uhren entspricht der Zeit, die der Schall für die 100 Meter gebraucht hat.

Wenn wir die Messung durchführen, dann ergibt sich etwa eine Zeit von 0,3 Sekunden. Die Ungenauigkeit beim Zeitmessen mit der Stoppuhr ist aber etwa genau so groß! Wenn wir wirklich herausfinden wollen, wie schnell der Schall ist, dann müssen wir also ein genaueres Messverfahren verwenden.

DIE SCHALLGESCHWINDIGKEIT · Wie schnell der Schall ist, messen wir nun mithilfe zweier Mikrofone und einer sehr genauen elektronischen Stoppuhr (▸ Bild 04). Wir schlagen die Starterklappen aneinander. Sobald der Schall Mikrofon 1 erreicht, wird die Uhr gestartet. Sobald er Mikrofon 2 erreicht, wird die Uhr angehalten. Die Uhr misst also die Zeit, die der Schall für die Strecke von Mikrofon 1 bis Mikrofon 2 benötigt.

Wenn die Mikrofone einen Abstand von genau einem Meter haben, dann misst die elektronische Uhr eine Zeit von 0,29 Hundertstel Sekunden. Wenn die Mikrofone zwei Meter voneinander entfernt sind, dann braucht der Schall die doppelte Zeit. Bei drei Metern ist es die dreifache Zeit. Der Schall wird also nicht langsamer, wenn er sich in der Luft ausbreitet. Er hat eine feste Geschwindigkeit.

Wie weit kommt der Schall dann in einer Sekunde? Wenn die beiden Mikrofone 3,4 m voneinander entfernt sind, dann messen wir genau eine Hundertstel Sekunde. Da die Strecke und die Zeit, die der Schall dafür benötigt, offensichtlich proportional zueinander sind, können wir die beiden Werte mit 100 multiplizieren. Man sagt: Die Schallgeschwindigkeit in Luft beträgt 340 Meter pro Sekunde.

Der Schall breitet sich in Luft mit einer Geschwindigkeit von 340 Metern pro Sekunde aus. Die Geschwindigkeit ändert sich nicht mit der Entfernung von der Schallquelle.

1 Du beobachtest ein Feuerwerk in 200 Meter Entfernung.
a) Erkläre, warum du zuerst das Feuerwerk siehst und dann einen Knall hörst.
b) Bestimme die Zeit, die vergeht, bis du den Knall hörst.

05 Feuerwerk

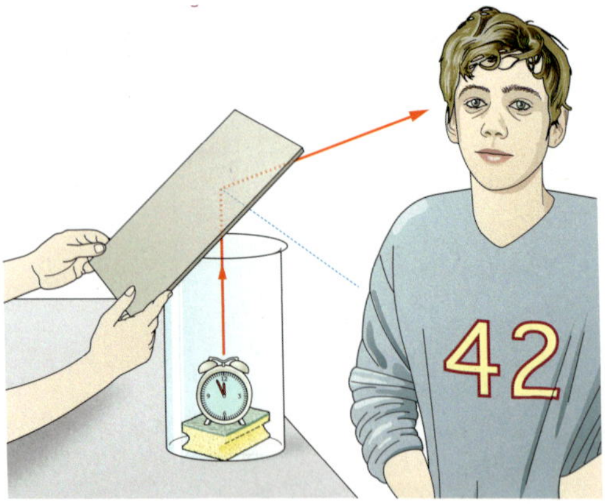

01 Experiment zur Reflexion von Schall

02 Experiment zur Beugung von Schall

SCHALL WIRD REFLEKTIERT · Du hast vielleicht schon einmal die folgende Situation erlebt: Wenn du in den Bergen aus größerer Entfernung vor einer glatten Bergwand laut deinen Namen rufst, dann hörst du deinen Ruf kurz danach noch einmal. Das ist das sogenannte **Echo.** Offenbar wird der Schall von der Bergwand zu dir zurückgeworfen.

Mit einem einfachen Versuch kannst du untersuchen, was geschieht, wenn Schall auf eine Wand oder eine andere glatte Oberfläche trifft (▸ Bild 01).

Lege dazu eine tickende Uhr auf ein Stück Schwamm in ein hohes Glas, ohne dass die Uhr die Glaswand berührt. Wenn du dein Ohr direkt über das Glas hältst, dann kannst du das leise Ticken hören.
Wenn du dich neben das Glas stellst, dann kannst du das Ticken der Uhr nicht mehr hören. Wenn aber eine zweite Person eine glatte Platte über das Glas hält und sie langsam neigt, dann kannst du das Ticken bei einer bestimmten Position und Neigung der Platte wieder gut hören.

Achtung!
Kein Smartphone in die Vakuumglocke legen!

Wie kommt das? Nun, der Schall trifft auf die Platte und ändert dann seine Ausbreitungsrichtung so, dass er dein Ohr trifft. Der Schall wird an der Platte reflektiert.

SCHALL WIRD GEBEUGT · Schall umgibt dich überall. Wenn du draußen spazieren gehst, dann sind immer irgendwelche Geräusche zu hören. Die Schallquelle muss dabei nicht zu sehen sein. Wie wir gerade gesehen haben, ist eine mögliche Ursache dafür die Reflexion des Schalls an Gegenständen, wie z. B. Hauswänden.

Es gibt aber noch eine zweite Ursache, die du mit folgendem Experiment untersuchen kannst: Stelle dich wie im ▸ Bild 02 neben die Tür des Klassenzimmers, die nur einen Spalt breit geöffnet ist. Wenn nun eine Person im Klassenzimmer deinen Namen ruft, dann kannst du dies hören, obwohl du die Person nicht sehen kannst. Der Schall breitet sich um die Ecke aus. Man sagt, der Schall wird gebeugt.

SCHALL BRAUCHT EINEN TRÄGER · Wie gelangt der Schall eigentlich zu deinem Ohr? Normalerweise befindet sich Luft zwischen der Schallquelle und deinem Ohr. Wir untersuchen, ob sich der Schall auch ohne Luft ausbreiten kann. Dazu legen wir ein klingelndes Handy unter eine Glasglocke (▸ Bild 03). Während die Luft abgepumpt wird, hören wir, wie das Klingeln des Handys immer leiser wird. Schließlich ist es kaum noch zu hören. Die Luft ist also wichtig bei der Ausbreitung des Schalls. Man sagt, die Luft ist ein **Schallträger.**

BLICKPUNKT

01 Auswahl verschiedener Musikinstrumente

Musikinstrumente

Ein Orchester benötigt für eine Aufführung viele verschiedene Instrumente. Jedes Instrument hat einen bestimmten Klang und erst das Zusammenspiel ergibt den vollen Musikgenuss.

Saiteninstrumente · Bekannte Saiteninstrumente sind das Klavier, die Geige und die Gitarre. Bei diesen Instrumenten werden die Saiten durch Anschlagen, Streichen oder Zupfen in Schwingungen versetzt. Eine schwingende Saite allein ist kaum hörbar. Damit der Ton laut genug ist, müssen größere Flächen zum Mitschwingen angeregt werden. Für hohe Töne müssen die Flächen klein sein, für tiefe Töne müssen sie groß sein. Bei der Geige ist z. B. die Rückseite, der sogenannte Boden, gerade groß genug für ihre tiefsten Töne.

Blasinstrumente · Unter den Blasinstrumenten sind die Flöte, die Klarinette, das Saxofon, die Trompete, die Posaune und die Orgel die bekanntesten. Bei diesen Instrumenten wird die in einem Rohr eingeschlossene Luft unmittelbar zum Schwingen gebracht. Wenn man das Volumen der eingeschlossenen Luft ändert, dann ändert sich dadurch die Tonhöhe. Bei der Blockflöte geschieht dies durch das Öffnen und Schließen der Grifflöcher.

Schlaginstrumente · Zu diesen Instrumenten gehören das Xylophon, der Gong und die Triangel. Bei ihnen werden durch Anschlagen Platten und Stäbe aus Holz oder Metall zum Schwingen gebracht. Andere Schlaginstrumente wie Pauken und Trommeln sind mit Membranen bespannt.

Elektrische Musikinstrumente · Musikbands benutzen E-Gitarre, Keyboard, Synthesizer usw. und gestalten damit vollkommen andere Klänge. Bei der E-Gitarre wird der Ton noch mit den Saiten erzeugt, dann allerdings elektronisch verstärkt, verändert und durch einen Lautsprecher hörbar gemacht. Ganz ohne Saiten kommen elektronische Musikinstrumente wie Keyboard oder Synthesizer aus. Der Ton wird mithilfe elektronischer Bauelemente erzeugt und auch verstärkt.

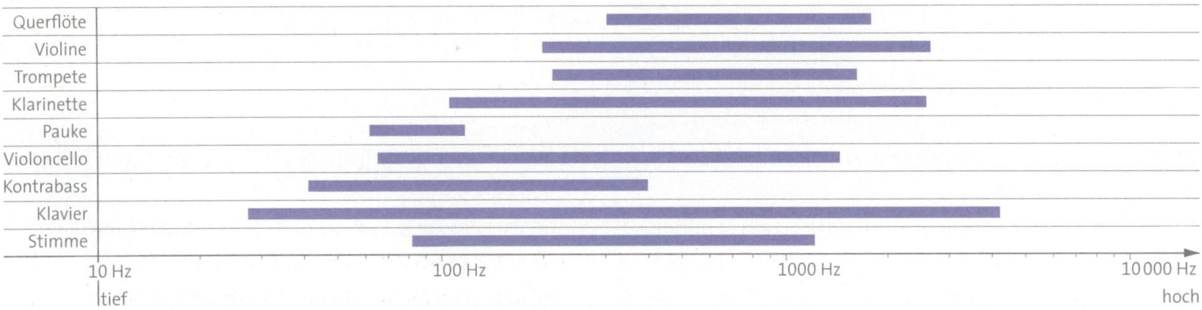

02 Frequenzumfang verschiedener klassischer Musikinstrumente und der menschlichen Stimme

VERSUCHE ▸ Tonhöhe und Frequenz

V1 Musikinstrument

Der höhere Ton eines Musikinstruments ist mit einer höheren Frequenz verbunden. In diesem Versuch soll dieser Zusammenhang durch eine Messung bestätigt werden.

Material:

Musikinstrument (am besten Flöte), Gerät zur Frequenzmessung (z. B. Computer, Mikrofon, Smartphone).

Durchführung:

Spiele mit dem Musikinstrument die Tonleiter und bestimme die Frequenzen der einzelnen Töne. Bestätige den Zusammenhang: Hoher Ton – hohe Frequenz, tiefer Ton – niedrige Frequenz.

V2 Boomwhacker

Aus dem Musikunterricht kennst du vielleicht bereits die sogenannten „Boomwhackers“. Das sind Plastikröhren, die nach dem Anschlagen klingen. Mit diesen „Musikinstrumenten“ kannst du gut untersuchen, wie die Länge der Röhren mit der Frequenz des Tons zusammenhängt.

Material:

„Boomwhackers“, Gerät zur Frequenzmessung (z. B. Computer, Mikrofon, Smartphone)

Durchführung:

a) Formuliere eine Vermutung in der Form: „Je länger ..., desto ...“ und überprüfe sie.

b) Wenn du ein Ende der Röhre mit einem Deckel verschließt, dann entsteht ein anderer Ton. Vergleiche die Frequenzen der offenen und der geschlossenen Röhre. Wiederhole dies für andere Rohrlängen. Dabei solltest du eine Regelmäßigkeit erkennen. Formuliere einen Ergebnissatz.

Material A ▸ Laut und leise, hoch und tief

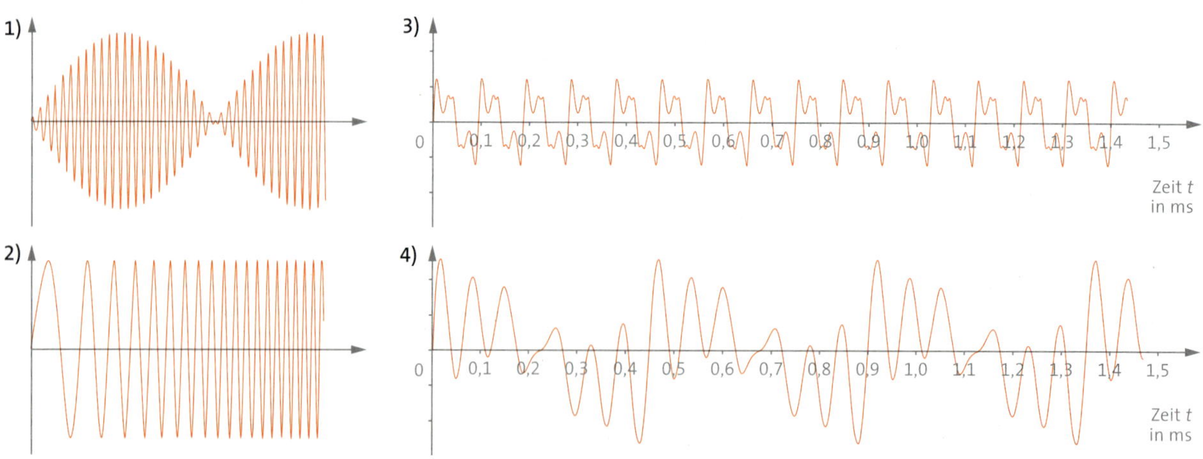

A1 Mit dem Computer wurden die Schwingungsbilder 1) bis 4) aufgezeichnet.

a) Beschreibe die Schwingungsbilder 1) und 2) mithilfe der Größen Amplitude und Frequenz. Beschreibe, wie sich Tonhöhe und Lautstärke jeweils verändern.

b) Bestimme für die Schwingungsbilder 3) und 4) jeweils die Frequenz des Klangs.

A2 Beim Tippen einer Taste des Festnetztelefons ist jeweils ein kurzer Ton hörbar.

a) Beschreibe, wie du am Schwingungsbild erkennen kannst, wie viele Tasten gedrückt wurden.

b) Erläutere die Funktion der unterschiedlichen Frequenzen der gedrückten Tasten.

BLICKPUNKT

Die menschliche Stimme

Auch ohne Instrumente können wir nur mit unserer Stimme die unterschiedlichsten Laute erzeugen. Du kannst sprechen, singen, summen usw. Wie entstehen diese Laute, die Sprache?

Wenn du beim Singen bei den Vokalen a, e, oder i mit deinen Fingern den Hals unterhalb des Kinns berührst, dann kannst du spüren, dass etwas schwingt. Am stärksten ist die Schwingung in der Nähe des Kehlkopfes. Dort verengt sich die Luftröhre und dort befinden sich die Stimmbänder (▸ Bild 01). Die **Stimmbänder** bestehen aus elastischen Fasern, die sich beim Sprechen oder Singen spannen und dadurch eine schmale Stimmritze bilden. Wenn die Luft hindurchgepresst wird, dann beginnen sie zu schwingen. Bei tiefen Tönen sind die Stimmbänder locker gespannt und schwingen mit kleiner Frequenz. Bei Kindern sind die Stimmbänder noch kürzer und straff gespannt: Die Stimmbänder schwingen mit großer Frequenz. Daher klingt eine Kinderstimme höher als die Stimme von Erwachsenen. Männer haben dickere und längere Stimmbänder als Frauen. So erklärt sich, dass Männer meist eine tiefere Stimme haben.

Die Stimmbänder allein machen noch keine Sprache. Erst das Zusammenwirken der Stimmbänder mit dem Mund, dem Rachenraum und der Luft ergibt die uns bekannten Vokale und Konsonanten. Bei jedem Buchstaben verändern wir die Mundstellung und damit den Rachenraum (▸ Bild 02). Nur mit dieser Veränderung können wir die **Vokale** bilden.

Wenn man die Schwingungsbilder für Vokale aufzeichnet, dann erhält man für jeden Vokal ein anderes Bild (▸ Bild 03). Bei gleichen Vokalen sind diese für verschiedene Menschen sehr ähnlich, aber nicht gleich.

Bei den **Konsonanten** p, t, k, g und d wird durch Lippen, Zunge und Zähne der Rachenraum verschlossen und dann plötzlich geöffnet, sodass die Luft entweichen kann.

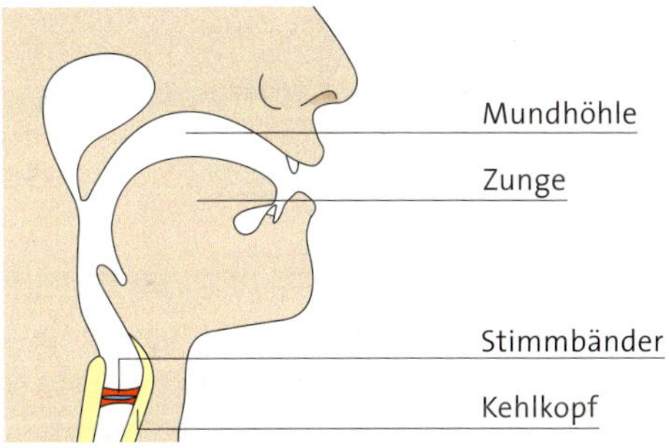

01 Kehlkopf und Stimmbänder

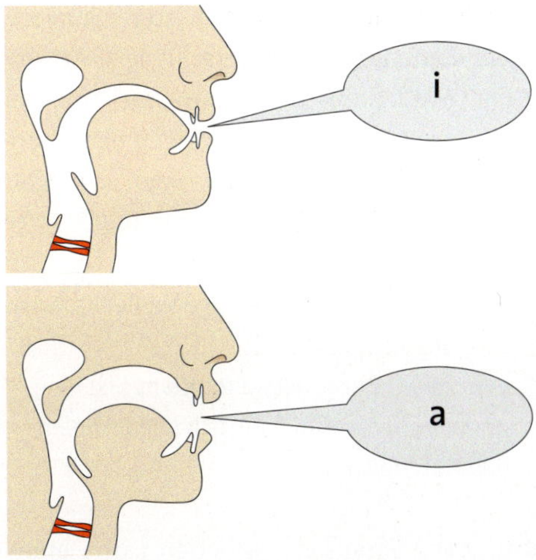

02 Mundhöhle und Rachenraum bei Vokalen

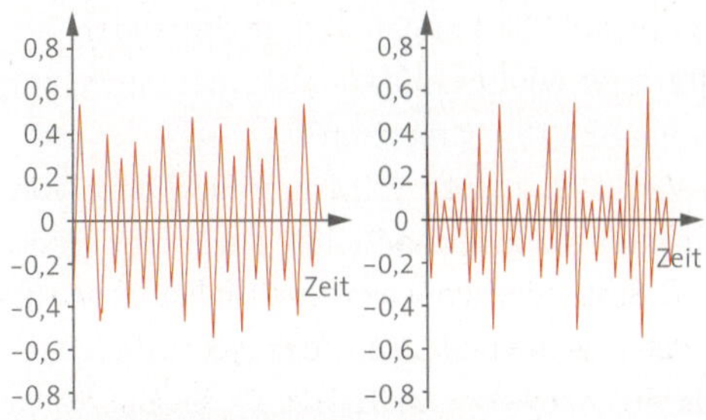

03 Schwingungsbilder der Vokale i und a

KLANG · Warum hört sich derselbe Ton bei einer Flöte anders an als bei einer Violine? Du kannst mit Mikrofon und Computer die Schwingungsbilder von verschiedenen Instrumenten aufnehmen und miteinander vergleichen. Was haben sie gemeinsam, was unterscheidet sie?

Das einfachste Schwingungsbild erhält man mit der Stimmgabel, es ist eine regelmäßige Wellenlinie (▸ Bilder 03, 04).

Das Schwingungsbild einer Flöte sieht dem Schwingungsbild der Stimmgabel noch recht ähnlich (▸ Bild 05 A).

Bei der Violine jedoch erhält man ein komplizierteres Schwingungsbild. Allerdings ist auch dieses Schwingungsbild in gewisser Weise regelmäßig, da es sich aus immer gleichen Abschnitten zusammensetzt (▸ Bild 05 B).

Bei der Violine klingen immer mehrere Töne gleichzeitig, sodass dieses komplizierte Schwingungsbild entsteht. Die Unterschiede zur regelmäßigen Wellenlinie der Stimmgabel sind bei jedem Instrument anders. Sie zeigen den Klang des Instruments. Genau genommen erzeugen Instrumente keine Töne, sondern Klänge.

Ein Ton hat eine regelmäßige Wellenlinie als Schwingungsbild.
Das Schwingungsbild eines Klangs ist eine geschwungene Linie mit sich wiederholenden Abschnitten.

GERÄUSCH · Geräusche wie der Lärm eines Presslufthammers oder der Knall eines Luftballons beim Platzen nehmen wir auch als Schall wahr. Sie klingen aber völlig anders als Flöte oder Violine. Kann man das auch am Schwingungsbild erkennen?

Im Vergleich zu den Schwingungsbildern von Stimmgabel, Flöte und Violine sind beim Presslufthammer keinerlei Regelmäßigkeiten mehr zu erkennen (▸ Bild 06 A). Dies gilt für alle Geräusche.

Auch der Knall eines platzenden Luftballons ist im Schwingungsbild gut zu erkennen (▸ Bild 06 B). Die Amplitude ist zunächst sehr groß und nimmt dann sehr schnell ab. Wie bei anderen Geräuschen sind auch hier keine Regelmäßigkeiten zu erkennen.

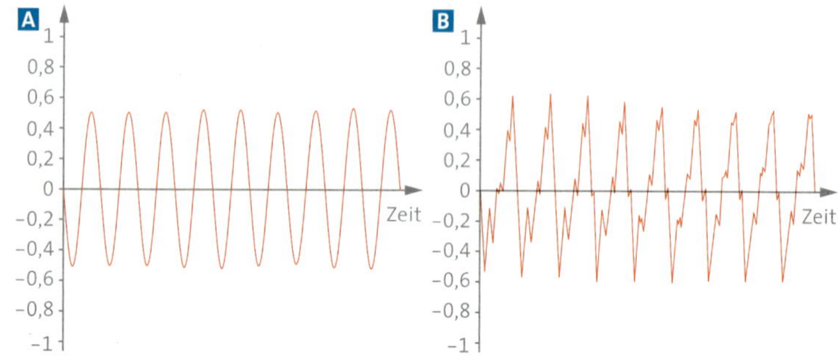

05 Derselbe Ton **A** auf einer Flöte, **B** auf einer Violine gespielt

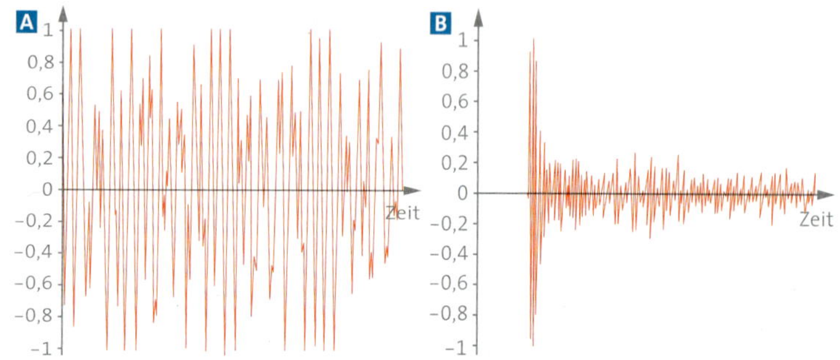

06 **A** Geräusch (Presslufthammer), **B** Knall (platzender Luftballon)

Ein Geräusch hat ein unregelmäßiges gezacktes Schwingungsbild.

1 **a)** Derselbe Ton wird auf einer Violine und auf einer Flöte gespielt. Beschreibe den unterschiedlichen Klang mithilfe von Schwingungsbildern.
b) Beschreibe den Unterschied im Schwingungsbild zwischen einem Geräusch und dem Ton einer Stimmgabel.

2 Skizziere das Schwingungsbild eines Tons, der mit zunehmender Zeit lauter wird.

3 Beschreibe den an- und abschwellenden Ton einer Feuersirene mit physikalischen Größen. Skizziere den Ton in einem Schwingungsbild. Was ist bei der Zeichnung zu beachten?

01 Lochkamerabild und Original

Die Lochkamera

Ein kleines Loch in der Verdunkelung des Klassenzimmers und ein Schirm zum Auffangen des Bildes – das sind schon die wesentlichen Bestandteile einer Lochkamera. Aber wie genau kommt das Bild zustande?

02 Ohne Lochblende kein Bild

Wenn man die Verdunkelung im Klassenzimmer hochfährt, dann verschwindet das Bild auf dem Schirm. Das ist nicht verwunderlich. Von jedem Punkt der Umgebung breitet sich Licht geradlinig in alle Richtungen aus. Das weißt du schon. Ohne eine Blende mit Loch ist kein Bild auf dem Schirm zu erkennen, denn an jeder Stelle des Schirms treffen Lichtbündel von allen Punkten des Gegenstands auf. Der Schirm in ▸ Bild 02 ist gleichmäßig hell.

Eine Lochblende „sortiert" dagegen Lichtbündel aus und lässt von jedem Gegenstandspunkt nur noch ein schmales Lichtbündel hindurch. Auf dem Schirm entstehen so nur an bestimmten Stellen Lichtflecken, die zu verschiedenen Gegenstandspunkten gehören. Die einzelnen Lichtflecken zusammen ergeben dann ein Bild des Gegenstands. In ▸ Bild 03 erkennst du, dass das Bild auf dem Kopf steht.

Bei einer Lochkamera entsteht das Bild durch Ausblenden von Lichtbündeln. Das Bild steht auf dem Kopf.

Weitere Eigenschaften des Lochkamerabildes untersuchen wir im folgenden Abschnitt.

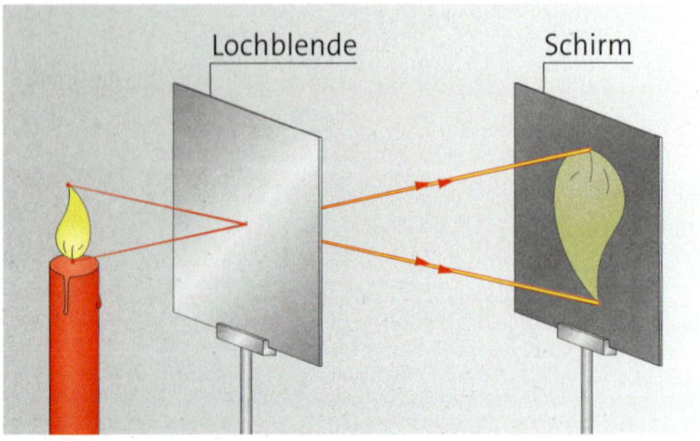

03 Lochblende mit kleinem Loch

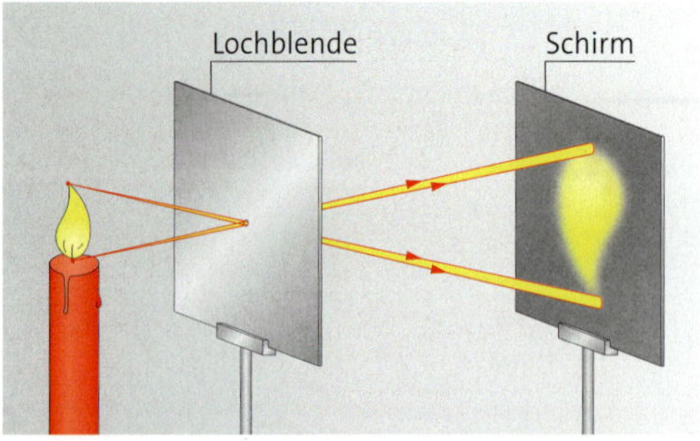

04 Lochblende mit großem Loch

EIGENSCHAFTEN DES BILDES · Wir untersuchen, welchen Einfluss die Größe des Lochs in der Blende auf das Bild hat. Wir stellen dabei fest: Je kleiner man das Loch macht, desto kleiner werden die Lichtflecken auf dem Schirm und desto weniger überlappen sie sich. Das Bild wird umso schärfer, je kleiner das Loch ist. Dann kommt allerdings nur noch wenig Licht vom Gegenstand zum Schirm und das Bild wird dunkler (▸ Bild 03, Bild 04).

Bei kleinerem Loch erhält man ein schärferes, aber dunkleres Bild. Bei größerem Loch ist das Bild heller, aber unscharf.

Das Bild der Kerze ist nicht immer gleich groß. Wovon hängt die Bildgröße ab? Wir vermuten, dass der Abstand Kerze-Lochblende (die **Gegenstandsweite *g***) und der Abstand Lochblende-Schirm (die **Bildweite *b***) eine Rolle spielen. Im Versuch können wir unsere Vermutung bestätigen und beobachten:

Je größer die Gegenstandsweite, desto kleiner ist das Bild. Je größer die Bildweite, desto größer ist das Bild.

Dieses Ergebnis kann man mit dem Lichtstrahlmodell verstehen. In Gedanken kann man sich das Loch so klein vorstellen, dass von jedem Gegenstandspunkt nur ein Lichtstrahl hindurchpasst. Dann lässt sich die Bildgröße anhand einer schematischen Zeichnung konstruieren (▸ Bild 06).

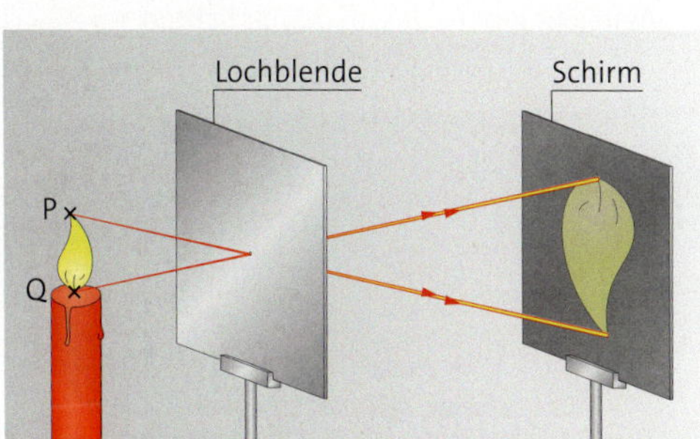

05 Wir wählen zwei Gegenstandspunkte aus.

DER ABBILDUNGSMASSSTAB · Es gibt Landkarten in verschiedenen Maßstäben. Der Maßstab 1 : 100 000 bedeutet zum Beispiel: 1 cm auf der Karte entspricht 100 000 cm in der Natur. Der Maßstab gibt also das Verhältnis von **Bildgröße *B*** (Landkarte) zu **Gegenstandsgröße *G*** (Natur) an. Genau das versteht man auch in der Physik unter dem Abbildungsmaßstab A:

$$A = \frac{B}{G}.$$

Versuche und mathematische Überlegungen zeigen folgenden Zusammenhang mit der Bildweite b und der Gegenstandsweite g:

$$A = \frac{b}{g}.$$

Mithilfe dieser Formeln und einem Lochkamerabild kann man z. B. die Höhe des Baums in ▸ Bild 01 bestimmen: Dazu messen wir die Bildweite ($b = 0{,}5$ m), die Gegenstandsweite ($g = 12$ m) und die Bildgröße ($B = 30$ cm) und berechnen daraus den Abbildungsmaßstab:

$$A = \frac{b}{g} = \frac{0{,}5\text{ m}}{12\text{ m}} = \frac{1}{24} = 1:24.$$

Nun können wir folgern:

Bildgröße B		Gegenstandsgröße G
1 cm	entspricht	24 cm
30 cm	entsprechen	30 · 24 cm = 720 cm

Der Baum ist also 7,2 m hoch.

1 Berechne die Gegenstandsweite, wenn der Abbildungsmaßstab 1 : 8 ist und die Bildweite 15 cm beträgt.

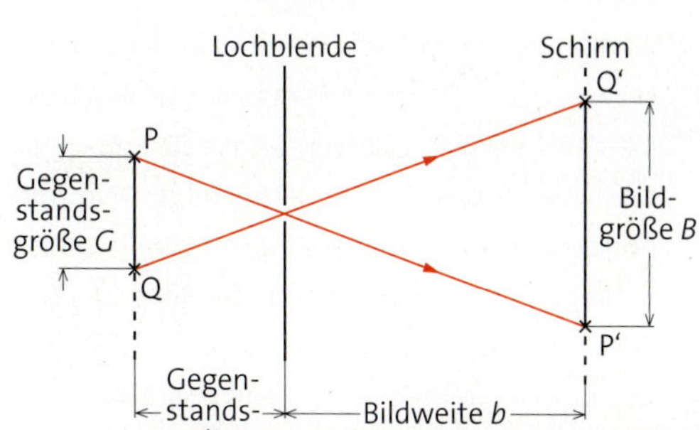

06 Konstruktion des Bildes mit Lichtstrahlen

Wenn man beide Gleichungen für den Abbildungsmaßstab zusammenfasst, dann erhält man die Abbildungsgleichung: $\frac{B}{G} = \frac{b}{g}$.

BLICKPUNKT

Fotos mit einer Lochkamera

01 Ein Schwarz-Weiß-Negativ mit einer Lochkamera fotografiert. „Dunkel" auf dem Foto ist „Hell" im Original.

Mit der Lochkamera kannst du selbst fotografieren oder auch nur die Umwelt betrachten, ohne zu fotografieren.

Zum Fotografieren brauchst du Fotopapier, das du anstatt des Schirms verwendest. Schwarz-Weiß-Fotopapier verändert sich an den Stellen, auf die Licht trifft. Die Veränderung wird erst sichtbar, wenn man das Fotopapier chemisch behandelt. Diese chemische Behandlung nennt man Entwicklung des Fotos. Dabei färben sich die Stellen schneller dunkel, auf die mehr Licht gefallen ist. Wenn die gewünschte Schwärzung erreicht ist, dann bricht man die Entwicklung ab und fixiert das Foto chemisch. Man erhält also ein Schwarz-Weiß-Negativ (▸ Bild 01).

Man braucht beim Fotografieren schon ein wenig Geduld. Scharfe Bilder erfordern kleine Löcher und dadurch eine lange Belichtungszeit. Sie kann je nach Lichtverhältnissen und Empfindlichkeit des Fotopapiers einige Minuten betragen. Die Lochkamera muss deshalb immer aufliegen, sonst „verwackeln" die Bilder. Außerdem darf auf das Fotopapier kein Streulicht fallen, weil das Fotopapier dann zu stark belichtet wird. Das Foto wäre ganz schwarz.

Bauanleitung für eine Lochkamera

Du benötigst:
- eine runde Dose (z. B. Kaffeedose),
- schwarzes Tonpapier (DIN A4),
- Transparentpapier, Alufolie, Nadel,
- Schere, Kleber, Hammer, dicker Nagel, Klebeband

1. Schlage in die Mitte des Dosenbodens von außen mit Hammer und Nagel ein Loch (Durchmesser ca. 1 mm).
2. Fertige aus dem Tonpapier einen Zylinder, der genau in die Dose hineinpasst. Verschließe ein Ende des Zylinders mit dem Transparentpapier.
3. Bringe zum Ablesen der Bildweite auf dem Zylinder eine Skala an. Klebe dazu ein Stück weißes Papier auf oder beschrifte den Zylinder direkt.
4. Zum Ablesen der Bildgröße brauchst du noch eine mm-Skala auf dem Schirm. Dein Lehrer kann sie dir auf Folie kopieren und du klebst sie mit Klebestreifen auf oder du beschriftest das Transparentpapier direkt. Zum Fotografieren musst du das Transparentpapier durch Fotopapier ersetzen. Als „Auslöser" dient der Deckel der Dose, mit dem du das Loch verschließen und öffnen kannst.
Zum Entwickeln des Fotos benötigst du eine Dunkelkammer, Fixierer und Entwickler. Vielleicht gibt es das an deiner Schule.

02 Fertige Lochkamera

VERSUCHE ▸ Untersuchung der Eigenschaften des Bildes bei einer Lochkamera

Material:

Ohne Verdunkelung des Raumes: eine Lochkamera mit Skala, verschiedene Lochblenden
Mit Verdunkelung des Raumes: eine Kerze, Lochblenden, Schirm, Stativmaterial, Metermaß

V1 Blendenform und -größe

Durchführung:

Bilde einen Gegenstand mit verschiedenen Lochblenden ab:
a) Verändere die Lochgröße.
b) Verändere die Lochform.
Beobachte, wie sich die Bildschärfe und die Helligkeit verändern.
Notiere jeweils deine Beobachtungen.
Erkläre deine Ergebnisse anhand einer Skizze.

V2 Bild- und Gegenstandsweite

Durchführung:

Bilde einen Gegenstand mit einer Lochblende ab.
a) Verändere nur die Bildweite (Abstand Lochblende-Schirm). Beobachte, wie sich die Bildgröße verändert.
b) Verändere nur die Gegenstandsweite (Abstand Gegenstand-Lochblende). Beobachte, wie sich die Bildgröße verändert.
Notiere jeweils deine Beobachtungen. Erkläre deine Ergebnisse anhand einer Skizze.

V3 Abbildungsmaßstab

Durchführung:

Lege eine Tabelle wie die folgende an:

$G =$				
g	b	B	$\frac{b}{g}$	$\frac{B}{G}$

a) Wähle einen Gegenstand aus und miss bei mindestens drei verschiedenen Gegenstands- und Bildweiten die Bildgröße B.
b) Berechne jeweils die Quotienten $\frac{b}{g}$ und $\frac{B}{G}$ und prüfe nach, ob gilt: $\frac{B}{G} = \frac{b}{g}$.

Material A ▸ Sonnentaler und Camera obscura

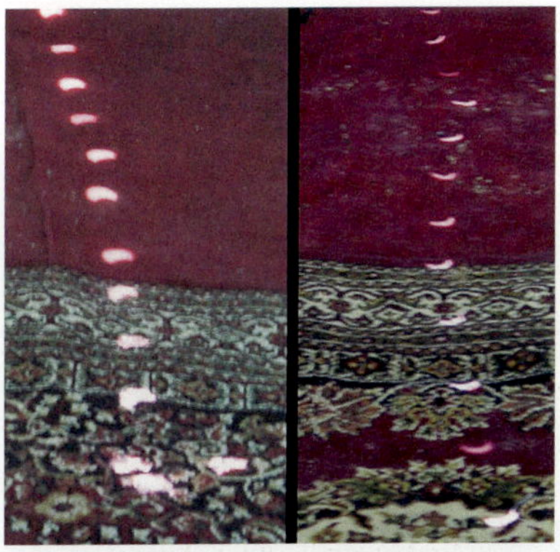

03 Während einer Sonnenfinsternis

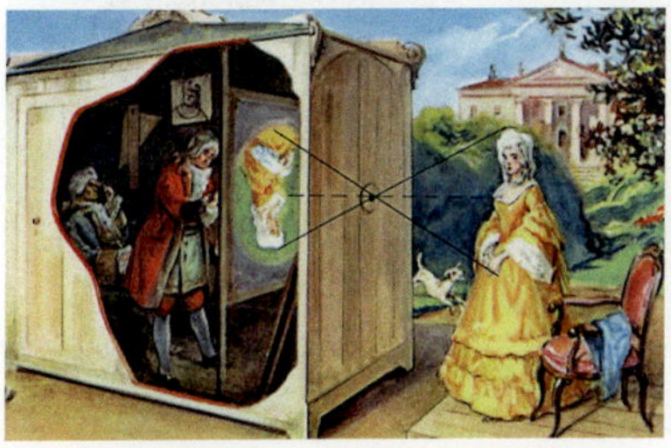

04 Camera obscura

A1 ▸ Bild 03 zeigt einen Teppich mit Lichtflecken: links vor einer Sonnenfinsternis und rechts danach. Der Teppich lag in einem Zelt, in dessen Dachplane kleine Befestigungslöcher für die Zeltstangen waren.
a) Erkläre, wie die Flecken entstanden sein könnten.
b) Erläutere, wie man mithilfe der Lichtflecken den Abstand Erde-Sonne ermitteln könnte.

A2 „Camera obscura" heißt übersetzt „dunkle Kammer".
a) Erläutere, weshalb die Kammer wie in ▸ Bild 04 dunkel sein muss.
b) Worauf muss der Maler achten, wenn er ein originalgetreues Abbild anfertigen möchte?

Material B ▸ Abbildungsmaßstab

B1 Eine Lochblende steht 6 cm vor einem Schirm und 4 cm von einem Gegenstand entfernt. Das Bild ist 4,5 cm hoch.
a) Ermittle die Gegenstandsgröße durch eine Zeichnung.
b) Überprüfe deine Lösung durch eine Rechnung.

B2 In einer Lochkamera beträgt die Bildweite 5 cm. Der Schirm ist 3 cm hoch. Eine 7,5 m hohe Tanne soll vollständig auf dem Schirm abgebildet werden. Berechne die Gegenstandsweite.

B3 Gib die Bedingungen an, unter denen das Bild genauso groß wie der Gegenstand, größer bzw. kleiner als der Gegenstand ist. Fertige jeweils eine Skizze an.

01 Von der Lochkamera zur modernen Fotografie

Linsen machen bessere Bilder

Moderne Kameras erzeugen gestochen scharfe Bilder. Anders als eine Lochkamera besitzen sie eine Linse anstelle eines Lochs. Wie entsteht bei der Linse ein scharfes Bild?

ERSTE BILDER · Die Lochkamera hat einen großen Nachteil: Die Bilder sind entweder scharf und dunkel oder hell und unscharf. Dagegen kann eine Kamera, die mit Linsen aus Glas arbeitet, Bilder erzeugen, die sowohl scharf als auch hell sind. Wie das geht, untersuchen wir mit einem Experiment wie im ▸ Bild 02.

Zwischen Kerze und Schirm befindet sich eine Linse, die wie eine Lupe geformt ist. Wir stellen die Linse vor eine brennende Kerze. Auf dem Schirm sehen wir einen hellen Fleck. Wenn wir die Linse verschieben, dann finden wir irgendwann einen Ort, an dem ein scharfes, helles Bild entsteht (▸ Bild 03). Wie bei der Lochkamera steht das Bild auf dem Kopf. Anders als bei der Lochkamera erhalten wir aber nur dann ein scharfes Bild, wenn wir den Abstand zwischen Kerze und Linse, die **Gegenstandsweite,** und den Abstand zwischen Linse und Kerze, die **Bildweite,** richtig wählen.

Eine solche Linse ist in der Mitte dicker als am Rand.

Für einen bestimmten Abstand zwischen Gegenstand und Schirm erzeugt eine Linse an genau einem Ort ein scharfes Bild.

02 Kein scharfes Bild erkennbar

03 Scharfes Bild auf dem Schirm

ORT UND GRÖSSE DES BILDES · Wovon hängt es ab, an welchem Ort ein scharfes Bild entsteht? Dazu stellen wir die Linse wie im ▸ Bild 03 auf. Wenn wir nun die Kerze von der Linse wegrücken, also die Gegenstandsweite vergrößern, dann wird das Bild unschärfer. Ein scharfes Bild ist erst dann wieder zu sehen, wenn wir den Schirm bewegen und die Bildweite verringern. Das Bild ist dadurch kleiner geworden. Größere Bilder bei größerer Bildweite erhalten wir, wenn wir die Gegenstandsweite verringern. Wenn wir die Kerze aber zu nah an die Linse heranrücken, dann gelingt es uns nicht mehr, ein Bild auf dem Schirm zu erzeugen.

Je größer die Gegenstandsweite ist, desto kleiner sind Bildweite und Bildgröße.
Je kleiner die Gegenstandsweite ist, desto größer sind Bildweite und Bildgröße.
Es gibt eine untere Grenze für die Gegenstandsweite. Wenn der Abstand kleiner ist, dann ist kein Bild mehr zu sehen.

BILDENTSTEHUNG IM MODELL · Von jedem Gegenstandspunkt der Kerze, zum Beispiel der Spitze S der Kerzenflamme, breitet sich Licht in alle Richtungen aus. Ein Teil dieses Lichts trifft auf die Linse. Die Linse ändert die Ausbreitungsrichtung dieses Lichtbündels so, dass es in einem Fleck zusammengeführt wird. Damit das Bild der Flamme scharf wird, müssen sich alle Strahlen des Bündels in einem Punkt S′ vereinigen (▸ Bild 04). S′ ist der Bildpunkt von S.

Die gleiche Überlegung gilt auch für jeden anderen Gegenstandspunkt: Für alle Gegenstandspunkte P mit gleicher Gegenstandsweite erhalten wir Bildpunkte P′ mit gleicher Bildweite. Aus diesen Bildpunkten entsteht ein scharfes und helles Bild – anders als bei der Lochkamera, bei der sich ein helles Bild aus ausgedehnten Lichtflecken zusammensetzt und daher unscharf ist.

Übliche Abkürzungen:
G: Gegenstandsgröße
B: Bildgröße
g: Gegenstandsweite
b: Bildweite

Linsen erzeugen scharfe Bilder, indem sie für jeden Gegenstandspunkt das Licht, das auf sie trifft, in jeweils einem Bildpunkt vereinigen.

DER LICHTWEG DURCH LINSEN · Warum verändert eine Linse die Ausbreitungsrichtung des Lichts? Wir betrachten ein Lichtbündel, das von einem Punkt ausgeht. In diesem Bündel verfolgen wir einzelne Lichtstrahlen, die unter verschiedenen Winkeln auf die Linse treffen (▸ Bild 05). Wir erkennen, dass das Licht sowohl beim Eintreten in die Linse als auch beim Austreten gebrochen wird. Dazwischen breitet sich das Licht geradlinig aus. Das überrascht nicht, denn Licht wird beim Übergang von einem Stoff in einen anderen gebrochen. Genau das passiert bei einer Linse zweimal: beim Übergang von Luft in Glas und von Glas in Luft. Deshalb ändert sich die Ausbreitungsrichtung des Lichts.

1 Vergleiche die Bildentstehung bei Lochkamera und Linse.

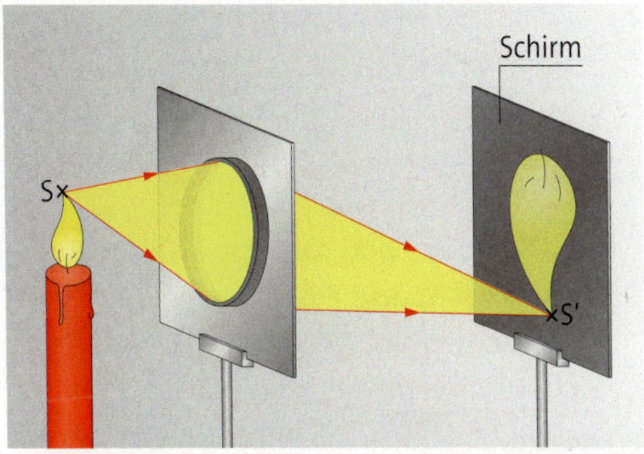

04 Ein Bild aus Punkten

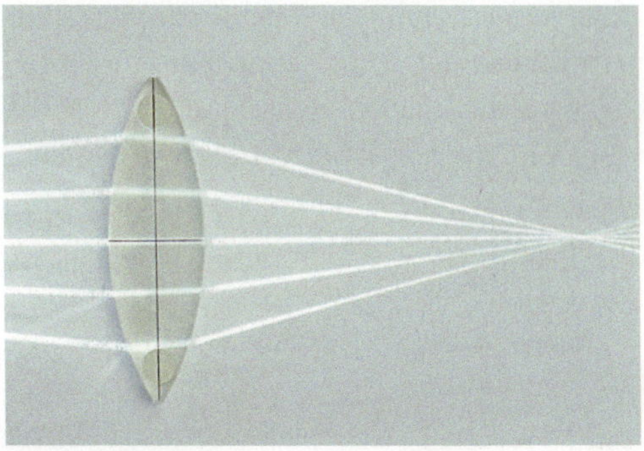

05 Licht wird in der Linse zweimal gebrochen.

Mittelebene und Mittelpunkt M sind durch die Symmetrie der Linse festgelegt. Die optische Achse ist eine Hilfsgerade, die senkrecht auf der Mittelebene steht und durch den Mittelpunkt verläuft.

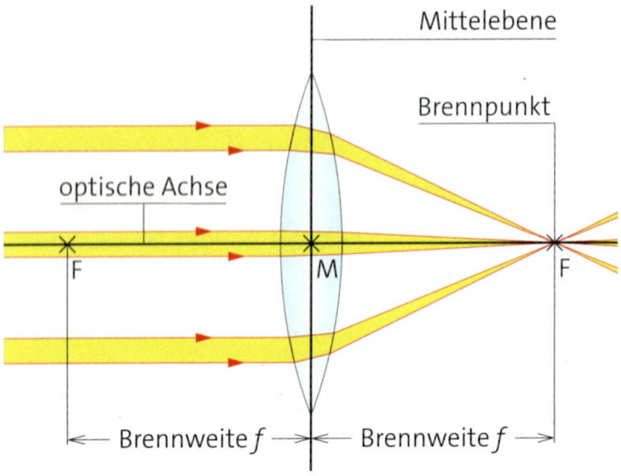

02 Brennweite und Brennpunkte einer Linse

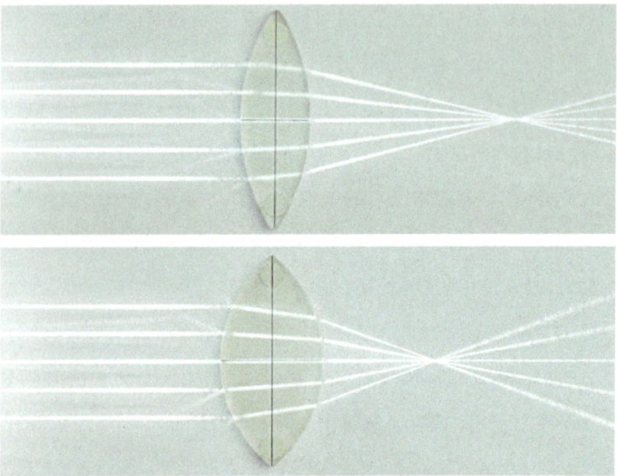

03 Die Form bestimmt die Brennweite.

HALBE LINSE – HALBE KERZE? · Was passiert, wenn wir eine Hälfte der Linse abdecken? Erhalten wir dann nur noch ein Bild der halben Kerze? Ein Versuch widerlegt dies: Die Kerze wird nach wie vor vollständig abgebildet, weil von jedem Punkt der Kerze Licht durch die Linse gelangt. Das Bild ist aber dunkler als zuvor, weil nur die Hälfte der Lichtmenge in den Bildpunkten vereinigt wird.

01 Linse als Brennglas

DIE BRENNWEITE · Mit einer Linse kannst du Licht in einem Punkt bündeln (▸ Bild 01). In diesem Punkt kann es so heiß werden, dass du dort ein Streichholz entzünden kannst.

In einem Versuch stellen wir die Situation nach und wählen drei schmale, zur optischen Achse parallele Lichtbündel aus (▸ Bild 02). Hinter der Linse treffen die Bündel alle in einem Punkt auf der **optischen Achse** zusammen. Diesen Punkt bezeichnet man als **Brennpunkt F** (von lateinisch *focus*). Den Abstand des Brennpunkts zur **Mittelebene** der Linse nennt man die Brennweite *f*. Sie ist charakteristisch für die Linse. Im ▸ Bild 02 erkennst du die Mittelebene der Linse als Gerade senkrecht zur optischen Achse.

Der Abstand des Brennpunkts zur Mittelebene einer Linse heißt Brennweite *f*.

Im Versuch zeigt sich, dass es gleichgültig ist, von welcher Seite wir die Linse beleuchten. In beiden Fällen wird das Licht gebündelt. Es gibt also zwei Brennpunkte. Bei symmetrischen Linsen liegen sie gleich weit von der Mittelebene entfernt.

DICK ODER DÜNN · Wir untersuchen nun, wovon die Größe der Brennweite abhängt. In einem Versuch lassen wir dazu wieder schmale Lichtbündel parallel zur optischen Achse auf Linsen treffen (▸ Bild 03). Wir stellen fest: Die Linse mit starker Krümmung ändert die Ausbreitungsrichtung des Lichts stärker als die Linse mit schwacher Krümmung.

Je stärker eine Linse nach außen gekrümmt ist, desto kleiner ist ihre Brennweite.

1 Die Brennweite einer Linse ist nicht bekannt. Beschreibe ein Experiment, mit dem du die Brennweite bestimmen kannst.

2 David und Niklas experimentieren mit Linsen.
a) Niklas ist unsicher, von welcher Seite aus das Licht durch die Linse treten soll. Gib ihm einen Tipp.
b) David verdeckt die Linse in der Mitte mit einer Münze. Beschreibe, wie sich das Bild ändert, das Niklas beobachtet.
c) Niklas verdeckt einen Teil des Gegenstands mit seiner Hand. Beschreibe, was David nun beobachtet.

VERSUCHE ▸ Abbildungen mit Linsen

In den folgenden Versuchen untersuchst du, wie du mit Linsen Bilder erzeugst und diese verändern kannst.

Material:

verschiedene Linsen, Kerze, Schirm

V1 Bilder mit Linsen

Durchführung:

a) Stelle Kerze, Linse und Schirm hintereinander auf (Abstand jeweils 25 cm). Verschiebe nun den Schirm, bis du ein scharfes Bild erhältst.

b) Decke einen Teil der Linse ab und beobachte das Bild. Schreibe auf, wie sich das Bild verändert hat.

c) Drehe die Linse um und prüfe, ob sich das Bild verändert hat. Notiere deine Beobachtungen.

V2 Gegenstandsweite und Bild

Durchführung:

a) Bilde die Kerzenflamme mit einer Linse auf dem Schirm ab. Rücke die Kerze schrittweise näher an die Linse und verschiebe den Schirm, bis du wieder ein scharfes Bild erhältst. Schreibe auf, wie der Schirm verschoben werden muss.

b) Formuliere Je-desto-Sätze zum Zusammenhang von Gegenstandsweite, Bildweite und Bildgröße. Findest du immer ein scharfes Bild?

V3 Brennweiten

Durchführung:

a) Bilde die Kerzenflamme mit einer Linse ab. Setze bei gleicher Gegenstandsweite Linsen mit anderen Brennweiten ein. Verschiebe den Schirm, bis du wieder ein scharfes Bild erhältst. Notiere, wie der Schirm verschoben werden muss.

b) Formuliere Je-desto-Aussagen zum Zusammenhang von Brennweite, Bildweite und Bildgröße. Findest du immer ein scharfes Bild?

V4 Ungewöhnliche Linsen

Kannst du auch mit durchsichtigen Gefäßen etwas abbilden?

Material:

durchsichtige Kugelvase, durchsichtige Flasche oder Zylinderglas, Wasser, Teelicht

Durchführung:

a) Fülle die Kugelvase mit Wasser und bilde damit eine Teelichtflamme auf einem Schirm ab. Vergleiche mit dem Bild durch eine Linse. Untersuche auch, wie sich das Bild verändert, wenn die Vase nicht vollständig gefüllt ist.

b) Wiederhole den Versuch mit der gefüllten Flasche. Notiere deine Beobachtungen und vergleiche sie mit den Ergebnissen aus a). Untersuche auch, wie sich das Bild ändert, wenn du die Flasche kippst.

c) Welches Gefäß verhält sich wie eine Linse? Begründe.

Material A ▸ Schusterkugel

04 Lesen mit Schusterkugel.

A1 Vor der Entwicklung der elektrischen Beleuchtung mussten Handwerker abends im Schein von Kerzen bzw. Öl- oder Gaslampen arbeiten. Aber diese Lichtquellen senden nur diffuses Licht aus und beleuchten den Arbeitsplatz nicht ausreichend. Verbreitet war deshalb der Einsatz von Schusterkugeln.
Erkläre, wie die Schusterkugel (▸ Bild 04) für eine bessere Beleuchtung sorgt.

Material B ▸ Physik im Garten

05 Tropfen an einem Grashalm

B1 Die Klasse 7a hat die Betreuung eines Beets im Schulgarten übernommen.

a) Tim findet in Omas Gartenbuch den Tipp: „Gieße nicht bei Sonnenschein!" Überlege, welche physikalische Begründung hinter diesem Tipp steckt.

b) Frau Lauterjung beschwert sich darüber, dass leere Glasflaschen auf dem Rasen liegen geblieben sind. Tom findet das nicht schlimm.
Finde eine physikalische Begründung.

01 Das Innenleben eines Kameraobjektivs

Bilder lassen sich konstruieren

Von den Linsen in einem Objektiv hängt es ab, ob du mit einer Kamera gute Bilder machen kannst. Für die Herstellung von Objektiven ist es notwendig, den Verlauf der Lichtbündel durch die Linsen vorherzusagen.

BESONDERE LICHTBÜNDEL · Die Bildentstehung haben wir in Experimenten untersucht und im Lichtstrahlenmodell beschrieben. Wir wissen: Licht, das von einem Gegenstandspunkt P ausgeht, wird hinter einer Linse wieder in einem Bildpunkt P′ zusammengeführt. Im Versuch nach ▸ Bild 02 treffen drei schmale Lichtbündel mit besonderen Eigenschaften auf eine Linse.

Wir sehen:

1. Ein schmales Lichtbündel parallel zur optischen Achse verläuft hinter der Linse durch den Brennpunkt.
2. Ein schmales Lichtbündel, das durch den Brennpunkt geht, verläuft nach der Brechung parallel zur optischen Achse.
3. Ein schmales Lichtbündel, das durch den Mittelpunkt der Linse verläuft, ändert seine Richtung nicht.

Diese drei besonderen Lichtbündel treffen sich hinter der Linse im Punkt P′. Damit haben wir den Bildpunkt P′ des Gegenstandspunkts P gefunden.

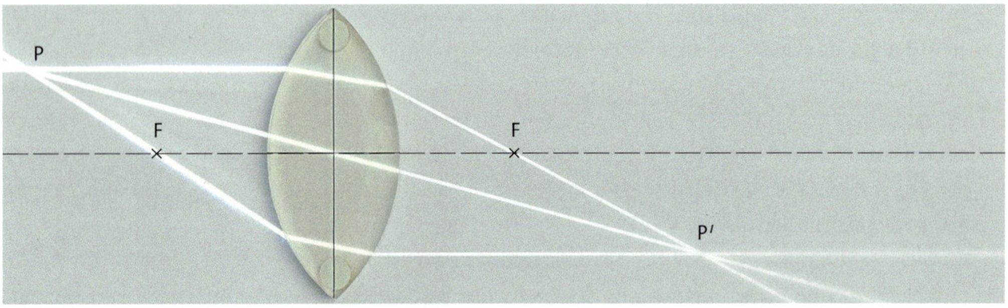

02 Drei besondere Lichtbündel helfen dabei, den Bildpunkt zu finden.

METHODE

Konstruktion von Bildpunkten

Um Bildpunkte bei Linsen leicht konstruieren zu können, machen wir einige Vereinfachungen:

1. Wir denken uns schmale Lichtbündel als Lichtstrahlen.
2. Wir betrachten nur die drei besonderen Lichtstrahlen **Parallelstrahl, Mittelpunktstrahl** und **Brennpunktstrahl.**
3. Wir ersetzen die zweifache Brechung an den Grenzflächen der Linse durch eine einzige an der Mittelebene.

Dabei spielt es keine Rolle, ob die eingezeichneten Lichtstrahlen überhaupt die Linse treffen oder nicht, denn es handelt sich nur um Hilfslinien zur Konstruktion. Deswegen deuten wir die Linse in der Konstruktion nur an. Zwei Lichtstrahlen genügen. Mit dem dritten Strahl kannst du prüfen, ob du korrekt gezeichnet hast.

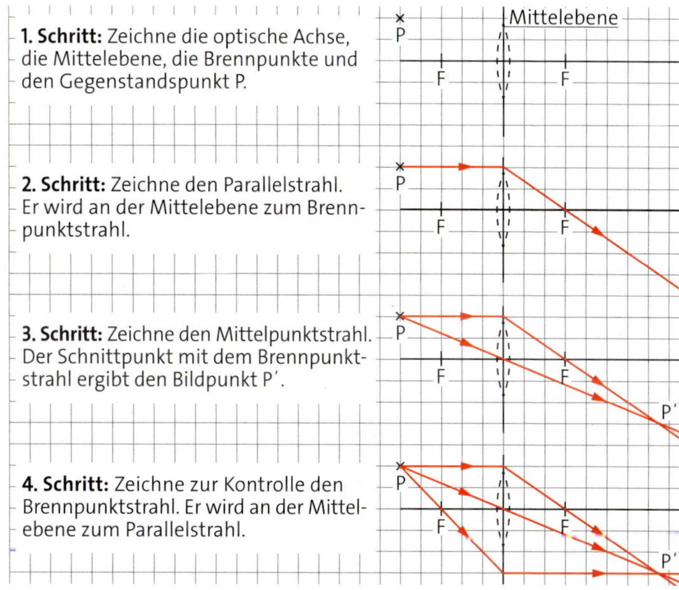

03 So konstruieren wir zum Gegenstandspunkt P den Bildpunkt P'.

UNTERSCHIEDLICHE BILDGRÖSSEN · Mit den besonderen Lichtstrahlen können wir erklären, warum das Bild bei kleinerer Gegenstandsweite größer wird, warum aber kein Bild mehr entsteht, wenn die Gegenstandsweite zu klein wird.

▸ Bild 04 zeigt die Konstruktion für verschiedene Gegenstandsweiten: Der Parallelstrahl ändert seinen Verlauf nicht. Der Mittelpunktstrahl verläuft mit kleiner werdender Gegenstandsweite immer steiler. Bildweite und Bildgröße werden dabei immer größer. Wenn die Gegenstandsweite schließlich genauso groß wie die Brennweite der Linse ist, dann verlaufen die Strahlen hinter der Linse parallel. Jetzt gibt es keinen Bildpunkt P' mehr. Bei noch kleinerer Gegenstandsweite laufen die Strahlen hinter der Linse auseinander. Die Gegenstandsweite muss also größer als die Brennweite sein, damit ein Bild entsteht.

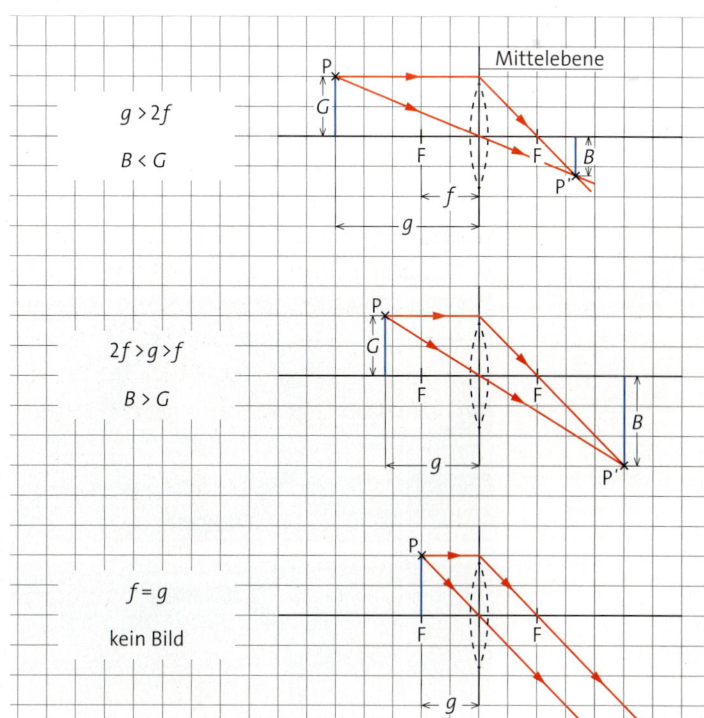

04 Die Gegenstandsweite bestimmt Bildweite und Bildgröße. Wenn die Gegenstandsweite zu klein wird, dann entsteht kein Bild mehr.

1 Bestimme durch eine Konstruktion die Bildgröße für $g = 2f$.

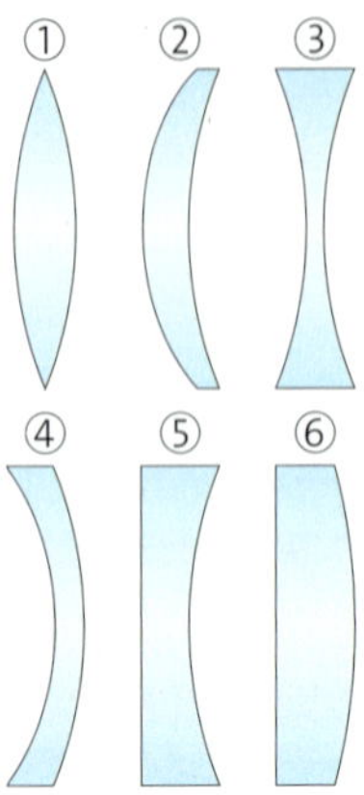

01 Verschiedene Linsenformen

BERECHNUNGEN · Bei bekannter Gegenstandsweite g und Brennweite f kannst du die Bildweite b und die Bildgröße B ermitteln, indem du den Verlauf der Lichtstrahlen konstruierst. Das ist zeitaufwendig und möglicherweise nicht genau genug. Genauer als eine Konstruktion ist eine Rechnung. Dazu nutzen wir, dass Bildgröße und Bildweite proportional zueinander sind, und erhalten so die **Abbildungsgleichung,** die für jede Linsenabbildung gilt:

$$\frac{B}{G} = \frac{b}{g}.$$

Mit der Abbildungsgleichung kannst du jede der vier Größen berechnen, wenn du die drei übrigen kennst.

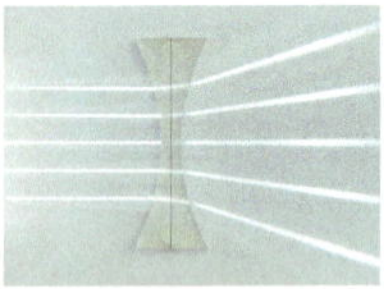

02 Eine Streulinse weitet ein paralleles Lichtbündel auf.

SAMMELN UND STREUEN VON LICHT · Die Linsen, die wir bisher untersucht haben, waren in der Mitte dicker als am Rand. Sie „sammeln" parallel auftreffendes Licht im Brennpunkt. Man nennt sie deshalb **Sammellinsen.** Es gibt aber auch Linsen, die in der Mitte dünner sind als am Rand. Wenn Lichtbündel auf eine solche Linse treffen, beobachten wir, dass auch diese Linse die Ausbreitungsrichtung des Lichts ändert. Im Gegensatz zur Sammellinse laufen die Lichtbündel hinter dieser Linse jedoch auseinander. Man nennt sie deshalb **Streulinsen** (▸ Bild 02).

BILDER, DIE ES NICHT GIBT · Bei der Streulinse stellst du fest, dass du mit einem Schirm nirgendwo ein Bild auffangen kannst. Trotzdem kannst du aus einem geeigneten Blickwinkel ein Bild des Gegenstands durch die Linse hindurch sehen. Solche Bilder nennen wir **virtuelle Bilder.** Sie lassen sich nach den gleichen Regeln konstruieren, die du schon bei den Sammellinsen kennengelernt hast (▸ Bild 03).

Mit Sammellinsen hast du bisher nur solche Bilder konstruiert, die du auch auf einem Schirm sichtbar machen konntest (**reelle Bilder**). Wenn du aber einen Gegenstand zwischen Brennpunkt und Linse aufstellst, dann entsteht auch bei der Sammellinse ein virtuelles Bild (▸ Bild 04).

1 Bestimme, welche der Linsen im ▸ Bild 01 Sammellinsen, welche Streulinsen sind. Begründe.

2 Bei der Linse einer Brille ist die Krümmung nicht zu erkennen. Beschreibe eine Möglichkeit herauszufinden, um was für eine Linse es sich handelt.

3 Beschreibe die Unterschiede zwischen reellen und virtuellen Bildern. Unterscheide auch zwischen Sammel- und Streulinse (▸ Bild 03 und ▸ Bild 04).

A

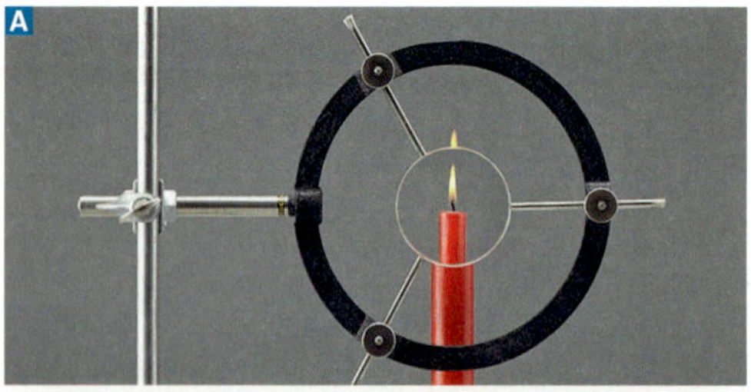

B

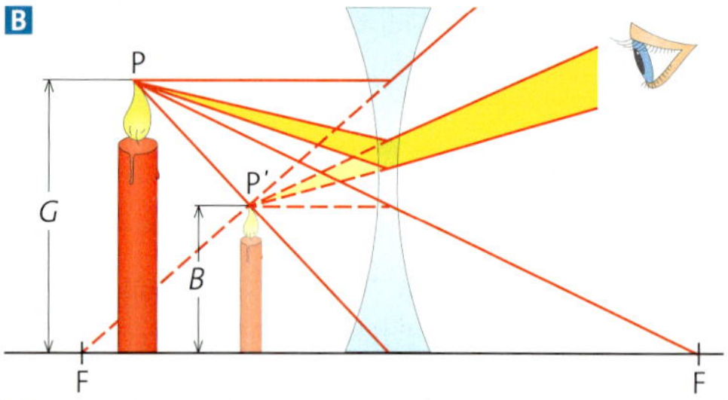

03 **A** Blick durch eine Streulinse **B** Konstruktion des virtuellen Bildes

A

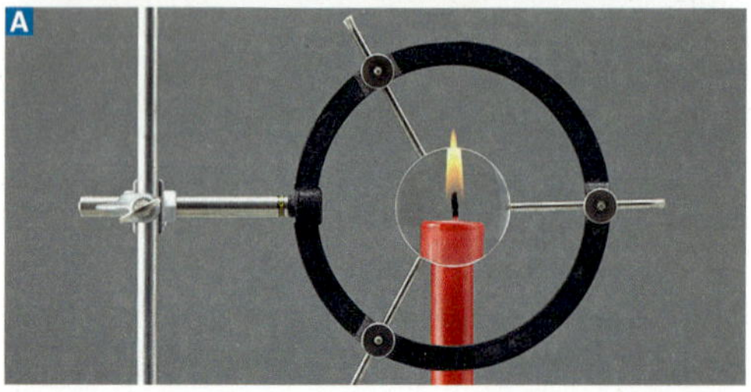

B

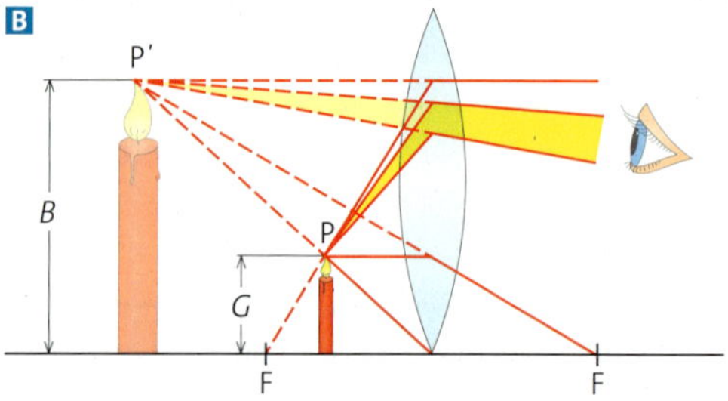

04 **A** Blick durch eine Sammellinse **B** Konstruktion des virtuellen Bildes

VERSUCHE ▸ Brennweiten im Experiment

Mit den folgenden Versuchen untersuchst du Sammel- und Streulinsen genauer und bestimmst Brennweiten.

Material: verschiedene Linsen, z. B. einfache, alte Brillen, Lesebrillen oder Lupen, eine Lampe mit Schlitzblende

V1 Brennweiten einzelner Linsen

Durchführung:

a) Sortiere deine Linsen in „Sammellinsen" und „Streulinsen". Beschreibe, nach welchen Kriterien du die Linsen unterschieden hast.

b) Bestimme experimentell die Brennweiten deiner Linsen. Bei welcher Linsensorte gelingt dir dies nicht?
Begründe.

V2 Brennweiten von Linsenkombinationen

Durchführung:

a) Wähle jeweils zwei Sammellinsen aus, stelle sie direkt hintereinander auf und bestimme die Brennweite deiner Linsenkombination. Halte die Messwerte in einer Tabelle fest.

b) Untersuche, mit welcher Linsenkombination du eine möglichst große bzw. kleine Brennweite erhältst.

c) Vergleiche die Brennweite der einzelnen Linsen mit der Brennweite der Linsenkombination. Fasse deine Ergebnisse in einem Merksatz zusammen.

d) Wiederhole den Versuchsteil a) mit einer Kombination aus Sammel- und Streulinsen. Beschreibe deine Beobachtung.

Material A ▸ Blackboxes

A1 Die Zeichnung zeigt vier verschiedene Situationen, in denen Lichtbündel durch eine Linse verlaufen. Ordne die drei Linsen a, b und c den Situationen 1 bis 4 zu. Begründe deine Zuordnung.

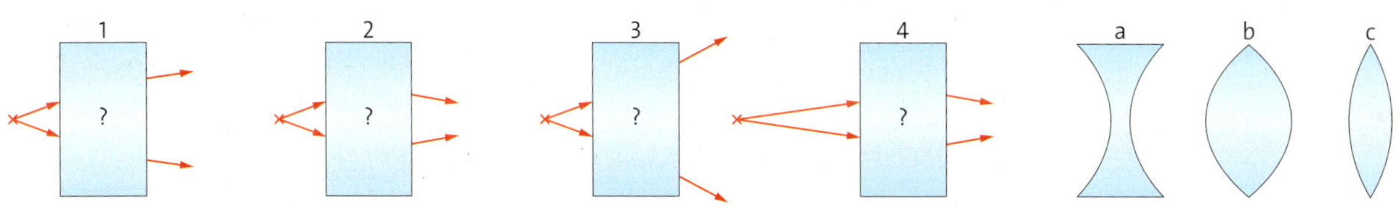

Material B ▸ Konstruktionen

B1 Ein Gegenstand ist 3 cm hoch und steht 6 cm vor einer Sammellinse mit einer Brennweite von 2 cm. Konstruiere das Bild in deinem Heft.

B2 Sortiere die Kärtchen in die Tabelle ein. Fertige dazu Konstruktionszeichnungen an. Vielleicht kommst du in manchen Fällen auch ohne Zeichnung aus.

Gegenstandsweite	Bildweite	Bildgröße
$g = f$	kein Bild	kein Bild
...	...	...

$g > 2f$ | $2f > g > f$ | $g < f$ | $b = 2f$ | $b > 2f$ | $g = 2f$ | $B > G$ | $2f > b > f$ | kein Bild | $B = G$ | kein Bild | $B < G$

B3 Ein Gegenstand wird abgebildet. Bei einer Gegenstandsweite von 4 cm ergibt sich eine Bildweite von 6 cm. Bestimme die Brennweite der Linse durch Konstruktion.

B4 Du kannst die Genauigkeit deiner Konstruktionen durch Rechnungen überprüfen. Dazu misst du z. B. die Bildweite in deiner Zeichnung aus B1 und verwendest die Abbildungsgleichung, um die Bildgröße auszurechnen.

B5 Für alle Linsen gilt die **Linsengleichung:** $\frac{1}{f} = \frac{1}{g} + \frac{1}{b}$.

Setze Gegenstandsweite und Bildweite aus B3 ein und vergleiche mit dem Ergebnis für die Brennweite f aus B3.

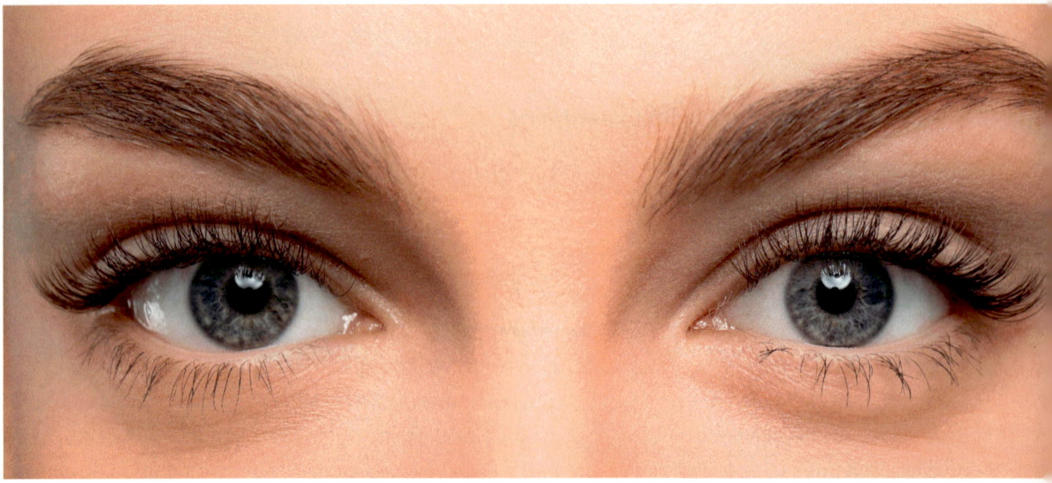

01 Blick in die Augen

Auge und Sehen

Du weißt bereits, dass Licht von einem Gegenstand in dein Auge gelangen muss, damit du ihn sehen kannst. Aber was geschieht im Auge, damit der Gegenstand tatsächlich wahrgenommen wird?

AUFBAU UND FUNKTION DES AUGES · Wenn du in einem Spiegel deine Augen betrachtest, dann erkennst du in der Mitte einen runden, schwarzen Bereich, der **Pupille** genannt wird (▸ Bild 01). Um die Pupille herum befindet sich ein ringförmiger Bereich, die so genannte **Iris.** Sie ist braun, blau oder grün und sieht bei jedem Menschen etwas anders aus. Die Iris wirkt wie eine Lochblende. Durch ihre Öffnung, die Pupille, gelangt Licht in das Auge. Je nach Helligkeit ist die Öffnung groß oder klein.

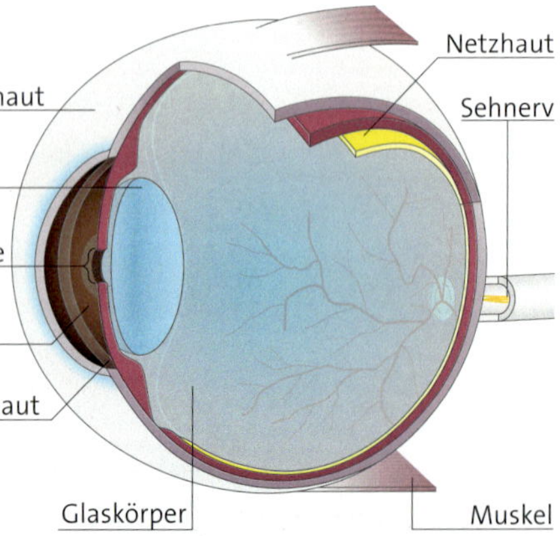

02 Aufbau des Auges

Das Licht wird beim Eintritt in das Auge gebrochen. Dies geschieht hauptsächlich an der **Hornhaut.** Sie befindet sich vor der Iris und wirkt wie eine Sammellinse (▸ Bild 02). Hinter der Iris ist eine **Linse,** die das Licht noch mehr bündelt.

An der Rückseite des Auges befindet sich die **Netzhaut.** Dort entsteht das Bild des Gegenstands, ähnlich wie bei einer Kamera. Die Netzhaut enthält sehr viele lichtempfindliche Zellen. Wenn Licht auf eine solche Zelle trifft, dann gibt sie ein Nervensignal ab. Die Signale aller lichtempfindlichen Zellen eines Auges werden über den **Sehnerv** zum Gehirn geleitet.

Das Innere des Auges wird durch den gallertartigen Glaskörper gebildet. Er ist durchsichtig und besteht fast ausschließlich aus Wasser. Die äußere Hülle des Auges bildet die sehr feste Lederhaut. Daran befinden sich Muskeln, durch die das Auge bewegt werden kann.

Um das Prinzip des Sehvorgangs besser verstehen zu können, stellen wir uns das Auge im Folgenden vereinfacht so vor: Wir fassen alles, was zur Brechung beiträgt, zu einer Linse zusammen. Das Bild erhalten wir auf einem Schirm. Mit diesen Vereinfachungen können wir die wichtigsten Vorgänge im Auge erklären.

NAH- UND FERNSEHEN · Du weißt, dass bei einer Linse das Bild je nach Gegenstandsweite an einer anderen Stelle entsteht. Für ein scharfes Bild muss daher der Schirm oder die Linse verschoben werden. Beim Auge ist der Abstand zwischen Linse und Netzhaut jedoch fest. Das Scharfstellen muss daher anders erfolgen: Die Linse ist beim Auge etwas verformbar. Durch Veränderung der Wölbung kann die Brennweite verändert werden. Auf diese Weise können unterschiedlich weit entfernte Gegenstände scharf auf der Netzhaut abgebildet werden.

Beim Sehen in die Ferne hat die Linse die schwächste Wölbung (Brennweite ca. 25 mm). Das Auge ist dabei entspannt (▸ Bild 03 A).

Um in die Nähe zu schauen, muss die Linse stärker gewölbt werden (Brennweite ca. 22 mm, ▸ Bild 03 B). Dabei muss ein Muskel im Auge angespannt werden. Wenn du längere Zeit konzentriert in die Nähe schaust, dann ist das anstrengend für deine Augen. Dies ist z. B. dann der Fall, wenn du lange am Computer arbeitest. Je näher ein Gegenstand ist, desto stärker muss die Wölbung sein. Es gibt aber eine Grenze dafür, wie stark die Linse gewölbt werden kann. Daher können wir Gegenstände, die zu dicht vor dem Auge sind, nicht mehr scharf sehen.

DAS GRÖSSENSEHEN · Wenn du abends den Vollmond siehst, dann kannst du ihn mit deinem Daumen vollständig verdecken. Dennoch ist dein Daumen natürlich sehr viel kleiner als der Mond. Der Größeneindruck hängt also nicht nur von der Größe des Gegenstands sondern auch von seiner Entfernung ab. Dies können wir uns mithilfe von ▸ Bild 04 erklären: Wenn man einen Gegenstand immer näher an das Auge bringt, dann wird das Bild auf der Netzhaut immer größer. Gleichzeitig wird auch der Winkel zwischen den beiden Lichtstrahlen, die von den Enden des Gegenstands durch den Mittelpunkt der Linse verlaufen, größer. Dieser Winkel wird als **Sehwinkel** bezeichnet.

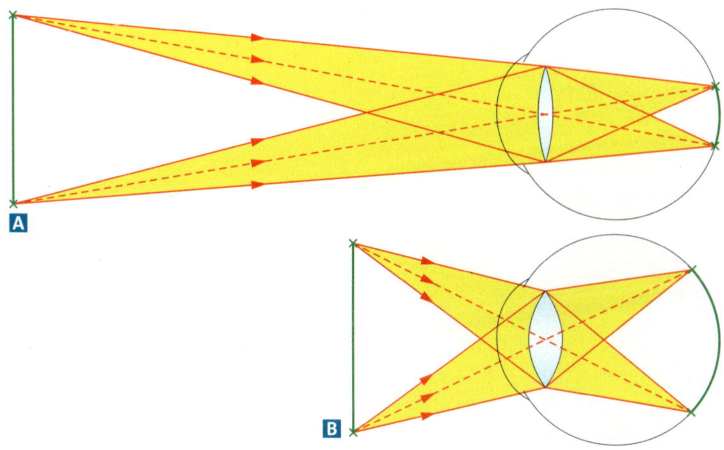

03 Verformung der Linse für **A** Fernsehen, **B** Nahsehen

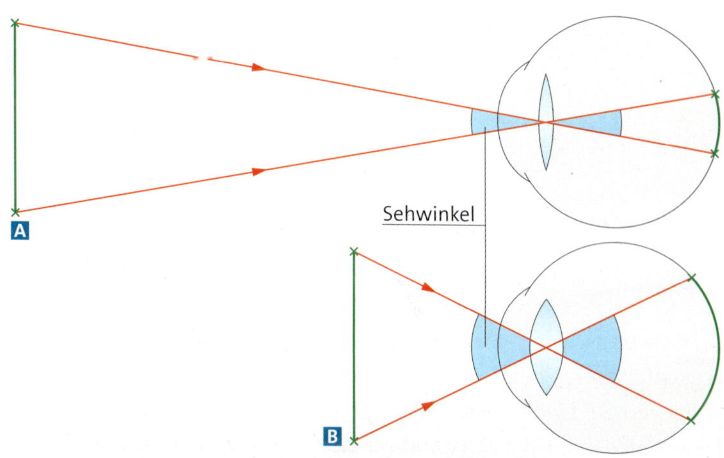

04 Sehwinkel **A** bei entferntem Gegenstand, **B** bei nahem Gegenstand

▸ Bild 04 zeigt: Je größer der Sehwinkel ist, desto größer ist das Bild auf der Netzhaut. Die Größe des Bildes hängt also unmittelbar vom Sehwinkel ab und nicht allein von der Größe des Gegenstands.

Beim Sehvorgang entsteht auf der Netzhaut ein scharfes Bild. Dabei wird die Linse des Auges so verformt, dass ihre Brennweite zur Entfernung des Gegenstands passt.

1 Bis zu welcher Entfernung kannst du deinen Daumen scharf sehen? Warum kann man Daumen und Hintergrund nicht gleichzeitig scharf sehen? Erkläre.

BLICKPUNKT

Fehlsichtigkeit

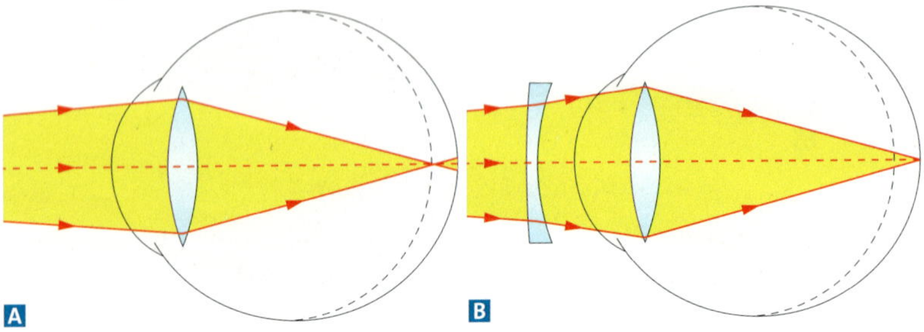

01 **A** Kurzsichtiges Auge, **B** mit Korrektur

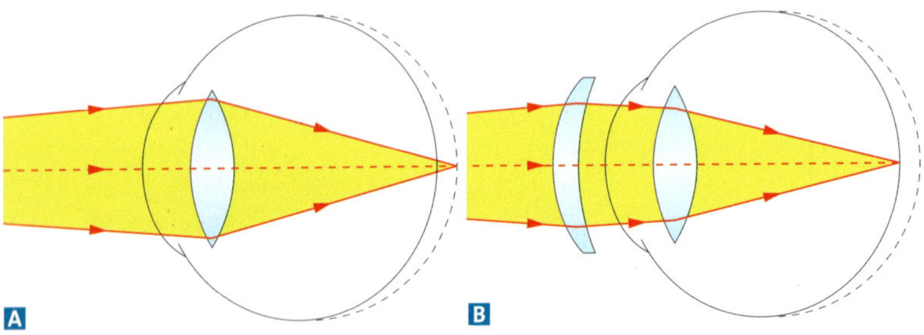

02 **A** Weitsichtiges Auge, **B** mit Korrektur

Viele Menschen tragen eine Brille oder Kontaktlinsen, mit denen ein Sehfehler korrigiert wird. Bei der Fehlsichtigkeit wird das Bild nicht scharf auf der Netzhaut abgebildet. Dies ist dann der Fall, wenn die Länge des Augapfels und die einstellbare Brennweite der Linse nicht zueinander passen. Wir betrachten zwei wichtige Fälle:

Das kurzsichtige Auge · Kurzsichtige Menschen sehen weit entfernte Gegenstände unscharf. Es gelingt ihnen nicht, die Augenlinse so flach werden zu lassen, dass auf der Netzhaut ein scharfes Bild entsteht. Das scharfe Bild würde vor der Netzhaut entstehen (▸ Bild 01 A). Jeder Gegenstandspunkt wird daher auf der Netzhaut zu einem Bildfleck, der auf mehrere lichtempfindliche Zellen trifft. Nahe Gegenstände können dagegen scharf gesehen werden, da hier die Wölbung der Linse größer sein muss.

Das weitsichtige Auge · Weitsichtige Menschen sehen Gegenstände, die sich dicht vor dem Auge befinden, unscharf. Im Unterschied zum kurzsichtigen Auge kann die Linse nicht stark genug gewölbt werden, damit auf der Netzhaut ein scharfes Bild entsteht. Das scharfe Bild würde etwas hinter der Netzhaut entstehen (▸ Bild 02 A). Weitsichtige Personen können aber Gegenstände in der Ferne scharf sehen. Dazu müssen sie die Linse etwas wölben, da die Wölbung beim entspannten Auge zu schwach ist.

Die Funktion der Brille · Derartige Sehfehler werden mit einer Brille korrigiert. Diese sorgt dafür, dass der Gegenstand auf der Netzhaut scharf abgebildet wird. Im Fall der Weitsichtigkeit muss jeder Bildpunkt etwas weiter nach vorne verschoben werden. Dies geschieht, wenn ein in das Auge gelangende Lichtbündel durch die Linse der Brille etwas gebündelt wird. Bei der Linse zur Korrektur der Weitsichtigkeit handelt es sich also um eine Sammellinse (▸ Bild 02 B).

Umgekehrt muss die Brille für eine kurzsichtige Person dafür sorgen, dass das Lichtbündel etwas aufgeweitet wird. Hierfür wird eine Streulinse eingesetzt (▸ Bild 01 B).

Je nach dem wie ausgeprägt die Fehlsichtigkeit ist, muss die Brille das Licht mehr oder weniger stark brechen.

Zur Kennzeichnung des Brechungsvermögens einer Linse verwendet man in der Optik den Begriff der **Brechstärke.** Die Brechstärke ist gleich dem Kehrwert der Brennweite. Man gibt sie in der Einheit **Dioptrie** ($1\,\text{dpt} = \frac{1}{\text{m}}$) an. Durch das Vorzeichen kann man Sammellinsen (positive Brechkraft) und Streulinsen (negative Brechkraft) unterscheiden.

1 Wie kannst du herausfinden, ob eine Brille einer kurzsichtigen oder weitsichtigen Person zuzuordnen ist? Beschreibe dein Vorgehen.

BLICKPUNKT

Sehen und Wahrnehmen

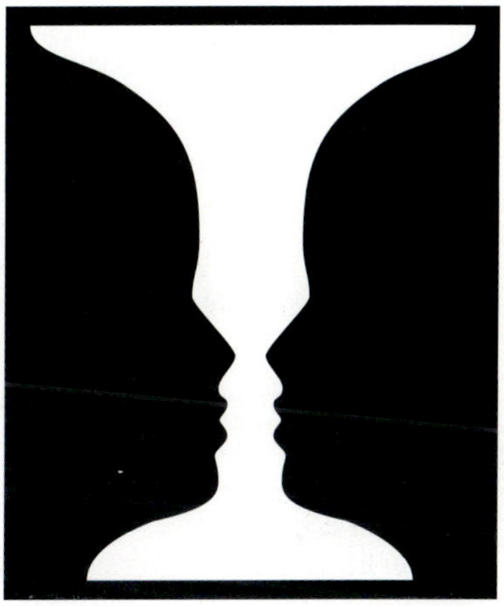

03 Vase oder Gesichter?

Gehirn und Sehen · Bisher haben wir uns überlegt, wie das Bild eines Gegenstands auf der Netzhaut entsteht. Damit ist aber noch nicht erklärt, wie wir den Gegenstand wahrnehmen. Hierbei spielt das Gehirn eine wesentliche Rolle. Die einzelnen lichtempfindlichen Zellen der Netzhaut leiten die Information, ob Licht auf sie trifft oder nicht, über Nerven an das Gehirn weiter. Hier werden diese Signale verarbeitet, als Ergebnis ergibt sich ein Muster. Wenn du zuvor schon ein vergleichbares Muster gesehen hast, dann kannst du dieses wiedererkennen und dem optischen Eindruck einen Gegenstand oder eine Person zuordnen – du erkennst etwas oder jemanden. So kannst du in ▸ Bild 03 zwei Köpfe oder eine Vase sehen – obwohl es sich nur um eine weiße Fläche in einer schwarzen Fläche handelt.

Oben und unten · Von der Abbildung durch Linsen weißt du, dass das Bild auf der Netzhaut auf dem Kopf steht. Dies wird durch das Gehirn ausgeglichen. Wir haben gelernt, wo oben und unten ist und können uns daher im Raum orientieren. Man hat in Versuchen sogar Folgendes zeigen können: Personen wurden so genannte Umkehrbrillen aufgesetzt. Diese Brillen vertauschen lediglich oben und unten, so als würde man auf dem Kopf stehen. Damit war für die Personen zunächst eine Orientierung im Raum nur sehr schwer möglich. Nach einigen Tagen hatte sich das Gehirn aber an das veränderte Bild gewöhnt und die Orientierung war wieder genauso sicher wie zuvor.

Beidäugiges Sehen · Du kannst nicht nur Gegenstände sehen. Sondern du erkennst auch, wo sie sich im Raum befinden. Dieses räumliche Sehen ist möglich, weil du mit beiden Augen gleichzeitig siehst. Dabei gelangt das Licht aus etwas unterschiedlichen Richtungen in deine Augen. Als Ergebnis entstehen auf den beiden Netzhäuten etwas unterschiedliche Bilder. Im Gehirn werden die beiden zweidimensionalen Bilder dann zu einem dreidimensionalen Bild zusammengefügt. Diese Fähigkeit des Gehirns, aus zwei Bildern einen räumlichen Eindruck zu erzeugen, wird im 3D-Kino ausgenutzt: Dazu werden zwei Filme auf die Leinwand projiziert, einer für das linke und einer für das rechte Auge. Spezielle Brillen sorgen dafür, dass das Licht des einen Films in das linke Auge und das Licht des anderen Films in das rechte Auge gelangt. Das Gehirn macht daraus einen räumlichen Eindruck.

04 Rot-Grün-Aufnahme

Eine Möglichkeit, einen räumlichen Eindruck zu erzeugen, zeigt ▸ Bild 04: Das Bild erscheint räumlich, wenn du mit dem linken Auge durch eine rote Folie und mit dem rechten Auge durch eine grüne Folie schaust.

Die Trägheit des Auges · Im Kino werden nicht nur dreidimensionale Bildeindrücke erzeugt. Es wird auch noch ein anderer Effekt ausgenutzt: Ein Film besteht aus einer Aneinanderreihung von einzelnen Bildern, dennoch sind Bewegungen zu sehen. Das kommt daher, dass das menschliche Auge nur etwa zwanzig Bilder in der Sekunde als einzelne Bilder verarbeiten kann. Wenn mehr Bilder in der Sekunde gezeigt werden, dann werden sie als kontinuierliche Bewegung wahrgenommen.

VERSUCHE ▸ Wie siehst du?

In den folgenden Versuchen geht es darum, durch eigenes Experimentieren herauszufinden, wie sich deine Augen an verschiedene Situationen anpassen, sodass du immer gut sehen kannst.

V1 Sehweite des Auges

Bei einer Sammellinse wird ein Gegenstand nur dann auf einen Schirm abgebildet, wenn er einen Mindestabstand zur Linse hat. Ähnliches gilt auch für das Auge. Dies kannst du in einem Experiment feststellen.

Material:
Papier, Lineal

Durchführung:
Schreibe verschieden große Buchstaben auf ein Blatt Papier und lege das Blatt auf den Tisch. Nähere dich langsam von oben dem Blatt und versuche festzustellen, bis zu welchem Abstand du die Buchstaben gerade noch scharf erkennen kannst. Miss mit dem Lineal den Abstand zwischen Auge und Papier.

V2 Hell-Dunkel-Sehen

Material:
dunkler Raum, Taschenlampe

Durchführung:
a) Gehe mit einem Partner in einen dunklen Raum und wartet etwa fünf Minuten. Richte dann eine Taschenlampe auf ein Auge des Partners und schalte sie ein. Beschreibe, was du beobachtest.

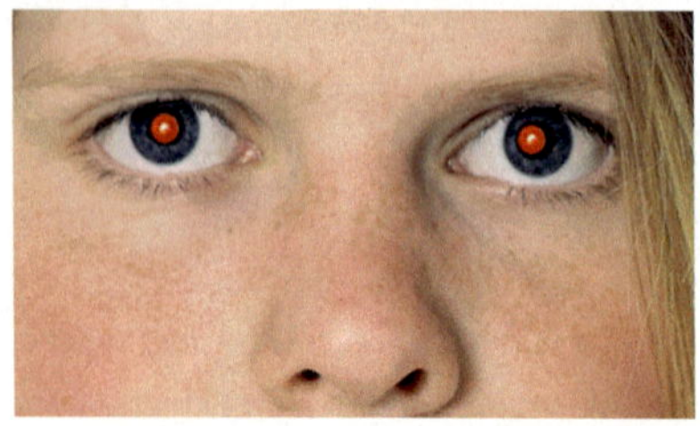

b) Bei Blitzlichtaufnahmen sind die Pupillen oft rot. Dies kommt dadurch zustande, dass bei weit geöffneter Iris die durchblutete Netzhaut besonders gut zu sehen ist. Begründe, warum die Iris bei Blitzlichtaufnahmen so weit geöffnet ist.

c) Moderne Fotokameras haben eine Vorrichtung, die dafür sorgt, dass rote Augen vermieden werden. Überlege, wie das funktionieren könnte. Informiere dich, wie es tatsächlich gemacht wird..

V3 Perspektivisches Sehen

Material:
Papier

Durchführung:
a) Rolle ein Blatt Papier zu einer Röhre und halte sie direkt vor ein Auge. Halte die andere Hand so neben die Röhre, dass du sie mit dem anderen Auge sehen kannst. Beschreibe, was du siehst, wenn du deine Augen auf „ in die Ferne sehen" einstellst.

b) Halte dir ein Auge zu und versuche, verschiedene Gegenstände auf dem Tisch vor dir mit einem Finger der anderen Hand zu berühren. Begründe, warum dies schwierig ist.

V4 Der Blinde Fleck

Damit die Informationen der lichtempfindlichen Zellen in das Gehirn weitergeleitet werden, müssen die Nervenbahnen, die die Signale leiten, das Auge verlassen. Die Stelle im Auge, an der dies geschieht, enthält keine lichtempfindlichen Zellen. Das Licht, das dorthin gelangt, wird also nicht registriert. Daher wird dieser Bereich der Netzhaut als **Blinder Fleck** bezeichnet. Diesen Blinden Fleck kannst du im folgenden Versuch erfahren.

Material:
die folgende Abbildung

Durchführung:
Halte dir das linke Auge mit einer Hand zu und schaue mit dem rechten Auge auf den Stern. Nähere dich dem Buch immer weiter an. Beschreibe deine Beobachtung. Kannst du den Kreis während der ganzen Zeit sehen? Erkläre deine Beobachtung.

Material A ▸ Sehen ist mehr als optische Abbildung

01 Optische Täuschungen

A1 Sieh dir die beiden horizontalen Linien in ▸ Bild 01 A an. Welche der beiden Linien ist länger? Miss die Längen nach. Hattest du recht?

A2 Schätze die Größen der drei Figuren im ▸ Bild 01 B ab. Miss dann die Größen nach. Was stellst du fest? Erkläre die Unterschiede zwischen geschätzten und gemessenen Größenverhältnissen.

A3 Die Schienen im ▸ Bild 01 C scheinen zusammenzulaufen. Dies kann aber nicht richtig sein. Erkläre, wie dieser optische Eindruck entsteht.

A4 Beschreibe, was du auf dem ▸ Bild 01 D siehst. Besprich dich mit deinem Nachbarn oder deiner Nachbarin. Vergleicht eure Seheindrücke.

A5 Sieh dir ▸ Bild 01 F genau an. Erscheint dir etwas an diesem Bild ungewöhnlich? Schreibe auf.

A6 Beschreibe, was du auf dem ▸ Bild 01 G siehst.

A7 Ein Daumenkino besteht aus einer Reihe von Blättern, auf denen eine Abfolge von Bildern zu sehen ist (▸ Bild 01 E).

a) Wenn du ein Daumenkino schnell blätterst, dann siehst du eine Bewegung. Erkläre, warum das so ist.

b) Stelle selber ein Daumenkino her, in dem z. B. zu sehen ist, wie ein Ball hochspringt und wieder herunterfällt.

BLICKPUNKT

Der Fotoapparat

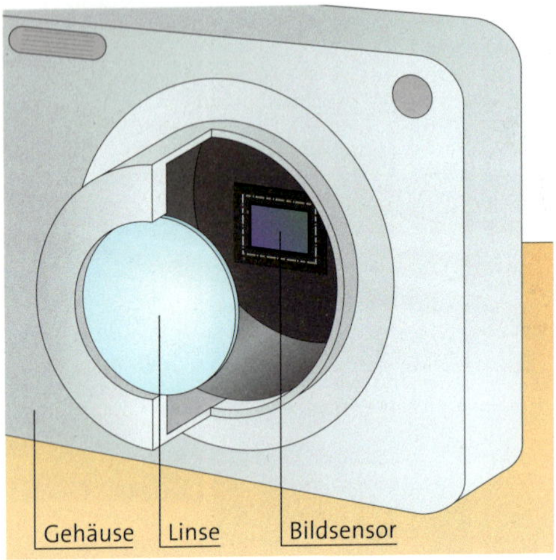

01 Beim Fotoapparat erkennen wir drei Hauptkomponenten: Gehäuse, Linse und Bildsensor.

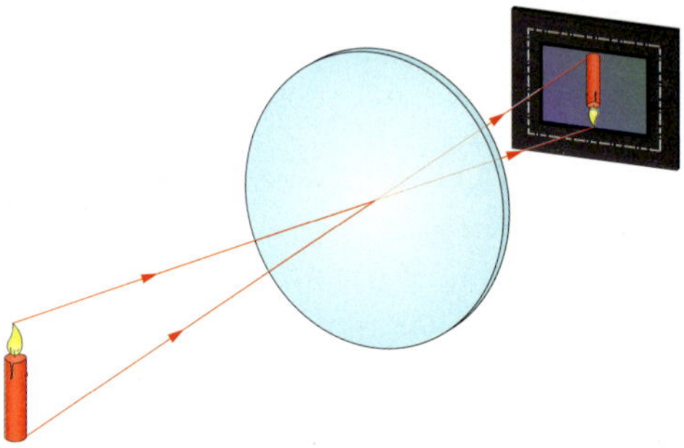

02 Die Linse erzeugt ein Bild auf dem Bildsensor.

03 Die Solarzellen wandeln Licht in Elektrizität.

Aufbau · Wenn du eine Kerze fotografierst, dann trifft deren Licht auf die Linse deines Fotoapparats (▸ Bild 01). Die Linse erzeugt ein Bild der Kerze (▸ Bild 02). Dieses Bild wird aufgezeichnet. Bei der Digitalkamera wird dazu das Licht in Elektrizität umgewandelt, wie bei einer Solarzelle. Während es bei der Solaranlage im ▸ Bild 03 nur 28 einzelne Module gibt, befinden sich in der Digitalkamera viele Millionen winzige Module. Jedes dieser Module speichert seine Elektrizität als winzige Bildinformation ab. Später werden diese Bildinformationen wie Puzzlesteine für den Betrachter wieder zu einem Bild zusammengefügt. Das kann beim Ausdrucken des Bildes geschehen oder in einem Display. Die winzigen Solarmodule sind zu einem Bauteil zusammengefasst. Dieses Bauteil heißt **Bildsensor** (▸ Bild 01).

So fokussierst du richtig · Betrachte einmal das Foto im ▸ Bild 04. Das Gesicht der Statue erscheint verschwommen. Die Linse hat im ▸ Bild 04 anscheinend die entfernten Körper scharf und nahe Körper unscharf auf den Bildsensor abgebildet. Das verwundert nicht, denn eine Linse bildet unterschiedlich entfernte Gegenstände nicht gleich scharf ab. Wenn man die Linse etwas verschiebt, dann ist es genau umgekehrt (▸ Bild 05).

Viele Fotoapparate verschieben die Linse automatisch so, dass der Körper in der Mitte richtig fokussiert ist. Das automatische Fokussieren bei einer Fotokamera heißt **Autofokus.** Bei leistungsfähigeren Fotoapparaten kannst du das Objekt wählen, das der Autofokus richtig fokussieren soll. Manche Kameras bieten dir die Möglichkeit selbst zu fokussieren.

Vergrößerung und Bildwinkel · Im ▸ Bild 06 A kannst du die Meise an der Futterkugel gut erkennen. Aber das Gesicht der Meise wird erst im

▸ Bild 06 B deutlich sichtbar. Es sieht so aus, als hätte der Fotograf durch ein Fernrohr hindurch fotografiert. Tatsächlich kann man an seinen Fotoapparat ein Fernrohr anbauen (▸ Bild 07). Dieses Fernrohr zusammen mit der Linse heißt **Teleobjektiv.**
Ein Teleobjektiv stellt die fotografierten Körper vergrößert und detailreicher dar als eine gewöhnliche Linse. Man kann auch mit veränderbarer Vergrößerung fotografieren. Dazu ersetzt man die Linse des Fotoapparats durch ein **Zoomobjektiv.**

Ebenso wie ein langes Fernrohr und eine lange Lochkamera gut vergrößern, so hat auch ein langes Teleobjektiv eine ausgezeichnete Vergrößerung. Die Vergrößerung durch ein Teleobjektiv hängt von der Brennweite des Objektivs ab. Du kannst die Vergrößerung verdoppeln, indem du die Brennweite verdoppelst. Beispielsweise hat ein gutes Teleobjektiv eine Brennweite von 300 mm. Ein Objektiv mit einer Brennweite von 35 mm eignet sich gut für Nahaufnahmen. Zwar ist die Vergrößerung im ▸ Bild 06 A relativ gering, man erkennt dafür aber mehr Gegenstände als im ▸ Bild 06 B. Denn die Kamera nimmt einen weiten Winkelbereich auf, dessen Größe in Grad heißt **Bildwinkel.** So gibt es für jeden Zweck ein passendes Objektiv.

1 Im ▸ Bild 04 sollte die Statue fotografiert werden. Beschreibe, warum das Foto misslungen ist und gib an, wie man es besser macht.

2 Bestimme den Faktor, um den die Meise im ▸ Bild 06 B größer abgebildet ist als im ▸ Bild 06 A. Diese Vergrößerung wurde durch eine größere Brennweite erreicht. Gib an, um welchen Faktor die Brennweite vergrößert wurde.

04 Nur entfernte Körper werden gut fokussiert.

05 Nur nahe Körper werden gut fokussiert.

06 **A** Die Kamera hat einen großen Bildwinkel.
B Die Meise ist vergrößert abgebildet.

07 Teleobjektiv

01 Mit der Lupe siehst du faszinierende Details.

Optische Geräte

Die Sesam- und Mohnkörner auf deinem Brötchen sind so klein, dass du die Einzelheiten mit dem Auge allein nicht erkennen kannst. Warum siehst du beim Blick durch die Lupe viel mehr Details?

DIE GRENZE DES SEHENS · Einzelheiten von kleinen, nahen, aber auch von großen, weit entfernten Gegenständen kannst du kaum erkennen, weil das Bild der Gegenstände auf deiner Netzhaut winzig ist. In beiden Fällen ist auch der Sehwinkel, unter dem du den Gegenstand siehst, sehr klein.

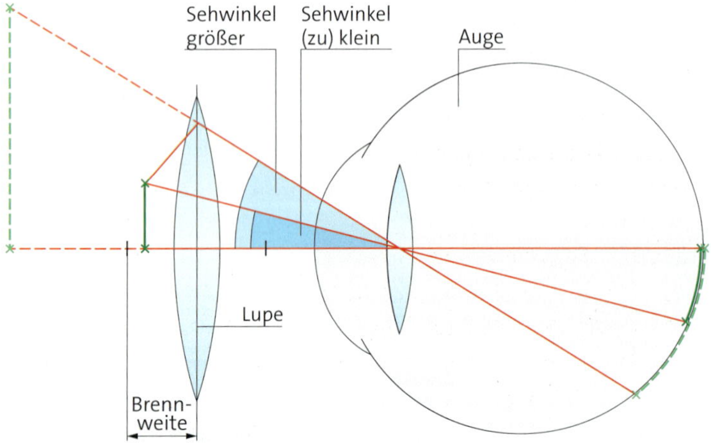

02 Sehwinkel ohne (blau) und mit Lupe (hellblau)

Wenn der Sehwinkel zu klein ist, dann treffen Lichtbündel nahe beieinanderliegender Punkte dieselbe Sinneszelle auf der Netzhaut. Es wird nur ein Signal ans Gehirn weitergeleitet. Das bedeutet, dass man nur einen Punkt wahrnimmt. Damit zwei Punkte eines Gegenstands getrennt wahrgenommen werden, müssen die von ihnen ausgehenden Lichtbündel auf zwei unterschiedliche lichtempfindliche Zellen im Auge treffen.

AUFLÖSUNGSVERMÖGEN · Wenn du die Sesamkörner im ▸ Bild 01 aus immer größerer Entfernung betrachtest, dann siehst du sie irgendwann nicht mehr getrennt. Man sagt: Das Auge kann die Körner nicht mehr auflösen. Für die Grenze, bis zu der man zwei Punkte noch auflösen kann, ist aber nicht der Abstand der beiden Punkte entscheidend – dieser ändert sich nicht, wenn du das Brötchen weiter entfernst –, sondern der Sehwinkel, unter dem man die zwei Punkte sieht. Der minimale Sehwinkel hängt vom Aufbau des Auges ab und lässt sich nicht verkleinern. Beim menschlichen Auge beträgt die untere Grenze etwa $\frac{1}{60}$ Grad. Dieser Sehwinkel ist erreicht, wenn du die Quadrate im ▸ Bild 03, die einen Abstand von 1 mm haben, aus einer Entfernung von 5 m betrachtest.

DIE LUPE · Wenn du Details eines Gegenstands sehen möchtest, die dein Auge allein nicht mehr auflösen kann, dann kannst du den Gegenstand mit einer Sammellinse vergrößert auf einem Schirm abbilden. Damit vergrößert sich für dich der Sehwinkel, unter dem du die Details siehst.

Wenn du die Sammellinse aber als Lupe einsetzt, dann kannst du den Gegenstand ohne Schirm betrachten. Dazu bringst du den Gegenstand zwischen Brennpunkt und Lupe. Jetzt lenkt die Lupe das Licht so um, dass es unter einem größeren Sehwinkel auf die Netzhaut fällt. Der Gegenstand erscheint deutlich vergrößert (▸ Bild 02). Je stärker die Lupe vergrößert, desto besser kannst du nahe beieinanderliegende Punkte auflösen.

Als Maß für die Vergrößerung durch eine Lupe wird der **Vergrößerungsfaktor** angegeben. Er berechnet sich als Verhältnis von Bildgröße mit Lupe zur Bildgröße ohne Lupe und beträgt meist zwischen 2 und 10.

/// Lupen vergrößern den Sehwinkel.

1 Bestimme die Entfernung, aus der du die Quadrate gerade noch auflösen kannst (▸ Bild 03).
Stelle die Messwerte aus deiner Klasse grafisch dar und berichte.

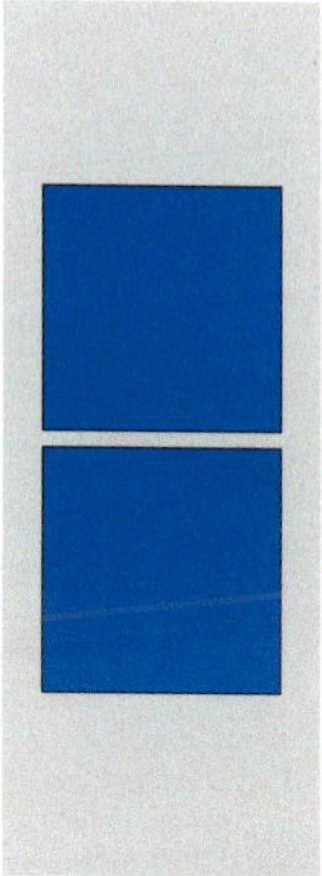

03 Versuch zum Auflösungsvermögen

/// **BLICKPUNKT**

Das Mikroskop

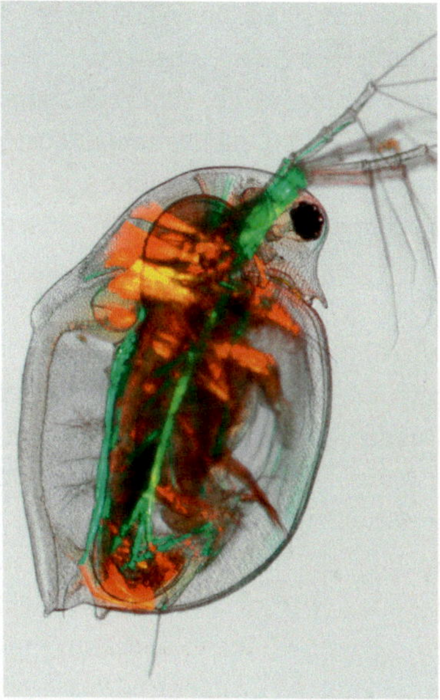

04 Wasserfloh unter dem Mikroskop

Zur Beobachtung von Kleinstlebewesen (▸ Bild 04) reicht die Vergrößerung einer Lupe nicht aus. Hier wird ein Mikroskop eingesetzt, das noch stärker vergrößern kann.

Das Mikroskop arbeitet nach dem Prinzip der zweimaligen Vergrößerung (▸ Bild 05). Die erste Linse, das **Objektiv,** erzeugt ein vergrößertes Bild des Gegenstands. Dieses reelle Zwischenbild wird dann mit einer Lupe, dem **Okular,** nochmals vergrößert.

Für den Vergrößerungsfaktor des Mikroskops sind die Brennweiten der Linsen und ihre Positionen entscheidend. Damit das Zwischenbild möglichst groß wird, muss sich der Gegenstand knapp außerhalb der Brennweite des Objektivs befinden. Das Zwischenbild muss dagegen knapp innerhalb der Brennweite des Okulars liegen, damit es wie mit einer Lupe betrachtet werden kann.

Mit verschiedenen Objektiven und Okularen passt man die Vergrößerung an. Aus dem Produkt der einzelnen Vergrößerungsfaktoren von Objektiv und Okular ergibt sich die gesamte Vergrößerung des Geräts.

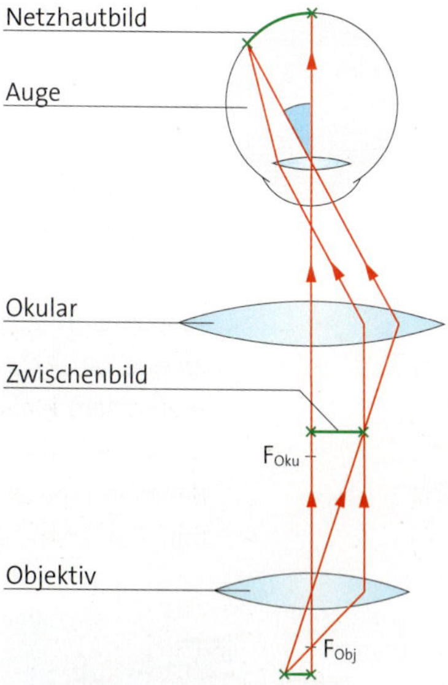

05 Strahlengang im Mikroskop

Mikroskope können etwa auf das 1000-Fache vergrößern. Damit sind zwei Punkte im Abstand von 0,0002 mm gerade noch unterscheidbar. Diese Auflösung ist stark genug, um Zellen und Bakterien zu beobachten.

01 Kepler-Fernrohr

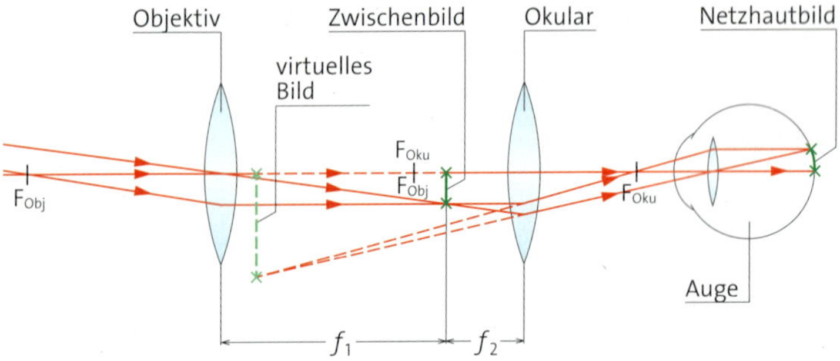

02 Strahlengang im Kepler-Fernrohr

DAS FERNROHR · Klein erscheinende Details von weit entfernten Gegenständen wie der Mondoberfläche kannst du nicht mit der Lupe vergrößern, weil der Mond zu weit entfernt ist. Wenn es dir aber gelingt, ein Bild der Mondoberfläche zu erzeugen, dann kannst du dieses Bild mit einer Lupe betrachten. Das **astronomische** oder **Kepler-Fernrohr** (▸ Bild 01) besteht daher aus zwei Sammellinsen: der Objektivlinse, die ein Bild macht, und der Okularlinse, die dieses Bild wie eine Lupe vergrößert.

▸ Bild 02 zeigt den Strahlengang in einen Kepler-Fernrohr. Das Licht fällt zunächst durch das Objektiv. Dahinter entsteht ein verkleinertes, auf dem Kopf stehendes, reelles Zwischenbild. Je größer die Brennweite des Objektivs ist, desto größer wird dieses Zwischenbild. Die Okularlinse wirkt wie eine Lupe und vergrößert das Zwischenbild.
Besonders günstig ist es, wenn das Zwischenbild nur knapp innerhalb der Brennweite des Okulars liegt und die Okularbrennweite im Vergleich zur Objektivbrennweite klein ist.
Das Kepler-Fernrohr eignet sich für Beobachtungen, bei denen es nicht stört, dass das Bild auf dem Kopf steht und seitenverkehrt ist.

Für Beobachtungen auf der Erde ist das Kepler-Fernrohr wenig geeignet. Hier verwendet man das **terrestrische** oder **Galilei-Fernrohr** (▸ Bild 03). Als Okularlinse dient hier – anders als beim Kepler-Fernrohr – eine Streulinse, die sich innerhalb der Brennweite des Objektivs befindet. Daher entsteht beim Galilei-Fernrohr kein Zwischenbild. In der Konstruktion im ▸ Bild 04 befinden sich der Brennpunkt von Objektiv und Okular an der gleichen Stelle.

1 „Schiff nähert sich von rechts!" Nach dem Ausruf des Steuermanns greift der Pirat zum Kepler-Fernrohr und ist verwirrt. Was hat er gesehen? Erkläre.

03 Galilei-Fernrohr

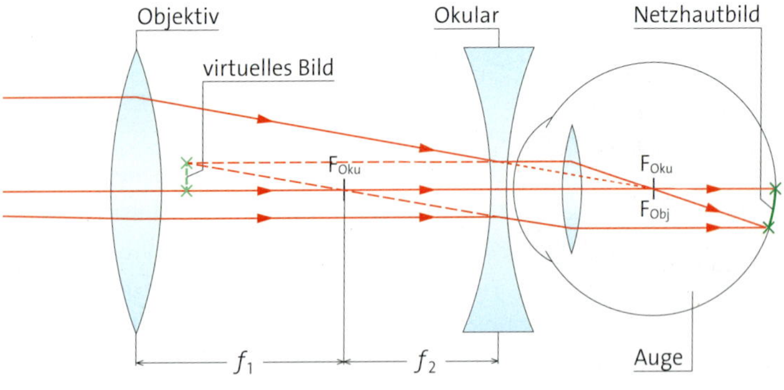

04 Strahlengang im Galilei-Fernrohr

VERSUCHE ► Optische Instrumente näher betrachtet

In diesen Versuchen kannst du untersuchen, wie du mit einer Lupe oder einem Fernrohr gute Vergrößerungen erreichst.

V1 Vergrößerung bestimmen

Material:

Sammellinse, Stativ, Lineal

Durchführung:

Baue den Versuch wie im ► Bild 05 auf. Den Abstand zwischen Gegenstand und Lupe wählst du so, dass ein scharfes Bild entsteht.

a) Betrachte mit einem Auge das Lineal und gleichzeitig mit dem anderen Auge durch die Lupe einen Gegenstand. Bestimme, wie groß du den Gegenstand wahrnimmst. Wiederhole den Versuch ohne Lupe. Der Quotient deiner beiden Messwerte gibt die Vergrößerung an.

b) Verändere jetzt den Abstand zwischen Gegenstand und Lupe. Achte dabei darauf, dass der Abstand zwischen Auge und Lupe gleich bleibt. Wiederhole das Experiment aus Aufgabenteil a) mit verschiedenen Abständen. Vergleiche die Vergrößerungen und fasse dein Ergebnis in Form eines Merksatzes zusammen.

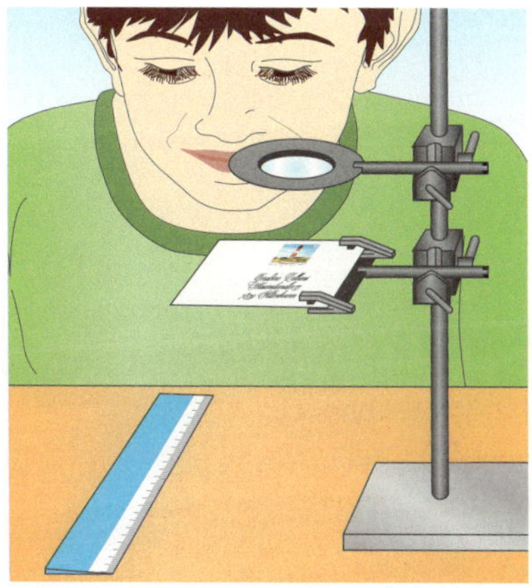

05 Bestimmung des Vergrößerungsfaktors einer Lupe

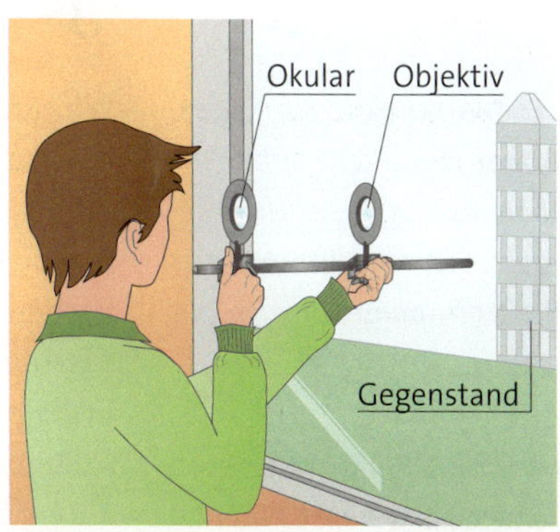

06 Bau eines Kepler-Fernrohrs

V2 Bau eines Kepler-Fernrohrs

Material:

Sammellinsen verschiedener Brennweite, Schiene

Durchführung:

a) Wähle zwei Linsen aus und befestige sie so auf der Schiene, dass du einen weit entfernten Gegenstand scharf siehst. Notiere in einer Tabelle, welche Linse du als Objektiv bzw. als Okular verwendet hast. Wiederhole den Versuch mit anderen Linsenkombinationen und markiere, welche Kombinationen ein vergrößertes Bild liefern.

b) Untersuche, mit welcher Linsenkombination dir der Gegenstand am größten erscheint. Versuche, eine Regel zu formulieren.

c) Drehe dein Fernrohr um und betrachte einen nahen Gegenstand. Beschreibe deine Beobachtung.

d) Durch das Kepler-Fernrohr siehst du alles auf dem Kopf stehen. Erkläre, wie du mit einer weiteren Linse aufrechte Bilder erhältst.

Material A ► Der Lesestein

Die ältesten Hilfsmittel zur Vergrößerung eines nahen Gegenstands sind Lesesteine. Bereits 1000 n. Chr. wurden in Asien solche Halbkugeln aus Beryll, einem durchsichtigen Kristall, hergestellt. Unsere Bezeichnung Brille erinnert noch heute an das ursprüngliche Material.

A1 a) Beschreibe, wie man Lesesteine vermutlich verwendet hat. Nenne Gemeinsamkeiten und Unterschiede im Vergleich zur Lupe.

b) Heute werden Lesesteine aus Kunststoff oder Glas in verschiedenen Formen verwendet. Überlege, welche Form für welche Anwendung geeignet ist.

c) Tim behauptet: „Ein Wassertropfen wirkt wie ein Lesestein." Probiere aus und erkläre.

07 Ein Lesestein lässt die Schrift größer erscheinen.

01 Ein schönes Naturschauspiel – der Regenbogen

Die Farben des Regenbogens

Es regnet und die Sonne scheint: Ein Regenbogen entsteht. Woher kommen dabei die Farben des Regensbogens? Offensichtlich geschieht etwas mit dem Sonnenlicht, wenn es auf die Regentropfen trifft, denn von sich aus ist es nicht bunt!

DIE FARBEN DES LICHTS · Die Regentropfen bestehen aus Wasser. Du weißt, dass es an den Grenzflächen von Luft und Wasser zu Reflexion und Brechung von Licht kommen kann. Bisher haben wir nicht beobachtet, dass dabei Farben auftauchen. Haben wir nicht genau hingeschaut?

Wir untersuchen die Brechung noch einmal genauer mit einem Versuch (▸ Bild 02 A): Ein schmales Bündel aus weißem Licht trifft auf ein Glasprisma. Dort wird es an den beiden Grenzflächen jeweils gebrochen. Der Versuch zeigt, dass das Lichtbündel hinter dem Prisma nicht mehr parallel ist, sondern immer breiter wird. Außerdem sieht der obere Rand rötlich und der untere bläulich aus. Wenn das Licht in einiger Entfernung auf einen Schirm trifft, dann sieht man dort ein farbiges Lichtband, das so genannte **Spektrum** (▸ Bild 02 B). Die Farben des Spektrums nennt man **Spektralfarben.**

02 Bei der Brechung an einem Prisma entsteht ein Spektrum.

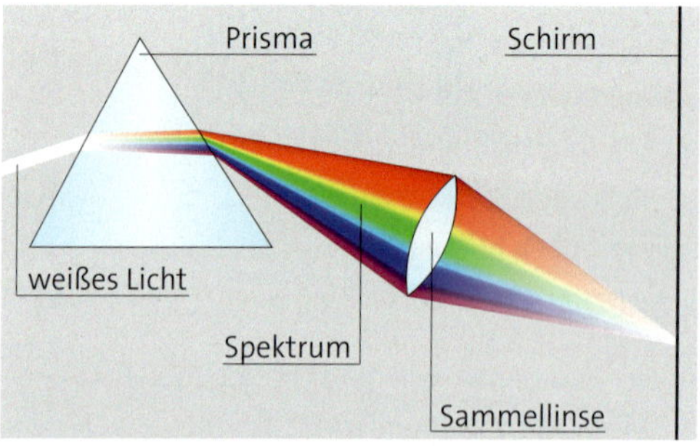

03 Zusammenführen von farbigem Licht

Der Versuch zeigt, dass aus weißem Licht bei der Brechung farbiges Licht entsteht. Dabei wird Licht je nach Farbe unterschiedlich stark gebrochen: Rotes Licht wird am wenigsten gebrochen, violettes Licht am stärksten. Wir haben bisher also doch nicht genau hingeschaut.

WEISSES LICHT AUS SPEKTRALFARBEN · Wie entstehen die Spektralfarben aus dem weißen Licht? Der Versuch legt nahe, dass die Farben schon im weißen Licht enthalten sind. Wenn diese Vermutung richtig ist, dann sollten sich die Spektralfarben wieder zu weißem Licht zusammenführen lassen. Dies überprüfen wir mit einem weiteren Versuch.
Dazu stellen wir eine Sammellinse hinter dem Prisma auf (▸ Bild 03). Durch die Linse wird aus dem divergenten ein konvergentes Lichtbündel. Wenn wir einen Schirm an die Stelle halten, auf die das Licht gebündelt wird, dann ist dort tatsächlich wieder ein weißer Lichtfleck zu sehen. Weißes Licht ist also zusammengesetzt aus Licht unterschiedlicher Farben.

Weißes Licht kann durch Brechung in Spektralfarben zerlegt werden. Licht unterschiedlicher Spektralfarben wird unterschiedlich stark gebrochen.
Wenn alle Spektralfarben zusammentreffen, dann ergibt sich weißes Licht.

DER REGENBOGEN · Mit dem Ergebnis des Versuchs können wir nun die Farben des Regenbogens erklären. Wir betrachten zunächst, was mit dem Sonnenlicht an einem einzelnen Regentropfen passiert.
Wir stellen uns den Tropfen als eine kleine Wasserkugel vor (▸ Bild 04): Beim Eintritt in den Tropfen wird das Licht gebrochen, dann teilweise reflektiert und beim Verlassen des Tropfens wieder gebrochen. Durch die beiden Brechungen wird das Sonnenlicht in die Spektralfarben zerlegt. Dabei beträgt der Winkel zwischen dem einfallenden Sonnenlicht und dem farbigen Lichtbündel immer 42°.

Bei dem farbigen Lichtbündel, das den Tropfen verlässt, liegt Violett ganz oben und Rot ganz unten. Beim Regenbogen ist es aber gerade umgekehrt (▸ Bild 01)! Wie kommt es dazu?
Damit du den gesamten Regenbogen siehst, muss Licht von sehr vielen Tropfen in dein Auge gelangen. Im ▸ Bild 05 ist der Strahlengang vereinfacht für zwei Tropfen dargestellt: Vom oberen Tropfen gelangt rotes Licht in dein Auge, vom unteren Tropfen blaues Licht. Das rote Licht vom unteren Tropfen gelangt nicht in dein Auge. Daher siehst du den blauen Teil des Regenbogens weiter unten als den roten.

1 In welche Richtung musst du schauen, um einen Regenbogen zu sehen?

2 Du siehst vom fahrenden Auto oder Zug aus einen Regenbogen. Kannst du an dem Regenbogen vorbeifahren? Begründe.

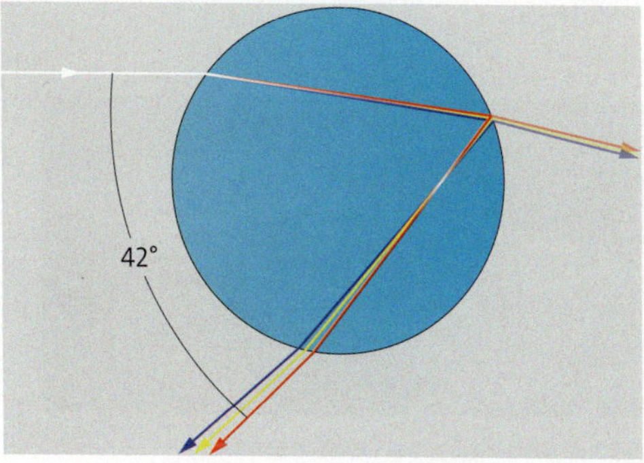

04 Sonnenlicht trifft auf einen Regentropfen.

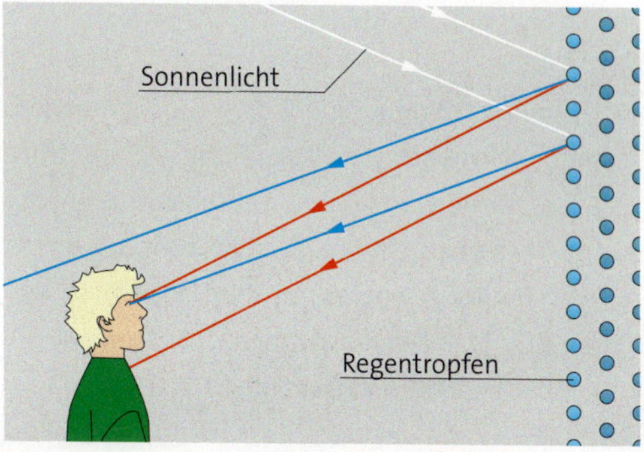

05 Entstehung des Regenbogens

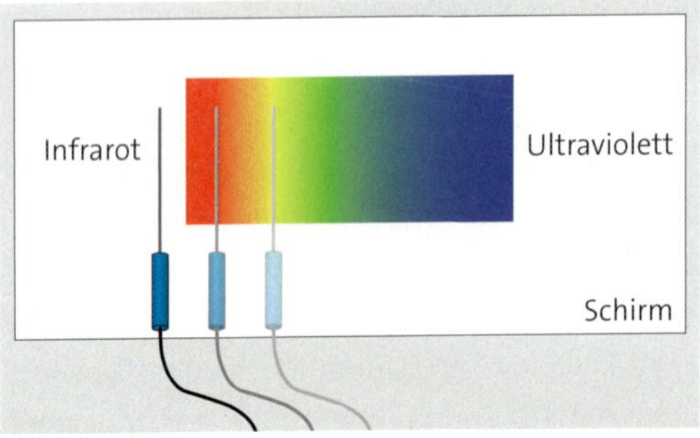

01 Nachweis der Infrarotstrahlung

Abkürzungen:
Infrarot: IR
Ultraviolett: UV

UNSICHTBARES LICHT · In der Akustik hast du gelernt, dass es auch Schall gibt, den man nicht hören kann. Gibt es auch so etwas wie „unsichtbares Licht“?

Um eine Antwort zu finden, untersuchen wir das Spektrum einer Glühlampe mit einem empfindlichen Thermometer (▸ Bild 01): Wenn es vom Licht getroffen wird, dann zeigt es eine höhere Temperatur an. Je weiter wir es im Spektrum in Richtung Rot verschieben, desto höher wird diese Temperatur. Erstaunlicherweise ist sie sogar noch höher, wenn wir das Thermometer neben das rote Ende halten. Dabei wird es gar nicht von sichtbarem Licht getroffen!

Das Ergebnis legt nahe, dass das Spektrum der Glühlampe nicht nur aus sichtbarem Licht besteht. Das unsichtbare „Licht“, das jenseits des roten Bereichs liegt, nennt man **Infrarotstrahlung.**

Mit geeigneten Geräten kann man nachweisen, dass es auch jenseits des violetten Bereichs eine unsichtbare Strahlung gibt, die **Ultraviolettstrahlung.**

BLICKPUNKT

Unsichtbares sichtbar machen

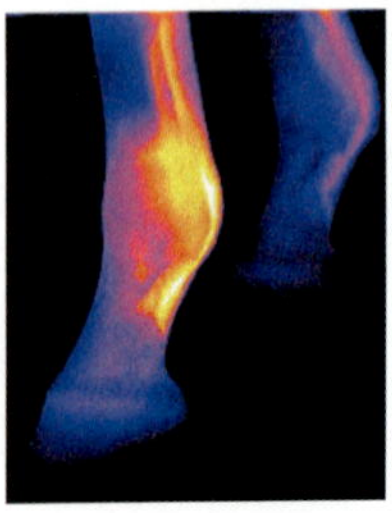

02 Entzündetes Gelenk bei einem Pferd

Infrarotstrahlung · Infrarotstrahlung wird von allen warmen Körpern abgestrahlt. Im Alltag nennt man sie deswegen häufig Wärmestrahlung. So wird sie zum Beispiel auch in der Medizin genutzt: Ärzte können damit Entzündungen erkennen. Das entzündete Gewebe ist wärmer als das gesunde und sendet mehr Infrarotstrahlung aus. Das kann mit entsprechenden Kameras sichtbar gemacht werden (▸ Bild 02).

Die Infrarotstrahlung ist aber nicht immer mit einer erhöhten Temperatur verbunden: Zum Beispiel verwenden sie viele Fernbedienungen zur Signalübertragung.

03 Infrarotlampe

Ultraviolettstrahlung · Einige Stoffe leuchten hell, wenn Ultraviolettstrahlung auf sie trifft. Diese Stoffe wandeln die Ultraviolettstrahlung in sichtbares Licht um. Sie sind zum Beispiel in Waschmitteln enthalten. Das nutzen so genannte Schwarzlichtlampen aus, um weiße Kleidung im Dunkeln leuchten zu lassen. Geldscheine werden mit solchen Stoffen gekennzeichnet, um sie fälschungssicher zu machen (▸ Bild 04).

Auch Hautschuppen leuchten, wenn Ultraviolettstrahlung auf sie trifft. So können in der Kriminalistik Spuren gesichert werden.

1 **a)** Informiere dich über die Einsatzmöglichkeiten einer Infrarotlampe (▸ Bild 03).
b) Moritz sagt: „Infrarotstrahlung kann man nicht sehen, also kann man sie auch nicht wahrnehmen.“ Nimm Stellung.

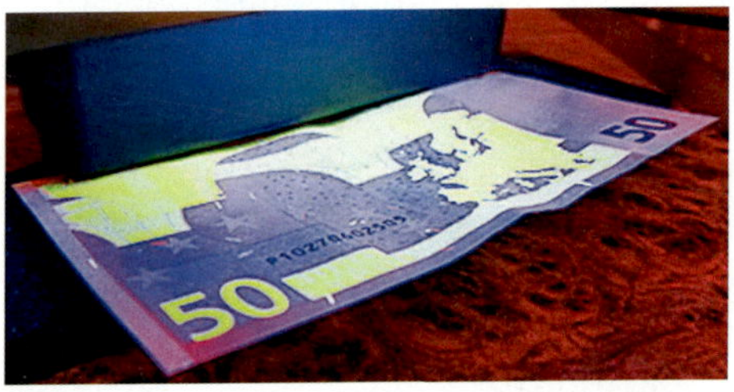

04 Sicherheitsmerkmal eines Geldscheins

Material A ▸ Regenbogen

05 Mond mit farbigen Ringen

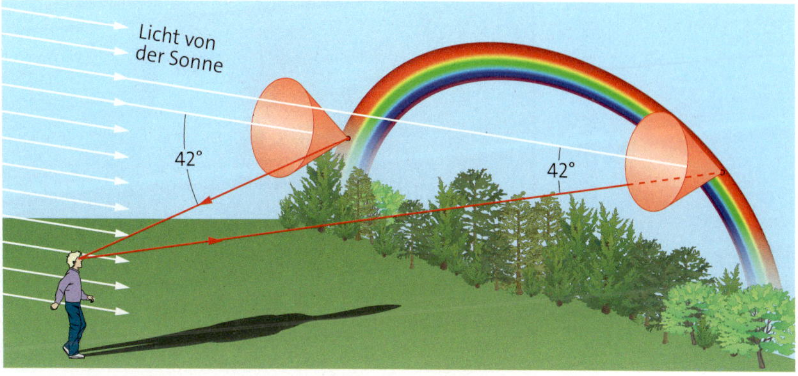

06 Entstehung der Form des Regenbogens

A1 Nachts kann man manchmal um den Mond herum farbige Kreise sehen (▸ Bild 05). Erkläre, wie diese zustande kommen können.

A2 Du kannst an einem sonnigen Tag mit einem Rasensprenger einen künstlichen Regenbogen herstellen. Schreibe auf, wie du vorgehen musst, damit du einen solchen Regenbogen sehen kannst.

A3 Zwischen dem von der Sonne auf einen Regentropfen fallenden weißen Lichtbündel und dem ins Auge gelangenden roten Lichtbündel besteht ein Winkel von 42°. Dies gilt für alle roten Lichtbündel, die in das Auge des Betrachters gelangen.

a) Erläutere mithilfe von ▸ Bild 06 die kreisbogenförmige Gestalt des Regenbogens.

b) Erläutere, was für die entsprechenden Winkel bei den blauen Lichtbündeln gelten muss.

c) Beschreibe, was für eine Form des Regenbogens sich ergibt, wenn die Sonne sehr hoch steht. Wie verändert sich die Form, wenn sie dicht über dem Horizont steht?

Material B ▸ Unsichtbare Strahlung

07 Aufnahme eines Gebäudes mit einer Infrarot-Kamera

B1 ▸ Bild 07 zeigt eine Infrarot-Aufnahme eines Gebäudes. Rechts neben dem Foto ist eine Skala, die im oberen Teil mit 7 °C gekennzeichnet ist, im gelbgrünen mit 1 °C und im violetten mit –3 °C.

a) Beschreibe dieses Bild und interpretiere es.

b) Begründe, an welchen Stellen die größten Energieeinsparungen möglich sind.

c) Was siehst du rechts vor dem Haus? Begründe deine Interpretation.

B2 Ultraviolettstrahlung ist auch dafür verantwortlich, dass sich unsere Haut bräunt, wenn wir uns in der Sonne aufhalten. Informiere dich über mögliche Gefahren übermäßiger Sonneneinstrahlung. Welche Schutzmaßnahmen sind geeignet, um diese Gefahren zu verringern?

01 Papageien haben ein farbenprächtiges Gefieder.

Farbwahrnehmung

Bunte Papageien auf dem Bildschirm – wie kommen diese vielen Farben eigentlich zustande? Und wie kann der Bildschirm so viele unterschiedliche Farben darstellen?

DIE FARBEN DES BILDSCHIRMS · Um zu verstehen, wie der Bildschirm Farben darstellt, betrachten wir einen Ausschnitt mit der Lupe. Der vergrößerte Ausschnitt des weißen Schnabels zeigt rote, grüne und blaue Flecken – mehr nicht. Dabei ist der Schnabel doch weiß!

Auch bei jedem anderen Ausschnitt beobachten wir wieder nur diese drei Farben, allerdings sind die roten, grünen und blauen Flecken unterschiedlich hell. Kann man aus diesen drei Farben alle anderen Farbeindrücke erzeugen?

02 Farbiges Licht wird überlagert.

Diese Vermutung prüfen wir mit einem Versuch (▸ Bild 02): Wir verwenden drei Lichtquellen, die rotes, grünes und blaues Licht aussenden. Die drei farbigen Lichtbündel richten wir so aus, dass sie sich auf einem weißen Schirm teilweise überlappen.

Der Bereich, der von allen drei Lichtbündeln beleuchtet wird, erscheint uns weiß. Die Bereiche, die nur von zwei Farben beleuchtet werden, erscheinen uns in neuen Farben. Die Überlappung von Grün und Rot ergibt Gelb, von Rot und Blau ergibt Magenta, von Blau und Grün ergibt Cyan. Wenn wir nun die Helligkeit der drei Lichtquellen verändern, dann ergeben sich im Bereich der Überlappungen weitere Farben. Tatsächlich kann man schon mit diesen drei Lichtbündeln mit den Farben Rot, Grün und Blau praktisch jeden Farbeindruck erzeugen.

Dies wird beim Farbbildschirm ausgenutzt. Mit der Lupe sehen wir einzelne farbige Flecken, von denen jeweils grünes, rotes oder blaues Licht ausgesendet wird. Ohne Lupe kann unser Auge die Flecken nicht einzeln wahrnehmen, weil der Sehwinkel zu klein ist. Deswegen erscheint uns der Schnabel des Papageis weiß.

WAHRNEHMUNG DER FARBEN · Weil die drei Farben Rot, Grün und Blau ausreichen, um beim Menschen alle Farbeindrücke zu erzeugen, nennt man sie **Grundfarben.** Sie sind besonders wichtig, um die Farbwahrnehmung zu verstehen:
Das Auge hat drei Arten von lichtempfindlichen Zellen für die Farbwahrnehmung. Sie reagieren unterschiedlich stark auf die Grundfarben Rot, Grün und Blau. Wir nennen sie R-, G- und B-Zellen. Diese Zellen reagieren aber nicht nur auf die jeweilige Grundfarbe, sondern auch auf andere Farben des Spektrums (▸ Bild 03).

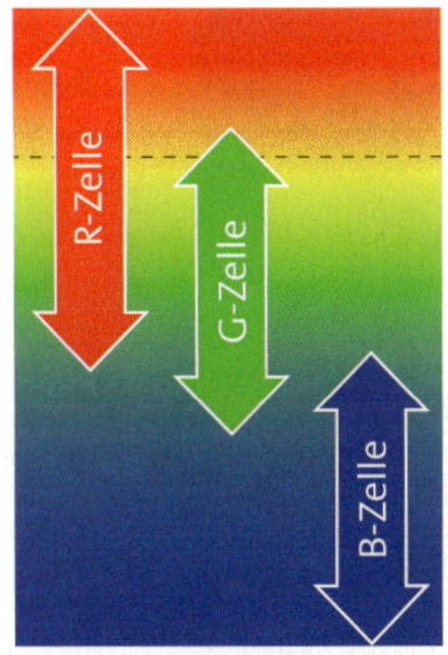

03 Die lichtempfindlichen Zellen reagieren auf unterschiedliche Anteile des Spektrums.

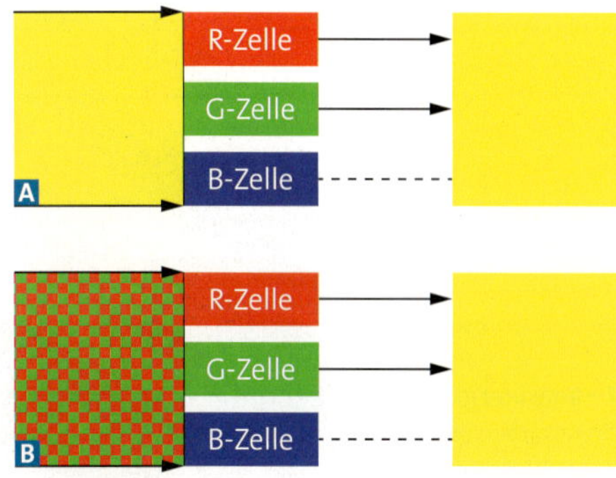

04 Farbwahrnehmung: **A** Gelbes Licht und **B** Mischlicht aus rotem und grünem Licht führt zum selben Farbeindruck Gelb.

Wenn zum Beispiel Licht aus dem gelben Spektralbereich auf die Zellen trifft, dann reagieren die R- und G-Zellen, aber nicht die B-Zellen (▸ Bild 04 A). Folglich geben auch nur die R- und G-Zellen ein Signal an das Gehirn. Dies führt zur Farbwahrnehmung Gelb.

Dieselbe Farbwahrnehmung ergibt sicht, wenn gleichzeitig rotes und grünes Licht auf die Zellen trifft. Wieder geben nur die R- und G-Zellen ein Signal an das Gehirn ab. Deswegen entsteht wieder die Farbwahrnehmung Gelb, auch wenn kein Licht aus dem gelben Spektralbereich in das Auge gelangt (▸ Bild 04 B).

Auf ähnliche Art und Weise entstehen alle anderen Farbeindrücke.

/// Durch die Überlagerung von Licht der drei Grundfarben Rot, Grün und Blau lässt sich jeder Farbeindruck herstellen.

DIE FARBEN DER KÖRPER · Im ▸ Bild 05 A sieht die Zitrone gelb aus. Wenn sie mit blauem Licht beleuchtet wird, dann erscheint sie dunkelgrau (▸ Bild 05 B). Welche Farbe hat die Zitrone nun eigentlich?

Damit du die Zitrone als gelb wahrnimmst, muss Licht in dein Auge gelangen, auf das die R- und G-Zellen reagieren, die B-Zellen aber nicht. Im ▸ Bild 05 A wird die Zitrone mit weißem Licht beleuchtet. Da kein blaues Licht in dein Auge gelangt, muss dieser Anteil des Spektrums von ihr absorbiert worden sein. Die Zitrone nimmst du also als gelb wahr, weil sie nur einen Teil des Spektrums streut.

▸ Bild 05 B bestätigt diese Erklärung: Die Zitrone wird mit blauem Licht beleuchtet. Da sie dieses absorbiert, gelangt praktisch kein Licht in dein Auge. Du nimmst die Zitrone als dunkelgrau wahr.

/// Jeder farbige Körper absorbiert einen Teil des Spektrums und streut den Rest. Entscheidend für die Farbwahrnehmung ist, welcher Teil des Spektrums mit dem gestreuten Licht ins Auge gelangt.

1 Marc sagt: „Reife Tomaten können auch grau sein." Erkläre, was er damit meint.

05 Welche Farbe hat die Zitrone?

01 Rote und grüne Wasserfarbe absorbiert unterschiedliche Teile des Spektrums

ADDITIVE UND SUBTRAKTIVE FARBMISCHUNG · Wenn gleichzeitig rotes und grünes Licht auf deine Sehzellen trifft, dann ist die Farbwahrnehmung Gelb. Wenn du in deinem Malkasten Rot und Grün mischst, dann ergibt sich ein dunkles Braun (▸ Bild 01). Offensichtlich gibt es einen Unterschied zwischen diesen beiden Arten, Farben zu mischen!
Das rote und das grüne Licht sind Teile des Spektrums. Wenn man grünes und rotes Licht überlagert, dann erhält man ein Mischlicht. Der Teil des Spektrums von diesem Mischlicht setzt sich aus dem roten und dem grünen Teil zusammen. Deswegen nennt man die Überlagerung von farbigen Lichtern auch **additive Farbmischung.**

Der rote Farbstoff im Malkasten streut hauptsächlich rotes Licht und absorbiert den Rest des Spektrums. Der grüne Farbstoff streut hauptsächlich grünes Licht. Wenn man die beiden Farbstoffe mischt, dann streut die Mischfarbe weniger Licht, als die einzelnen Farbstoffe. Deswegen ist die Mischfarbe dunkler.
Dies gilt allgemein: Wenn man zwei Farbstoffe mischt, dann streut die Mischfarbe nur noch den Teil des Spektrums, den beide Farbstoffe streuen. Dadurch wird der Teil des Spektrums, der gestreut wird, kleiner. Deswegen nennt man das Mischen von Farbstoffen auch **subtraktive Farbmischung.**

1 **a)** Gelbes und blaues Licht werden überlagert. Welche Farbe nimmst du wahr?
b) Gelbe und blaue Farbe aus dem Malkasten werden gemischt. Welche Farbe ergibt sich? Erkläre den Unterschied zu a).

BLICKPUNKT

Abendrot und Himmelblau

Mittags leuchtet die Sonne gelblich-weiß, abends rötlich (▸ Bild 02). Das Licht, das die Sonne aussendet, ist aber immer das gleiche!
Entscheidend hierbei ist die Atmosphäre der Erde: Wenn Licht auf Luft trifft, dann wird ein Teil des Lichts gestreut, ein Teil wird durchgelassen. Die Streuung in Luft ist im blauen Spektralbereich am stärksten, im roten am schwächsten.
Wenn die Sonne nahe am Horizont steht, dann ist der Weg durch die Luftschicht, die das Sonnenlicht bis zur Erdoberfläche durchquert, besonders lang. Da der blaue Anteil des Lichts stärker gestreut wird als der rote Anteil, gelangt weniger blaues Licht zu uns und die Sonne erscheint rot.
Wenn man tagsüber in den Himmel schaut, so sieht man das Sonnenlicht, das in der Luft gestreut wurde. Da das blaue Licht am stärksten gestreut wird, erscheint uns der Himmel blau.

02 Sonnenuntergang

VERSUCHE ▸ Sonnenuntergang im Glas

Material: Taschenlampe, Wasserglas, etwas Milch

Du stellst Abendrot und Himmelblau in einem Versuch nach.

V1 Fülle ein Wasserglas mit Wasser. Gib einige Tropfen Milch hinein, sodass du gerade noch erkennen kannst, was sich auf der anderen Seite befindet. Leuchte in einem dunklen Raum mit der Taschenlampe durch das Glas (▸ Bild 03). Betrachte das Lichtbündel von der Seite (A) und von vorne (B). Beschreibe, wo du das „Himmelblau" und wo das „Abendrot" sehen kannst.

V2 Versuche, ein möglichst schönes „Abendrot" zu erzeugen. Halte deine Versuche hierzu schriftlich fest.

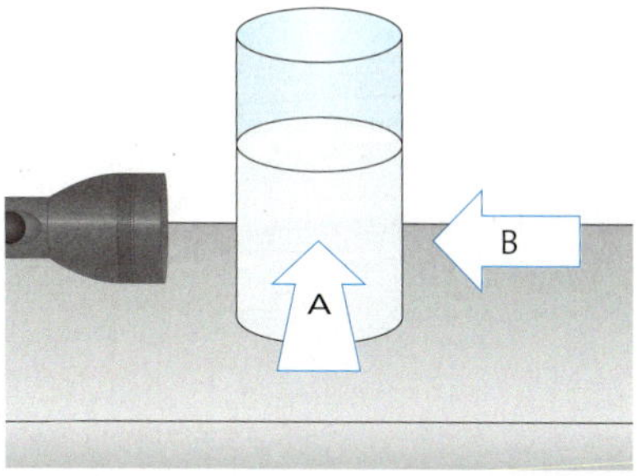

03 Himmelblau und Abendrot

Material A ▸ Farben wie gedruckt

04 Ein gedrucktes Bild

A1 Wenn in einem Buch farbige Bilder gedruckt werden, dann geht man hierbei so ähnlich vor wie bei den Farben des Bildschirms.
a) Betrachte ▸ Bild 04 mit einer Lupe. Betrachte es dann aus ein paar Metern Entfernung. Beschreibe.
b) Erkläre, wie die Farben entstehen, die du aus größerer Entfernung wahrnimmst.

A2 Farbdrucker verwenden als Druckfarben Magenta, Cyan und Gelb.
a) Erkläre, wie ein Drucker einen grünen (roten) Bildpunkt erzeugt.
b) Auch Farbdrucker verwenden Schwarz als Druckfarbe. Eigentlich ist das überflüssig. Erkläre.

Material B ▸ Farben entstehen im Gehirn

Welche Farbe du wahrnimmst, hängt nicht nur davon ab, was deine Augen sehen, sondern auch davon, was dein Gehirn daraus macht.

05 Welche Flagge ist das?

B1 **a)** Schaue etwa eine halbe Minute lang auf das Kreuz in der Mitte von ▸ Bild 05. Blicke dann auf eine weiße Fläche und blinzle ein paar Mal. Beschreibe, was du wahrnimmst. Achte insbesondere auf die Farbe.
b) Was würde passieren, wenn die Flagge blau wäre? Stelle eine Vermutung auf und überprüfe sie experimentell.

B2 **a)** Im ▸ Bild 06 sind waagerecht zwei Streifen „eingewebt". Vergleiche die beiden Streifen. Nimmst du gleiche oder unterschiedliche Farben wahr?
b) Die beiden Streifen haben tatsächlich die gleiche Farbe! Stelle eine Vermutung auf, warum man sie unterschiedlich wahrnimmt.
c) Stelle aus Papier oder mit dem Computer selbst eine solche „Farbtäuschung" her. Kannst du damit deine Vermutung bestätigen?

06 Hellblau und Hellblau?

BLICKPUNKT

Gefahren von Lichtquellen

01 Überreizung von Sinneszellen im Straßenverkehr

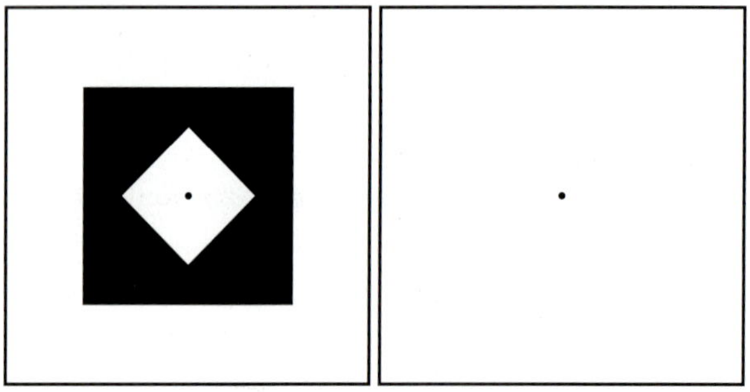

02 Versuch zur Überreizung der Sinneszellen

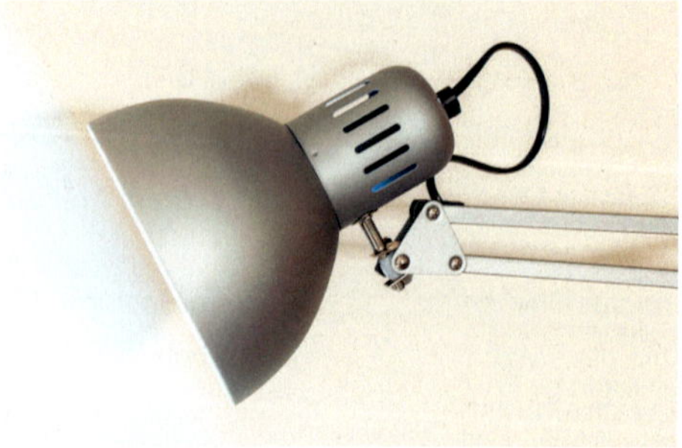

03 Lampe mit Lüftungsschlitzen

Licht ist wichtig für unser Leben. Wir brauchen es zum Sehen, Pflanzen nutzen es zum Wachsen und das Sonnenlicht erzeugt unser Klima auf der Erde. Doch Licht kann auch zu Gefahren führen. So kann es im Straßenverkehr durch Blendung zu Unfällen kommen, Lichtquellen können durch Hitze Feuer verursachen und Licht kann eine menschliche Zelle schädigen.

In diesem Blickpunkt lernst du, wann Licht gefährlich ist, wie du das erkennen und was du dagegen tun kannst.

Gefahren durch **Blendung** entstehen so: Im Straßenverkehr kannst du durch die Scheinwerfer eines entgegenkommendes Autos geblendet werden (▸ Bild 01). Dabei werden deine Augen überreizt, sodass du andere Verkehrsteilnehmer nicht mehr zuverlässig erkennst und es zu einem Unfall kommen kann. Diese Blendung wird so hervorgerufen: Wenn du in eine sehr helle Lichtquelle blickst, dann entsteht auf der Netzhaut deines Auges ein sehr helles Bild. Dadurch können die lichtempfindlichen Zellen der Netzhaut überreizt werden. Die Überreizung kannst du mit ▸ Bild 02 ausprobieren: Fixiere den Punkt im linken Bild 30 s lang und blicke dann auf den rechten Punkt. Dann siehst du ein dunkles Karo in einem hellen Rechteck, weil die Zellen der Netzhaut beim Fixieren überreizt wurden. Um eine solche Überreizung im Straßenverkehr zu vermeiden, muss der Fahrer des Autos sein Abblendlicht einschalten. Wer sich geblendet fühlt, sollte zur Sicherheit langsam fahren oder anhalten. Auf jeden Fall nicht in die Scheinwerfer schauen.

Gefahren durch **Hitze** entstehen wie folgt: Viele Lichtquellen bringen einen Gegenstand zum Glühen, dabei entsteht das Licht. Beispielsweise kommt das Sonnenlicht aus einer glühenden Gasschicht der Sonne, die eine Temperatur von 5800 °C hat. In einer Halogenlampe glüht ein Draht und sendet dadurch Licht aus. Dabei wird die Lampe so heiß, dass sie ein Feuer auslösen könnte. Diese Gefahr wird dadurch vermieden, dass Lüftungsschlitze die Lampe kühl halten (▸ Bild 3).

Gefahren durch die **Veränderung menschlicher Zellen** sind nicht direkt erkennbar. Ein erstes Beispiel ist der Sonnenbrand: Im Wesentlichen entsteht ein Sonnenbrand auf folgende Weise: In einer Zelle der Haut zerbrechen UV-Strahlen winzige Teilchen, die Information des Erbguts tragen. Wenn das bei mehreren Zellen passiert, dann entsteht eine Entzündung, die Haut wird rot und man spricht von Sonnenbrand. Wenn das immer wieder auftritt, dann kann langfristig Hautkrebs entstehen. Deine Haut kann sich durch ihre

Bräune selbst für eine kurze Weile schützen. Diese kurze Dauer heißt **Eigenschutzzeit,** sie beträgt bei heller Haut ungefähr 10 Minuten, bei mediterranem Hauttyp 30 Minuten und bei dunklem Hauttyp über 90 Minuten. Du kannst deine Haut zusätzlich durch eine Sonnenschutzcreme schützen. Das kannst du im Modellversuch selbst mit einem Smartphone ausprobieren:

Das Smartphone misst die Lichteinstrahlung in der Einheit Lux (▸ Bild 04 A). Dazu verwendest du z. B. die App „Androsensor" für Android oder „LuxMeter" für iOS. Die Einheit Lux ist ein Maß dafür, wie stark das Licht die Netzhaut beim Sehen reizt. In einem ersten Versuch deckst du den Lichtsensor nur mit einer Folie ab und misst die Lichteinstrahlung. Dann trägst du die Sonnenschutzcreme auf eine Folie auf und führst den Versuch mit dieser Folie durch. Im Versuch im ▸ Bild 04 A wurden zwei verschiedene Lampen verwendet und folgende Werte gemessen:

	Weißlichtlampe	UV-LED-Lampe
Nur Folie	2400 Lux	3250 Lux
Sonnenschutzcreme	400 Lux	125 Lux

Die Sonnenschutzcreme verringerte bei dieser UV-Lampe den Messwert um den Faktor 25. Mit der Creme kannst du 25-mal so lange wie die Eigenschutzzeit in der Sonne verbringen. Man spricht vom **Lichtschutzfaktor** 25. Bei Weißlicht verringert sich der Messwert nur um den Faktor 6. Das stört aber nicht, weil nur UV einen Sonnenbrand hervorrufen kann.

Empfindlicher als die Haut ist die Netzhaut des Auges, denn Licht kann auch in Zellen der Netzhaut Teilchen verändern. Besonders groß ist hierbei die **Blaulichtgefährdung.** Diese Gefährdung entsteht so: In der Netzhaut trifft das blaue Licht auf einen wichtigen Sehfarbstoff. Dabei werden Teilchen mit der Zeit verändert, sodass sie über Jahre hinweg Zellen der Netzhaut zerstören.

Da auch Sonnenlicht blaues Licht enthält, kann das Auge einiges an Blaulicht vertragen. Du solltest dich aber nicht unnötig zusätzlich hellem Blaulicht aussetzen. Zur Beurteilung der Gefährdung misst du bei blauen Lichtquellen die Lichteinstrahlung wie oben in der Einheit Lux. Helles Sonnenlicht z. B. hat ungefähr 100 000 Lux.

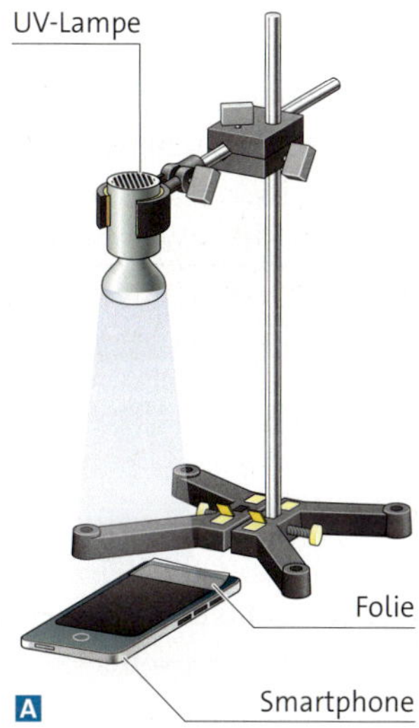

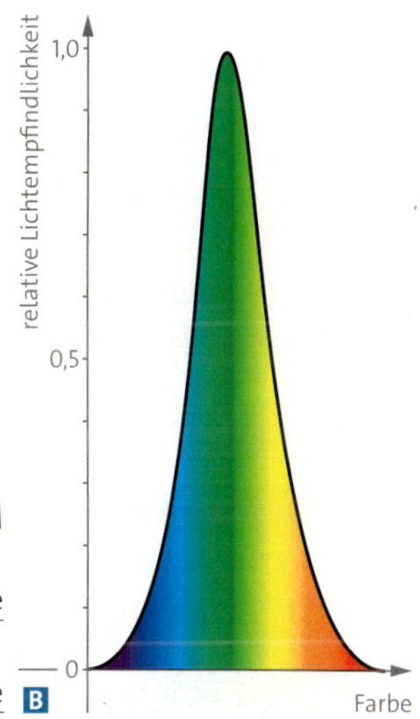

04 **A** Versuch zur Absorption von UV-Strahlung durch Sonnenschutzcreme, **B** Lichtempfindlichkeit abhängig von der Farbe des Lichts

Die Lichtempfindlichkeit der Netzhaut ist farbabhängig. Diese Abhängigkeit ist im ▸ Bild 04 B dargestellt. Die Farbabhängigkeit muss man wie folgt berücksichtigen:
Du misst z. B. bei einer blauen Lampe den Wert 10 000 Lux. Im ▸ Bild 04 B liest du für blaues Licht auf der Hochachse etwa den Faktor 0,2 ab. Den gemessenen Wert musst du mit dieser Zahl dividieren. Der korrigierte Wert ist dann:
10 000 Lux : 0,2 = 50 000 Lux.
Das ist die Hälfte des Wertes für das helle Sonnenlicht und damit sehr viel.

1 Ein Schüler mit einer Eigenschutzzeit von 10 Minuten trägt eine Sonnenschutzcreme mit Lichtschutzfaktor 15 auf. Berechne, wie lange er maximal in der Sonne bleiben sollte..

2 Ein Display mit blauem Hintergrund strahlt Licht mit 15 000 Lux ab. Beurteile die Gefährdung.

Optische Abbildungen

Lochkamera: Hier entsteht das Bild durch Ausblenden von Lichtbündeln. Das Bild steht auf dem Kopf.
Je größer die **Gegenstandsweite *g*** ist, desto kleiner ist das Bild. Je größer die **Bildweite *b*** ist, desto größer ist das Bild. Der Quotient aus **Bildgröße *B*** und **Gegenstandsgröße *G*** gibt den **Abbildungsmaßstab** an:

$$A = \frac{B}{G} = \frac{b}{g}$$

Linsen: Bei Linsen unterscheidet man zwischen **Sammel-** und **Streulinsen.** Der Abstand des Brennpunkts zur Mittelebene einer Linse heißt **Brennweite.** Je stärker eine Linse gekrümmt ist, desto kleiner ist ihre Brennweite.

Für eine bestimmte Gegenstandsweite erzeugt eine Sammellinse ein scharfes **reelles Bild** bei einer bestimmten Bildweite. Dabei vereinigt sie das Licht, das von einem Gegenstandspunkt auf sie trifft, in einem Bildpunkt.

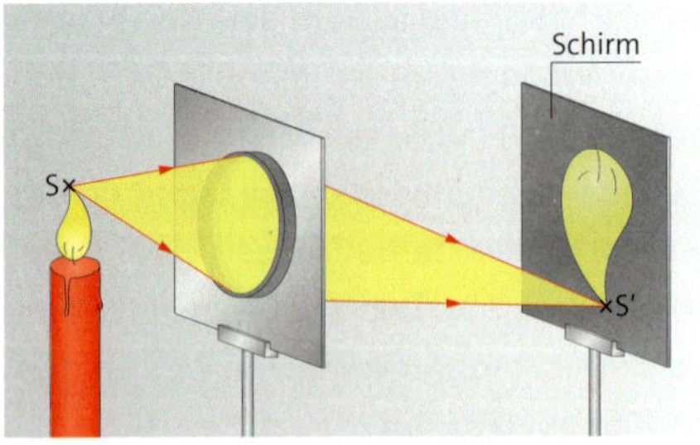

Je kleiner die Gegenstandsweite ist, desto größer sind Bildweite und Bildgröße. Bei Gegenstandsweiten kleiner als die Brennweite entsteht kein reelles Bild sondern ein **virtuelles Bild.**

Ein reelles Bild kann man mit einem Schirm auffangen, ein virtuelles Bild hingegen nicht.

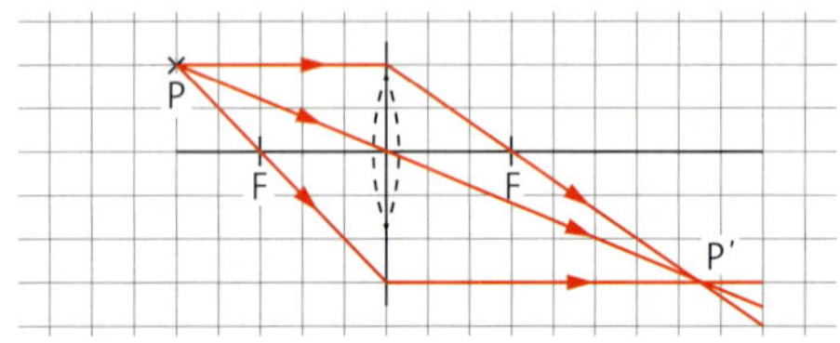

Mit **Parallel- und Mittelpunktstrahl** kannst du das durch eine Linse entstehende Bild konstruieren.

Das Auge als optischer Empfänger

Du kannst einen Körper nur sehen, wenn das von ihm ausgehende Licht dein Auge erreicht. Dieses Licht wird an der Augenlinse gebrochen. Dazu wird die Linse so verformt, dass ihre Brennweite zur Entfernung des Gegenstands passt **(Akkommodation).**
Auf der Netzhaut entsteht ein scharfes und auf dem Kopf stehendes Bild.

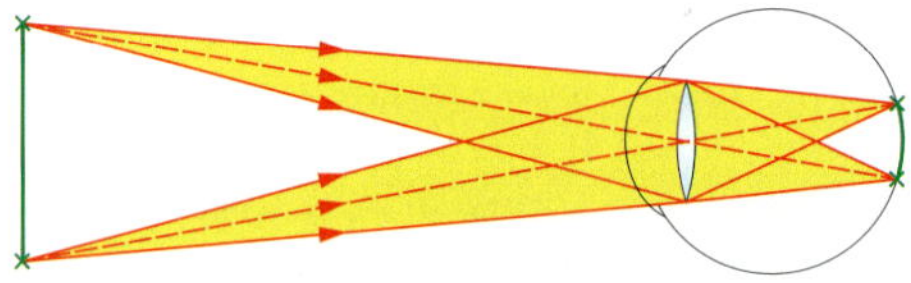

Sammel- oder Streulinsen in Brillen können die fehlende Akkommodation ausgleichen.

Optische Instrumente

Optische Instrumente wie Lupe, Fernrohr oder Mikroskop vergrößern den **Sehwinkel.** Das vergrößerte Bild entsteht durch verschiedene Linsen mit unterschiedlicher Brennweite. Je größer der Sehwinkel ist, desto größer ist das Bild auf der Netzhaut.

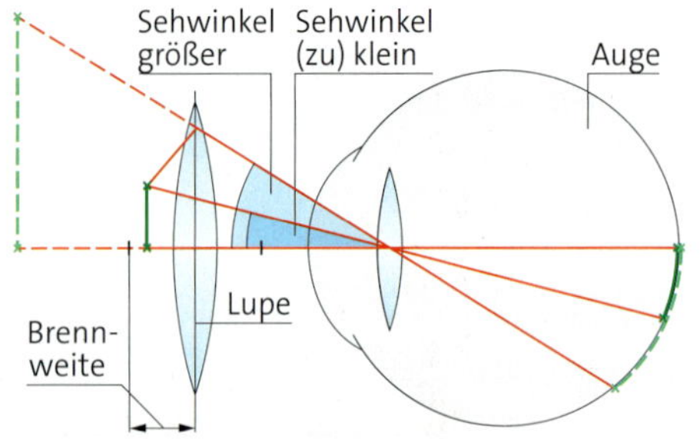

Die Farben des Lichts

Weißes Licht kann durch Brechung in **Spektralfarben** zerlegt werden. Licht verschiedener Spektralfarben wird unterschiedlich stark gebrochen.

Am roten Ende des Spektrums schließt sich die unsichtbare **Infrarotstrahlung** an, am violetten Ende die unsichtbare **Ultraviolettstrahlung.**

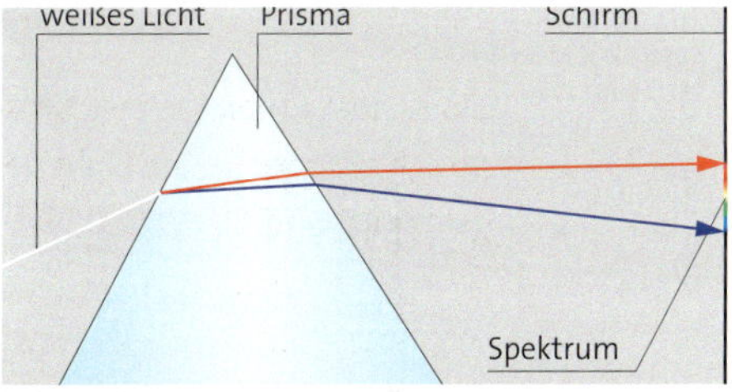

Körperfarbe: Körper wirken farbig, weil ihre Oberfläche einen Teil des Spektrums absorbiert und den Rest streut. Entscheidend für die wahrgenommene Körperfarbe ist, welcher Teil des Spektrums mit dem Streulicht ins Auge gelangt.

Bei der **additiven Farbmischung** entsteht der Farbeindruck durch Überlagerung von Licht unterschiedlicher Farbe. Das Mischlicht ist heller als die einzelnen Lichter.

Bei der **subtraktiven Farbmischung** entsteht der Farbeindruck durch die Kombination oder Filtern unterschiedlicher Körperfarbe. Die Mischfarbe erscheint dunkler, weil jeder der verschiedenfarbigen Filter je einen Teil des Spektrums absorbiert (subtrahiert).

Überprüfe dich selbst:

Kann ich ...

... die Bildentstehung bei Lochkamera und Sammellinse erläutern, vergleichen und jeweils das Bild konstruieren?

... verschiedene Linsentypen beschreiben und voneinander unterscheiden?

... die Begriffe Brennpunkt, Brennweite, Gegenstandsweite, Bildweite erläutern?

... erläutern, worin der Unterschied zwischen einem reellen Bild und einem virtuellen Bild besteht?

... mithilfe ausgezeichneter Lichtstrahlen das von einer Linse erzeugte Bild konstruieren?

... den Sehvorgang im Auge beschreiben und erläutern, dass Sehen mehr als nur optische Abbildung ist?

... Beispiele für Fehlsichtigkeit beschreiben und deren Korrektur erläutern?

... die Bedeutung des Sehwinkels erläutern und mindestens ein Instrument zur Sehwinkelvergrößerung beschreiben und erklären?

... beschreiben, dass weißes Licht aus Spektralfarben zusammengesetzt ist, und wie dies experimentell bestätigt werden kann?

... die Entstehung des Regenbogens erläutern?

... erläutern, was man unter additiver und subtraktiver Farbmischung versteht?

... erklären, warum ein Körper farbig erscheint?

... zwei Arten von „Licht“ nennen, die außerhalb des sichtbaren Spektrums liegen.

Körper und Stoffe

In diesem Kapitel beschäftigst du dich mit

- Körpern und Stoffen und lernst einige wichtige Eigenschaften kennen. Dabei lernst du Alltags- und Fachbegriffe zu unterscheiden.
- der physikalischen Größe Temperatur und lernst sie von den Alltagsbegriffen warm und kalt zu unterscheiden. Du erfährst, dass Körper und Stoffe einige ihrer Eigenschaften verändern, wenn sich ihre Temperatur ändert.
- der physikalischen Größe Druck und erfährst, wie man das Gepresstsein von Gasen und Flüssigkeiten mit dem Druck beschreiben kann.

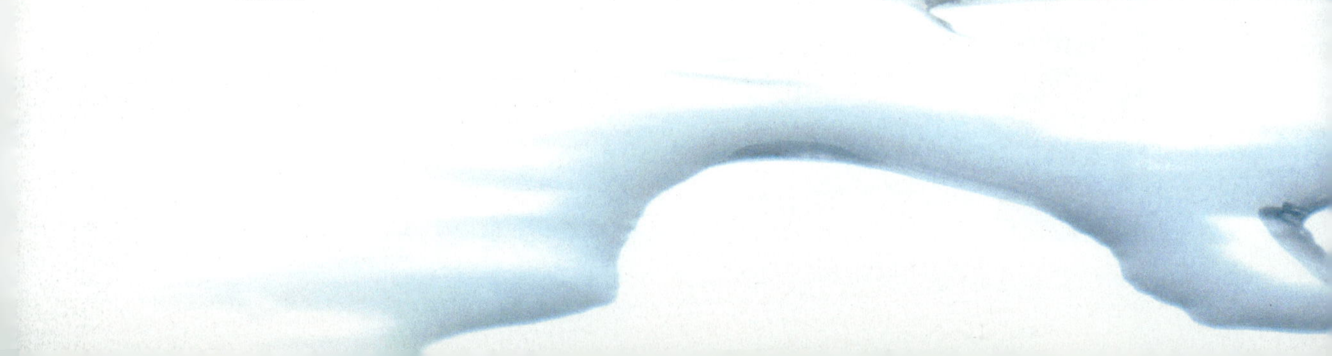

01 Ganz schön schwer – oder?

Körper haben Masse und Volumen

Wir sind von vielen verschiedenen Dingen oder Körpern umgeben. Wir unterscheiden sie anhand ihrer Eigenschaften. Der Felsbrocken ist groß, hart und rau. Das Kind z. B. ist dunkelhaarig, klein und fröhlich. Im Folgenden betrachten wir zwei wichtige Eigenschaften, die alle Körper besitzen – egal, ob Felsen, Kind, Speiseeis oder Handy.

In den Naturwissenschaften nennt man Gegenstände, egal ob flüssig, fest oder gasförmig, allgemein **Körper.**

SCHWER ODER LEICHT – DIE MASSE · Wenn du deine Schultasche in die Hand nimmst, dann spürst du, ob sie schwer oder leicht ist. Aber wie schwer genau, kannst du nicht sagen. Wenn du deine Tasche und die deines Sitznachbarn mit beiden Händen gleichzeitig hochhebst, dann kannst du spüren, welche schwerer ist. Das Gefühl der „Schwere" beruht auf einer Eigenschaft, die alle Körper besitzen. In der Physik nennt man diese Eigenschaft **Masse** und bezeichnet sie mit ***m.*** Schwere Körper haben eine große Masse, leichte Körper haben eine kleine Masse. Im Alltag sagt man statt Masse oft Gewicht. Dieser Begriff wird aber in verschiedenen Bedeutungen verwendet. Deshalb ist es sinnvoll, in der Physik den richtigen Fachbegriff zu verwenden.

Unsere „Armwaage" kann Massen vergleichen. Aber wie groß ist die Masse deiner Schultasche nun wirklich? Du könntest ihre Masse z. B. mit einer Anzahl Äpfel vergleichen. Wenn du deine Schultasche in die eine Hand nimmst und in die andere Hand einen Beutel mit Äpfeln, dann kannst du mit etwas Probieren herausfinden, wie groß die Masse deiner Tasche in der Einheit „Apfel" ist (▸ Bild 02).

Diese Methode ist sicher ziemlich ungenau. Das liegt auch daran, dass Äpfel unterschiedliche Masse haben. Das genauere Verfahren funktioniert aber ganz ähnlich.

02 Die Tasche wiegt 19 „Äpfel".

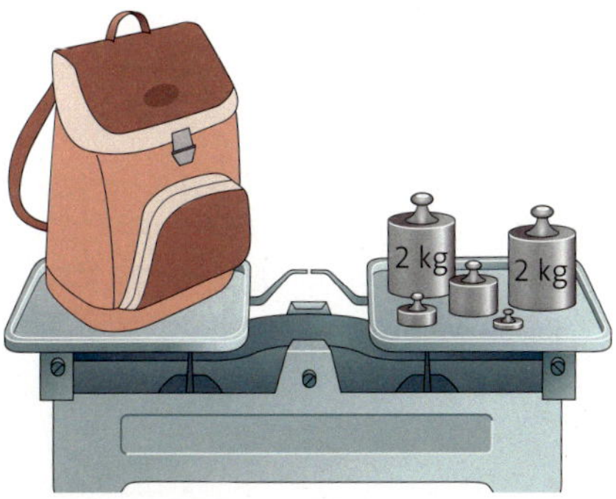

03 Die Masse der Tasche beträgt 4,75 kg.

04 Die Tasche auf der Personenwaage

05 Urkilogramm

BESTIMMUNG DER MASSE · Die Äpfel ersetzen wir durch Vergleichsmassen, die eindeutig bestimmt sind. 1889 einigte man sich international auf das **Kilogramm** als allgemeingültige Vergleichsmasse. Ein Kilogramm ist die Masse des „Urkilogramms", eines speziellen Metallkörpers (▸ Bild 05), der in Paris aufbewahrt wird. Von diesem Urkilogramm existieren in allen Ländern exakte Kopien. Für praktische Messungen werden oft auch andere Vergleichsmassen benötigt. Solche Vergleichsmassen nennen wir Massestücke.

Um die Masse deiner Schultasche zu bestimmen, benutzen wir statt unserer Arme eine **Tafelwaage**. Damit kann man Massen viel genauer vergleichen. Auf die eine Seite der Tafelwaage stellst du deine Tasche und auf die andere Seite so viele Massestücke, bis die Waage im Gleichgewicht ist. Die Gesamtmasse der Massestücke ist dann gleich der Masse deiner Tasche (▸ Bild 03). Fassen wir zusammen:

Jeder Körper hat eine Masse *m*. Sie gibt an, wie schwer der Körper ist.
Die Einheit der Masse ist ein Kilogramm (1 kg).

Weitere gebräuchliche Einheiten sind eine Tonne (1 t), ein Gramm (1 g), ein Milligramm (1 mg):
1 t = 1000 kg,
1 kg = 1000 g,
1 g = 1000 mg.

DIE PERSONENWAAGE · Vielleicht gibt es bei dir zuhause eine Personenwaage. Damit kannst du deine Tasche viel bequemer wiegen als mit der Tafelwaage. Du stellst einfach die Tasche auf die Waage und liest die Masse auf der Skala ab (▸ Bild 04). Im Innern der Waage verformen sich elastische Körper umso stärker, je schwerer die Tasche ist. Diese Verformung überträgt ein Mechanismus auf die drehbare Skala.

Man könnte meinen, so eine Waage kommt ohne Vergleichsmassen aus. Das stimmt aber nicht. Allerdings hat uns der Hersteller diesen Vergleich schon abgenommen. Vereinfacht kannst du dir das so vorstellen: Die Waage wird soweit zusammengebaut, dass sie im Prinzip funktioniert. Nur die Striche und Zahlenangaben auf der Skala fehlen noch. Auf die Waage wird nun z. B. ein Massestück von 10 kg gelegt. Die unbeschriftete Skala dreht sich dadurch etwas. Diese Stellung wird durch einen Strich beim Zeiger markiert und mit „10" beschriftet. Entsprechend verfährt man bei den anderen Massen. So entsteht Schritt für Schritt eine Skala, mit der man Massen in Kilogramm messen kann.

1 Die Masse der Schultasche wurde auf verschiedene Weisen bestimmt. Vergleiche. Nenne dabei Vor- und Nachteile der drei Methoden.

2 Rechne 323,5 g in mg, kg und t um.

a = 19,5 cm
b = 9,0 cm
c = 5,8 cm
$V = a \cdot b \cdot c$
$= 1017{,}9\ \text{cm}^3$

01 Das Volumen einer Saftpackung

GROSS ODER KLEIN – DAS VOLUMEN · Wo schon ein Körper ist, da kann kein anderer Körper sein. Die Größe des Raumes, den ein Körper einnimmt, bezeichnet man als das **Volumen *V*** des Körpers.

Für quaderförmige Festkörper kann man das Volumen durch Multiplikation von Länge, Breite und Höhe bestimmen (▸ Bild 01). Die Einheit der Länge ist ein Meter (1 m). Somit ergibt sich die Einheit des Volumens zu:

1 m · 1 m · 1 m = **1 m³ (1 Kubikmeter).**

Jeder Körper hat ein Volumen V. Es gibt an, wie viel Raum er einnimmt.
Die Einheit des Volumens ist ein Kubikmeter (1 m³).

Für die meisten Gegenstände des Alltags ist die Einheit ein Kubikmeter zu groß. Man rechnet daher in kleinere Einheiten um:

$$
\begin{aligned}
1\ \text{m}^3 &= 1\ \text{m} \cdot 1\ \text{m} \cdot 1\ \text{m},\\
&= 10\ \text{dm} \cdot 10\ \text{dm} \cdot 10\ \text{dm}\\
&= 1000\ \text{dm}^3\\
&= 100\ \text{cm} \cdot 100\ \text{cm} \cdot 100\ \text{cm}\\
&= 1\,000\,000\ \text{cm}^3.
\end{aligned}
$$

Bei Flüssigkeiten verwendet man die Einheiten ein Liter (1 ℓ) und ein Milliliter (1 mℓ).
Es ist 1 ℓ = 1 dm³ und 1 mℓ = 1 cm³. Daher gilt:
1 m³ = 1000 ℓ,
1 ℓ = 1000 mℓ.

VOLUMEN MESSEN · Auch unregelmäßige Körper haben ein Volumen, das man in Kubikmetern angeben kann. Doch wie kann man es bestimmen?
Wenn man einen Stein in Wasser taucht, dann verdrängt der Stein eine bestimmte Menge Wasser. Dessen Volumen ist genauso groß wie das Volumen des Steins. Das nutzen wir nun aus (▸ Bild 02):
Wir füllen Wasser in einen Messzylinder und lesen an der Skala das Volumen des Wassers ab. Dann tauchen wir den Stein vollständig ins Wasser. Am Wasserstand nach dem Eintauchen lesen wir das Gesamtvolumen von Stein und Wasser ab. Das Volumen des Steins ergibt sich dann als Differenz der vor und nach dem Eintauchen abgelesenen Werte.

Auch gasförmige Körper haben ein Volumen. Wie oben kannst du z.B. das Volumen deiner Atemluft durch das Verdrängen von Wasser bestimmen (▸ Bild 03):
Ein mit Wasser gefüllter Messbehälter steht mit der Öffnung nach unten in einem Becken mit Wasser. Du kannst durch einen Schlauch von unten Luft in den Messbehälter pusten. Deine Atemluft verdrängt das Wasser aus dem Messbehälter. An der Skala kannst du nun das Volumen der Luft ablesen.

1 Schätze ab, wie viel Liter Wasser das Schwimmerbecken eines Freibades (50 m lang) enthält.

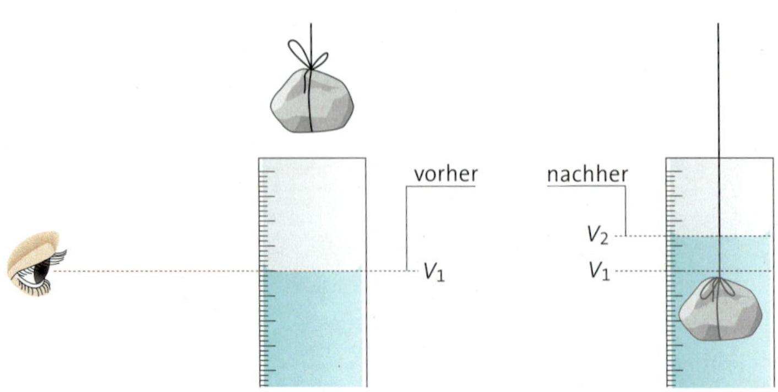

02 So kann man das Volumen eines Steins bestimmen.

03 Bestimmung des Atemvolumens

VERSUCHE ▸ Messungen mit einer Selbstbauwaage

Material:

Dünnes Gummiband, ein Plastikbecher, Klebeband, möglichst viele verschiedene Euro-Münzen, eine senkrechte Fläche (z. B. Brett oder Tür), auf die du Klebeband kleben darfst

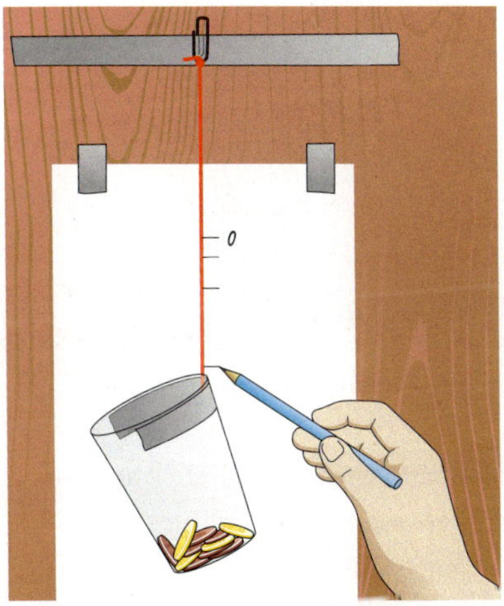

V1 Bau der Waage

Durchführung:

Informiere dich über die Massen der Euro-Münzen. Baue die Waage wie im Bild links auf. Markiere die Position des leeren Bechers. Lege nun nacheinander die Münzen in den Becher und markiere jeweils die neue Position. Beschrifte die Skala, indem du die Massen in Gramm angibst.

V2 Wiegen und vergleichen

Durchführung:

Bestimme die Massen verschiedener Gegenstände mit deiner Gummiband-Waage. Bei welchen Gegenständen gelingt das gut, bei welchen weniger gut?
Bestimme den Messbereich deiner Waage.
Vergleiche Gummiband-Waage und Personenwaage. Sammle Gemeinsamkeiten und Unterschiede.

Material A ▸ Rechnen mit Einheiten

A1 Berechne die Fläche, die man mit 1 g des Papiers (links im Bild) auslegen könnte.
Berechne die Masse des gesamten Pakets.

A2 Tanjas Augentropfen sind vier Wochen haltbar. Sie braucht jeden Tag sechs Tropfen. Mit einem Messlöffel stellt sie fest, dass 25 Tropfen ein Volumen von $1{,}25\ cm^3$ haben. Die Flasche enthält insgesamt 10 mℓ.
Stelle fest, ob die Tropfen vor Ablauf der Haltbarkeitsdauer verbraucht sind.

Material B ▸ Richtig messen

B1 Vergleiche die beiden abgebildeten Methoden der Volumenbestimmung.

B2 Beurteile den dargestellten Versuch, das Volumen eines Holzstückes zu bestimmen.

B3 Sammle die Vor- und Nachteile kegelförmiger Messbecher gegenüber breiten bzw. schmalen.

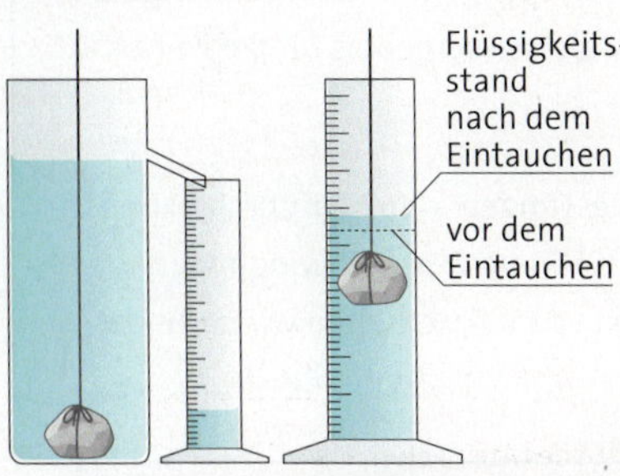

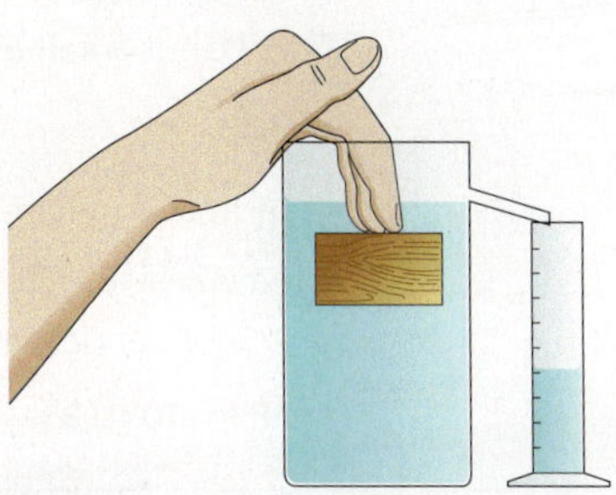

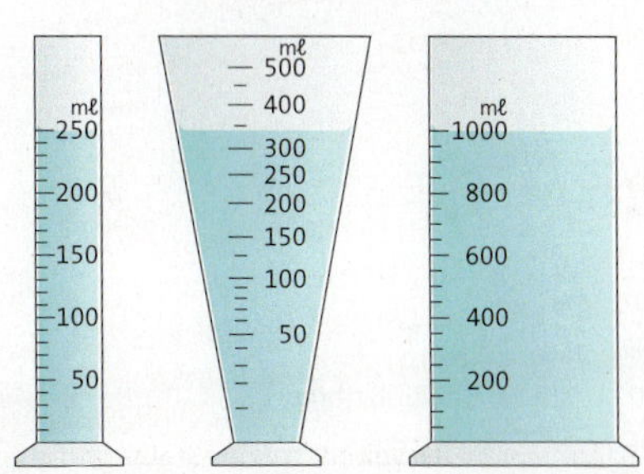

METHODE

Messen von physikalischen Größen

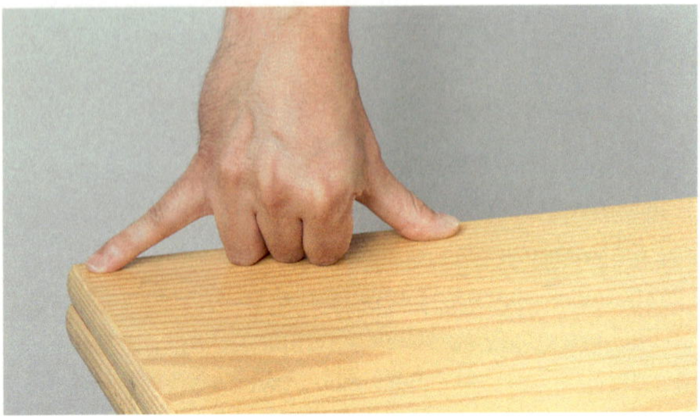

01 Wie lang ist der Tisch in der Einheit Handspanne?

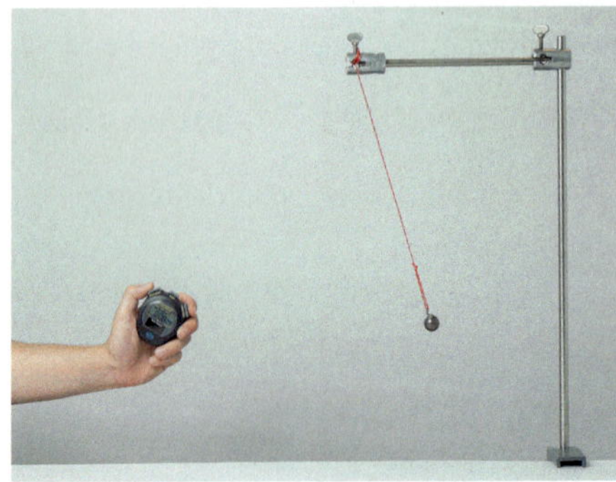

1. Messung: 1,8 s
2. Messung: 1,7 s
3. Messung: 1,7 s
4. Messung: 1,9 s
5. Messung: 1,8 s

03 Mehrmalige Zeitmessung bei einem Pendel

Einheiten · Laura misst die Länge eines Schultisches in der Einheit Handspanne (▸ Bild 01). Sie erhält für die Länge etwa 11 Handspannen. Wenn Niko dieselbe Strecke misst, dann erhält er nur $9\frac{1}{2}$ Handspannen. Dir ist bestimmt klar, dass die Handspanne keine gute Einheit ist. Unsere Hände sind nun einmal nicht gleich. Früher wurden als Einheiten die Körpermaße eines erwachsenen Mannes verwendet (▸ Bild 02). Als jedoch der Handel immer weiter zunahm, war es wichtig, die Einheiten exakt und für alle gleich festzulegen. Im 19. Jahrhundert wurden in Frankreich die Einheiten Meter und Kilogramm eingeführt. Daraus hat sich das **internationale Einheitensystem** entwickelt (siehe Anhang am Buchende). Die Einheiten Zoll und Fuß werden in vielen Bereichen noch heute verwendet.

Messen bedeutet Vergleichen · Wenn man die Länge einer Strecke misst, dann bestimmt man, wie viele Meter, Dezimeter und Zentimeter in die Strecke hineinpassen. Man vergleicht also die unbekannte Streckenlänge des Tisches mit bekannten Streckenlängen. Mit einem Meterstab erhält man für die Länge des Schultisches
1 m + 2 dm + 5 cm = 125 cm.

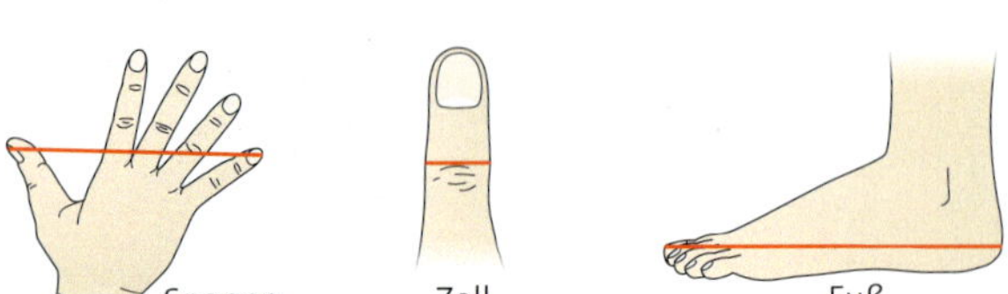

02 Alte Längeneinheiten

Einmal messen reicht oft nicht · Mit Stoppuhren kann man Zeiten messen. Als Beispiel messen wir die Zeit für eine Hin- und Herbewegung bei einem Pendel (▸ Bild 03). Wir wiederholen die Messung mehrmals. Die Tabelle (▸ Bild 03) zeigt, dass die Messergebnisse nicht gleich sind. Du kannst dir denken, woran das liegt. Beim Starten und Stoppen der Uhr muss man genau im richtigen Moment drücken. Das gelingt nicht perfekt. Deshalb haben alle Messungen einen mehr oder weniger großen Messfehler. Da wir nicht wissen, welche Messung am besten ist, berechnen wir den Mittelwert. Dazu bilden wir die Summe der Messwerte und dividieren durch die Anzahl der Messwerte:

$(1{,}8\,s + 1{,}7\,s + 1{,}7\,s + 1{,}9\,s + 1{,}8\,s) : 5 = 1{,}78\,s.$

Wie gut stimmt dieses Ergebnis? Wir betrachten die einzelnen Ziffern: Die erste Ziffer ist sehr zuverlässig, denn die gesuchte Zeit liegt sicherlich zwischen 1 s und 2 s. Die zweite Ziffer ist schon nicht mehr so zuverlässig, denn die einzelnen Messungen schwanken zwischen 1,7 s und 1,9 s. Die letzte Ziffer ist völlig unzuverlässig. Wir können über die Hundertstelsekunden keine Aussage machen. Wir runden daher das Ergebnis auf zwei sogenannte **zuverlässige Ziffern.** Damit erhalten wir als Messergebnis für die Zeit t:

$t = 1{,}8\,s.$

Statt mehrere Einzelmessungen durchzuführen, können wir die Zeit für z. B. zehn Hin- und Herschwingungen messen. Bei einer Gesamtzeit von 18,1 s erhalten wir gerundet:

$t = 18{,}1\,s : 10 = 1{,}8\,s.$

METHODE

Rechnen mit physikalischen Größen

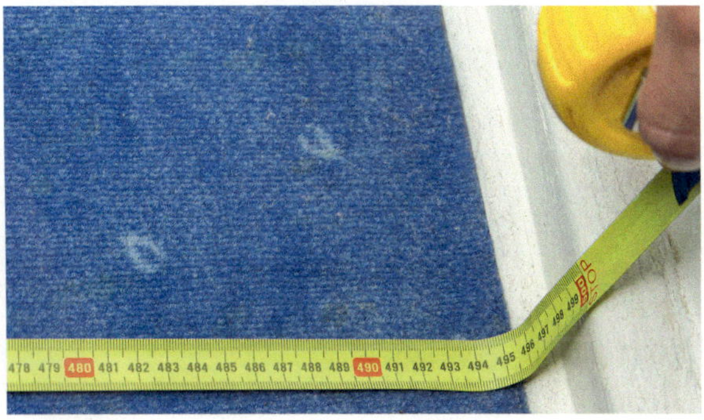

04 Wie groß ist die Fläche des Wohnzimmers?

Rechnung mit ...	... Messwerten	... größtmöglichen Werten	... kleinstmöglichen Werten
Länge a	**7,42** m	7,425 m	7,415 m
Breite b	**4,95** m	4,955 m	4,945 m
$a \cdot b$	**36,7**29 m^2	36,7909 m^2	36,6672 m^2
Fläche A	**36,7** m^2	36,729 m^2 > A > 36,6672 m^2	

05 Das Rechenergebnis muss sinnvoll gerundet werden.

Gleichungen und Einheiten · Julia und Hannes wollen den Flächeninhalt des rechteckigen Wohnzimmers der Familie berechnen. Zum Vermessen des Raumes benutzen sie ein Maßband mit Zentimetereinteilung. Für die Länge a und die Breite b des Zimmers erhalten sie:

$a = 7{,}42\ \text{m},\ b = 4{,}95\ \text{m}.$

Den Flächeninhalt A des rechteckigen Wohnzimmers berechnen sie mithilfe des Produktes von Länge a und Breite b.

$A = a \cdot b = 7{,}42\ \text{m} \cdot 4{,}95\ \text{m} = 36{,}729\ \text{m}^2.$

Genauigkeit · Die Angabe für den Flächeninhalt hat fünf Stellen, sie sieht also sehr genau aus. Die Ausgangswerte für unsere Berechnung, die Längenmessungen, waren nur auf drei Stellen genau. Kann man also das Ergebnis so genau angeben?

Zur Beantwortung der Frage schauen wir uns die ▸ Tabelle 05 an. Mit dem Maßband konnten Julia und Hannes auf 1 cm genau messen. Die Länge a, die mit 7,42 m gemessen wurde, ist also ein gerundeter Wert. Der tatsächliche Wert von a kann etwas kleiner oder größer sein. Er liegt also zwischen 7,415 cm und 7,425 cm. Entsprechendes gilt auch für die Breite b.

Wenn man diese Werte in die Flächenberechnung einsetzt, dann erhält man einen Flächeninhalt zwischen 36,7909 m^2 und 36,6672 m^2. Du siehst, es ist nicht sinnvoll, das Ergebnis auf fünf Stellen genau anzugeben.

Das Ergebnis täuscht also eine nicht zulässige Genauigkeit vor. Das Ergebnis muss sinnvoll gerundet werden.

Regel beim Rechnen mit Größen · Das Ergebnis einer Rechnung kann nicht genauer sein als die in der Rechnung eingesetzten Messwerte. In der Physik sprechen wir von **zuverlässigen Ziffern.** Die Längen konnten nur auf drei Stellen angegeben werden. Also darf auch das Produkt aus den Längenmessungen nur drei zuverlässige Ziffern haben, in der ▸ Tabelle 05 fett gedruckt. Damit geben wir den Flächeninhalt wie folgt an:

$A = 36{,}7\ \text{m}^2.$

Regeln zum Rechnen mit Messwerten:

1. Setze die Werte mit ihren Einheiten in die Rechnung ein. Einheiten sind Bestandteil der Rechnung.
2. Wenn einige Maße in Zentimetern und andere in Metern oder Dezimetern angegeben sind, dann rechne vorher in die gleiche Einheit, z. B. Meter, um.
3. Runde das Ergebnis so, dass es nur so viele Ziffern hat wie der ungenaueste Messwert.

1 Fertige eine Tabelle wie im ▸ Bild 05 an. Bestimme den Flächeninhalt einer Seite des Physikbuchs und eines DIN A4-Blattes.

2 Bestimme das Volumen des Physikbuchs.

01 **A** Caber Tossing, **B** Gewichtheben

Die Dichte – eine Stoffeigenschaft

Es ist schwer zu sagen, welcher der beiden Athleten im ▸ Bild 01 die größere Masse stemmt. Der hölzerne Baumstamm ist groß, die Hantelscheiben sind vergleichsweise klein, aber aus Eisen. Die Masse eines Körpers hängt zum einen von seiner Größe, also seinem Volumen ab. Zum andern spielt aber auch der Stoff, aus dem der Körper besteht, eine Rolle. Welche Stoffeigenschaft das ist und welcher Zusammenhang mit der Körpermasse besteht, wird im Folgenden beschrieben.

Wir bleiben bei den Stoffen Holz und Eisen, verwenden aber anstelle von Baumstamm und Hantelscheiben handlichere Probekörper. In ▸ Tabelle 03 sind für verschiedene Volumina (V) die zugehörigen Massen (m) eingetragen.

Stoff	V in cm^3	m in g	$\frac{m}{V}$ in $\frac{g}{cm^3}$
Buchenholz	43	30	$\frac{30}{43} = 0{,}7$
	244	171	$\frac{171}{244} = 0{,}7$
	489	342	$\frac{342}{489} = 0{,}7$
Eisen	32	253	$\frac{253}{32} = 7{,}9$
	50	395	$\frac{395}{50} = 7{,}9$
	81	640	$\frac{640}{81} = 7{,}9$

03 Volumen und Masse verschiedener Stoffe

02 Eisen- und Holzwürfel mit Volumen $1\,cm^3$.

Wenn wir die beiden Stoffe jeweils für sich betrachten, dann erkennen wir, dass die Körper mit dem größeren Volumen auch die größere Masse besitzen.

VERGLEICH VERSCHIEDENER STOFFE · Wir vergleichen nun die Massen bei verschiedenen Stoffen. Das größte Eisenstück hat „nur" ein Volumen von $81\,cm^3$, wiegt aber mit 640 g mehr als das $489\,cm^3$ große Holzstück ($m = 342$ g). Um den Zusammenhang von Stoffeigenschaft und Körpermasse zu verstehen, vergleichen wir einmal zwei Körper mit gleichem Volumen, aber aus unterschiedlichem Stoff. So hat z.B. der Holzwürfel im ▸ Bild 02 ein Volumen von $1\,cm^3$ und eine Masse von 0,7 g. Der Eisenwürfel von $1\,cm^3$ hat eine Masse von 7,9 g. Ein Holzwürfel von $10\,cm^3$ hätte eine 10-mal so große Masse, also eine Masse von 7 g. Ein Eisenwürfel von $10\,cm^3$ hätte dementsprechend eine Masse von 79 g. Aus der Masse und dem Volumen eines Körpers können wir die Masse pro $1\,cm^3$ Volumen bestimmen. Dazu bilden wir den Quotienten aus Masse und Volumen, z. B.:

$$\frac{m}{V} = \frac{7\,\text{g}}{10\,\text{cm}^3} = 0{,}7\,\frac{\text{g}}{\text{cm}^3}.$$

Für jeden Körper in ▸ Tabelle 03 steht der Quotient $\frac{m}{V}$ in der rechten Spalte. Sowohl für Buchenholz als auch für Eisen hat er jeweils den gleichen Wert: $0{,}7\,\frac{\text{g}}{\text{cm}^3}$ bzw. $7{,}9\,\frac{\text{g}}{\text{cm}^3}$. Der Quotient $\frac{m}{V}$ ist für jeden Stoff immer gleich. Er ist die gesuchte Stoffeigenschaft. Man bezeichnet ihn als die **Dichte ρ** (rho) des Stoffes.

Den Quotienten aus Masse m und Volumen V bezeichnet man als Dichte ρ.
$\rho = \frac{m}{V}$.
Die Dichte ist eine Stoffeigenschaft.
Die Einheit der Dichte ist $1\,\frac{\text{kg}}{\text{m}^3}$.

Meistens ist es praktischer, die Dichte in der Einheit $1\,\frac{\text{g}}{\text{cm}^3}$ anzugeben.

DICHTE UND SCHWIMMEN · Wenn wir verschiedene Quader in ein Wasserbecken tauchen, dann schwimmen die Holzquader und die Eisenquader gehen unter (▸ Bild 04). Aus Erfahrung wissen wir, dass z.B. auch Styroporteile oder (Speise-)Öl auf Wasser schwimmen, während Körper aus Metall oder Glas untergehen. Woran liegt das? Wenn wir einmal die Werte für die Dichte verschiedener Stoffe betrachten (▸ Tabelle 07), dann fällt auf, dass die schwimmenden Körper aus Stoffen bestehen, die eine geringere Dichte als Wasser haben. Wir halten fest:

Es schwimmen die Körper auf Wasser, deren Stoffe eine geringere Dichte als Wasser haben.

DIE MITTLERE DICHTE · Stahl hat eine höhere Dichte als Wasser. Trotzdem sinkt ein Schiff aus Stahl aber nicht (▸ Bild 06)! Ein Widerspruch?

Wir experimentieren mit einem schwimmenden Trinkglas als Modellschiff (▸ Bild 05): Wenn du das Trinkglas ganz untertauchst, dann sinkt es. Dabei entweicht die Luft aus dem Hohlraum. Wir vergleichen das Volumen des Trinkglases mit Luft gefüllt mit dem Volumen ohne Luft (▸ Bild 05): Das Gesamtvolumen V_{ges} von Glas und Luft ist größer als das Volumen des Glases allein. Da der schwimmende Körper Luft enthält, müssen wir das Volumen der Luft berücksichtigen. Die Masse des Trinkglases ist mit und ohne Luft praktisch gleich. Der Quotient $\frac{m}{V_{ges}}$ ergibt nun eine Größe, die wir als die mittlere Dichte ρ_{mittel} des Körpers – Glas mit Luft – bezeichnen.
In unserem Beispiel erhalten wir: Das 200 g schwere Glas hat zusammen mit der Luft ein Gesamtvolumen von 260 cm³. Also gilt:

$$\rho_{mittel} = \frac{200\,\text{g}}{260\,\text{cm}^3} = 0{,}77\,\frac{\text{g}}{\text{cm}^3}.$$

Dieser Wert ist kleiner als die Dichte von Wasser. Daher schwimmt das Glas. Genauso umschließt das Stahlschiff viel Luft und schwimmt auch.

1 Begründe, warum ein Eisennagel auf Quecksilber schwimmt und ein Eiswürfel in Speiseöl untergeht.

2 Gib an, unter welcher Bedingung ein Körper in Flüssigkeit schwebt.

ρ (rho) ist ein griechischer Buchstabe wie α (alpha) und β (beta).

Stoff	Dichte in $\frac{\text{g}}{\text{cm}^3}$
Luft	0,0013
Styropor	0,017
Holz	0,3–1,1
Benzin	0,7
Alkohol	0,79
Speiseöl	0,8–0,9
Eis	0,92
Wasser	**1,00**
Glas	2,5
Aluminium	2,7
Eisen	7,9
Quecksilber	13,5
Gold	19,3

07 Dichten

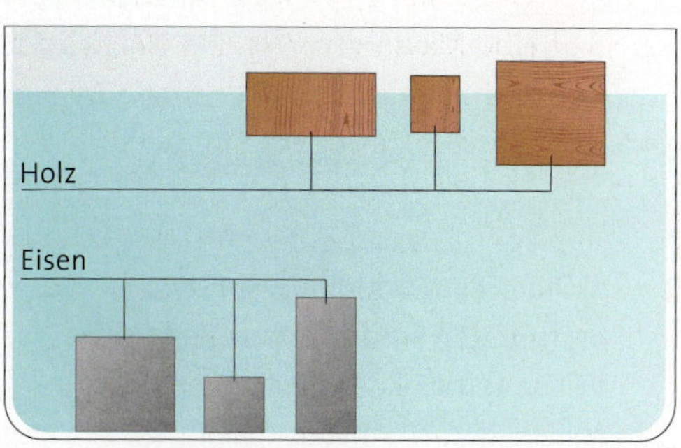

04 Holz- und Eisenkörper in Wasser

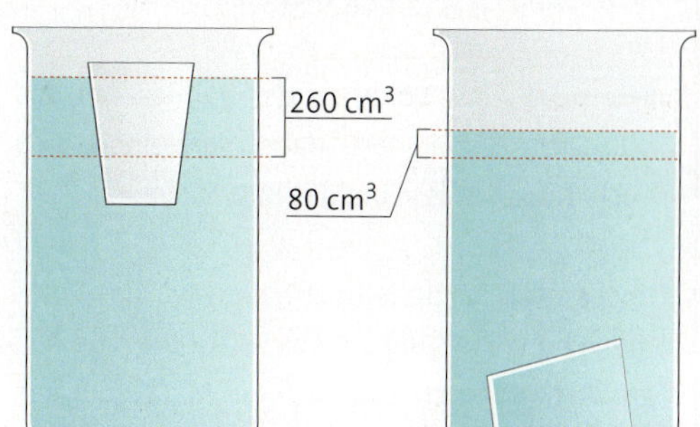

05 Modellschiff: links mit Luft, rechts ohne Luft

06 Schiff aus Stahl

METHODE

Dreisatz, Proportionalität und Quotientengleichheit

Zum Bau einer Terrasse werden $0{,}5\,m^3$ Sand benötigt. Darf ein Anhänger, für den eine Zuladung von maximal 400 kg erlaubt sind, den ganzen Sand auf einmal laden?

Um diese Frage zu beantworten, müssen wir die Masse des gesamten Sandhaufens kennen. Das direkte Messen mit einer Waage scheidet aber aus praktischen Gründen aus. Der gesamte Sandhaufen ist dafür zu groß und zu schwer.

Wir können aber mit dem Messbecher ein kleines Sandvolumen von z. B. $800\,cm^3$ abmessen. Dessen Masse beträgt 1360 g. Wie groß ist dann die Masse von $0{,}5\,m^3$ ($= 500\,000\,cm^3$) Sand? Wir rechnen mit dem Dreisatz:

	m	*V*	
	1360 g	$800\,cm^3$	
: 800	1,7 g	$1\,cm^3$	: 800
· 500 000	850 000 g = 850 kg	$500\,000\,cm^3$ = $0{,}5\,m^3$	· 500 000

Der Sandhaufen wiegt 850 kg. Es müssen also mindestens drei Fahrten gemacht werden.

Unserer Dreisatzrechnung liegt folgende Überlegung zugrunde:

Wenn $800\,cm^3$ Sand 1360 g wiegen, dann wird $1\,cm^3$ Sand $\frac{1360\,g}{800} = 1{,}7\,g$ wiegen.

Wir haben das Volumen des Sandes um das 800-Fache verkleinert, dabei verkleinert sich auch dessen Masse um das 800-Fache.

Im zweiten Rechenschritt haben wir das Volumen von $1\,cm^3$ Sand um das 500 000-Fache vergrößert, wodurch sich auch die Masse um das 500 000-Fache vergrößert.

In beiden Fällen verändert sich der Quotient $\frac{m}{V}$ dabei nicht, obwohl sich Masse und Volumen ändern:

$$\frac{m}{V} = \frac{1360\,g}{800\,cm^3} = \frac{850\,000\,g}{500\,000\,cm^3} = 1{,}7\,\frac{g}{cm^3}.$$

Der Quotient entspricht der Dichte $\rho = 1{,}7\,\frac{g}{cm^3}$ des Sandes.

Wenn man den Dreisatz wie oben anwenden kann, dann sagt man, die zwei Größen sind **zueinander proportional.** So sind z. B. beim Sand Masse und Volumen zueinander proportional.

In der Physik untersucht man häufig, wie zwei physikalische Größen zusammenhängen. Oft ist es so, dass zwei Größen proportional zueinander sind, aber manchmal auch nicht. Wenn man nachweisen möchte, dass zwei Größen zueinander proportional sind, dann ist das mit dem Dreisatz aufwändig. Einfacher ist es, auszunutzen, dass der Quotient aus zwei Größen immer konstant bleibt, wenn sie zueinander proportional sind. Das hast du oben bei Masse und Volumen gesehen. Die **Quotientengleichheit** ist ein Kennzeichen für zwei zueinander proportionale Größen.

Meistens ist es so, dass dieser Quotient selbst eine physikalische Bedeutung hat. Bei Masse und Volumen ist es die Dichte des Stoffes.

1 Berechne das Volumen von 600 kg Sand.

2 **a)** Auch der Quotient $\frac{V}{m}$ ist für einen bestimmten Stoff konstant. Begründe.
b) Jemand schlägt vor, die Dichte als $\frac{V}{m}$ festzulegen. Nimm dazu Stellung.

VERSUCHE ▸ Wie hängen Dichte und Schwimmen zusammen?

Material:

Wasser, Zucker, ein frisches Ei, eine Glaskanne

Durchführung:

V1 **a)** Fülle die Kanne zur Hälfte mit Wasser und löse darin Zucker auf (etwa 50 g Zucker auf 100 mℓ Wasser). Fülle die Kanne so vorsichtig mit Wasser auf (im Foto rot), dass es sich nicht mit dem Zuckerwasser vermischt. Gib das Ei langsam in die gefüllte Kanne. Stelle eine begründete Vermutung über die Dichten von Eiern, Leitungs- und Zuckerwasser auf.

b) Untersuche, wie viel Zucker man in Wasser auflösen muss, sodass das Ei nicht mehr untergeht. Bestimme so die Dichte des Eis.

Material A ▸ Rechnen mit der Dichte

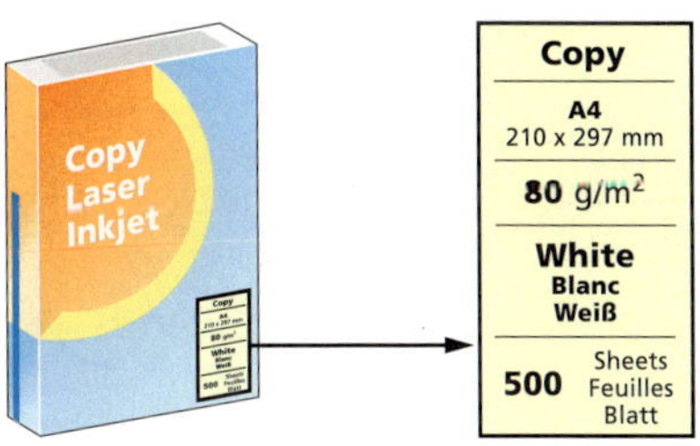

A1 Das Paket hat eine Dicke von 38 mm. Berechne die Dichte des Papiers.

A2 Berechne die Masse einer 3 mm dicken, 85 cm breiten und 1,1 m hohen Glasscheibe.

A3 Schätze die Masse der Luft des Physikraumes ab.

A4 Finde heraus, aus welchem Stoff eine 84 cm^3 große und 210 g schwere Skulptur ohne Hohlräume bestehen könnte.

A5 **a)** Zwei Körper haben das gleiche Volumen. Einer der Körper hat eine fünfmal größere Masse als der andere. Bestimme das Verhältnis der Dichten beider Körper.

b) Zwei massengleiche Körper haben ein Volumenverhältnis von 1 : 3. Bestimme das Verhältnis der Dichten der beiden Körper.

Material B ▸ Dichte von Erbsen

B1 Tina sagt: „Die Erbsen sinken in Wasser, also ist deren Dichte größer als $1{,}0\,\frac{g}{cm^3}$!“

Klaus hingegen meint: „Der leere Messbecher wiegt 234 g. Die Erbsendichte ist daher $\rho = 0{,}79\,\frac{g}{cm^3}$, denn es gilt:

$\rho = \frac{m}{V} = \frac{550\,g - 234\,g}{400\,cm^3} = 0{,}79\,\frac{g}{cm^3}$.“

Nimm zu den beiden Aussagen Stellung.

01 Island im Winter

Das Teilchenmodell

Wasserdampf, flüssiges Wasser, Schnee, Eis – Wasser kann sehr unterschiedlich aussehen und ist trotzdem immer der gleiche Stoff. Wie lässt sich das erklären? Dazu müssten wir wissen, woraus Wasser besteht.

WIE SIND STOFFE AUFGEBAUT? · Schon seit der Antike machen sich die Menschen Gedanken darüber, woraus die Stoffe aufgebaut sind und wie man damit ihre Eigenschaften erklären kann. Im Laufe der Zeit hat man immer mehr darüber herausgefunden. Die Vorstellung über den Aufbau der Stoffe ist inzwischen relativ kompliziert. Noch heute wird auf diesem Gebiet viel geforscht und es ergeben sich neue Erkenntnisse.

Obwohl die Frage nach dem Aufbau der Stoffe noch nicht endgültig beantwortet ist, kann man etwas über den Aufbau der Stoffe aussagen. Dazu muss man sich eine vereinfachte Vorstellung machen. In der Physik nennt man so etwas ein **Modell.** Seit über 200 Jahren hat sich in der Naturwissenschaft für den Aufbau der Stoffe das **Teilchenmodell** bewährt.

/// Alle Stoffe bestehen aus kleinen Teilchen.

DIE DARSTELLUNG DER TEILCHEN · Auf den kommenden Seiten betrachten wir einige Erscheinungen in der Natur. Du wirst sehen, dass diese mit dem Teilchenmodell erklärt werden können.
Hierbei ist es oft hilfreich, die Teilchenvorstellung mit Bildern zu veranschaulichen. Für die Phänomene, die wir erklären wollen, spielt die Form der Teilchen überhaupt keine Rolle. Deshalb stellen wir die Teilchen einfach als Kreise dar.

DIE AGGREGATZUSTÄNDE · Stoffe, z. B. Wasser, können fest, flüssig und gasförmig sein. Man bezeichnet diese Zustände als Aggregatzustände. Mithilfe des Teilchenmodells können wir diese Zustände erklären.

Wenn du z. B. mit der Faust auf einen Tisch schlägst, dann behält der Tisch seine Form (▸ Bild 02 A). Der Tisch ist ein **Festkörper**. Im Teilchenmodell stellen wir uns vor, dass bei Festkörpern die Teilchen eng beieinander liegen (▸ Bild 02 B). Zwischen den Teilchen ist ein starker Zusammenhalt. Die Tischplatte ist daher fest und deine Faust kann nicht in sie eindringen.

Im Gegensatz dazu fällt es dir leicht, deine Hand in Wasser einzutauchen (▸ Bild 03 A). Wasser ist bei Raumtemperatur eine **Flüssigkeit.** Bei Flüssigkeiten liegen die Teilchen ebenfalls eng beieinander. Allerdings sind sie gegeneinander verschiebbar (▸ Bild 03 B). Daher weicht das Wasser deiner Hand aus.

Noch leichter als durch das flüssige Wasser kannst du deine Hand durch die Luft bewegen (▸ Bild 04 A). Luft ist ein **Gas.** In Gasen befinden sich die Teilchen ohne jeden Zusammenhalt in sehr großem Abstand zueinander (▸ Bild 04 B). So nimmt 1 g Wasserdampf etwa 1700-mal mehr Volumen ein als 1 g flüssiges Wasser. Zwischen den Teilchen eines Gases befindet sich leerer Raum, sonst nichts.
Wir können also festhalten:

In **Festkörpern** liegen die Teilchen eng beieinander und haben einen starken Zusammenhalt.
In **Flüssigkeiten** liegen die Teilchen eng beieinander und sind gegeneinander verschiebbar.
Bei **Gasen** befinden sich die Teilchen in großem Abstand voneinander ohne jeden Zusammenhalt. Zwischen den Teilchen ist leerer Raum.

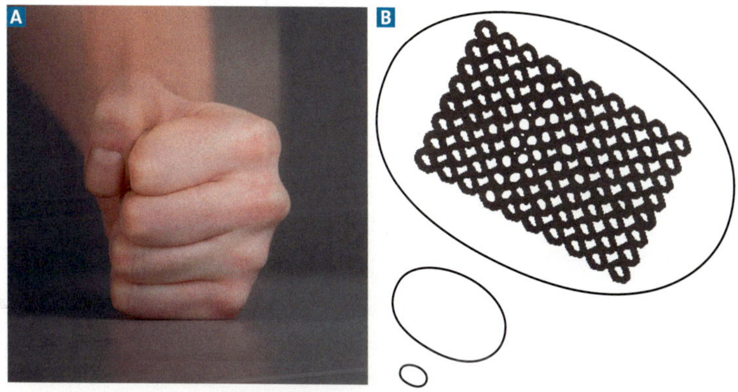

02 **A** Die Faust durchdringt den Tisch nicht. **B** Ein Festkörper im Teilchenmodell

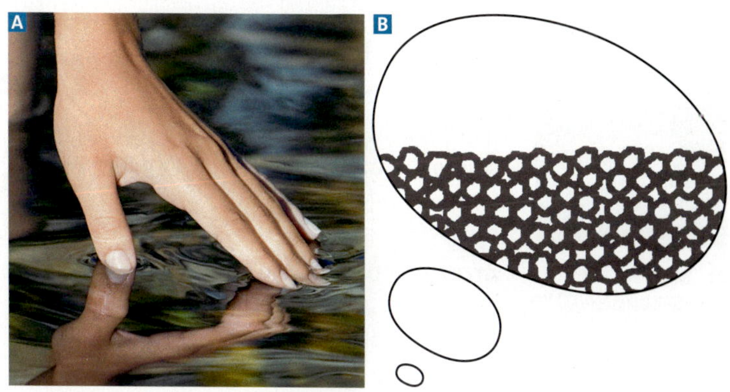

03 **A** Die Hand taucht ins Wasser. **B** Eine Flüssigkeit im Teilchenmodell

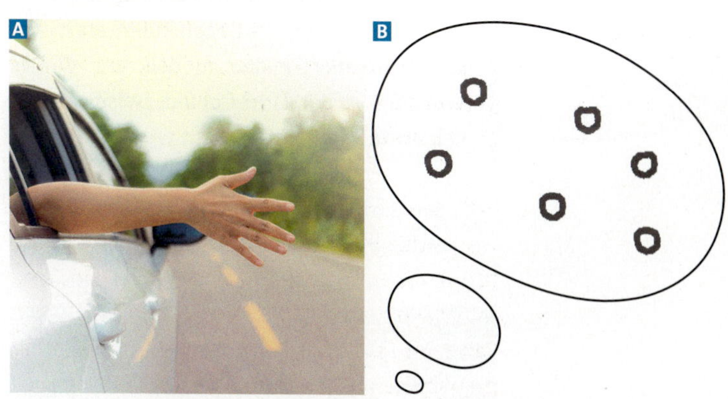

04 **A** Die Hand bewegt sich leicht in Luft. **B** Ein Gas im Teilchenmodell

1 Vergleiche und erkläre die unterschiedlichen Dichten von Festkörpern, Flüssigkeiten und Gasen.

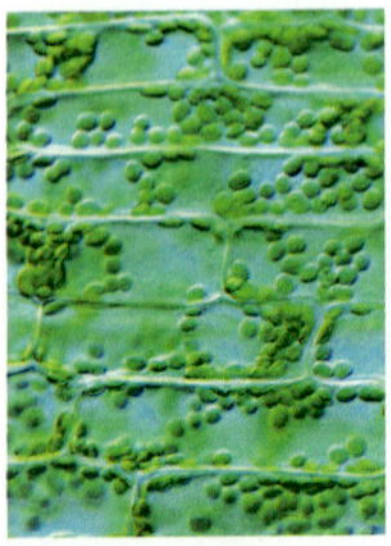

01 Eine Zelle kann man sehen, Teilchen nicht!

02 Mehr als 1000 000 000 000 000 000 000 Wasserteilchen!

WIE GROSS SIND DIE TEILCHEN? · Wenn du dir ein entsprechend präpariertes Blatt einer Pflanze durch ein Mikroskop anschaust, dann kannst du sehr gut die Zellen erkennen, aus denen das Blatt aufgebaut ist (▸ Bild 01). Aber die Teilchen, aus denen die Zellen wie alle anderen Körper aufgebaut sind, wirst du so niemals sehen können. Sie sind noch tausendmal kleiner als alles, was man mit einem Mikroskop erkennen kann! Ein Teilchen hat einen Durchmesser von etwa einem Millionstel Millimeter.

Die Teilchen sind so klein, dass jeder Körper aus unvorstellbar vielen Teilchen besteht. Schon ein Tropfen Wasser (▸ Bild 02) enthält mehr als tausend Milliarden Milliarden von ihnen – das ist eine Zahl mit 22 Stellen! Wenn ein Teilchen so groß wäre wie du, dann wäre der Wassertropfen größer als die Erde!

ATOME UND MOLEKÜLE · Du weißt, dass Stoffe unterschiedliche Eigenschaften haben können. Ein Teil dieser Eigenschaften ergibt sich daraus, dass Stoffe aus verschiedenen Teilchen bestehen. In der Chemie beschäftigt man sich damit, welche Folgen das hat. Dort spricht man häufig von Atomen und Molekülen statt von Teilchen. Für das Teilchenmodell, wie wir es verwenden, ist der Unterschied zwischen den einzelnen Teilchensorten nicht wichtig.

Ein Teilchen hat einen Durchmesser von etwa einem Millionstel Millimeter.

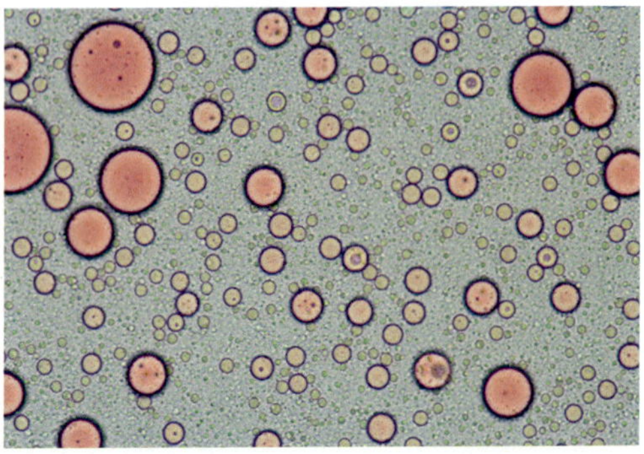

03 Ein Tropfen Milch unter dem Mikroskop

DIE TEILCHEN BEWEGEN SICH · Mit dem folgenden Versuch wollen wir eine weitere Eigenschaft der Teilchen deutlich machen: Sie sind andauernd regellos und ungeordnet in Bewegung. Wir geben einen Tropfen Milch in etwas Wasser und betrachten einen Tropfen dieser Mischung unter dem Mikroskop. Was wir sehen, können wir in ▸ Bild 03 gar nicht richtig darstellen: Viele Flecken bewegen sich langsam durch unser Blickfeld. Sie ändern dabei ständig ihre Bewegungsrichtung, ohne dass etwas Sichtbares gegen sie stößt. In ▸ Bild 04 ist die Bahn eines Flecks vergrößert dargestellt.

Was sehen wir durch das Mikroskop überhaupt? Die Teilchen selbst können es nicht sein, da sie viel zu klein sind. Die Flecken sind Fetttröpfchen aus der Milch, die sich durch das Wasser bewegen. Man hat solche Zick-Zack-Bewegungen auch bei winzigen Metallsplittern beobachtet. Damit ist ausgeschlossen, dass Lebewesen für diese Bewegung verantwortlich sind.

Wenn wir annehmen, dass die Teilchen sich heftig und ungeordnet bewegen, dann können wir die Bewegung des Fetttröpfchens in ▸ Bild 04 erklären: Für uns unsichtbar treffen ständig Wasserteilchen auf das Tröpfchen. Wenn z. B. an der rot markierten Stelle etwas mehr Wasserteilchen von rechts gegen das Tröpfchen stoßen, dann wird es nach links abgelenkt. Kurze Zeit später ändert sich die Richtung durch solche Stöße wieder.

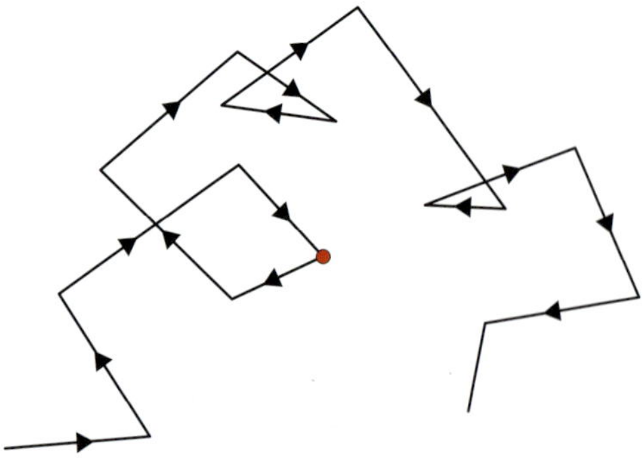

04 Zick-Zack-Bewegung eines Fetttröpfchens

DIE BEWEGUNG HÖRT NIE AUF! · Im Alltag bist du gewohnt, dass alle Bewegungen durch Reibung langsamer werden, wenn kein Antrieb vorhanden ist. Wie sieht es bei den Fetttröpfchen aus? Wenn man die verdünnte Milch Stunden oder Tage später untersucht, beobachtet man immer noch die gleiche Zitterbewegung der Fetttröpfchen. Daran sieht man, dass die Bewegung der Teilchen nicht nachgelassen hat, sondern bei gleichen Bedingungen immer gleich heftig andauert.

Eine ähnliche Bewegung wie die der Fetttröpfchen in der verdünnten Milch kann man bei Staubkörnern in der Luft beobachten. Wir schließen daraus, dass die Teilchen in einem Gas sich auch ungeordnet bewegen.
Selbst die Teilchen in einem Festkörper bewegen sich. Da sie ihren Platz aber nicht verlassen können, schwingen sie um diesen hin und her.

DIE DIFFUSION · Wenn jemand in einer Ecke des Physikraums etwas Parfüm versprüht, dann riechst du den Duftstoff bald überall (▸ Bild 07). Wie kommt es dazu? Luftströmungen sind nicht allein dafür verantwortlich. Das können wir mit dem folgenden Versuch nachweisen: Wir verschließen ein Glasrohr auf der rechten Seite mit einem Stopfen und legen an das linke Ende ein Stück Filterpapier, das mit etwas Parfüm getränkt ist (▸ Bild 05 A). Anschließend verschließen wir das Rohr auch dort.
Wenn wir den Stopfen am anderen Ende nach einigen Minuten vorsichtig öffnen, dann riechen wir den Duftstoff auch dort (▸ Bild 05 B).
Mit dem Teilchenmodell können wir diese Beobachtung erklären: Die Teilchen des Duftstoffs und die Luftteilchen vermischen sich durch ihre ständige Bewegung. Die heftige Bewegung der Duftstoffteilchen sorgt dafür, dass sie sich nach und nach im ganzen Raum verteilen. Dieses Vermischen durch die Teilchenbewegung nennt man **Diffusion.**

07 Parfüm verteilt sich im Raum

BEWEGUNG UND TEMPERATUR · Wenn wir einen Tropfen Tinte in ein Becherglas mit Wasser geben, dann vermischt er sich durch Diffusion mit dem Wasser (▸ Bild 06 A). Wenn wir den Versuch mit heißem Wasser wiederholen, dann geht dies schneller (▸ Bild 06 B).
Wenn die Diffusion von der Temperatur abhängt, dann muss das im Teilchenmodell auch für die Bewegung der Teilchen gelten. Offensichtlich bewegen sie sich heftiger, wenn die Temperatur höher ist.

Alle Teilchen bewegen sich andauernd.
Je höher die Temperatur eines Körpers ist, desto heftiger bewegen sich die Teilchen, aus denen er besteht.

1 Wenn man Käse neben einem Stück Sahnetorte im Kühlschrank stehen lässt, dann schmeckt die Torte bald nach Käse. Erkläre mit dem Teilchenmodell.

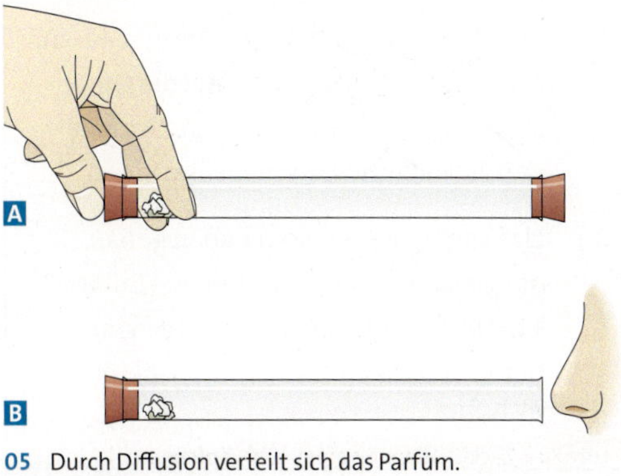

05 Durch Diffusion verteilt sich das Parfüm.

06 Tinte in Wasser: **A** kaltes, **B** warmes Wasser

METHODE

Modelle in der Physik

01 **A** Modellathletin – Vorbild für Sportler, **B** Automodell – Muster für viele Autos, **C** Modelleisenbahn – verkleinerte Nachbildung eines echten Zuges

Modelle wie das Teilchenmodell sind in der Physik sehr wichtig. Wir erklären im Folgenden, warum das so ist.

Im Alltag hast du das Wort „Modell“ bestimmt schon gehört. ▸ Bild 01 zeigt einige dir vielleicht bekannte Situationen. Die „Alltags-Modelle“ sind sozusagen Gegenstände. Man kann sie sogar anfassen.

So einfach ist das beim Teilchenmodell nicht: Du stellst dir die Teilchen vielleicht so ähnlich wie Alltags-Gegenstände vor. Aber sie verhalten sich ganz anders: Die Teilchen bewegen sich andauernd, während du sonst gewohnt bist, dass alles nach einer gewissen Zeit zur Ruhe kommt. Du kannst die Eigenschaften, die du von den Alltags-Gegenständen kennst, also nicht ohne Weiteres auf die Teilchen übertragen.

Die Teilchen sind eigentlich nur ein Bild, das man sich im Kopf von der Wirklichkeit macht (▸ Bild 02). Deswegen nennt man das Teilchenmodell ein **gedankliches Modell.** In der Physik beschreibt man die Natur immer mit solchen gedanklichen Modellen, auch wenn man das nicht jedes Mal direkt erwähnt.

02 Teilchenmodell

Am Teilchenmodell kannst du eine wesentliche Eigenschaft gedanklicher Modelle erkennen: Sie sind einfacher als die Wirklichkeit, die sie beschreiben. Deswegen kann ein Modell niemals alle Eigenschaften der Wirklichkeit erfassen. Warum z. B. Wasser durchsichtig, aber Schnee weiß ist, können wir mit dem Teilchenmodell nicht erklären. Aber obwohl es sehr einfach ist, lassen sich damit schon viele Eigenschaften von Stoffen erklären.

Warum benötigen wir überhaupt gedankliche Modelle, wenn wir mit ihnen ohnehin nicht alles erklären können? Nun, ohne Modelle können wir die Welt um uns herum nicht so gut verstehen. Wenn wir z. B. wissen wollen, wie groß die Masse des Sands im Sandkasten ist, dann können wir sie aus dem Volumen und der mittleren Dichte des Sands berechnen (▸ Bild 03). Die Farbe des Sands oder die Größe der Sandkörner ist für uns dann nicht wichtig. Wir haben den Sand auf ein zweckmäßiges Modell reduziert.

03 Sand im Modell

1 Eine Modelleisenbahn hat immer einen echten Zug als Vorbild. Stelle die Gemeinsamkeiten und die Unterschiede von Modell und Original zusammen.

2 Lisa sagt: „Die Teilchen haben genau die gleichen Eigenschaften wie Billardkugeln. Sie sind einfach nur viel kleiner.“ Hat Lisa recht? Begründe deine Antwort.

VERSUCHE ▸ Wie groß sind die Teilchen? – Eine Abschätzung

Mit der Größe von Spülmittelflecken auf der Wasseroberfläche kannst du berechnen, wie groß Spülmittelteilchen etwa sind. Der Versuch selbst ist einfach, der Schritt zur Teilchengröße ist etwas komplizierter. Wie man von den Messungen zur Teilchengröße kommt, kannst du anhand von V1 nachvollziehen.

V1 Wie groß sind Gummibärchen?

Du bestimmst die Größe von Gummibärchen auf die gleiche Weise wie in V2 die Größe der Teilchen.

Material:

eine Packung Gummibärchen, Messbecher, Lineal

Durchführung:

a) Miss mit dem Messbecher 200 cm^3 Gummibärchen ab. Verteile sie dann auf einem Blatt Papier, sodass die Bärchen eine Fläche bedecken, ohne dass es eine größere Lücke gibt oder Bärchen übereinander liegen.

b) Bestimme die Fläche, die die Bärchen bedecken, möglichst genau. Schätze dazu die Fläche durch ein entsprechendes Rechteck, Dreieck oder einen Kreis ab.

c) Wenn ein Körper die Grundfläche G und die Höhe h hat, dann gilt für sein Volumen $V = G \cdot h$. Für den Quader kennst du diese Gleichung. Berechne entsprechend die Höhe der „Gummibärchenfläche".

d) Diese Höhe soll angeben, wie groß ein Gummibärchen ist. Miss bei einem Gummibärchen direkt nach und vergleiche.

04 Versuch mit **A** Gummibärchen, **B** Spülmittel

V2 Spülmittelflecken

Material:

etwas Spülmittelkonzentrat, ein dünnes, sauberes Drahtstück (ca. 0,1 mm Durchmesser, z. B. frisch abisolierte Kupferlitze), gemahlener Pfeffer, Zimt o. Ä., flache Schale oder Suppenteller, Wasser, Lineal

Durchführung:

a) Fülle Wasser in die Schale und bestäube die Wasseroberfläche dünn mit dem gemahlenen Pfeffer. Tauche das Ende des Drahts in das Spülmittel, sodass ein Tropfen dort hängen bleibt. Berühre damit die Wasseroberfläche. Bestimme die Fläche des Spülmittelflecks.

b) Wiederhole den Versuch mehrfach. Der Fleck sollte jeweils etwa gleich groß sein, sonst ist wahrscheinlich der Draht nicht sauber.

c) Um die Höhe des Flecks zu berechnen, musst du das Volumen eines Spülmitteltropfens kennen: Er ist etwa so groß wie ein Würfel mit dem Drahtdurchmesser als Kantenlänge.

d) Berechne die Höhe des Flecks. Was kannst du nun über die Teilchengröße aussagen?

Material A ▸ Aggregatzustände und Teilchenmodell

A1 **a)** Wenn du einen Luftballon aufpustest, dann verteilt sich die Luft überall im Ballon. Jedes Gas füllt den ihm zur Verfügung stehenden Raum ganz aus. Erkläre mit dem Teilchenmodell.

b) Flüssigkeiten und Festkörper verhalten sich hier anders als Gase: Wenn man Wasser oder Eiswürfel in ein Trinkglas gibt, sieht man dies deutlich. Erkläre mit dem Teilchenmodell.

A2 **a)** Früher hatten Fahrräder Reifen, die vollständig aus Gummi waren. Heutzutage sind die Reifen mit Luft gefüllt. Für den Federungskomfort sind Luftreifen besser. Erkläre mit dem Teilchenmodell.

b) Erkläre, warum es nicht sinnvoll ist, die Reifen mit einer Flüssigkeit zu füllen.

01 Badevergnügen?

Wärmeempfinden und Temperatur

„Brrr, ist das kalt", jammert Felix. „Ich weiß gar nicht, was du hast. Ist doch angenehm!", antwortet Sarah. Beide empfinden die gleiche Wassertemperatur unterschiedlich. Wovon hängt das „Urteil" unseres Wärmeempfindens ab?

UNSER WÄRMEEMPFINDEN · Wenn wir Gegenstände berühren, dann nehmen wir sie als heiß, warm oder kalt wahr. Solche Wahrnehmungen macht unser Wärmeempfinden möglich. Seine Sinneszellen arbeiten als Wärmefühler und Kältefühler. Viele von ihnen befinden sich ganz nah an der Oberfläche unseres Körpers in der Haut. Die Wahrnehmung von heiß oder kalt ist lebensnotwendig für uns. Sie reguliert unseren Wärmehaushalt – die körpereigene „Klimaanlage". Außerdem schützt das Wärmeempfinden vor Verletzungen durch extreme Hitze oder Kälte. Bei Gegenständen, die ungefähr so warm wie unser Körper sind, können wir sehr feine Unterschiede erkennen. Eltern von Kleinkindern merken zum Beispiel beim Fühlen mit der Innenseite des Unterarms oder der Wange, ob die Babyflasche auch nicht zu heiß oder kalt ist (▸ Bild 02).

02 Ist die Flasche auch nicht zu heiß?

Du kannst dein Wärmeempfinden selbst prüfen. Wenn du verschiedene Gegenstände aus dem Physikraum berührst, wirst du Unterschiede bemerken. Stativstäbe aus Eisen fühlen sich kälter an als Plastikstäbe oder Holzstifte. Eine Styroporplatte fühlt sich viel wärmer an als die Schultafel. Aber sind diese Gegenstände wirklich unterschiedlich warm?

DIE TEMPERATUR · Mit einem Thermometer können wir die Temperatur der Gegenstände messen, die sich unterschiedlich warm anfühlen. Dafür eignet sich besonders gut ein sogenanntes Infrarot-Thermometer (▸ Bild 03). Mit diesem Thermometer kann man die Temperatur der Oberflächen von Gegenständen messen, ohne sie zu berühren.

Wir können eine erstaunliche Feststellung machen: Für alle Gegenstände, die sich schon längere Zeit in demselben Raum befinden, zeigt das Thermometer die gleiche Temperatur an – obwohl sie sich unterschiedlich warm anfühlen! Damit wissen wir, dass unser Wärmeempfinden nicht die Temperatur „misst".

Temperaturen werden mit Thermometern gemessen. Die Temperatur wird in der Einheit ein Grad Celsius (1 °C) angegeben. Das Formelzeichen der Temperatur ist ϑ („theta").

ABKÜHLEN UND ERWÄRMEN · Was bedeuten aber die Signale „heiß" und „kalt" von unserem Wärmeempfinden?

Unsere Haut hat eine Temperatur von etwa 30 °C. Das kannst du mit dem Infrarot-Thermometer prüfen. Die Gegenstände im Klassenzimmer haben eine Temperatur von etwa 20 °C. Wenn du sie mit der Hand berührst, dann werden sie erwärmt. Gleichzeitig kühlt sich die Berührungsstelle an deiner Hand ab. Wenn der Gegenstand aus einem Stoff besteht, der die Wärme besonders gut wegleitet, dann hast du das Gefühl „kalt". Manche Stoffe wie Metalle können das gut. Styropor leitet die Wärme weniger gut weg. Die Berührungsstelle wird weniger stark abgekühlt, du hast das Gefühl „wärmer".

Immer, wenn sich zwei Körper mit unterschiedlicher Temperatur berühren, dann kannst du Folgendes beobachten: Der Körper mit der höheren Temperatur kühlt sich ab. Der Körper mit der niedrigeren Temperatur erwärmt sich. In der Natur geschieht das ständig und überall.

Extreme Temperaturunterschiede gibt es zum Beispiel beim Ausbruch eines Unterwasservulkans (▸ Bild 04). Die glühende Lava schießt in das kühle Meerwasser. Nach einiger Zeit hat sich die Lava abgekühlt und als Gestein verfestigt. Gleichzeitig hat sich das Meer in der Nähe des Vulkans etwas erwärmt.

Wenn sich zwei Körper unterschiedlicher Temperatur berühren, dann wird der Körper mit der niedrigeren Temperatur erwärmt und der Körper mit der höheren Temperatur kühlt sich ab. Dieser Vorgang dauert so lange, bis beide Körper die gleiche Temperatur haben.

04 Unterwasservulkan im Westpazifik

1 Nenne weitere Vorgänge aus Natur oder Alltag, bei denen ein Gegenstand einen kälteren erwärmt oder ein Gegenstand einen wärmeren abkühlt.

2 Manchmal tut es an kalten Winterabenden gut, vor dem Schlafengehen eine heiße Wärmflasche unter die Bettdecke zu legen. Beschreibe, wie sich die Temperaturen des kalten Betts und der heißen Wärmflasche nach einiger Zeit verändern.

03 Messung mit einem Infrarot-Thermometer. Infrarot-Thermometer gibt es auch als Fieberthermometer.

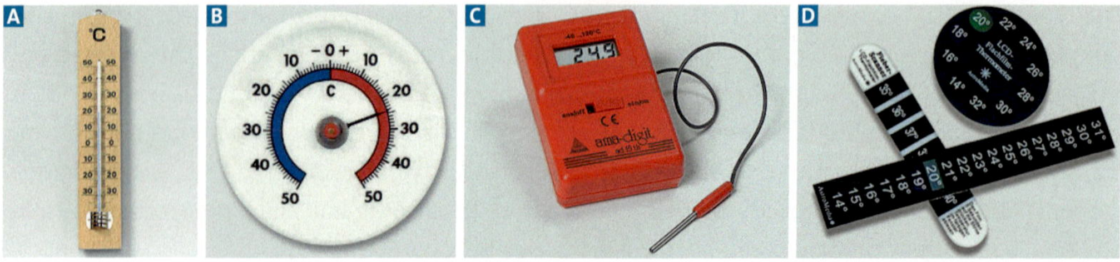

01 Verschiedene Thermometerarten

VIELFALT DER THERMOMETER · Wenn sich die Temperatur eines Körpers ändert, dann ändern sich einige seiner Eigenschaften. Wenn diese Temperaturabhängigkeit gleichmäßig ist, dann eignet sie sich zur Temperaturmessung.

Einige Flüssigkeiten ändern ihr Volumen gleichmäßig, wenn man sie erwärmt oder abkühlt. Sie werden in **Flüssigkeitsthermometern** verwendet (▸ Bild 01 A).
Viele feste Körper ändern ihre Länge bei Erwärmung oder Abkühlung. Wenn man zwei verschiedene Metalle fest miteinander verbindet, dann führt ihre unterschiedliche Längenänderung zu einer „Verbiegung“. Diesen Effekt kann man in Thermometern ausnutzen. Du kennst vielleicht solche **Bimetall-Thermometer** (▸ Bild 01 B).
Metalle ändern auch ihre elektrischen Eigenschaften bei Temperaturänderung. Das wird in **Digitalthermometern** genutzt (▸ Bild 01 C).
Thermometerfolie besteht aus Flüssigkristallen (▸ Bild 01 D). Es sind besondere Flüssigkristalle, die ihre Struktur ändern, wenn sich die Temperatur ändert. Dann reflektieren sie Licht auf eine ganz bestimmte Weise. Der Bereich der Folie, der besonders hell erscheint, zeigt die Temperatur der Umgebung an.

METHODE

Temperaturmessungen

Wähle ein geeignetes Thermometer aus:

- Achte auf den Messbereich. Ein Fieberthermometer ist für den Bereich unserer Körpertemperatur geeignet. Backofentemperaturen lassen sich damit nicht messen.
- Wie genau soll die Messung werden? Digitalthermometer haben oft eine größere Messgenauigkeit als Flüssigkeits- oder Bimetall-Thermometer.

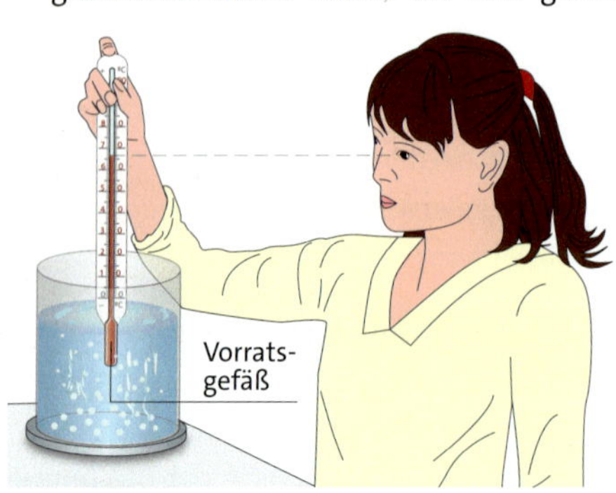

02 Richtiges Ablesen der Temperatur

Hinweise für alle Thermometer:

- Warte etwas, bevor du die Temperatur abliest. Messfühler und Vorratsgefäß des Thermometers benötigen Zeit, bis sie die Temperatur der Umgebung haben.
- Wenn du die Temperatur einer Flüssigkeit misst, dann rühre sie vorher um.

Messungen mit Flüssigkeitsthermometern:

- Der Körper, dessen Temperatur du messen willst, darf nicht zu klein sein im Vergleich zu dem Vorratsgefäß.
- Schaue beim Ablesen am oberen Ende der Flüssigkeitssäule senkrecht auf das Thermometer (▸ Bild 02). Wenn du schräg auf die Temperaturskala blickst, dann liest du falsche Werte ab.

VERSUCHE ▸ Wärmeempfinden und Temperaturausgleich

V1 Erkunden des Wärmeempfindens

Material:

verschiedene Gegenstände aus deinem Zimmer

Durchführung:

a) Prüfe, welche Körperstellen besonders gut „warm" oder „kalt" fühlen können. Notiere deine Ergebnisse.

b) Nenne Gründe dafür, dass einige Bereiche unseres Körpers besonders gut „warm" und „kalt" fühlen.

c) Stelle fest, welche Gegenstände in deinem Zimmer sich kälter und welche sich wärmer anfühlen. Aus welchen Stoffen sind die Gegenstände, die sich wärmer anfühlen, aus welchen Stoffen die anderen? Notiere deine Ergebnisse.

V2 Erkunden des Temperaturausgleichs

Material:

volle Getränkedose, Thermometer, Uhr

Durchführung:

a) Nimm eine kalte Getränkedose aus dem Kühlschrank und miss die Temperatur des Getränks in regelmäßigen Zeitabständen. Stelle die Messwerte in einem Diagramm dar. (Zeit nach rechts, Temperatur nach oben auftragen)

b) Eine kalte Getränkedose wird in ein Zimmer gestellt. Vermute, was ein sehr genaues Thermometer für die Temperatur des Zimmers anzeigen würde. Begründe.

V3 Rezept für eine Kältemischung

Material:

Eis, Mörser (oder Hammer und Lappen), Becherglas, Salz, Thermometer, Uhr

Durchführung:

Zerkleinere das Eis mit einem Mörser oder dadurch, dass du die Eisstücke in einen Lappen wickelst und mit dem Hammer klein schlägst.
Fülle in ein Becherglas abwechselnd Eis und Salz. Dabei soll das Massenverhältnis von Eis und Salz ca. 3:1 betragen. Rühre alles gut um.
Bestimme in Abständen von 30 Sekunden die Temperatur der Kältemischung. Notiere deine Beobachtungen.

Material A ▸ Temperaturskalen

A1 In einem Reisebericht aus den USA schreibt ein Reisender, die Außentemperaturanzeige in seinem Mietwagen habe 72 °F angezeigt. Zunächst habe er eine Fehlfunktion vermutet, denn heiß war es überhaupt nicht.

a) In einem Reiseführer fand er dann für die Umrechnung von Fahrenheit in Celsius:
Temperatur in °C = (Temperatur in °F − 32) · 5 : 9.
Berechne damit die Temperatur in der Einheit °C.

b) Stelle die Formel für die Umrechnung von °C in °F auf.

A2 In einer Schublade wurde das rechts abgebildete Thermometer gefunden, bei dem die Skala abgerieben und nicht mehr zu erkennen ist.

a) Entscheide, was man mit einem solchen Thermometer noch feststellen kann und was nicht.

b) Finde heraus, welche Bedeutung die beiden Markierungen auf dem Thermometer haben könnten.
Tipp: Recherchiere, wie ANDERS CELSIUS die Celsiusskala festgelegt hat.

c) Ermittle die Temperatur, die das Thermometer deiner Meinung nach anzeigt.

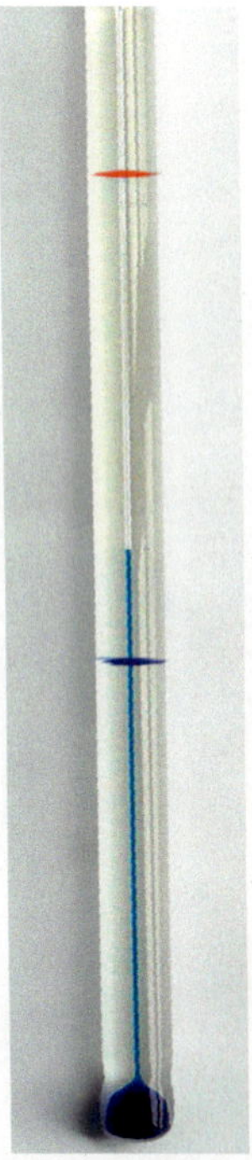

01 Tanklastzug – volltanken oder nicht?

Ausdehnung von Flüssigkeiten

Das Tanklastfahrzeug ist voll beladen und beginnt an einem warmen Tag seine Tour. Seine Fracht ist Benzin – eine Flüssigkeit, die zur Gefahr und Belastung wird, wenn sie in die Umwelt gelangt. Aber ist der Tank wirklich randvoll gefüllt?

BENZINTANKS UND SAFTFLASCHEN · Wenn der Fahrer sein Tanklastfahrzeug randvoll betanken ließe, könnte es bald eine böse Überraschung geben. Das Benzin wird oft in unterirdischen Tanks gelagert. Dort hat der Kraftstoff eine Temperatur von etwa 10 °C. Wenn es zum Transport in den großen Tank des Lastwagens gepumpt wird, dann kommt es oft zur Erwärmung des Benzins. An besonders warmen Sommertagen können leicht Temperaturen von 40 °C oder mehr im Tank erreicht werden! Das Benzin benötigt dann mehr Platz – es dehnt sich aus. Wenn es im Tank keinen Platz zum Ausdehnen hätte, dann würde das zur Zerstörung des Tankbehälters führen – mit vielleicht katastrophalen Folgen!

Das gilt übrigens auch für Autos und Motorräder. Auch diese sollten im Sommer nicht randvoll getankt werden. Zwar gibt es in Fahrzeugtanks Ventile, die eine Zerstörung verhindern, aber es würde dennoch Kraftstoff durch das Ventil in die Umwelt gelangen.

Verhalten sich andere Flüssigkeiten bei Temperaturänderung genauso wie Benzin? Brauchen sie auch mehr Platz, wenn man sie erhitzt? Vielleicht ist dir schon einmal aufgefallen, dass auch Getränkeflaschen nie randvoll gefüllt sind (▸ Bild 02). Auch diesen Flüssigkeiten muss Platz zum Ausdehnen gelassen werden, sonst kann die Flasche platzen.

Wovon hängt es ab, wie sich Flüssigkeiten bei Erwärmung verhalten? Diese Frage werden wir im Folgenden durch Versuche schrittweise klären.
In einem ersten Schritt vergleichen wir die Ausdehnung verschiedener Flüssigkeiten miteinander.

02 Füllhöhe in Saftflaschen

DIE ART DER FLÜSSIGKEIT · Im ersten Versuch werden jeweils gleiche Mengen Wasser, Öl und Benzin in drei gleiche Gefäße gefüllt. Alle drei Flüssigkeiten haben die gleiche Temperatur. Der Füllstand lässt sich mithilfe dünner Röhrchen bestimmen, deren Innendurchmesser gleich sind. Anschließend werden die Gefäße in ein heißes Wasserbad gestellt. Alle drei Flüssigkeiten dehnen sich aus. Allerdings dehnt sich Benzin mehr aus als Öl und Wasser (▸ Bild 03).

03 Benzin dehnt sich stärker aus als Öl und Wasser.

Wenn man die Temperatur von einem Liter Benzin um ein Kelvin (1 K) erhöht, dann nimmt das Volumen um einen Milliliter zu, bei Wasser sogar nur um 0,2 mℓ.

Wenn die drei Flüssigkeiten wieder auf Zimmertemperatur abgekühlt sind, dann nehmen sie wieder ihr Ausgangsvolumen ein.

Wenn Flüssigkeiten ihre Temperatur ändern, dann ändert sich ihr Volumen. Die meisten Flüssigkeiten dehnen sich bei Temperaturerhöhung aus.
Wie stark das Volumen zunimmt, hängt davon ab, um welche Flüssigkeit es sich handelt.

DER TEMPERATURANSTIEG · Auch die Abhängigkeit der Volumenzunahme vom Temperaturanstieg kannst du in einem Versuch untersuchen: Wenn du die Temperatur einer Wassermenge von 20 °C nacheinander auf 40 °C, 60 °C und 80 °C erhöhst, dann kannst du beobachten, dass die Ausdehnung umso größer ist, je mehr die Temperatur ansteigt.
Das trifft auch auf Benzin zu: Wenn die Temperatur z. B. um 30 K ansteigt, dann nimmt das Volumen von einem Liter Benzin um 30 mal einen Milliliter, also 30 mℓ zu.
Für die meisten Flüssigkeiten gilt also:

Je größer die Temperaturerhöhung ist, desto größer ist die Volumenzunahme der Flüssigkeit.

DAS AUSGANGSVOLUMEN · Auch diesen Einfluss kannst du in einem Versuch untersuchen: Setze wieder Röhrchen mit gleichem Innendurchmesser auf verschieden große Behälter mit der gleichen Flüssigkeit. Beide Behälter haben die gleiche Anfangstemperatur. Wenn du nun beide Behälter in eine Schale mit heißem Wasser stellst, dann kannst du eine unterschiedlich große Ausdehnung der Flüssigkeit beobachten. Beim großen Behälter hat sich die Flüssigkeit mehr ausgedehnt als beim kleinen Behälter. Die Volumenzunahme hängt also vom Anfangsvolumen ab.
Bei einem Tankfahrzeug macht das Einiges aus: Wenn es 24 000 Liter geladen hat und die Temperatur um 30 K steigt, dann nimmt das Volumen um 24 000 · 30 mℓ, also um 720 Liter zu. Bei einem Motorrad mit einem 10 ℓ-Tank nimmt das Volumen nur um 300 mℓ zu.

Je größer das Anfangsvolumen einer Flüssigkeit ist, desto größer ist die Volumenzunahme bei Temperaturerhöhung.

1 Saft wird nach dem Abkochen heiß abgefüllt. Dabei werden die Flaschen fast vollständig gefüllt und gleich fest verschlossen. Beschreibe, wie sich der Füllstand in den Flaschen mit der Zeit ändert.

2 ▸ Bild 04 zeigt das Ausdehnungsgefäß einer Zentralheizung in einem Einfamilienhaus. Begründe, dass diese Vorsichtsmaßnahme unbedingt notwendig ist.

Kelvin – noch eine Temperatureinheit

In der Physik wird für Temperaturdifferenzen eine weitere Einheit verwendet, das Kelvin. Dabei gilt z. B.:
4 °C – 3 °C = 1 K,
35 °C – 30 °C = 5 K,
7 °C – (-7) °C = 14 K

Die absolut tiefste Temperatur beträgt 0 K bzw. –273 °C.
0 °C entspricht 273 K.

04 Ausdehnungsgefäß einer Zentralheizung

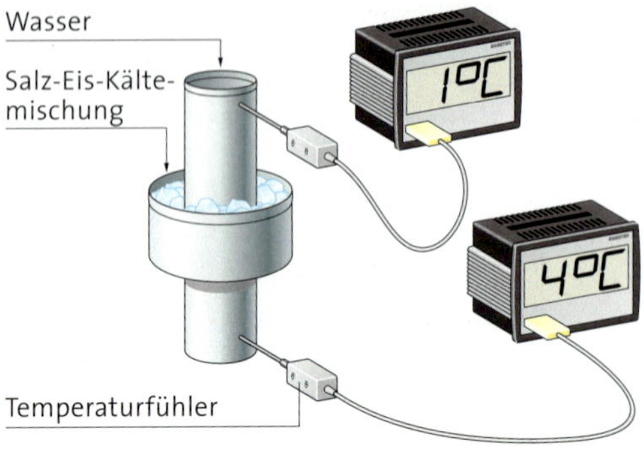

01 Temperaturschichten in einem Wasserzylinder

AUSNAHME WASSER · Bei den Versuchen der vorherigen Seite haben wir vorsichtig formuliert: „Die meisten Flüssigkeiten dehnen sich ..." Tatsächlich zeigt Wasser eine ganz merkwürdige Eigenschaft. Diese wird durch den folgenden Versuch deutlich (▸ Bild 01):
Ein Metallzylinder ist mit Wasser von Zimmertemperatur gefüllt. Durch zwei Öffnungen oben und unten können Thermometer hineingeführt werden. Sie zeigen zunächst jeweils etwa 20 °C an. Jetzt wird in einen äußeren Behälter eine Salz-Eis-Kältemischung gefüllt. Damit lassen sich Temperaturen von etwa −20 °C erreichen. Das Wasser in der Nähe der Berührungsstelle zur Kältemischung kühlt sich stark ab. Was zeigen die Thermometer an?
Zuerst nimmt die Temperatur im unteren Bereich des Zylinders ab. Das abgekühlte Wasser sinkt offensichtlich nach unten.

Das obere Thermometer zeigt zunächst noch Zimmertemperatur an. Wenn man noch länger wartet, während sich das Wasser im Zylinder weiter abkühlt, dann kann man eine erstaunliche Beobachtung machen: Die Wassertemperatur im unteren Bereich beträgt jetzt 4 °C, das Wasser oben ist jedoch kälter! Das Wasser der Temperatur 4 °C ist offenbar schwerer als das kältere Wasser. Wasser hat tatsächlich bei einer Temperatur von 4 °C die größte Dichte.

Wasser hat bei einer Temperatur von 4 °C seine größte Dichte. Bei Erwärmung von 4 °C auf höhere Temperaturen dehnt es sich aus. Auch bei Abkühlung von 4 °C bis auf 0 °C dehnt Wasser sich aus.

ÜBERLEBEN IM WINTER · Für die Natur hat diese Eigenschaft des Wassers enorme Bedeutung. Wie können Tiere und Pflanzen in einem See selbst bei strengem Frostwetter überleben? Die Rettung ist eine Wasserschicht mit einer Temperatur von 4 °C am Grunde des Sees. Das Wasser an der Oberfläche hat eine Temperatur von 0 °C. Dort beginnt das Wasser sich in Eis umzuwandeln. Ein See friert also immer von oben zu. So ist es möglich, dass du im Winter auf dem See Schlittschuhlaufen kannst, während gleichzeitig die untere Schicht des Sees frostfrei bleibt (▸ Bild 02).

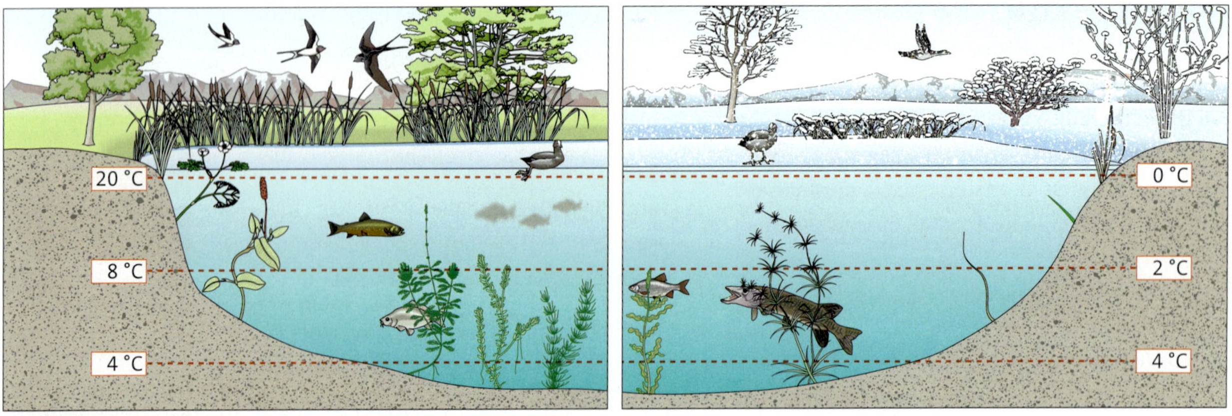

02 Ein See im Sommer und im Winter

VERSUCHE ▸ Ausdehnungen bei Änderungen des Aggregatzustandes

Achtung! Bei den folgenden Versuchen besteht die Gefahr von Verbrennungen. Führe sie vorsichtig und nur im Beisein von Erwachsenen durch!

V1 Wasser und Wachs 1

In Wasser schwimmen Eiswürfel immer oben (▸ Bild 03). Ist das bei allen Stoffen so? Untersuche, wie sich Wachs verhält.

Material:

Wachskerze, kleines Glas, Topf, Kochplatte, Messer

Durchführung:

Zerkleinere eine Wachskerze vorsichtig mit einem Messer. Sortiere von den größeren Stücken ein paar aus, den Rest gibst du in das kleine Glas. Erhitze im Topf gerade so viel Wasser, dass das Glas darin noch gut steht. Wenn das Kerzenwachs vollständig geschmolzen ist, gibst du die aussortierten festen Wachsstücken in das Glas. Beobachte und vergleiche mit dem Wasser.

03

V2 Wasser und Wachs 2

Auch in diesem Versuch kannst du das Verhalten von Wasser und Wachs vergleichen. Hier geht es um das Erstarren, also den Übergang vom flüssigen zum festen Aggregatzustand.

Material:

2 kleine Gläser, Kerzenwachs, Messer, Topf, Kochplatte, Eisfach

Durchführung:

Nutze das Glas mit Wachs aus Versuch V1. Stelle es in das warme Wasserglas. Gib weiteres Wachs in das Glas bis es randvoll mit flüssigem Wachs ist. Lass das Wachs abkühlen. Fülle das zweite Glas randvoll mit Wasser und stelle es vorsichtig in das Eisfach eines Kühlschranks. Lass das Wasser dort erstarren. (Das dauert einige Zeit). Vergleiche die Oberflächen der erstarrten Stoffe. Fertige eine Skizze an.

Beschreibe, wie sich jeweils in beiden Versuchen die Dichten von Wachs und Wasser verändern.

Material A ▸ Ausdehnung erwünscht und unerwünscht

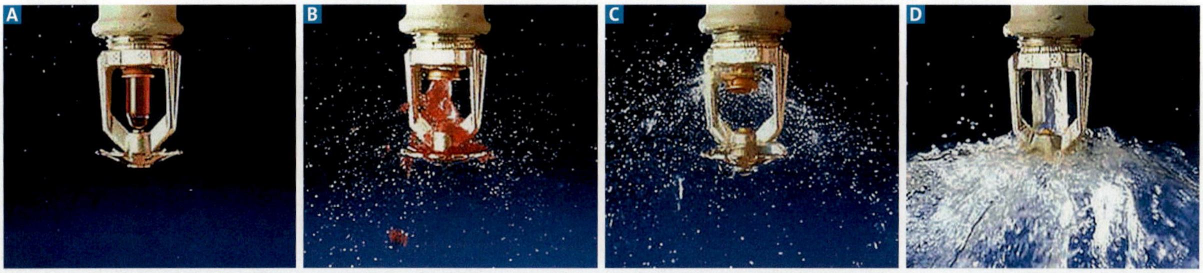

A1 Die Fotos zeigen eine Sprinkleranlage, aufgenommen mit einer Hochgeschwindigkeitskamera. Der Löschvorgang wird ausgelöst, wenn eine bestimmte Temperatur in der Umgebung der Anlage überschritten wird. Beschreibe Aufbau und Funktionsweise einer solchen Sprinkleranlage.

A2 Nach kalten Wintermonaten zeigen sich oft neue Straßenschäden, wo vor dem Winter noch keine waren. Erkläre, warum gerade zu diesem Zeitpunkt gehäuft Schlaglöcher auftreten können.

01 Akashi-Kaikyo-Brücke in Kobe, Japan

Festkörper und Gase dehnen sich aus

Die Akashi-Kaikyo-Brücke ist fast vier Kilometer lang. Mit einem Abstand der Pfeiler von 1991 m hält sie den Weltrekord. Im Verlauf der jahreszeitlichen Temperaturschwankungen kann die Brücke aus Stahl und Beton um ganze 2 m in die Länge „wachsen“ und sie bleibt dennoch stabil! Wie kann man das verstehen?

AUSDEHNUNG VON FESTKÖRPERN · Nicht nur die Brücke, sondern alle Körper aus festen Stoffen wie Stahl ändern ihr Volumen, wenn sich ihre Temperatur ändert. Diesen Vorgang zeigt der Versuch in ▸ Bild 02: Eine Stahlkugel hat einen solchen Durchmesser, dass sie gerade durch ein kreisförmiges Loch in einem Blech hindurchpasst. Dabei haben Kugel und Blech Zimmertemperatur. Wenn die Kugel nun stark erhitzt wird, dann bleibt sie anschließend im Loch stecken. Offensichtlich ist sie größer geworden. Nach einiger Zeit, wenn sie sich abgekühlt hat, passt die Kugel wieder durch das Loch.

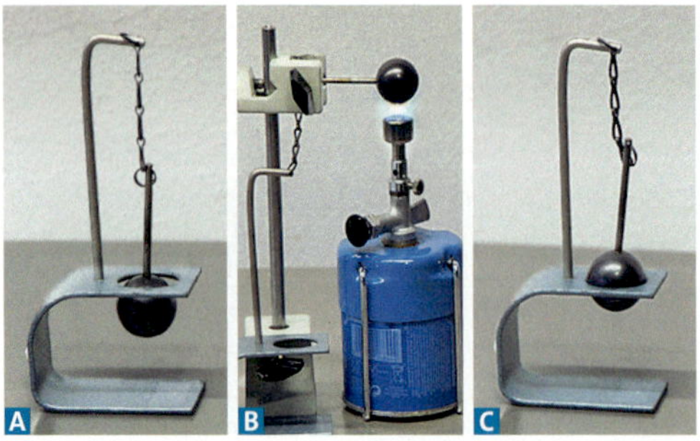

02 „Kugel-und-Ring-Versuch“

Ähnlich wie die Stahlkugel verhalten sich fast alle Festkörper bei Temperaturänderungen.

Wenn Festkörper ihre Temperatur ändern, dann ändert sich ihr Volumen. Die meisten Festkörper dehnen sich bei Temperaturerhöhung aus. Die Volumenänderung erfolgt durch Ausdehnung in alle Richtungen.

BESTIMMUNG DER AUSDEHNUNG · Das Brückenbeispiel zeigt wie wichtig es ist, die Wärmeausdehnung bei Bauwerken zu berücksichtigen. Aber wie lässt sich herausfinden, um wie viel eine Brücke ihre Länge ändern kann?

Eine Antwort auf diese Frage findet man durch Versuche. Durch ein Experiment wie im ▸ Bild 03 kann man z. B. die Ausdehnung eines dünnen Rohres bei Temperaturerhöhung bestimmen. Dabei wird nur die Ausdehnung in einer Richtung, nämlich die Längenänderung des Rohres, gemessen. Die gleichmäßige Erwärmung erreicht man, indem man heißes Wasser oder Wasserdampf durch das Rohr leitet. Die Längenänderung ist kaum sichtbar. Mithilfe des Zeigers kann man aber die Änderung an der Skala ablesen. Nach Erwärmen auf 60 °C ist das Rohr einen halben Millimeter länger. Wenn man Wasserdampf durch das Rohr leitet und die Temperatur so auf 100 °C erhöht, dann dehnt sich das Rohr um einen ganzen Millimeter aus. Bei höheren Temperaturen wäre die Ausdehnung noch größer.

So wie das Rohr verhalten sich die meisten Festkörper. Für sie gilt:

> Je größer die Temperaturerhöhung eines Festkörpers ist, desto größer ist seine Ausdehnung.

EINFLUSS DER KÖRPERGRÖSSE · Für Brücken kann der Temperaturunterschied zwischen Sommer und Winter leicht 40 K betragen. Denke dir die 4 km lange Akashi-Kakyo-Brücke in ihrer gesamten Länge aus 4000 1 m-Stahlstäben aufgebaut. Wenn die Temperatur um 40 K zunimmt, dann nimmt die Länge jedes einzelnen Stabes um einen halben Millimeter zu. Insgesamt beträgt die Längenzunahme dann 4000-mal 0,5 mm, also 2 m.

Welche Maßnahmen schützen nun die Brücke vor Zerstörung? Wenn du dir den Versuchsaufbau im ▸ Bild 03 genau anschaust, dann kannst du den „Trick" erkennen. Ähnlich wie das Rohr im Experiment liegen Brücken auf Rollenlagern (▸ Bild 04 A). Gleichzeitig lässt man den Brücken mithilfe von mehreren Dehnungsfugen ausreichend Raum zum zerstörungsfreien „Wachsen" im Sommer (▸ Bild 04 B).

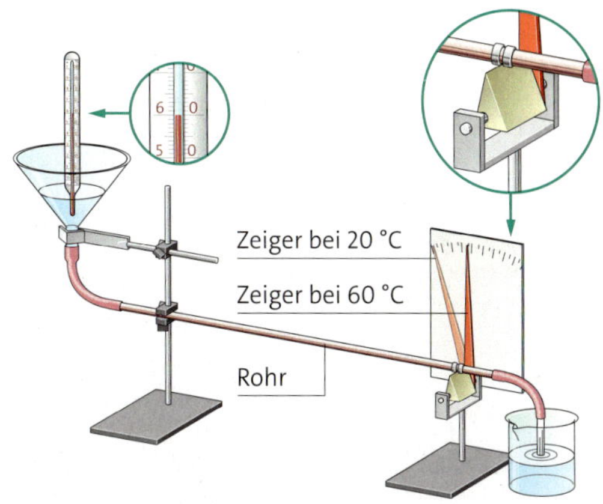

03 Ausdehnung eines Rohres bei Erwärmung

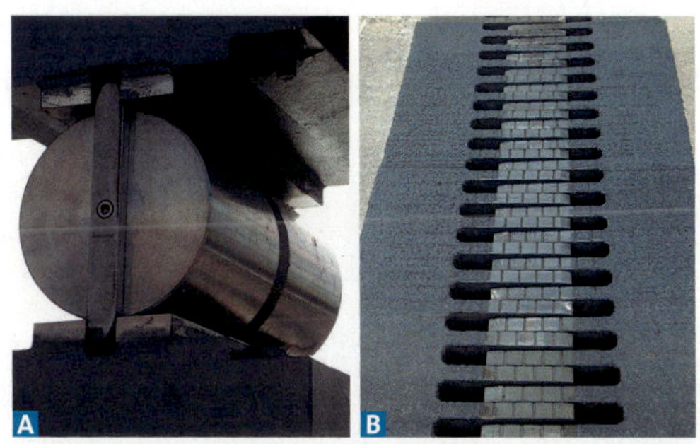

04 **A** Rollenlager und **B** Dehnungsfuge

WELCHEN EINFLUSS HAT DER STOFF? · Mit dem gleichen Versuchsaufbau wie im ▸ Bild 03 kann die Längenänderung von Rohren aus verschiedenen Stoffen untersucht werden. Dabei zeigen sich große Unterschiede. ▸ Tabelle 05 gibt Beispiele für die Ausdehnung einiger Stoffe. Es gibt auch feste Stoffe, die sich bei Erwärmung zusammenziehen: z. B. spezielle Glaskeramiken oder Kunststoffe.

> Die Ausdehnung eines Festkörpers bei Erwärmung hängt von dem Stoff ab, aus dem dieser Festkörper besteht.

Längenzunahme eines 1 m langen Stabes bei Erwärmung um 100 K	
Zink	2,6 mm
Aluminium	2,3 mm
Beton	1,2 mm
Stahl	1,2 mm
Fensterglas	1,0 mm
Porzellan	0,4 mm

05

1 In Gebäuden werden oft Stahl und Beton zu „Stahlbeton" kombiniert. Erkläre, warum diese Stoffe gut zusammenpassen.

2 Im „Kugel-Ring-Versuch" wird anstelle der Kugel nur das Blech mit Loch erwärmt. Dehnt sich das Loch aus oder wird es kleiner? Begründe deine Antwort.

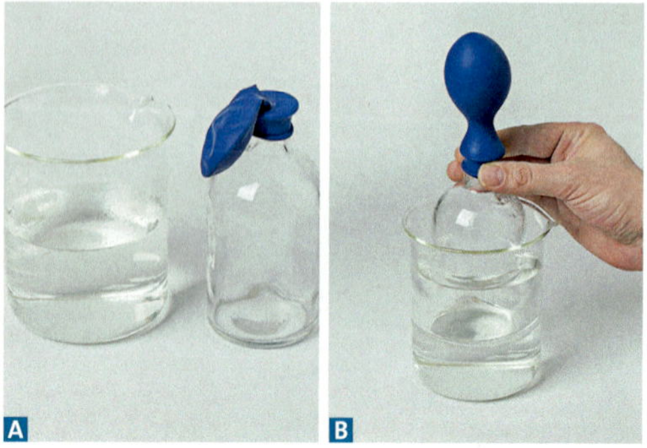

01 Eingeschlossene Luft wird im Wasserbad erwärmt.

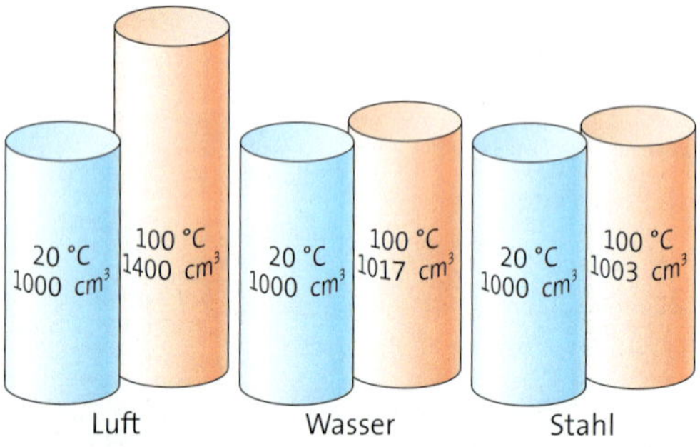

02 Wärmeausdehnung von Luft, Wasser und Stahl

03 Schlauchbootvergnügen – Vorsicht bei großer Hitze!

DIE AUSDEHNUNG VON GASEN · Du hast gelernt, dass sich die meisten Flüssigkeiten und Festkörper bei Erwärmung ausdehnen. Die Volumenzunahme ist aber sehr klein. Ist das bei Gasen auch so oder verhalten sie sich anders?

Mit Luft, dem Gas, in dem wir leben, lassen sich hierzu einfache Versuche machen. Auf dem Foto in ▸ Bild 01A ist ein Luftballon über eine Glasflasche gezogen, in der sich Luft bei Zimmertemperatur befindet. Diese Flasche wird nun durch ein heißes Wasserbad erwärmt (▸ Bild 01B). Schnell beginnt sich der Luftballon aufzurichten.

In einem anschließenden Versuch kannst du untersuchen, wie sich Luft beim Abkühlen verhält: Bringe die Flasche mit dem aufgerichteten Luftballon für einige Minuten in den Kühlschrank. Wenn du die Flasche wieder herausnimmst, dann kannst du beobachten, dass der Luftballon wieder schlaff herabhängt. Die in Luftballon und Flasche eingeschlossene Luft hat sich wieder „zusammengezogen". Ihr Volumen ist kleiner geworden.

GASE MACHEN KEINE AUSNAHME · So wie Luft verhalten sich auch alle anderen Gase. Anders als bei den Flüssigkeiten und Festkörpern gibt es für Gase jedoch keine Ausnahme! Sie dehnen sich bei Erwärmung nahezu gleich stark aus. Außerdem dehnen sich Gase viel stärker aus als Flüssigkeiten und Festkörper. ▸ Bild 02 zeigt einen Vergleich der Zunahme jeweils gleicher Volumina von Luft, Wasser und Stahl bei einer Erwärmung von 20 °C auf 100 °C.

Alle Gase dehnen sich bei Erwärmung nahezu gleich aus.
Die Volumenzunahme von Gasen ist größer als die Zunahme des gleichen Volumens einer Flüssigkeit oder eines Festkörpers bei Erwärmung.

Die Ausdehnung von Gasen musst du in manchen Alltagssituationen beachten. Hersteller von aufblasbaren Kanus (▸ Bild 03) warnen z. B.: „Die Kanus können bei Sonneneinstrahlung durch die Ausdehnung der Luft platzen und werden dadurch irreparabel zerstört!"

1 Verbeulte Tischtennisbälle lassen sich „reparieren", indem sie in heißes Wasser gelegt werden. Erkläre, wie das funktioniert.

2 Erkläre, warum es nützlich ist, ein Ei vor dem Kochen anzustechen.

VERSUCHE ▸ Ausdehnung von Festkörpern und Gasen

V1 Modell eines Bimetallstreifens

Material:

Papier, Alufolie, Schere, Alleskleber

Durchführung:

a) Schneide aus Papier und aus Alufolie zwei gleich große Streifen. Klebe die beiden Streifen mit Alleskleber zusammen und lasse sie gut trocknen.

b) Bringe den Streifen in die Nähe einer Kerzenflamme.
Vorsicht mit offenem Feuer!
Gehe mit dem Streifen nicht zu nahe an die Flamme, denn sonst kann er entzündet werden.
Beschreibe deine Beobachtung.

c) Lege den Streifen für eine Weile in den Kühlschrank, am besten in das Eisfach. Welche Veränderung stellst du nach dem Herausnehmen fest?

d) Formuliere Folgerungen aus deinen Beobachtungen b) und c).

V2 Solarballon

Material:

„Ballonfolie“ (schwarze dünne Folie, z. B. aus dem Gärtnereibedarf oder große Mülltüten), Paketklebeband, Schere, Schnur

Durchführung:

Schneide aus der Folie Stücke für eine einfache Form – z. B. einen großen Würfel. Klebe mit dem Paketklebeband die Nahtstellen gut ab. Lass eine Öffnung zum Füllen des Ballons mit Luft. Befestige die Schnur, am besten an Stellen, die mit Klebeband verstärkt sind.
Fülle den Ballon gut, aber nicht vollständig mit Luft und bringe ihn dann an eine sonnige Stelle (▸ Bild 04). Achte darauf, dass der Ballon nicht davonfliegt.

a) Beschreibe, was mit dem Ballon geschieht.

b) Sonnenschein ist wichtig für diesen Versuch. Erkläre.
Gib Beispiele aus der Technik an, die nach einem ähnlichen Prinzip funktionieren.

04 Der Ballon steigt.

Material A ▸ Warme Luft steigt auf

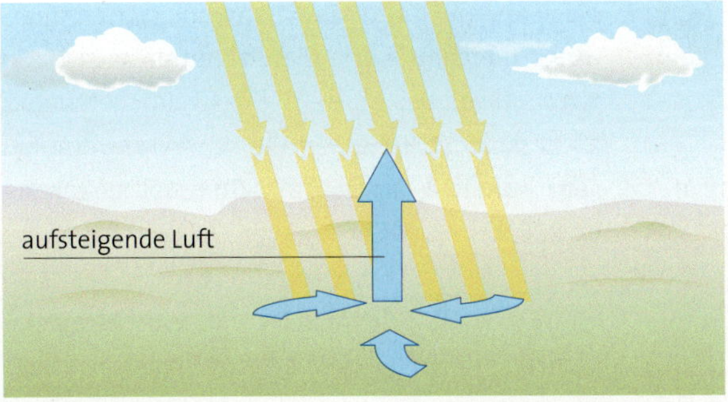

A1 In der Grafik oben ist eine typische Wettersituation dargestellt. Beschreibe die Wettersituation und ihre Folgen.

A2 Segelflugzeuge und manche Vögel nutzen solche Situationen aus. Erkläre.

A3 Plane einen Versuch, mit dem du das Aufsteigen erwärmter Luft in einem Zimmer zeigen kannst.

Material B ▸ Glas kann zerspringen

Wenn du ein heißes Getränk, z. B. frisch gebrühten Tee, in ein einfaches Glas oder in eine Glasflasche gießt, dann kann es leicht passieren, dass das Glas zerspringt.
Wenn das Glas zerspringt, dann geschieht dies kurz nach dem Eingießen, später nicht mehr.

B1 Was vermutest du über die Ausdehnung des Glases an Innen- und Außenseite gleich nach dem Eingießen? Vergleiche mit Bimetallen.

B2 Porzellantassen halten Heißgetränke besser aus. Gib einen Grund dafür an. Nutze die folgende Tabelle.

Längenzunahme eines 1 m langen Stabes bei Erwärmung um 100 K			
Zink	2,6 mm	Stahl	1,2 mm
Aluminium	2,3 mm	Fensterglas	1,0 mm
Beton	1,2 mm	Porzellan	0,4 mm

01 Obstblüten mit Eiszapfen

Mal fest, mal flüssig, dann ein Gas

Tritt im Frühjahr noch mal Nachtfrost auf, besprühen die Obstbauern die Blüten ihrer Obstbäume abends mit Wasser. „Da bildet sich doch Eis und die Blüten erfrieren erst recht", meint Carl.

AGGREGATZUSTÄNDE UND ÜBERGÄNGE · Du weißt bereits, dass Stoffe fest, flüssig oder gasförmig sein können. Im Alltag kannst du häufig Übergänge zwischen diesen Aggregatzuständen beobachten.

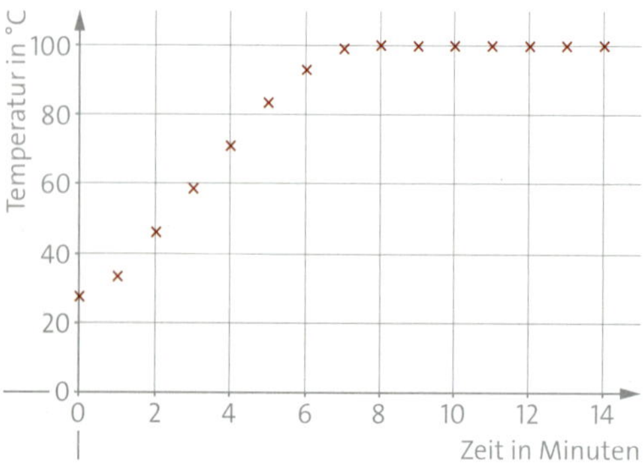

02 Gemessener Temperaturverlauf beim Erhitzen von Wasser

So kann man aus Wasser Eiswürfel machen, indem man es in einer Schale ins Gefrierfach stellt. In einem Getränk schmelzen die Eiswürfel und werden dabei wieder zu Wasser. Beim Kochen in der Küche entsteht Wasserdampf, der sich an kalten Fensterscheiben als Wasser niederschlägt.

Auch andere Stoffe schmelzen und sieden, allerdings meistens bei anderen Temperaturen. So wird Butter bei ca. 32 °C flüssig, Kerzenwachs ab etwa 55 °C. Viele Metalle schmelzen erst bei sehr hohen Temperaturen. Speiseöl siedet bei ca. 200 °C.

SIEDEN UND SCHMELZEN IM EXPERIMENT · Um zu untersuchen, was beim Sieden passiert, erhitzen wir Wasser auf dem Herd und messen den Temperaturverlauf. Die Messergebnisse stellen wir in einem Diagramm dar (▸ Bild 02). Zunächst steigt die Temperatur des Wassers von der Anfangstemperatur auf 100 °C an. Obwohl die Herdplatte eine viel höhere Temperatur als 100 °C hat, ändert sich die Temperatur des siedenden Wassers danach nicht mehr.

Ähnliches geschieht beim Schmelzen: Erwärmt man das Eis, so steigt seine Temperatur bis 0 °C an. Dann schmilzt es und obwohl wir weiter Wärme zuführen, bleibt die Temperatur gleich. Erst wenn das Eis geschmolzen ist, erhöht sich die Temperatur des Wassers wieder. Wie können wir das erklären?

ERKLÄRUNG MIT DEM TEILCHENMODELL · Im Eis liegen die Teilchen dicht beieinander und haben einen festen Zusammenhalt. Wenn man das Eis erwärmt, dann schwingen die Teilchen immer schneller, bis die Temperatur von 0 °C erreicht wird. Bei 0 °C wird die zugeführte Wärme nur dazu verwendet, die Teilchen aus dem festen Verbund herauszulösen. Dadurch werden sie gegeneinander verschiebbar. Es entsteht Wasser.
Wenn alle Teilchen aus dem festen Verbund herausgelöst sind, bewegen sich die Teilchen wieder zunehmend schneller, bis eine Temperatur von 100 °C erreicht wird. Weitere Wärmezufuhr löst den Zusammenhalt zwischen den Teilchen auf; sie können sich nun frei bewegen. Es ist Dampf entstanden.

Bei den umgekehrten Vorgängen, also beim Erstarren und beim Kondensieren, wird die Wärme wieder an die Umgebung abgegeben.

Beim Schmelzen und Verdampfen nehmen Stoffe Wärme auf, ohne dass sich ihre Temperatur ändert. Beim Erstarren und Kondensieren wird diese Wärme wieder abgegeben.

Deshalb sprühen Bauern die Blüten vor einem Nachtfrost mit Wasser ein: Wenn das Wasser bei 0 °C erstarrt, dann wird Wärme abgegeben, die eine Zeit lang verhindert, dass die Temperatur weiter sinkt und die Blüten erfrieren.

VERDUNSTEN · Im Sommer kannst du häufig beobachten, dass nach einem Regen Dachziegel oder Steine schnell wieder trocknen, obwohl die Dachziegel und Steine sicher keine Temperatur von 100 °C haben. Wasser kann also auch schon unter 100 °C in den gasförmigen Zustand übergehen. Dies nennen wir Verdunsten.

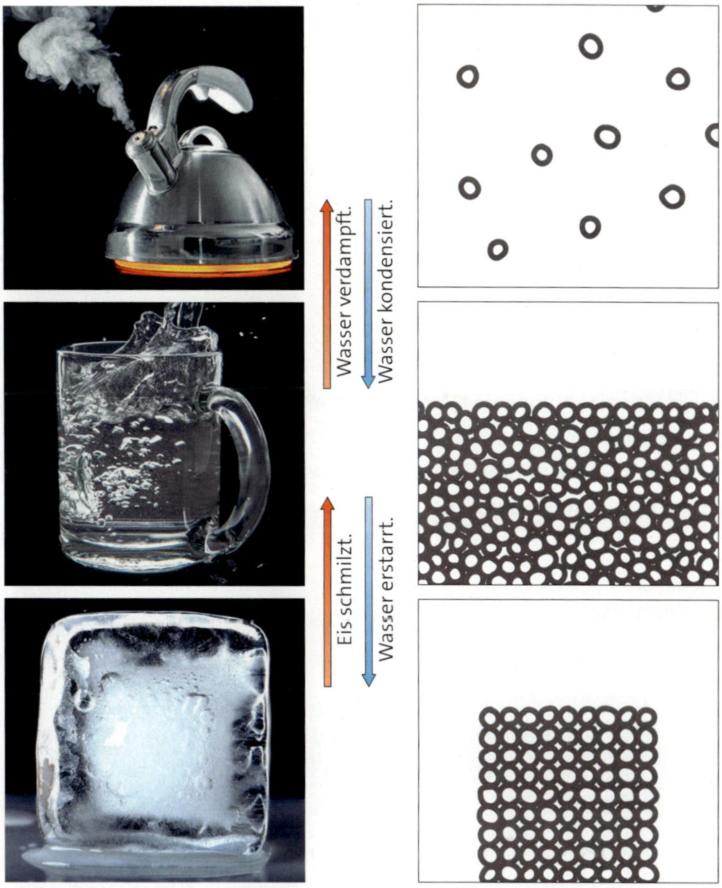

03 Übergänge der Aggregatzustände bei Wasser

Mit dem Teilchenmodell erklären wir das so: Die Teilchen an der Oberfläche sind nicht von allen Seiten von anderen Teilchen umgeben. Dadurch ist der Zusammenhalt weniger stark und es ist weniger Wärme nötig, damit diese Teilchen frei beweglich werden und die Flüssigkeit verlassen können.

1 Erläutere die Übergänge zwischen den Aggregatzuständen des Wassers mithilfe des Teilchenmodells.

01 Trockeneis sublimiert.

SUBLIMIEREN · Wenn es im Winter längere Zeit friert, dann kannst du beobachten, dass Schnee langsam verschwindet ohne zu schmelzen. Das liegt daran, dass Wasser und einige andere Stoffe auch vom festen Aggregatzustand (Eis) direkt zu Gas werden können. Diesen Vorgang nennt man Sublimieren.

Er lässt sich gut bei „Trockeneis" beobachten (▸ Bild 01). Trockeneis ist gefrorenes Kohlenstoffdioxid und hat eine Temperatur von unter −78 °C. Bei höheren Temperaturen wird es nicht flüssig, sondern geht sofort in den gasförmigen Zustand über. Wenn umgekehrt ein Gas direkt fest wird, dann **resublimiert** es.

METHODE

Messwerte aufnehmen und im Diagramm darstellen

Im Diagramm lassen sich Messwerte übersichtlich darstellen. Wie das funktioniert, klären wir am Beispiel einer Temperaturmessung. Wir messen die Wassertemperatur in einem Topf nach Einschalten der Herdplatte 15 Minuten lang jede Minute und erstellen aus den Messwerten ein Diagramm.

1. Wir sammeln die Messwerte zunächst in einer Messwertetabelle (▸ Tabelle 02). Dabei ist wichtig, die physikalischen Einheiten zu den Messgrößen in der Tabelle zu notieren. Hier sind das „Minuten" für die Zeit und „°C" für die Temperatur.
2. Um den Temperaturverlauf übersichtlich im Diagramm darzustellen, zeichnest du ein Koordinatensystem. Es sollte mindestens 10 cm × 10 cm groß sein. Die Zeit wird auf der *x*-Achse und die Temperatur auf der *y*-Achse aufgetragen. Die Einteilung der Achsen musst du so wählen, dass alle Werte ins Diagramm passen.
3. Trage die Messwerte ins Diagramm ein. Dazu suchst du zu jedem Zeitpunkt die passende Temperatur und markierst den Messpunkt mit einem Kreuz.
4. Überlege dir, wie der Temperaturverlauf aussehen würde, wenn du nicht ein Mal in der Minute, sondern öfter gemessen hättest. Diesen Verlauf kannst du mit Bleistift einzeichnen.

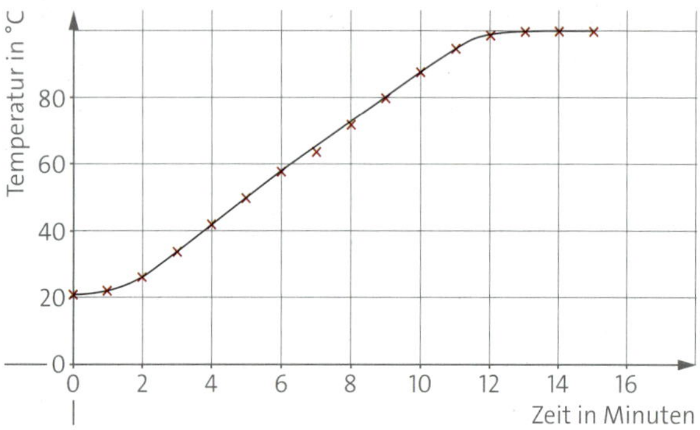

03 Zeit-Temperatur-Diagramm

1 Fertige ein Diagramm für die Messwerte auf einem Blatt Millimeterpapier an. Verwende dabei folgende Einteilungen:
x-Achse: 1 cm ≙ 1 Minute; *y*-Achse: 1 cm ≙ 10 °C
Benenne die Vorteile eines Diagramms auf Millimeterpapier.

2 Dem Diagramm kannst du auch Informationen entnehmen, die du nicht gemessen hast.
a) Bestimme die Temperatur des Wassers nach 10,5 Minuten.
b) Ermittle, wie lange es dauert, das Wasser von 30 °C auf 90 °C zu erwärmen.

Zeit in Minuten	0	1	2	3	4	5	6	7	8	9	10	11	12	13	14	15
Temperatur in °C	21	22	26	34	42	50	58	64	72	80	88	95	99	100	100	100

02 Messwerte zum Temperaturverlauf

VERSUCHE ▸ Aggregatzustandsübergänge

Du untersuchst, wie Wärmezufuhr, Wärmeabgabe und Aggregatzustände zusammenhängen.

V1 Frostschutz

Material:

zimmerwarmes Thermometer, das Temperaturen bis −20 °C anzeigen kann; Löschpapier, Gefrierfach.

Durchführung:

a) Lege das Thermometer in das Gefrierfach und miss die Temperatur nach 5 min und nach 15 min.

b) Führe den Versuch noch einmal durch, umwickle das Thermometer aber vorher mit einem feuchten Löschpapier.

c) Vergleiche deine Ergebnisse und erkläre sie.

V2 „Verdunstungskälte"

Material:

Thermometer, Stückchen Watte, etwas Brennspiritus oder Alkohol

Durchführung:

a) Tränke die Watte mit etwas Alkohol und umwickle das Thermometer mit der Watte.

b) Beobachte die Temperaturanzeige in den nächsten Minuten.

c) Erkläre das Ergebnis dieses Experiments.

d) Führe den Versuch noch mal durch und puste auf die Watte. Beschreibe, was sich ändert.

V3 Eiseskälte

Material:

Plastikbecher, Digitalthermometer mit Temperaturfühler, Wasser, Gefrierfach

Durchführung:

a) Gib Wasser in den Plastikbecher, tauche den Temperaturfühler ein und stelle das Ganze ins Gefrierfach.

b) Wenn das Wasser gefroren ist, dann gib den Becher in ein großes, warmes Wasserbad.

c) Miss die Temperatur des Eises, bis das Eis ganz geschmolzen ist.

d) Fertige eine Messtabelle an und erstelle ein Diagramm.

Material A ▸ Taschenwärmer

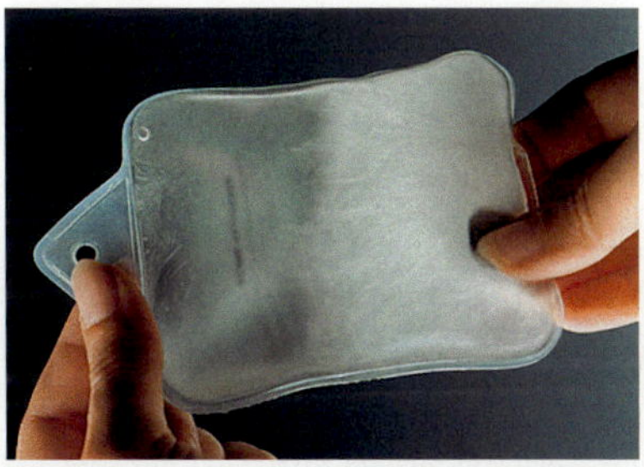

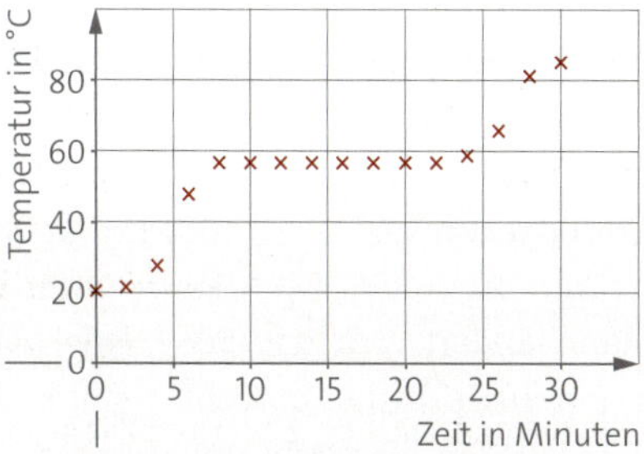

A1 Im Winter werden Taschenwärmer verkauft. Sie bestehen aus einem Päckchen mit einem Salz, das zunächst im heißen Wasserbad geschmolzen wird. Dabei wurde der Temperaturverlauf des Salzes gemessen.

a) Entnimm dem Diagramm die Schmelztemperatur des Salzes.

b) Ermittle die Zeit, bis diese Temperatur erreicht wurde.

c) Vergleiche die Dauer des Erhitzens bis zur Schmelztemperatur mit der Dauer des Schmelzvorgangs und entscheide, wofür mehr Wärme benötigt wird.

d) Beim Abkühlen „vergisst" das Salz, wieder fest zu werden. Erst wenn man ein Plättchen im Taschenwärmer knickt, beginnt das Erstarren. Erkläre, warum dabei Wärme abgegeben wird.

Material B ▸ Aus dem Alltag

B1 In der Sauna

In der Sauna kann die Temperatur über 100 °C betragen. Erkläre, warum man diese Temperatur dort einige Minuten gut aushalten kann.

B2 Reif in der Tiefkühltruhe

Auf winterlichen Wiesen oder in Tiefkühltruhen setzen sich oft kleine Eiskristalle ab. Dieser sogenannte Reif bildet sich besonders dann, wenn feuchte Luft über kalte Gegenstände streicht – wie beim Öffnen der Tiefkühltruhentür. Der Reif kann im Laufe der Zeit eine dicke Eisschicht bilden. Beschreibe, um welchen Übergang es sich handelt, und nenne den Fachbegriff.

01 Ein Fahrradreifen wird aufgepumpt, bis er hart ist.

Druck in Gasen

Den Unterschied zwischen schlecht und gut aufgepumpten Fahrradreifen kannst du kaum sehen. Aber du kannst ihn spüren! Wenn der Reifen voll aufgepumpt ist, dann lässt er sich mit den Händen nicht mehr eindrücken. Was macht den Reifen so hart? – Schließlich ist doch „nur" Luft drin.

WAS IST DRUCK? · Wenn du deinen Fahrradreifen aufpumpst, dann ändert sich das Volumen des Reifens praktisch nicht, obwohl immer mehr Luft in den Reifen gepresst wird. Je mehr Luft du in den Reifen presst, desto größer wird der Druck im Reifen. Deshalb wird der Reifen so hart. Das Ventil hindert die Luft übrigens daran, wieder aus dem Fahrradreifen zu entweichen.

Luft ist für uns lebensnotwendig. Auch für Taucher muss sie immer in ausreichender Menge zur Verfügung stehen. Für lange Tauchgänge muss möglichst viel Luft in einen relativ kleinen Behälter gepresst werden. Man spricht deshalb auch von der Pressluftflasche (▸ Bild 02).

02 Pressluftflasche für den Tauchsport

Je mehr Luft in einen Behälter gepresst worden ist, desto größer ist der Druck der Luft in diesem Behälter. Für Luft und alle anderen Gase gilt:

Gase können zusammengepresst werden. Die physikalische Größe Druck beschreibt, wie sehr ein Gas zusammengepresst ist.

Sicher kennst du auch solche Redewendungen wie „unter Zeitdruck stehen" oder „jemanden unter Druck setzen". Manches Obst hat „Druckstellen" und schließlich ist dieses Physikbuch „gedruckt" worden. Daran erkennst du, dass der Begriff „Druck" in der Alltagssprache eine andere Bedeutung haben kann als in der Physik. Du wirst noch weitere Begriffe kennen lernen, deren Bedeutung in der Alltagssprache eine andere als in der Fachsprache ist.

MESSUNG UND EINHEITEN DES DRUCKS · Vielleicht besitzt du selbst eine Fahrradpumpe mit Druckanzeige. Sie gibt dir Auskunft über den Druck im Reifen. Druckmessgeräte heißen im Allgemeinen **Manometer.**

Eine oft genutzte Messmethode wird im Dosenmanometer angewendet (▸ Bild 03). Der Name kommt von einer Dose im Innern des Messgeräts. Diese Dose ist vollkommen geschlossen. Wenn sich der Druck der Luft außerhalb der Dose ändert, dann ändert sich die Form der Dose: Je höher der äußere Druck ist, desto mehr wird die Dose eingedrückt. Die Verformung der Dose wird über Hebel auf einen Zeiger zur Druckanzeige übertragen.

An deiner Fahrradpumpe und an der Tankstelle findest du oft die Einheit ein Bar (1 bar). In der Physik wird der Druck meist in der Einheit ein **Pascal** (1 Pa) angegeben. Weil ein Pascal ein sehr kleiner Druck ist, wird die Einheit ein Hektopascal (1 hPa) genutzt. Dabei gilt:
1 hPa = 100 Pa,
1 mbar = 1 hPa
(mbar bedeutet abgekürzt Millibar),
1 bar = 1 000 hPa = 100 000 Pa.

Der Druck von Gasen wird mit Manometern gemessen. Er wird in der Einheit ein Pascal (1 Pa) angegeben.
Das Formelzeichen für den Druck ist p.

DER LUFTDRUCK · Es ist schon erstaunlich: Wir sind dauernd von Luft umgeben, wir atmen sie und obwohl wir nichts davon spüren, zeigt die Wetterstation einen Luftdruck an. Messgeräte für den Luftdruck heißen **Barometer** (▸ Bild 04).

Woher der Luftdruck kommt, kannst du mit einem Gedankenexperiment verstehen: Stelle dir einen Luftwürfel vor, auf den du einen zweiten gleich großen Luftwürfel stapelst. Weil auch die Luft eine Masse hat, presst der obere Luftwürfel den darunter liegenden Würfel zu einem Quader zusammen. Jetzt stapelst du einen dritten Würfel darüber, einen vierten, usw. (▸ Bild 06). Die Luft im Quader ganz unten wird am meisten zusammengepresst. In diesem Quader ist der Druck am größten. Den gedachten Turm aus Luftquadern kannst du dir so hoch denken, wie unsere Erdatmosphäre dick ist. Das entspricht einer Höhe von über 100 km! An der Erdoberfläche ist der Luftdruck somit am größten und beträgt im Durchschnitt 1013 hPa auf Meereshöhe.

ÜBERDRUCK UND UNTERDRUCK · Der Druck macht sich meistens nur dann bemerkbar, wenn er vom äußeren Luftdruck abweicht. In einem aufgepumpten Reifen z.B. ist der Druck der gepressten Luft größer als der äußere Luftdruck. Man spricht deshalb von **Überdruck.** **Unterdruck** kennst du z.B. von den Saugnäpfen (▸ Bild 05). Der Druck unter dem Saugnapf ist geringer als der äußere Luftdruck. Deshalb wird er an die Wand gepresst – und nicht angesaugt!

1 Kondensmilch wird auch in Dosen verkauft. Erkläre, warum es für das Ausgießen gut ist, zwei Löcher in die Dose zu stechen.

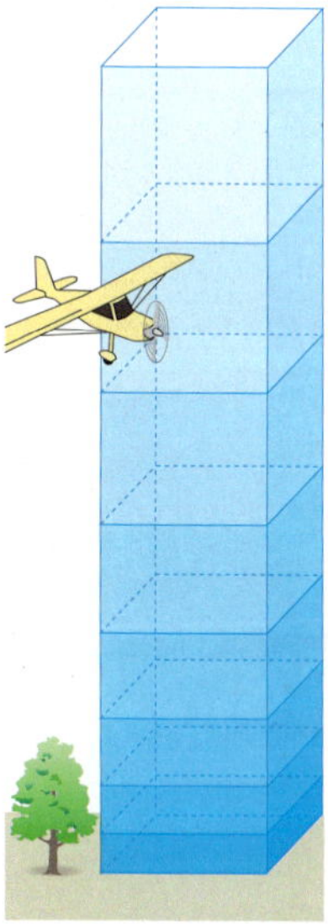

06 Modellvorstellung zum Luftdruck

Optimaler Reifen(über)-druck:
Mountainbike: 2 bis 4 bar
Tourenrad: 2,5 bis 6 bar
Rennrad: 5 bis 9 bar

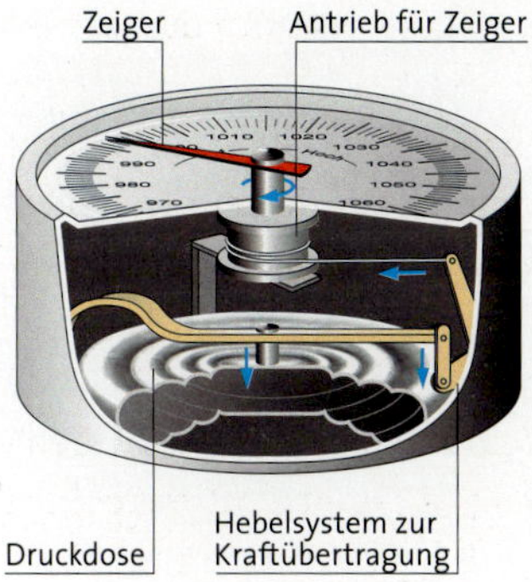

03 Aufbau eines Dosenmanometers

04 Barometer zur Messung des Luftdrucks

05 Halten ohne Leim – Saugnäpfe

01 Vakuumverpackte Lebensmittel

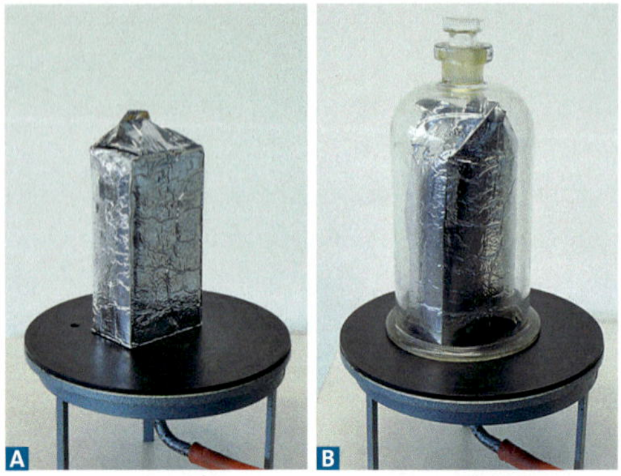

02 Vakuumverpackter Kaffee **A** bei normalem äußeren Luftdruck, **B** bei sehr geringem äußeren Luftdruck

VAKUUM – ABWESENHEIT VON LUFT? · Viele Lebensmittel werden in sogenannten Vakuumverpackungen verkauft (▸ Bild 01). Sicher kennst du solche Verpackungen. Sie fühlen sich hart an. Aus allen Zwischenräumen in der Verpackung ist die Luft entfernt worden. Das macht das Packvolumen kleiner. Der entscheidende Vorteil ist aber, dass kein Sauerstoff mehr an die Lebensmittel kommt und sie verderben kann. So bleiben die Lebensmittel lange haltbar. Aber ist wirklich keine Luft mehr in der Verpackung? Zum Test wird vakuumverpackter Kaffee unter eine Glasglocke gelegt, aus der die Luft langsam herausgepumpt wird. Das Ergebnis kannst du im ▸ Bild 02 sehen. Die Verpackung bläht sich auf! Das bedeutet, dass in der Verpackung noch ein Rest von Luft sein muss. In dieser Luft herrscht jedoch ein so geringer Druck, dass die Packung vom normalen Luftdruck zusammengedrückt wird und sich hart anfühlt. Wenn der äußere Druck unter der Glasglocke kleiner als der Druck in der Verpackung ist, dann bläht sich die Verpackung auf.

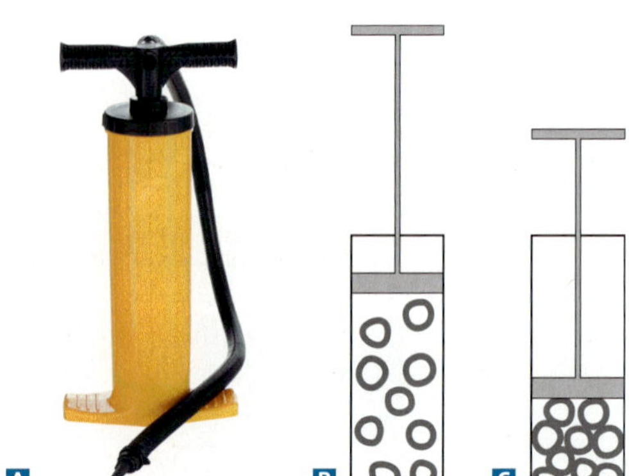

03 **A** Luftpumpe, Gasdruck im Teilchenmodell bei **B** niedrigem Druck, **C** hohem Druck

DRUCK VON GASEN IM TEILCHENMODELL · Das Teilchenmodell für Stoffe hast du bereits kennen gelernt. Auch Luft und alle anderen Gase bestehen aus Teilchen. Diese Teilchen sind in ständiger sehr schneller Bewegung. ▸ Bild 03 B zeigt, wie wir uns die Verhältnisse in einem Zylinder, ähnlich einer Luftpumpe, im Teilchenmodell vorstellen können: Bei ihren schnellen Bewegungen stoßen die Teilchen immer wieder miteinander und mit der Wand zusammen und prallen voneinander und von der Wand ab. Stelle dir diese Zusammenstöße so ähnlich vor, wie bei Billardkugeln, die auf einem Billardtisch alle in Bewegung geraten sind. Alle Stöße der Teilchen miteinander und mit der Wand erzeugen zusammen den Druck des Gases in diesem Behälter.

Mit dieser Modellvorstellung lässt sich auch erklären, warum der Druck in der Luftpumpe steigt, wenn der Kolben nach unten bewegt wird. Im Teilchenmodell bedeutet das, dass für die gleiche Anzahl von Teilchen der zur Verfügung stehende Raum kleiner ist. Deshalb werden die Zusammenstöße der Teilchen miteinander und mit der Wand häufiger. Damit steigt der Druck.

1 Auf einer Bergwanderung wird nach der Gipfelrast eine leere Plastikflasche fest verschlossen. Beschreibe, was mit dieser Flasche beim Abstieg geschieht.

2 **a)** Erkläre mithilfe des Teilchenmodells, warum sich ein voll aufgepumpter Reifen hart anfühlt.
b) Erläutere, weshalb sich auch eine Vakuumverpackung hart anfühlt, obwohl fast keine Luft mehr darin ist.

VERSUCHE ▸ Zum Luftdruck

V1 Verkehrte Welt?

Mit dem folgenden Versuch kannst du schon fast in einer Show auftreten. Ein randvoll gefülltes Wasserglas, verkehrt herum gehalten, hält allein mit einer Postkarte dicht!

Material:

Trinkglas, Postkarte oder ein Stück Karton, Wasser

Durchführung:

Führe den Versuch vorsichtshalber über einem Waschbecken aus.
Fülle das Glas vollständig bis zum Rand mit Wasser. Bedecke es mit der Postkarte oder mit dem Stück Karton. Halte den Karton fest und drehe das Glas mit seiner Öffnung nach unten. Jetzt kannst du den Karton loslassen.
Wenn du alles richtig gemacht hast, dann sollte kein Wasser auslaufen.
Gib eine Erklärung dafür.

V2 Ein einfaches Luftdruckmessgerät

Mit einem einfachen Modell eines Luftdruckmessgeräts überprüfst du Änderungen des Luftdrucks im Verlauf einiger Tage.

Material:

leeres Marmeladenglas, Luftballon, langer Strohhalm, Klebeband, Bindfaden

Durchführung:

Schneide den Luftballon so zurecht, dass du ein großes Stück Gummihaut hast. Spanne diese Gummihaut über die Öffnung des Marmeladenglases. Binde den Faden so um den Glasrand, dass die Gummihaut das Glas dicht schließt. Befestige den Strohhalm mit etwas Klebeband auf dem Gummi (▸ Bild 04). Stelle das Glas in einen Raum mit möglichst gleich bleibender Temperatur.

Um Luftdruckunterschiede feststellen zu können, brauchst du noch eine Art Skala. Auf dieser Skala markierst du für jeden Tag die Position des Strohhalms.
Überlege zuerst, in welche Richtung sich der Zeiger bewegt, wenn der Luftdruck größer bzw. kleiner wird.

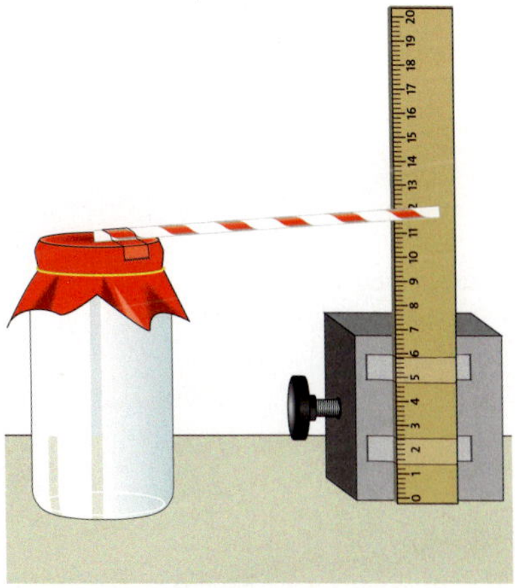

04 Modell eines Luftdruckmessgeräts

Material A ▸ Überraschung beim Abwasch

Sarah und Jasin machen eine Entdeckung beim Abwasch:

A1 Gib eine physikalische Erklärung dafür, warum das Wasser nicht aus dem Glas „will".

A2 Formuliere eine Vermutung, was geschieht, wenn Sarah und Jasin versuchen, das Wasser aus dem Glas zu saugen.

A3 Überprüfe deine Vermutung selbst in einem Versuch.

Material B ▸ Magdeburger Halbkugeln

Die enorme Wirkung des Luftdrucks zeigte OTTO VON GUERICKE 1654 in einem spektakulären Versuch (▸ Bild unten). 16 Pferde konnten zwei fast luftleer gepumpte Halbkugeln nicht auseinander ziehen!

B1 Erkläre diesen erstaunlichen Versuch.

B2 Du hast eine Modellvorstellung zur Erklärung des Luftdrucks kennen gelernt. Eine Aussage ist dabei, dass Luft eine Masse hat. Beschreibe, wie man in einem Versuch zeigen könnte, dass Luft etwas wiegt.

01 Feuerwehrboot während einer Vorführung

Druck in Flüssigkeiten

Ein Feuerwehrboot vor New York zeigt während einer Vorführung, was es kann. Im Ernstfall muss ein brennendes Objekt auch in größeren Entfernungen von über fünfzig Meter erreicht werden. Wie kommt es zu einem solchen Wasserstrahl?

WASSER UNTER DRUCK · Was das Wasser dazu bringt, in einem enormen Strahl die Feuerwehrspritze zu verlassen, kannst du mit einem einfachen Versuch verstehen (▸ Bild 02):

02 Versuch zum Druck in einer Flüssigkeit

Eine mit etwas Wasser gefüllte Plastiktüte wird verschlossen. Dann werden einige Löcher hinein gestochen. Wenn du nun mit dem Finger auf die Tüte drückst, dann tritt aus jedem der Löcher ein feiner Wasserstrahl heraus. Die Wasserstrahlen haben verschiedene Richtungen und behalten diese bei – unabhängig davon, wo du mit dem Finger auf die Tüte drückst. Wichtig ist nur, dass das Wasser gepresst wird. Bei der Feuerwehrspritze auf dem Boot übernimmt eine starke Pumpe das Pressen des Wassers.

Allgemein gilt: Flüssigkeiten können gepresst werden, ändern dabei aber ihr Volumen praktisch nicht – im Gegensatz zu den Gasen.

Der Druck in einer Flüssigkeit gibt an, wie sehr diese Flüssigkeit gepresst ist.
Der Druck wirkt in alle Richtungen gleich.

SCHWEREDRUCK IN FLÜSSIGKEITEN · Das kennst du vielleicht: Du bist im Schwimmbad und tauchst nach einem Gegenstand auf dem Grund des Wasserbeckens. Dabei spürst du in den Ohren ein unangenehmes Druckgefühl. Es wird umso deutlicher spürbar, je tiefer du tauchst. Die Erklärung dazu ist ähnlich wie beim Luftdruck. Stelle dir vor, dass über dir Wasserquader übereinander gestapelt sind. Jeder dieser Quader hat eine Masse. Je tiefer du tauchst, desto mehr solcher Wasserquader befinden sich über dir. Deswegen nimmt der Druck mit der Tiefe zu. Der Druck entsteht hier durch die Schwere der Wassersäule, deshalb spricht man vom **Schweredruck.**

Mit einem einfachen Versuch kannst du untersuchen, wovon der Schweredruck in einer Flüssigkeit abhängt. Aus einem Luftballon und einem durchsichtigen Strohhalm kannst du eine Drucksonde bauen. Zur besseren Sichtbarkeit sollte der Ballon mit gefärbtem Wasser gefüllt sein. Wenn du die Drucksonde unterschiedlich tief ins Wasser eintauchst, dann kannst du erkennen, dass der Schweredruck mit der Wassertiefe zunimmt (▸ Bild 03 A–C). In gleicher Tiefe ist der Schweredruck an jeder Stelle gleich, auch am Rand des Gefäßes (▸ Bild 03 D). Wenn du die Versuche genauso in einem anders geformten Gefäß durchführst, dann stellst du fest, dass die Form des Gefäßes keinen Einfluss auf den Schweredruck hat (▸ Bild 03 E). Für alle Flüssigkeiten gilt:

> Der Schweredruck in einer Flüssigkeit nimmt mit der Tiefe zu.
> In gleicher Tiefe ist der Schweredruck in einer Flüssigkeit überall gleich.
> Der Schweredruck ist von der Form des Gefäßes unabhängig.

Man kann zeigen, dass der Schweredruck in Wasser pro 1 cm Tiefe um 1 hPa steigt. Wenn man 1 m tiefer geht, dann nimmt der Schweredruck um 100 hPa zu. Bei 10 m Wassertiefe steigt er um 1000 hPa, bei 100 m Tiefe um 10 000 hPa. Diese Zusammenhänge gelten auch für alle natürlichen Gewässer.
Jetzt kannst du dir vorstellen, welch extremer Druck am Grunde des Meeres herrscht. Bei der Erkundung der Tiefsee müssen Menschen und Geräte vor den Wirkungen des Schweredrucks geschützt werden. Das geht nur in Tauchkapseln, die aus dickem Stahl gebaut sind. Mit einem solchen Tauchboot tauchten die Forscher JACQUES PICCARD und DON WALSH im Jahr 1960 erstmals bis zum Meeresboden in knapp 11 km Tiefe.

1 Bestimme den Schweredruck des Wassers an der tiefsten Stelle des Pazifiks, dem Marianengraben, bei ca. 11 000 m Tiefe.

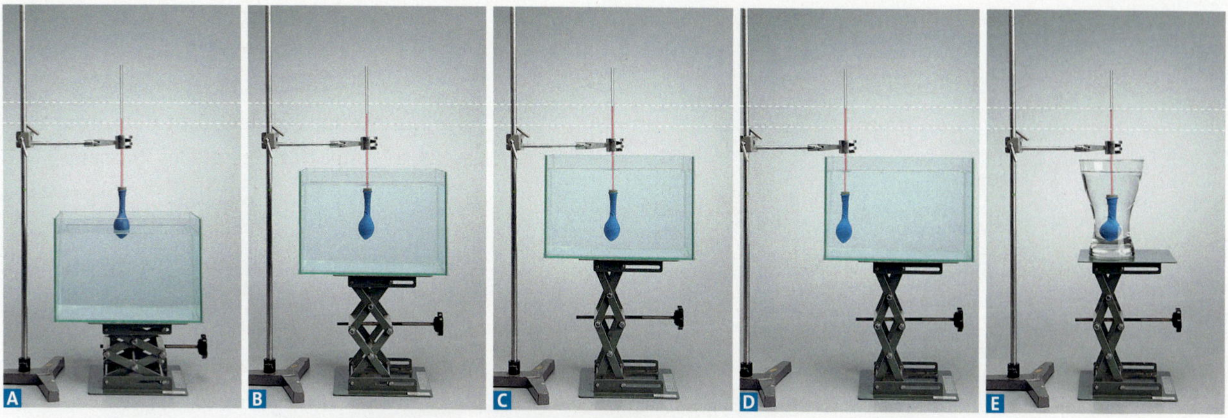

03 **A–C** Der Schweredruck hangt von der Tiefe ab, **D** ist bei gleicher Tiefe überall gleich, **E** ist unabhängig von der Gefäßform.

01 Wasserturm

VERBUNDENE GEFÄSSE · In manchen Gemeinden versorgen Wassertürme die umliegenden Haushalte mit Trinkwasser (▸ Bild 01). Die Turmhöhe ist von großer Bedeutung. Der Vorratsbehälter des Wasserturms muss im Vergleich zu den Wohnhäusern die höchste Position haben. Nur dann ist der Schweredruck ausreichend, um das Wasser in den Leitungen bis in die Wohnungen zu transportieren.

Wasserturm und Wohnhäuser kannst du dir als ein verbundenes System von Wassergefäßen vorstellen. Ein einfaches Modell ist im ▸ Bild 03 dargestellt. Wenn ein Wohnhaus gerade so hoch wie der Wasserturm oder gar höher wäre, dann würde das Wasser in den Leitungen des Wohnhauses genau bis zu der Höhe steigen, auf der sich gerade der Pegel im Wasserturm befindet. Die oberen Wohnungen würde das Wasser nicht erreichen. Das liegt daran, dass eine Flüssigkeit in verbundenen Gefäßen immer gleich hoch steht.

In verbundenen Gefäßen steht eine Flüssigkeit gleich hoch.

Diese Gesetzmäßigkeit nutzt man bei Schlauchwasserwaagen aus (▸ Bild 02). In beiden Anzeigeröhrchen ist der Pegel stets gleich hoch. Das gilt auch dann, wenn die Röhrchen nicht genau in gleicher Höhe gehalten werden. So lässt sich für Wandbohrungen prüfen, ob sie sich auf einer horizontalen Linie befinden.

KRAFTVERSTÄRKUNG MIT FLÜSSIGKEITEN · Mit einer Kunststofftüte und Wasser kannst du einen einfachen Versuch durchführen. Lege auf die halb mit Wasser gefüllte und verschlossene Tüte vorsichtig einen Ziegelstein. Wenn du jetzt mit einem Finger auf die Tüte drückst, dann spürst du, dass der schwere Ziegelstein mit Leichtigkeit angehoben wird. Allerdings hebt er sich nur um ein sehr kleines Stück.

Dieser Effekt wird z. B. bei hydraulischen Felgenbremsen am Fahrrad genutzt (▸ Bild 04). Sie bestehen aus zwei mit Öl gefüllten, verschieden großen Zylindern, die über Schläuche miteinander verbunden sind. Wenn im Zylinder am Handgriff der Druck im Öl erhöht wird, dann herrscht dieser Druck im ganzen Bremssystem. Im Bremszylinder bewirkt diese Druckänderung das Herausschieben der Bremsbacken um ein kleines Stück. So werden die Bremsbacken kräftig an die Felge gepresst.

1 Erkläre mithilfe des Teilchenmodells, dass sich Flüssigkeiten nicht wie Gase zusammenpressen lassen.

2 Trainierte Menschen können ohne Hilfsmittel eine Wassertiefe von 30 m erreichen. Bestimme den Druck in dieser Tiefe.

3 Stelle eine Vermutung auf, wie in der Tiefsee lebende Tiere den extremen Schweredruck aushalten können.

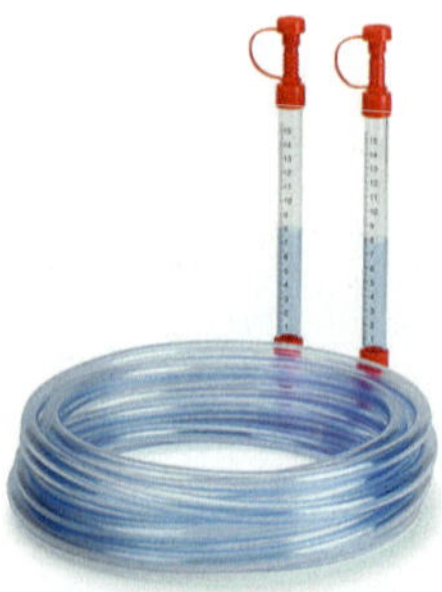

02 Schlauchwasserwaage

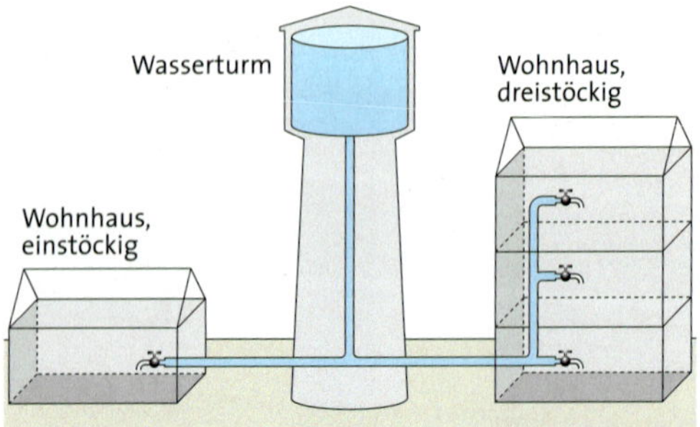

03 Modell einer Wasserversorgung mit Wasserturm

04 Hydraulische Felgenbremse am Fahrrad

VERSUCHE ▸ Zum Schweredruck in Flüssigkeiten

V1 Schweredruck sichtbar machen

Mit einfachen Mitteln machst du den Schweredruck an unterschiedlichen Stellen in einer PET-Flasche sichtbar.

Material:

PET-Flasche 1 ℓ, Schere, Wasser

Durchführung:

Stich mit der Schere drei kleine Löcher in die Trinkflasche, sodass sie sich übereinander in unterschiedlichen Höhen befinden. Stelle die Flasche an den Rand eines Waschbeckens und fülle sie vollständig mit Wasser. Beobachte die Form und die Reichweite der Wasserstrahlen, die aus den Löchern heraustreten. Verändern sich Form und Reichweite im Verlauf des Versuchs? Erkläre deine Beobachtungen. Beachte die unterschiedliche Höhe der Löcher.

V2 Der Schweredruck wirkt in alle Richtungen gleich

Im Versuch V1 zeigst du die Wirkung des Schweredrucks an den seitlich austretenden Wasserstrahlen. In diesem Versuch erkennst du, dass der Schweredruck genauso nach oben wirkt.

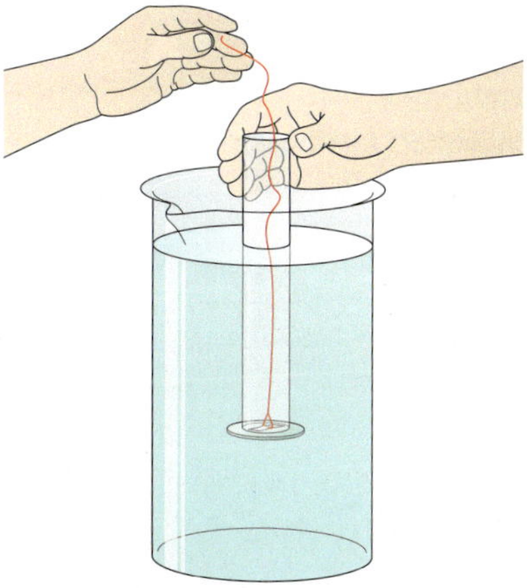

05 Hält die Scheibe?

Material:

Glasrohr mit glatt geschliffenem Rand, Scheibe mit Schnur, Gefäß (mindestens 15 cm tief), Wasser

Durchführung:

Führe die Schnur durch das Glasrohr. Ziehe damit die Scheibe an den geschliffenen Rand des Rohrs (▸ Bild 05). Senke das Glasrohr mit der festgehaltenen Scheibe voran in das mit Wasser gefüllte Gefäß. Wenn die Scheibe eine Tiefe von etwa 10 cm erreicht hat, dann kannst du die Schnur loslassen. Wovon hängt es ab, ab welcher Tiefe die Scheibe hält? Erkläre.

Material A ▸ Druck im Stausee

Sarah und Jasin wandern mit ihrer Klasse über die Schluchsee-Talsperre (▸ Bild unten). Beim Blick nach unten staunen sie:

Sarah: Ist das tief hier! Und auf der anderen Seite steht das Wasser bis fast oben. Was die Mauer am Grund wohl für einen Druck aushalten muss?

Jasin: Ja, ein extremer Druck. Aber zum Glück ist der See nur 1,4 Kilometer breit. Wäre er breiter, hätte der See mehr Wasser und der Druck auf die Mauer wäre noch größer!

A1 Beurteile Jasins Argument.

06 Schluchsee-Talsperre

Material B ▸ Kleine Ursache – große Wirkung

Im 17. Jahrhundert behauptete BLAISE PASCAL, ein Weinfass mit nur ein paar Gläsern Wein sprengen zu können. Zum Beweis bohrte PASCAL das volle Fass auf, steckte ein mehrere Meter langes Rohr in die Öffnung und dichtete alles sorgfältig ab. Dann begab er sich auf einen Balkon und ließ ein paar Gläser Wein in die obere Rohröffnung hineinlaufen (▸ Bild 07). Unter lautem Krachen platzte schließlich das Holzfass!

B1 Erkläre, warum der Versuch gelang.

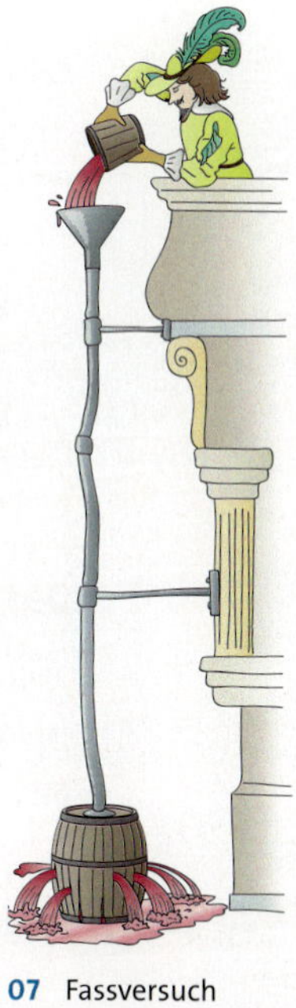

07 Fassversuch

Eigenschaften von Körpern und Stoffen

Jeder Körper hat eine **Masse *m***. Sie gibt an, wie schwer der Körper ist. Die Einheit der Masse ist ein Kilogramm (1 kg).

Jeder Körper nimmt einen bestimmten Raum ein. Diesen bezeichnet man als das **Volumen *V*** des Körpers. Die Einheit des Volumens ist ein Kubikmeter ($1\ m^3$). Weitere gebräuchliche Einheiten sind ein Kubikdezimeter ($1\ dm^3$) und ein Kubikzentimeter ($1\ cm^3$). Bei Flüssigkeiten verwendet man die Einheiten ein Liter (1 ℓ) und ein Milliliter (mℓ). Es gilt:
$1\ m^3 = 1000\ dm^3 = 1\,000\,000\ cm^3$,
$1\ \ell = 1\ dm^3$,
$1\ m\ell = 1\ cm^3$.

Der Quotient aus Masse und Volumen eines Körpers kennzeichnet den Stoff, aus dem der Körper besteht. Dieser Quotient heißt **Dichte *ρ*** des Stoffs. Es gilt:

$\rho = \frac{m}{V}$.

Die Einheit der Dichte ist $1\ \frac{kg}{m^3}$.

Meistens wird die Einheit $1\ \frac{g}{cm^3}$ verwendet.

Schwimmen: Wenn ein Körper aus einem Stoff besteht, dessen Dichte ...
- ... kleiner als die von Wasser ist, dann schwimmt der Körper auf dem Wasser,
- ... gleich der von Wasser ist, dann schwebt der Körper im Wasser,
- ... größer als die von Wasser ist, dann sinkt der Körper im Wasser.

Das Teilchenmodell

Alle Stoffe bestehen aus kleinen Teilchen. Die Teilchen haben einen Durchmesser von etwa einem Millionstel Millimeter.

Alle Teilchen bewegen sich andauernd. Je höher die Temperatur eines Körpers ist, desto heftiger bewegen sich die Teilchen, aus denen er besteht.

Stoffe können in verschiedenen **Aggregatzuständen** vorkommen: fest, flüssig oder gasförmig.
In **Festkörpern** liegen die Teilchen eng beieinander und haben einen starken Zusammenhalt.
In **Flüssigkeiten** liegen die Teilchen eng beieinander und sind gegeneinander verschiebbar.
In **Gasen** befinden sich die Teilchen in großem Abstand voneinander ohne jeden Zusammenhalt. Zwischen den Teilchen ist leerer Raum.

Körpereigenschaften und Temperatur

Temperaturen werden mit Thermometern gemessen. Dabei nutzt man aus, dass ein Körper einige seiner Eigenschaften ändert, wenn sich seine Temperatur ändert.
Die Einheit der Temperatur ist ein Grad Celsius (1 °C). Das Größensymbol ist ϑ.

Verhalten bei Temperaturerhöhung: Alle Gase, die meisten Flüssigkeiten und die meisten Festkörper dehnen sich bei einer Erhöhung der Temperatur aus.

Das Ausmaß der Ausdehnung hängt von der Art des Stoffs und vom Aggregatzustand ab.
Bei gleicher Temperaturerhöhung ist die Volumenzunahme von Gasen viel größer als die von Flüssigkeiten und Festkörpern.
Alle Gase dehnen sich bei Temperaturerhöhung nahezu gleich aus.

Je größer die Temperaturerhöhung ist, desto größer ist die Volumenzunahme.
Je größer das Anfangsvolumen ist, desto größer ist die Volumenzunahme.

Bei Temperaturerniedrigung verringert sich entsprechend das Volumen.

Druck

Gase können zusammengepresst werden. Der **Druck** gibt an, wie sehr das Gas zusammengepresst ist.

Flüssigkeiten können gepresst werden, ändern dabei aber ihr Volumen praktisch nicht. Der Druck gibt an, wie sehr die Flüssigkeit gepresst ist.

Der Druck wirkt in alle Richtungen gleich.

Der Druck wird mit Manometern gemessen. Er wird in der Einheit ein Pascal (1 Pa) angegeben. Das Größensymbol ist p.

Im Alltag werden häufiger die Einheiten ein Hektopascal (1 hPa), ein Bar (1 bar) oder ein Millibar (1 mbar) benutzt. Es gilt:
1 hPa = 100 Pa,
1 mbar = 1 hPa,
1 bar = 1000 hPa = 100 000 Pa.

In Vergleichen mit dem äußeren Luftdruck verwendet man häufig die Begriffe **Überdruck** (Druck größer als Luftdruck) und **Unterdruck** (Druck kleiner als Luftdruck).

Schweredruck: Der durch die Schwere einer Flüssigkeit verursachte Druck in einer Flüssigkeit wird Schweredruck genannt.
Der Schweredruck in einer Flüssigkeit nimmt mit der Tiefe zu.
In gleicher Tiefe ist der Schweredruck in einer Flüssigkeit überall gleich.
Der Schweredruck ist von der Form des Gefäßes unabhängig.

In verbundenen Gefäßen steht eine Flüssigkeit daher gleich hoch.

Überprüfe dich selbst:

Kann ich ...

... verschiedene Messverfahren zur Bestimmung von Masse und Volumen von Körpern beschreiben?

... erläutern, wie man Messgrößen sinnvoll angibt?

... den Begriff der Dichte erläutern?

... erklären, was mit der mittleren Dichte gemeint ist?

... mit den Größen Masse, Volumen und Dichte rechnen?

... erkennen, ob zwei Größen proportional zueinander sind?

... angeben, wann ein Körper auf einer Flüssigkeit schwimmt?

... das Teilchenmodell der Stoffe beschreiben?

... mithilfe des Teilchenmodells die Aggregatzustände erklären?

... Alltagserscheinungen wie die Diffusion mit dem Teilchenmodell erklären?

... erläutern, welche Bedeutung Modelle im Alltag und in der Physik haben?

... Temperaturdiagramme lesen und auswerten?

... das Verhalten von Stoffen bei Temperaturänderungen beschreiben und einfache Versuche hierzu durchführen?

... den Begriff des Drucks erläutern und Verfahren zur Druckmessung beschreiben?

... erläutern, wie der Schweredruck in einer Flüssigkeit zustande kommt?

Energie

In diesem Kapitel beschäftigst du dich mit

- der wichtigen physikalischen Größe Energie. Du erhältst Einblick darin, weshalb die Energie in unserem Leben eine so große Rolle spielt.

- den vielen verschiedenen Gesichtern, die die Energie haben kann. Du lernst, dass Energie ihre Form ändern, aber weder erzeugt noch vernichtet werden kann.

- dem Nutzen von Energie. Du lernst, was „Energieverbrauch" physikalisch bedeutet. Nach ihrer Nutzung ist die Energie nicht verschwunden sondern in der Umgebung verteilt. Von dort kann sie nicht einfach wieder zurückgewonnen werden.

- dem verantwortungsvollen Umgang mit Energie. Du erfährst, welche Folgen die Nutzung der Energie hat und wie man mit Energie sorgsam umgeht.

01 Überall spielt Energie eine wichtige Rolle.

Jeder braucht Energie

Alles scheint selbstverständlich: Jeden Tag zu essen, elektrischer Strom jederzeit verfügbar, jeden Morgen fährt der Bus zur Schule, bei Kälte wird geheizt.
Was haben all diese Dinge miteinander zu tun?

Was aber Energie ist, das kann auch ein Physiker nicht in ein paar wenigen Sätzen erklären. Wir werden uns daher in diesem Kapitel mit den Eigenschaften der Energie beschäftigen, um ein besseres Verständnis für diesen wichtigen Begriff zu bekommen.

Sicherlich hast du schon einmal von der Energie gehört. Ohne Energie funktionieren alle unsere Geräte nicht. Ohne Energie wäre es kalt und dunkel in der Wohnung. Ohne Energie können Tiere, Pflanzen und auch du nicht leben.

WOZU BRAUCHEN WIR ENERGIE? · Energie benötigt man zum Betrieb von elektrischen Geräten, zum Heizen und Beleuchten der Wohnung, zur Fortbewegung mittels Auto, Bahn, Flugzeug oder Schiff. Und auch alle Lebewesen benötigen Energie. Du brauchst sie zum Laufen, Radfahren, Denken; kurz: zum Leben. Tiere und Pflanzen benötigen ebenfalls Energie, um leben zu können.

WIE BEKOMMEN GERÄTE UND LEBEWESEN ENERGIE? · Ein Auto benötigt Benzin oder Diesel. Offensichtlich steckt in diesen Treibstoffen Energie. Zum Heizen der Wohnung benutzt man meistens Öl, Gas, Kohle oder Holz. Mit diesen Stoffen erhält die Heizung die erforderliche Energie.
Etwas anders ist es mit elektrischen Geräten: Sie bekommen die Energie nicht mit einem Stoff, sondern durch den elektrischen Strom.
Menschen und Tiere erhalten die Energie über die Nahrung: In Nahrungsmitteln steckt also auch Energie.
Pflanzen können in der Regel ohne Licht nicht leben. Sie bekommen die Energie normalerweise mit dem Sonnenlicht.

SPEICHER FÜR ENERGIE · In Benzin, Diesel, Gas und Kohle ist Energie gespeichert. Man spricht hier von **Energiespeichern.** Die gespeicherte Energie kann man sich nutzbar machen, wenn man die Treibstoffe in einem Motor oder Kessel verbrennt. Damit kann man dann z.B. ein Auto betreiben oder ein Haus heizen.
Nahrungsmittel sind ebenfalls Energiespeicher. Sie enthalten Kohlenhydrate, Fette und Proteine. Mit diesen Nährstoffen nehmen wir Energie auf.
Batterien und Akkus sind Energiespeicher zum Betrieb von kleinen elektrischen Geräten, wie MP3-Player und Smartphone.

Für alle Energiespeicher gilt: Die Energie, die sie enthalten, steht sozusagen „auf Abruf bereit".

ÜBERTRAGUNG VON ENERGIE · Beim Tanken fließt Benzin oder Diesel in den Tank. Dabei wird auch die darin enthaltene Energie in den Tank befördert. Die Energie wird hier zusammen mit dem Treibstoff transportiert (▸ Bild 02).

Wie ist es aber mit der Energie, die von der Sonne zu uns kommt? In diesem Fall gibt es keinen Stoff, der die Energie von der Sonne zur Erde transportiert. Das Licht selbst überträgt die Energie! Und das über eine Entfernung von 150 Millionen Kilometern! Diese Art der Energieübertragung funktioniert sowohl im luftleeren Raum, als auch in lichtdurchlässigen Materialien.

Es gibt noch viele weitere Möglichkeiten, Energie zu übertragen. Beim Fahrradfahren musst du kräftig in die Pedale treten. Über die Fahrradkette wird dann das Hinterrad angetrieben. In diesem Beispiel wird die Energie durch die umlaufende Fahrradkette übertragen (▸ Bild 03).

Die Energieübertragung durch den elektrischen Strom haben wir schon angesprochen. Auch in diesem Fall erfolgt die Energieübertragung nicht mit einem Stoff (▸ Bild 04).

Zum Betrieb von Maschinen und Geräten benötigt man Energie.
Lebewesen brauchen Energie, um zu leben.
Es gibt Speicher für Energie.
Energie kann übertragen werden.

1. Nenne fünf Elektrogeräte und beschreibe, wozu sie Energie benötigen.
2. Verkehrsmittel bekommen ihre Energie auf unterschiedliche Weisen. Nenne zehn Verkehrsmittel und beschreibe, wie sie die erforderliche Energie erhalten.
3. Informiere dich, wie die Heizungsanlage eurer Wohnung die nötige Energie bekommt.

02 Mit dem Benzin gelangt Energie in den Tank.

03 Durch die umlaufende Fahrradkette wird Energie auf das Hinterrad übertragen.

04 Durch den elektrischen Strom wird Energie auf das Gerät übertragen.

So viel Energie steckt in ...		
einer Batterie (Typ AA): ca. 5 kJ	einem Stück Würfelzucker: ca. 50 kJ	einem Liter Benzin: ca. 35 MJ
Mit der Energiemenge 1 Joule kann man ...		
einen Gegenstand mit einer Masse einer Tafel Schokolade (100 g) einen Meter anheben.		
1 g Luft um 1 Grad erwärmen.		
Mit der Energiemenge 1 Kilojoule kann man ...		
einen Menschen von 50 kg Masse zwei Meter anheben.		
$\frac{1}{4}$ ℓ Wasser um 1 Grad erwärmen.		
Mit der Energiemenge 1 Megajoule kann man ...		
acht Minuten Haare föhnen.		
16 Stunden eine Energiesparlampe betreiben.		
3 ℓ Leitungswasser zum Sieden bringen.		

01 Beispiele für Energiemengen

ANGABE VON ENERGIEMENGEN · Um angeben zu können, wie viel Energie ein Energiespeicher enthält oder wie viel Energie ein Gerät oder ein Vorgang benötigt, braucht man eine Einheit für die **Energiemenge *E*.** Die Einheit der Energiemenge ist ein **Joule** (1 J).

Ein Joule ist eine sehr kleine Energiemenge. Man verwendet daher häufig die abgeleiteten Einheiten ein Kilojoule oder ein Megajoule:

1000 J = 1 kJ (Kilojoule),
1000 kJ = 1 MJ (Megajoule).

Die Energiemenge bezeichnen wir mit *E*. Die Einheit für die Energiemenge ist ein Joule (1 J).

1 Für ein Vollbad werden 140 ℓ Wasser von 10 °C auf 40 °C erwärmt. Bestimme die benötigte Energiemenge.

BLICKPUNKT

Energiebedarf des menschlichen Körpers
Auch wenn du schläfst, benötigt dein Körper Energie: Für die Atmung, den Herzschlag, die Versorgung des Gehirns und der anderen Organe und für vieles mehr. Diesen Energiebedarf nennt man Grundbedarf. Er hängt zum Beispiel von deiner Körpergröße, deinem Alter und deinem Geschlecht ab.
Zusätzlich benötigt dein Körper Energie für alle körperlichen Aktivitäten. Dieser zusätzliche Energiebedarf heißt Leistungsbedarf. Er hängt davon ab, wie stark du dich bewegst bzw. wie schwer du körperlich arbeitest.
Grundbedarf und Leistungsbedarf zusammen ergeben den tatsächlichen Energiebedarf. Die benötigte Energiemenge musst du mit der Nahrung aufnehmen. Wenn du über längere Zeit zu viel oder zu wenig isst, dann schadest du deinem Körper.

Statt Grund- und Leistungsbedarf sagt man auch Grund- bzw. Leistungsumsatz.

Energiegehalt von Nahrungsmitteln
Lebensmittel enthalten unterschiedlich viel Energie. Süßigkeiten und stark fetthaltige Lebensmittel enthalten besonders viel Energie; du solltest davon nicht zu viel essen.
Der Energiegehalt von Lebensmitteln bezieht sich in der Regel auf eine Menge von 100 g. Er wird offiziell in Kilojoule (kJ) angegeben. Allerdings findet man meistens auch noch die Angabe in der alten Einheit Kilokalorie (kcal). Dabei gilt die Umrechnung

1 kcal = 4,19 kJ.

Im Alltag ist man oft nachlässig und sagt statt Kilokalorien einfach Kalorien.

2 Erläutere, wovon der Energiebedarf eines Menschen abhängt. Warum hat ein Sportler einen höheren Energiebedarf?

Material A ▸ Energie im Alltag

A1 Nenne fünf möglichst unterschiedliche Gegenstände deiner Wohnung, in denen Energie gespeichert ist. Erkläre, woran du merkst, dass diese Gegenstände Energie enthalten.

A2 Beschreibe drei Vorgänge aus deinem Alltag, bei denen Energie übertragen wird. Erkläre, wodurch die Energie jeweils übertragen wird.

A3 Im Alltag wird das Wort Energie in ganz unterschiedlichen Zusammenhängen verwendet. Erläutere, was die Personen vermutlich meinen. Überlege dir, ob sie das Wort Energie im physikalischen Sinn verwenden.

Mutter:
„Verschwende nicht so viel Energie und schalte den Computer aus, wenn du gehst."

Schwester:
„Ich habe heute keine Energie, um mit dir die Englisch-Vokabeln zu lernen."

Vater:
„Die steigenden Energiepreise machen meine Gehaltserhöhung zunichte."

Oma:
„Du sprühst ja vor Energie."

A4 In der Alltagssprache geht es oft um Energie, auch wenn das Wort „Energie" gar nicht verwendet wird.
- „Trink die Milch aus, die macht dich munter."
- „Die Sahne lasse ich weg, die hat zu viele Kalorien."
- „Der alte Kühlschrank braucht zu viel Strom."

Suche weitere solcher Beispiele.

Material B ▸ Bedeutung der Energie

B1 **a)** Welche Rolle spielt die Energie in unserem Leben? Mithilfe einer Mindmap kannst du die Zusammenhänge übersichtlich darstellen. Das Bild zeigt eine mögliche unvollständige Mindmap. Übertrage sie in dein Heft und ergänze sie.
b) Eine andere Fragestellung führt zu einer anderen Mindmap. Erstelle eine Mindmap zur Frage „Wie kann man Energie sparsam verwenden?".

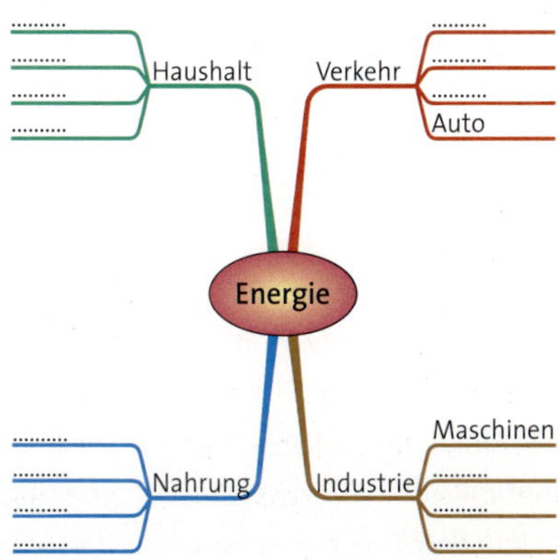

B2 Kraftwerke stellen Energie bereit, die durch den elektrischen Strom in die Häuser und Fabriken übertragen wird. Sie erhalten die Energie auf unterschiedliche Weise.
a) Erläutere für einige Kraftwerkstypen, wodurch sie die nötige Energie erhalten.
b) Die Bezeichnung „Kraftwerk" ist schlecht gewählt. Besser wäre „Energiewerk". Begründe.

Material C ▸ Energie und Ernährung

C1 **a)** Ein wesentlicher Gesichtspunkt für eine gesunde Ernährung ist der Energiegehalt der Lebensmittel. Er muss zu deinem Energiebedarf passen. Welche Folgen hat eine Ernährung mit zu hoher bzw. zu geringer täglicher Energiezufuhr? Begründe.
b) Wichtig ist außerdem eine ausgewogene Ernährung mit reichlich pflanzlichen, mäßig vielen tierischen Lebensmitteln und wenig Süßigkeiten. Notiere für einen Tag deine verzehrten Lebensmittel und vergleiche mit der Empfehlung (▸ Tabelle 02).
c) Süße Getränke enthalten bis zu 12 g Zucker pro 100 mℓ. Der Energiegehalt von Zucker beträgt 17 kJ pro g. Berechne den Energiegehalt von 0,5 ℓ eines solchen Getränks.

	Mädchen	Jungen
Energie	9000 kJ	11 000 kJ
Obst, Gemüse	500 g	600 g
Brot, Getreideflocken, ...	250 g	300 g
Kartoffeln, Nudeln, Reis ...	200 g	250 g
Milch, Joghurt	200 mℓ	200 mℓ
Käse	35 g	40 g
Fleisch, Wurst, Fisch, Ei, ...	120 g	130 g
Öl, Margarine, Butter	35 g	40 g
Süßigkeiten	≤ 90 g	≤ 95 g

02 Empfohlene Lebensmittel pro Tag für Jugendliche (13–14 J.)

01 Bäume brauchen Sonnenlicht.

02 Nutzung der Sonnenenergie bei einer Bergsteigerunterkunft

Energie in Natur und Technik

Die Sonne ist der wichtigste Energielieferant für das Leben auf der Erde. Ohne die Energie der Sonne können die Bäume nicht leben. Auch der Mensch nutzt die Sonnenenergie, zum Beispiel für die Bergsteigerunterkunft ohne Stromanschluss hoch oben in den Bergen.

BÄUME NUTZEN SONNENENERGIE · Die Blätter der Bäume enthalten kleine „chemische Fabriken". Damit können sie die Energie des Sonnenlichts nutzen, um aus Kohlenstoffdioxid und Wasser energiereiche Stoffe wie Stärke herzustellen. Die Energie steckt dann in diesen Stoffen. Die Bäume speichern die energiereichen Stoffe und können daraus später die Energie wieder entnehmen.

Statt Kohlenstoffdioxid (CO_2) sagt man auch kurz „Kohlendioxid".

SONNE UND ELEKTRIZITÄT · Das Haus ohne Stromanschluss in ▸ Bild 02 hat Solarzellen zur Nutzung der Sonnenenergie. Die Solarzellen bekommen die Energie ebenfalls durch das Sonnenlicht. Sie stellen daraus aber keine Stoffe her, sondern geben die Energie durch den elektrischen Strom ab. Die Energie, die nicht gleich gebraucht wird, wird in einem Akku gespeichert. Aus dem Akku kann die Energie jederzeit wieder entnommen werden, auch nachts, wenn die Sonne nicht scheint.

ENERGIEWANDLER · Die kleinen „chemischen Fabriken" in den Blättern und die Solarzellen geben beide die Energie, die sie bekommen, gleich wieder ab. In beiden Beispielen erfolgt die Energieabgabe allerdings auf eine andere Art als die Energieaufnahme. Deshalb spricht man hier von Energiewandlern.

Ein Energiewandler bekommt die Energie auf eine bestimmte Art und gibt sie gleichzeitig auf eine andere Art wieder ab.

ENERGIEFLUSSDIAGRAMME · Energieübertragungsvorgänge lassen sich übersichtlich in einem Energieflussdiagramm darstellen. Dabei stellen wir Energiespeicher durch grüne und Energiewandler durch rote Kästchen dar. Für die Energieübertragungsvorgänge zeichnen wir Pfeile und notieren, wie die Energie übertragen wird. ▸ Bild 03 zeigt dies am Beispiel des Solarhauses: Tagsüber wird Energie durch Licht von der Sonne auf die Solarzelle übertragen. Von dort gelangt sie durch den elektrischen Strom in den Akku. Nachts wird die Energie aus dem Akku wieder entnommen, z.B. zum Betrieb einer Energiesparlampe. Die von der Lampe abgegebene Energie gelangt in die Umgebung. – Ein solches Energieflussdiagramm ist selbstverständlich nur ein Modell.

ENERGIEWANDLER FÜR VIELE ZWECKE · Es gibt viele unterschiedliche Energiewandler. Dazu zwei Beispiele: Der Elektromotor bekommt die Energie durch den elektrischen Strom und gibt sie durch die Drehbewegung seiner Achse ab. Den umgekehrten Energiewandler gibt es auch, er heißt Generator. Elektromotor und Generator sind im Prinzip gleich aufgebaut. Deshalb kann man einen Elektromotor meistens auch als Generator verwenden und umgekehrt. In ▸ Bild 04 haben wir einen Generator und einen Motor hintereinander gehängt. Zu so einer Anordnung von Energiewandlern sagt man **Energieübertragungskette**. Übrigens wurde beim Energieflussdiagramm in ▸ Bild 04 der Einfachheit halber nur ein Teil der Übertragungskette gezeichnet.

Bei den meisten Energiewandlern funktioniert die Umkehrung jedoch nicht. Ein Wasserkocher bekommt die Energie durch den elektrischen Strom (▸ Bild 05). Er gibt die Energie ab, indem er Wasser erwärmt. Die Energie steckt dann im heißen Wasser. Wenn man umgekehrt den Wasserkocher mit heißem Wasser füllt, dann gibt er niemals Energie durch den elektrischen Strom ab.

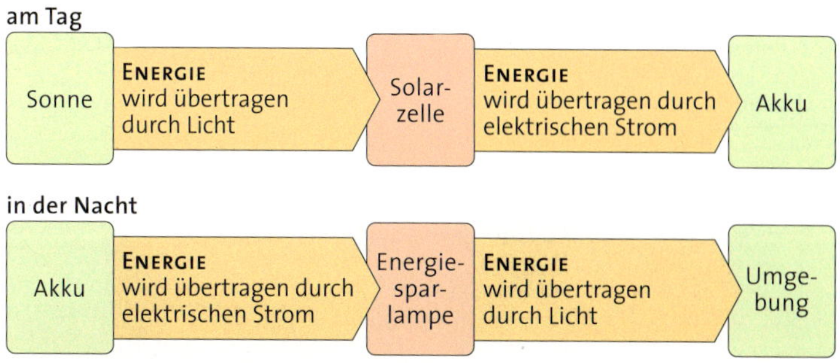

03 Energieflussdiagramm im Solarhaus

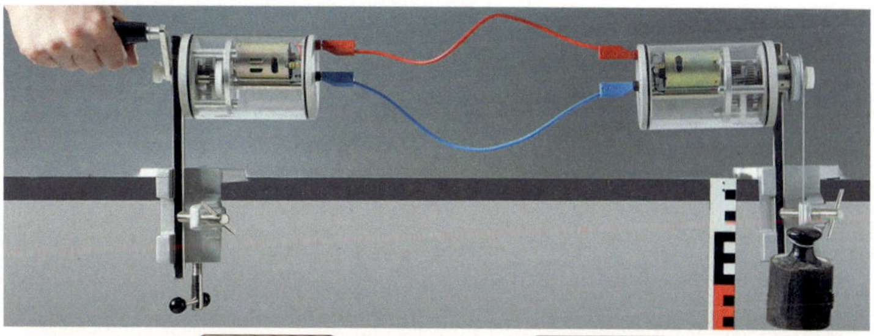

04 Energieübertragungskette aus Generator und Elektromotor

05 Energieflussdiagramm eines Wasserkochers

1 Erkläre, auf welche Art folgende Energiewandler Energie bekommen und abgeben: Föhn, Lautsprecher, Automotor.

2 Mit einem Solarkollektor kann man die Sonnenenergie zum Heizen und zum Erwärmen von Wasser nutzen. Er besteht im Wesentlichen aus einer schwarzen Platte mit einer langen Rohrleitung. Das Sonnenlicht erwärmt die Platte und dadurch das Wasser, das durch die Rohrleitung fließt. Zeichne ein Energieflussdiagramm für den Kollektor. Erläutere Vor- und Nachteile einer solchen Anlage.

06 Solarkollektor

BLICKPUNKT

Fossile Energiespeicher

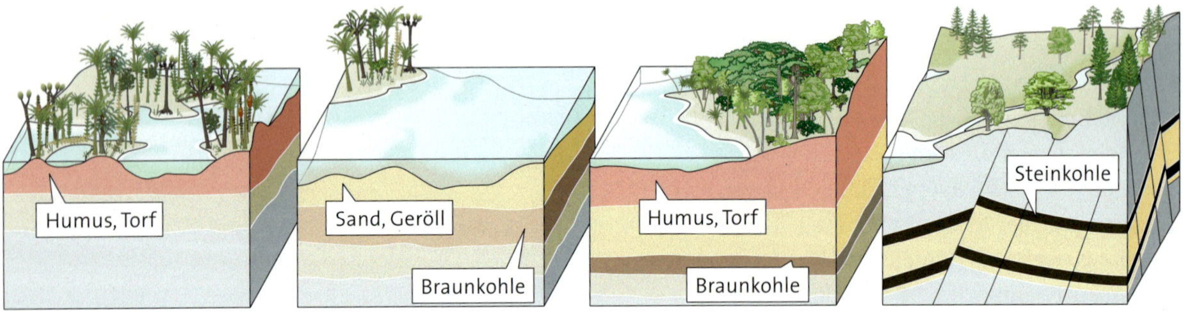

01 Tote Pflanzen wandeln sich zunächst in Torf um, dann in Braunkohle und schließlich in Steinkohle.

Zum Heizen, zum Autofahren, in den Kraftwerken – unser Energiebedarf ist enorm. Die Energie stammt zum größten Teil von Kohle, Erdöl und Erdgas. Diese Brennstoffe sind vor vielen Millionen Jahren aus toten Pflanzen und Tieren entstanden. Man bezeichnet sie als fossile Energiespeicher.

Entstehung der Kohle · Die großen Kohlevorkommen sind vor etwa 300 Millionen Jahren aus Urwäldern entstanden. Diese Wälder wuchsen in Tiefebenen, die nur wenig über dem Meeresspiegel lagen. Unzählige Pflanzen wuchsen und starben. Die toten Pflanzen bildeten eine viele Meter dicke Schicht aus Humus und Torf. Die Ebenen senkten und hoben sich im Laufe der Zeit mehrmals. Wenn sich die Gegend senkte, dann wurden die Wälder überflutet und mit Sand und Geröll bedeckt. Irgendwann hob sich die Gegend wieder und die Wälder wuchsen von Neuem, bis sie wieder überflutet wurden. Während sich das Spiel noch einige Male wiederholte, sanken die untersten Schichten immer tiefer. In diesen Schichten nahmen der Druck und die Temperatur immer mehr zu, sodass der Torf immer stärker verdichtet wurde und dabei in Braunkohle und schließlich in Steinkohle umgewandelt wurde.

Erdöl und Erdgas · Diese Brennstoffe sind auf ähnliche Art entstanden, allerdings aus abgestorbenen Kleinlebewesen im Meer. Auch hier bildeten sich Schichten von toten Lebewesen, die durch Sand und Geröll bedeckt und in die Tiefe gedrückt wurden. Unter hohem Druck, hoher Temperatur und unter Ausschluss von Sauerstoff wandelte sich das tote Material in Erdöl und Erdgas um.

Begrenzte Vorräte · Die fossilen Brennstoffe sind im Laufe von Millionen Jahren entstanden, aber wir verbrennen sie in wenigen Hundert Jahren. Das hat zur Folge, dass die Vorräte bald zu Ende gehen. Besonders knapp ist Erdöl.

Verstärkung des Treibhauseffekts · Bei der Verbrennung von Kohle, Erdöl und Erdgas entsteht Kohlenstoffdioxid (CO_2), also genau das Gas, das die Pflanzen zu ihren Lebzeiten aufgenommen und mithilfe der Energie des Sonnenlichts in energiereiche Stoffe umgewandelt haben. CO_2 ist natürlicherweise in der Luft enthalten. Durch die Verbrennung fossiler Brennstoffe hat sich aber der CO_2-Gehalt der Luft stark erhöht. Dadurch wurde der so genannte Treibhauseffekt verstärkt. Es ist ein ähnlicher Effekt wie bei einem Gewächshaus (Treibhaus). Unter dem Glasdach eines Gewächshauses ist es angenehm warm. CO_2 und einige andere Gase wirken ähnlich wie das Glasdach eines Gewächshauses. Ohne den natürlichen Treibhauseffekt wäre es auf der Erde eisig kalt. Aber die Erhöhung des CO_2-Gehalts führt zu einer Verstärkung des Treibhauseffekts und damit zu einer unerwünschten Erwärmung der Erde. Klimaforscher warnen vor den Folgen dieser Erwärmung: Verschiebung der Klimazonen, Ausdehnung der Wüsten, Abschmelzen der Gletscher, Zunahme von Wetterextremen und Anstieg des Meeresspiegels.

1 Erkläre, woher die Energie der fossilen Brennstoffe ursprünglich kommt.

2 Erläutere, warum die Verbrennung von fossilen Brennstoffen problematisch ist.

VERSUCHE ▸ Energie kann übertragen werden

Mit den folgenden Versuchen untersuchst du die Energieübertragung beim Elektromotor und Generator.

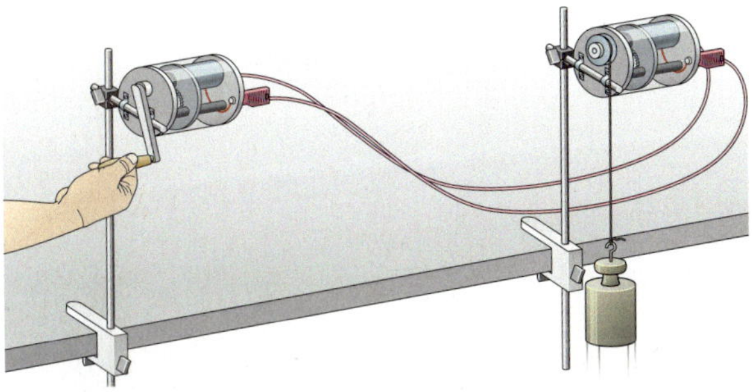

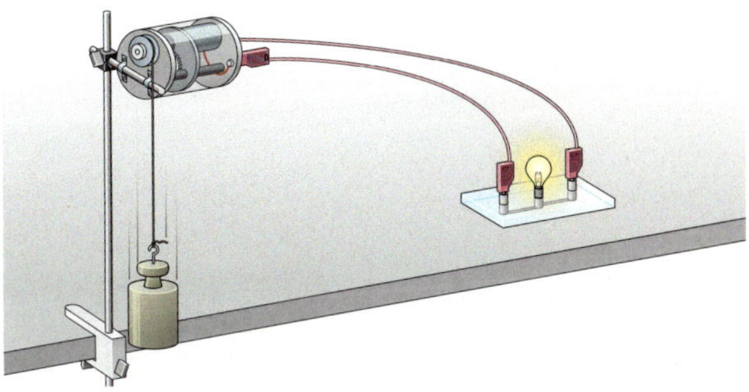

V1 Motor und Generator

Material:
Generator und Motor (z. B. Dynamot), Massestücke (1 kg, 2 kg), stabile Unterlage, Schnur, Kabel, Glühlampe

Durchführung:
a) Schließe den Motor an den Generator an. Hänge das 1-kg-Massestück an die Schnur. Kurbele am Generator, sodass das Massestück angehoben wird. Beschreibe, was passiert, wenn du schneller kurbelst. Wiederhole den Versuch jeweils mit einer Masse von 2 kg und 3 kg. Notiere deine Beobachtungen.
Überlege dir, welche Energiespeicher und Energiewandler hier wesentlich sind. Zeichne ein Energieflussdiagramm.
b) Bestätige, dass am Ende der Energieübertragungskette aus a) Energie steckt. Baue dazu den Versuch um und schließe die Glühlampe an. Hänge nacheinander verschiedene Massestücke (1 kg, 2 kg, 3 kg) an die Schnur und treibe damit den Generator an. Notiere deine Beobachtungen. Zeichne ein Energieflussdiagramm.

Material A ▸ Energieübertragungsketten

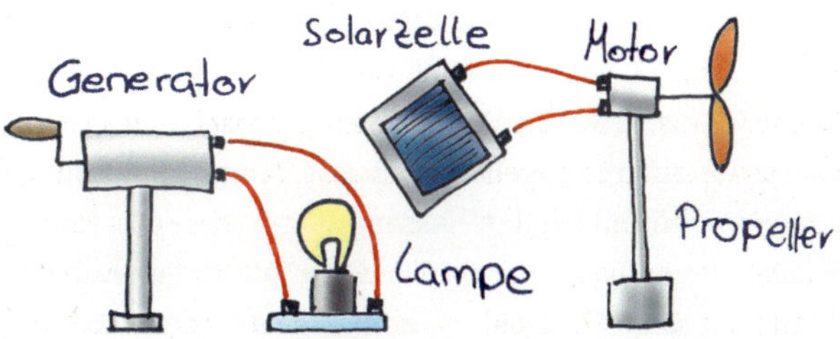

A1 Lea hat eine Energieübertagungskette aufgebaut und eine Zeichnung dazu gemacht.
a) Übersetze diese Zeichnung in ein Energieflussdiagramm.
b) Erläutere die Vor- und Nachteile eines Energieflussdiagramms gegenüber einer Versuchszeichnung.

A2 Bilde aus den unten genannten Geräten mindestens drei unterschiedliche Energieübertragungsketten. Zeichne jeweils ein Energieflussdiagramm.
Geräte: Motor, Akku, Lampe, Generator, Solarzelle

A3 Das ▸ Bild unten zeigt ein sogenanntes geothermisches Kraftwerk. Erkläre anhand des Bildes, wie das Kraftwerk funktioniert. Zeichne ein Energieflussdiagramm.

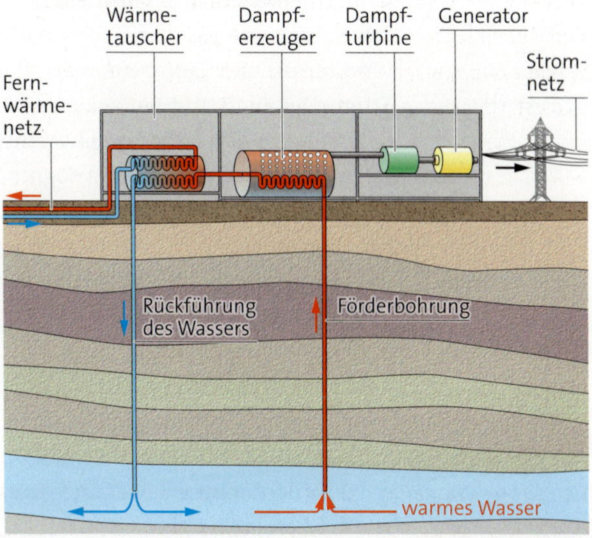

01 Nervenkitzel in der Achterbahn

Energie hat viele Gesichter

Auf einer Strecke von 80 Metern werden die Wagen der Achterbahn in nur 2,5 Sekunden auf 100 $\frac{km}{h}$ katapultiert. Wenn der Zug einmal in Bewegung ist, dann rast er ohne weiteren Antrieb durch Loopings und Schrauben.

Um einen Körper zu beschleunigen, braucht man Energie.
Ein sich bewegender Körper hat Bewegungsenergie. Je schneller er sich bewegt, desto größer ist seine Bewegungsenergie.

BEWEGUNG UND ENERGIE · Bei einer Katapult-Achterbahn wird der Zug durch spezielle Elektromagnete unter den Schienen in kurzer Zeit auf eine große Geschwindigkeit gebracht. Die Energie, die für diesen Vorgang gebraucht wird, erhält der Zug durch den elektrischen Strom. Der Zug selbst hat keinen Motor. Trotzdem kann er durch die komplette Achterbahn rollen, sogar bergauf. Das ist möglich, weil der Zug nach der Beschleunigung selbst Energie hat. Die Energie steckt sozusagen in der Bewegung des Zugs. Man sagt: Der Zug hat **Bewegungsenergie.**

Wenn der Zug zu langsam ist, dann hat er nicht genug Energie, um durch alle Loopings und Schrauben zu kommen. Er muss genügend schnell sein, denn die Bewegungsenergie hängt von der Geschwindigkeit ab.

LAGE UND ENERGIE · Eine Achterbahn im Kleinen zeigt ▸ Bild 02. Das Spielzeugauto braucht keinen eigenen Antrieb. Damit es die Bahn durchlaufen kann, musst du es die Schräge hinunterrollen lassen. Wenn der Startpunkt genügend hoch ist, dann wird das Auto so schnell, dass es sogar durch den Looping kommt.

Während das Auto die Schräge hinunterrollt und dabei immer schneller wird, nimmt auch seine Bewegungsenergie immer mehr zu. Woher kommt die Energie? Vermutlich hast du schon eine Vorstellung davon, dass die Energie nicht einfach aus dem Nichts entsteht. Sie muss schon da gewesen sein. Hat das vielleicht mit dem hohen Startpunkt zu tun?

Tatsächlich benötigst du Energie, um das Auto vom Boden zum Startpunkt hochzuheben – auch wenn die Energiemenge bei einem Spielzeugauto sehr klein ist. Diese Energie steckt nun in der Lage des angehobenen Autos. Man sagt: Das Auto hat **Lageenergie.**

Je höher das Auto startet, desto schneller wird es. Folglich ist die Lageenergie des Autos größer, wenn der Startpunkt höher ist.

Um einen Körper hochzuheben, braucht man Energie.
Ein angehobener Körper hat Lageenergie. Je höher er sich befindet, desto größer ist seine Lageenergie.

VERFORMUNG UND ENERGIE · Das Spielzeugauto in ▸ Bild 03 hat eine spiralförmige Stahlfeder als Antrieb. Um die Feder zu spannen, musst du das Auto rückwärts ziehen. Anschließend kannst du das Auto loslassen, es wird durch die Feder beschleunigt.

Es ist dir vermutlich klar, dass die Energie zum Beschleunigen des Autos in der gespannten Feder steckt. Man sagt: Die gespannte Feder hat **Spannenergie**. Die Energie hast du beim Spannen der Feder aufgebracht.

Dabei ist es wichtig, dass die Feder elastisch ist. Zwar braucht man auch Energie, um eine Dose zusammenzupressen, obwohl die Dose nicht elastisch ist. Aber die Energie, die nun in der verformten Dose steckt, kann man nicht sinnvoll nutzen.

Um einen Körper zu verformen, braucht man Energie.
Ein elastisch verformter Körper hat Spannenergie. Je stärker er verformt ist, desto größer ist seine Spannenergie.

ENERGIEFORMEN · Die Beispiele zeigen, dass die Energie „verschiedene Gesichter" hat. Manchmal steckt die Energie eines Körpers in seiner Bewegung, manchmal in seiner Lage gegenüber dem Boden, manchmal in seiner Verformung. Obwohl es sich jedesmal um dieselbe physikalische Größe handelt, nämlich die Energie, spricht man von verschiedenen **Energieformen.** Ein Beispiel, in dem die drei Formen Bewegungsenergie, Lageenergie und Spannenergie gemeinsam auftreten, ist das Trampolinspringen (▸ Bild 04). Hier steckt die Energie nacheinander in den gespannten Federn, in der Bewegung des Sportlers und in der Lage des Sportlers usw. Man sagt, dass sich die Energieformen ineinander **umwandeln.**

1 Erkläre, was passiert, wenn der Zug der Achterbahn beim Start zu langsam ist.

2 Welche Energieformen treten beim Bungee-Springen auf? Beschreibe die Energieumwandlung.

05 Bungee-Sprung

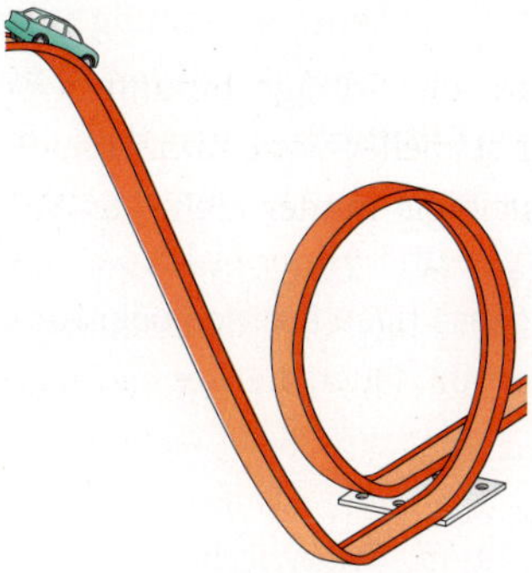

02 Achterbahn im Kleinen

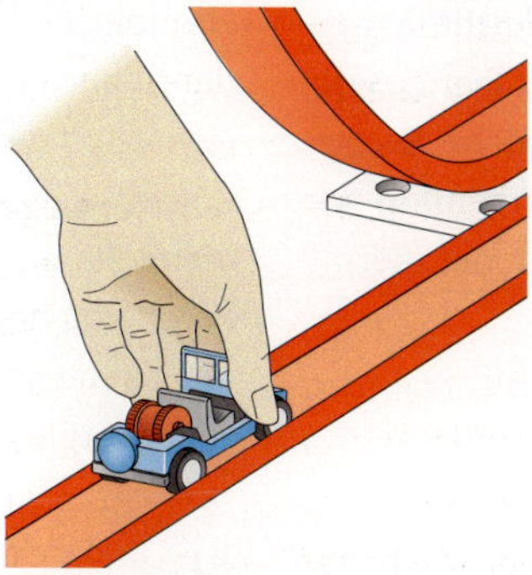

03 Auto mit Federantrieb

04 Trampolinspringen

01 Weihnachtspyramide

02 Die Lageenergie hängt auch vom Himmelskörper ab.

TEMPERATUR UND ENERGIE · Die Weihnachtspyramide im ▸ Bild 01 hat vier Teelichter. Wenn diese brennen, dann steigt die heiße Luft über den Flammen nach oben, trifft auf ein Windrad und treibt dieses an. Das Windrad erhält offensichtlich Bewegungsenergie. Aber wo kommt diese Energie her? Anscheinend kommt die Energie aus der durch die Flammen erhitzten Luft. Denn wenn man die Flammen auspustet, dann wird das Windrad nicht mehr angetrieben und bleibt bald stehen. Man sagt: Heiße Luft hat **thermische Energie.**

Wenn man eine weitere brennende Kerze in die Weihnachtspyramide stellt, dann dreht sich das Windrad schneller. Denn die Luft über den Kerzenflammen wird dann insgesamt heißer und das Windrad erhält mehr Energie. Daraus erkennt man: Je höher die Temperatur eines Körpers ist, desto mehr thermische Energie hat er.

Jede Teelichtflamme der Weihnachtspyramide im ▸ Bild 01 hat die gleiche Temperatur. Die vier Teelichter zusammen haben die gleiche Temperatur wie eine Kerzenflamme. Sie haben zusammen aber viermal so viel thermische Energie wie eine Kerzenflamme. Daran erkennen wir, dass man die Temperatur nicht mit der thermischen Energie verwechseln darf.

/// Um einen Körper zu erwärmen, braucht man Energie. Je höher die Temperatur eines Körpers ist, desto größer ist seine thermische Energie.

LAGEENERGIE AUF DEM MOND? · Ein Astronaut kann auf dem Mond viel höher springen als auf der Erde. Wie ist das möglich? – Wie du vielleicht weißt, zieht der Mond den Astronauten weniger stark an, als es die Erde tut. Deswegen kann der Astronaut auf dem Mond höher springen.

Stelle dir vor, der Astronaut würde auf dem Mond von einem 10-m-Turm springen. Wegen der geringeren Anziehung würde er nicht so schnell werden, wie wenn er auf der Erde aus der gleichen Höhe springen würde. Folglich hat der Astronaut zehn Meter über dem Mondboden weniger Lageenergie als zehn Meter über dem Erdboden.

Die Lageenergie des Astronauten hängt also davon ab, wie stark er von dem Himmelskörper, auf dem er sich befindet, angezogen wird. Bei der Lageenergie eines Körpers muss man sich also immer den Himmelskörper dazu denken, auf dem sich der Körper befindet. Ohne den Himmelskörper gäbe es keine Anziehung und damit auch keine Lageenergie. Deswegen ist es eigentlich nicht ganz richtig zu sagen, dass ein Körper Lageenergie hat. Die Lageenergie gehört vielmehr zu Körper und Himmelskörper. Sie hängt von der gegenseitigen Position oder Lage der beiden Körper ab, daher die Bezeichnung Lageenergie.

1 Erkläre den Unterschied zwischen Temperatur und thermischer Energie.

VERSUCHE ▸ Energieformen wandeln sich ineinander um

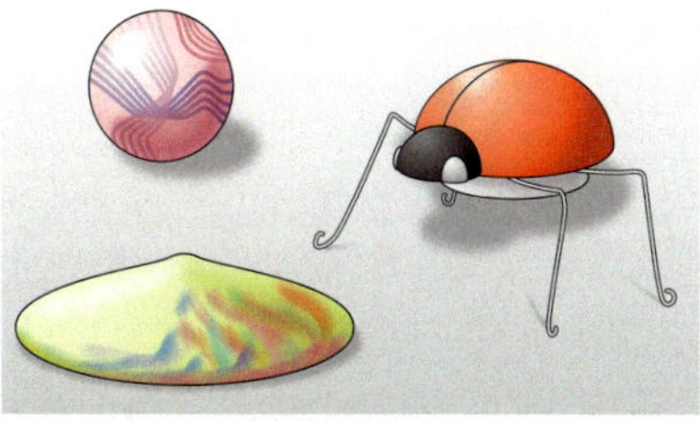

V1 Spielzeug und Energie

Mit diesem Versuch erkundest du einige Energieumwandlungen.

Material:

Hüpfkäfer, Flummi, Sprungscheibe

Durchführung:

a) Spanne den Hüpfkäfer und lasse ihn los. Beschreibe die Energieumwandlungen nach dem Loslassen.
b) Lasse den Flummi auf eine harte Unterlage fallen. Beschreibe die Bewegung des Flummis. Beschreibe die Energieumwandlungen während des Fallens, beim Aufprall und während des Aufsteigens.
c) Stülpe die Sprungscheibe um und lasse sie aus etwa einem halben Meter Höhe fallen. Erkläre mithilfe der Energie, warum die Sprungscheibe höher als die Ausgangshöhe springt.

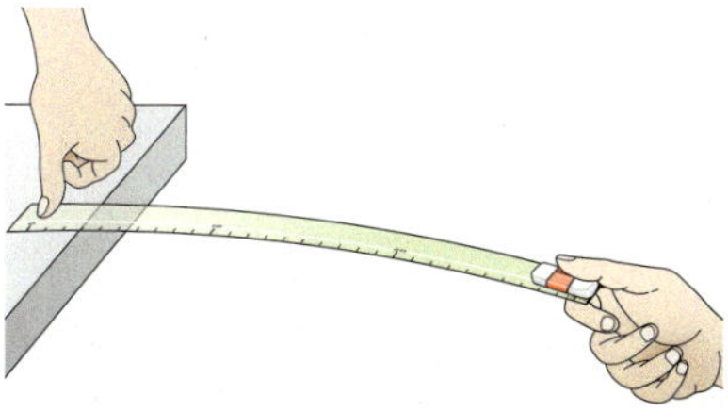

V2 Ein Lineal als Schleuder

Du untersuchst, wie sich die Verbiegung des Lineals und die Anzahl der Radiergummis auswirkt.

Material:

Biegsames Lineal, Radiergummis

Durchführung:

a) Lege einen Radiergummi auf das Lineal und spanne es. Lasse das Lineal los. Beschreibe die Energieumwandlungen nach dem Loslassen.
b) Spanne das Lineal unterschiedlich stark. Welche Änderung erwartest du? Begründe mithilfe der Energie.
c) Führe den Versuch mit ein, zwei und drei gleichen Radiergummis durch. Umwickle dazu zwei bzw. drei Radiergummis mit Klebeband. Achte darauf, dass das Lineal immer gleich gespannt ist. Was ändert sich? Erkläre mithilfe der Energie.

V3 Ein Auto rollt bergab

Du untersuchst, wie sich die Starthöhe auf die Geschwindigkeit und die Bewegungsenergie auswirkt.

Material:

Spielzeugauto, passende Bahn oder glatter Karton, Meterstab, Stoppuhr

Durchführung:

a) Baue eine Bahn wie im ▸ Bild oben gezeigt auf. Lasse das Auto aus einer bestimmten Höhe hinunter fahren. Beschreibe die Energieumwandlungen während des Hinunterfahrens.
b) Miss die Zeit, die das Auto auf dem waagerechten Teil für eine Strecke von 1 m braucht. Wiederhole den Versuch für die doppelte und dreifache Höhe. Was folgt daraus für die Bewegungsenergie und für die Geschwindigkeit des Autos? Formuliere ein Ergebnis.

Material A ▸ Energieumwandlung beim Kängurusprung

A1 Kängurus bewegen sich mit großen Sprüngen fort. Dabei nutzen sie die Energieumwandlung. Die Sehnen und Muskeln ihrer Hinterbeine wirken beim Springen wie Stahlfedern.
a) Beschreibe die Energieumwandlungen beim Kängurusprung.
b) Erkläre, warum diese Art der Fortbewegung energiesparend ist.

01 Perpetuum mobile – schön wär's!

Energie bleibt erhalten

Eine tolle Erfindung: Das Wasser treibt das Wasserrad an, das Wasserrad treibt eine Pumpe an, die Pumpe befördert das Wasser wieder nach oben, sodass es wieder das Wasserrad antreiben kann usw. Nebenbei kann man der Maschine noch Energie entnehmen. – Aber ist so etwas überhaupt möglich?

EIN ALTER MENSCHHEITSTRAUM · Eine Maschine, die sich unaufhörlich dreht und dabei auch noch Energie abgibt, heißt **Perpetuum mobile.** So eine Maschine würde unsere Energieprobleme auf einen Schlag lösen. Seit Jahrhunderten haben deshalb Tüftler versucht, eine solche Maschine zu konstruieren. Es wurden viele ganz unterschiedliche Konstruktionen erdacht, aber keine dieser Ideen hat tatsächlich funktioniert. Die Maschinen wurden zu Beginn einmal in Drehung versetzt. Doch anstatt sich unaufhörlich weiterzudrehen, wurden sie immer langsamer und blieben bald darauf stehen. Niemals hat eine Maschine mehr Energie abgegeben, als sie aufgenommen hat.

KANN ENERGIE ERZEUGT WERDEN? · Alle Bemühungen, ein Perpetuum mobile zu bauen, sind gescheitert. Die Erklärung ist: Energie kann nicht erzeugt werden. Deshalb kann eine Maschine nicht mehr Energie abgeben, als sie erhält. Auch die Maschine in ▸ Bild 01 ist kein Perpetuum mobile, denn sie hat einen versteckten Stromanschluss, über den ständig Energie zugeführt wird.

KANN ENERGIE VERSCHWINDEN? · Im Alltag sieht es oft so aus, als ob die Energie verschwindet. Um eine Kletterstange hinaufzuklettern, musst du Energie aufwenden. Oben hast du Lageenergie. Beim Hinunterrutschen musst du deine Hände und Beine gegen die Stange pressen, damit du nicht zu schnell wirst. Dabei werden die Hände und Beine warm. Wenn du unten angekommen bist, dann ist die Lageenergie weg. Die Energie ist aber nicht verschwunden. Sie steckt nun als thermische Energie in den reibenden Flächen, also in den Händen, den Beinen und der Stange.

Ähnliches passiert beim Radfahren. Wenn du aufhörst, in die Pedale zu treten, dann wirst du immer langsamer, deine Bewegungsenergie nimmt also immer mehr ab. Das liegt vor allem an der Luft, die dich bremst. Die Energie verschwindet auch hier nicht, sondern steckt anschließend als thermische Energie in der Luft.

Auch die Energie, die zur Verformung von unelastischen Körpern aufgewendet werden muss, wird in thermische Energie umgewandelt. ▸ Bild 03 zeigt das Ergebnis einer Wette in einer Fernsehshow: Vier Schmiede schlugen mit ihren Hämmern so lange auf ein Stück Eisen ein, bis sie ein Spiegelei darauf braten konnten.

Die Beispiele zeigen: Wenn die Energie eines Körpers abnimmt, dann verschwindet sie nicht, sondern sie wird an einen anderen Körper oder an die Umgebung abgegeben.

ENERGIEERHALTUNG · In vielen verschiedenen Experimenten hat man festgestellt, dass Energie weder entsteht noch verschwindet. Man sagt: Die Energie bleibt erhalten.

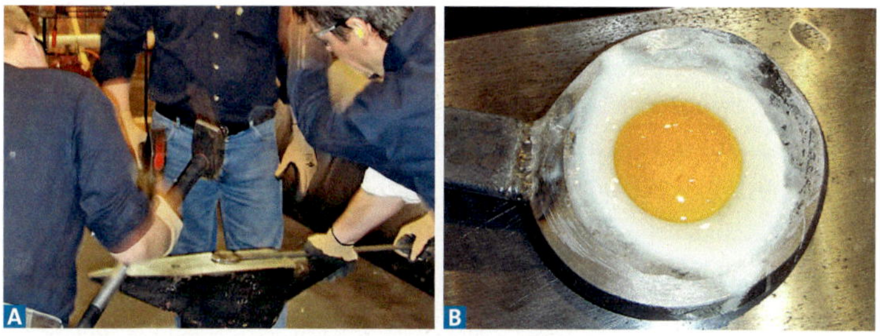

03 Wetten, dass? Vier Schmiede schlagen ein Stück Eisen so heiß, bis sie ein Spiegelei darauf braten können.

Energie kann weder entstehen noch verschwinden. Sie bleibt erhalten.

Dieses **Prinzip von der Energieerhaltung** gilt für jeden Vorgang in Natur und Technik.

1 Formuliere eine Begründung dafür, dass ein Perpetuum mobile aus Elektromotor und Generator nicht funktionieren kann.

BLICKPUNKT

Energieerhaltung beim Laufwasserkraftwerk

An Flüssen befinden sich so genannte Laufwasserkraftwerke. ▸ Bild 04 A zeigt den Aufbau eines solchen Kraftwerks: Das Wasser wird durch ein Wehr gestaut und durch eine Öffnung auf Turbinen geleitet. Die Turbinen treiben Generatoren an.

Ein Laufwasserkraftwerk nutzt den Unterschied der Lageenergie des Wassers vor und hinter dem Stauwehr. ▸ Bild 04 B zeigt das Energieflussdiagramm. Das fließende Wasser überträgt die Energie auf die Turbine. Über Turbine und Generator wird die Energie auf den elektrischen Strom übertragen. Diese Übertragung ist aber nicht perfekt. Ein kleiner Teil der ursprünglichen Energie wird „unterwegs" in thermische Energie umgewandelt.

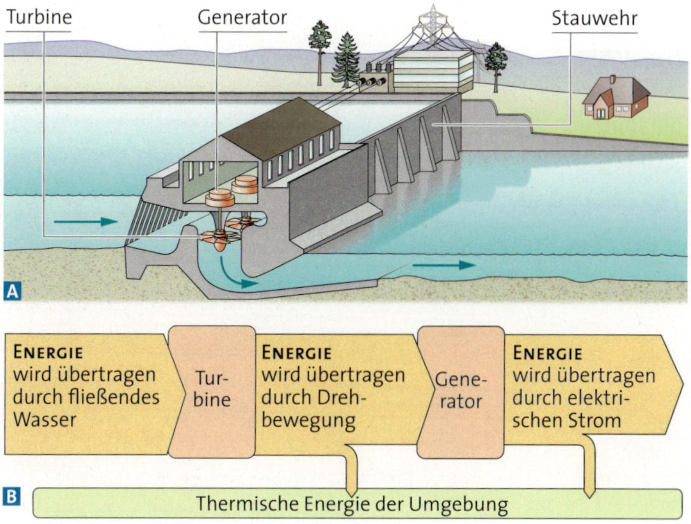

04 Laufwasserkraftwerk: **A** Aufbau, **B** Energieflussdiagramm

METHODE

Von der Hypothese zum Naturgesetz

Wie kommt man in der Physik eigentlich auf Aussagen wie dem Prinzip von der Energieerhaltung? Zu Beginn steht oft eine Beobachtung aus dem Alltag (▸ Bild 01): Ein Fadenpendel schwingt hin und her. Beim Herabschwingen wird die Kugel immer schneller, beim Hinaufschwingen auf der anderen Seite wird sie wieder langsamer. In den Umkehrpunkten ist die Kugel in Ruhe. Am tiefsten Punkt ist sie am schnellsten. Dort hat sie die größte Bewegungsenergie. In den Umkehrpunkten hat sie keine Bewegungsenergie, dafür aber ist die Lageenergie dort am größten.

In der Physik deuten wir das so: Wenn die Kugel herab schwingt, dann wandelt sich die Lageenergie nach und nach in Bewegungsenergie um. Beim Hinaufschwingen wandelt sich die Bewegungsenergie wieder in Lageenergie um. Daraus ergibt sich die Vermutung: Die Summe aus Lage- und Bewegungsenergie der Kugel bleibt gleich.

Bei einem Gummiball ist es ähnlich (▸ Bild 02). Neben Lage- und Bewegungsenergie tritt hier auch noch Spannenergie des elastisch verformten Balls auf. Wir vermuten: Die Summe aus Lage-, Bewegungs- und Spannenergie des Gummiballs bleibt gleich.

Eine Vermutung, die durch viele unterschiedliche Experimente unterstützt wird, nennt man in der Physik eine Hypothese. Nach und nach gewinnt man aus vielen Experimenten die Hypothese, dass die gesamte Energie, also die Summe aller beteiligten Energieformen, erhalten bleibt.

Allerdings stellt man fest, dass die Höhe der Umkehrpunkte beim Fadenpendel ganz allmählich abnimmt. Auch der Gummiball erreicht beim Aufsteigen nicht mehr die Ausgangshöhe. Geht also doch Energie verloren? Hier hilft die Beobachtung weiter, dass bei vielen Vorgängen eine Erwärmung auftritt, z. B. beim Herabrutschen von einer Kletterstange. Mit der Hypothese, dass die Energie erhalten bleibt, können wir die Abnahme der Energie beim Fadenpendel und beim Gummiball erklären: Die Energie verschwindet nicht, sondern wandelt sich allmählich in thermische Energie um. Das Prinzip der Energieerhaltung ist „gerettet".

Die Vermutung, dass sich Bewegungsenergie in thermische Energie umwandeln kann, wurde von R. MAYER und J. P. JOULE experimentell bestätigt. Die Idee ihrer Versuche zeigt ▸ Bild 03: Zwei herabsinkende Eisenklötze treiben eine Art Wasserrad an. Dadurch wird dem Wasser Energie zugeführt. MAYER und JOULE konnten tatsächlich eine Erwärmung des Wassers beobachten. In vielen weiteren Experimenten hat man festgestellt, dass die Energie insgesamt erhalten bleibt. Nach und nach wurde die Hypothese zur Energieerhaltung so zu einem Naturgesetz.

1 Beschreibe die Energieumwandlungen bei einem Jo-Jo. Wenn man das Jo-Jo einfach loslässt, dann erreicht es seine Ausgangshöhe nicht mehr. Erkläre. Durch geschicktes Ziehen an der Schnur kann man erreichen, dass das Jo-Jo wieder an Höhe gewinnt. Widerspricht das dem Energieerhaltungsprinzip? Erkläre.

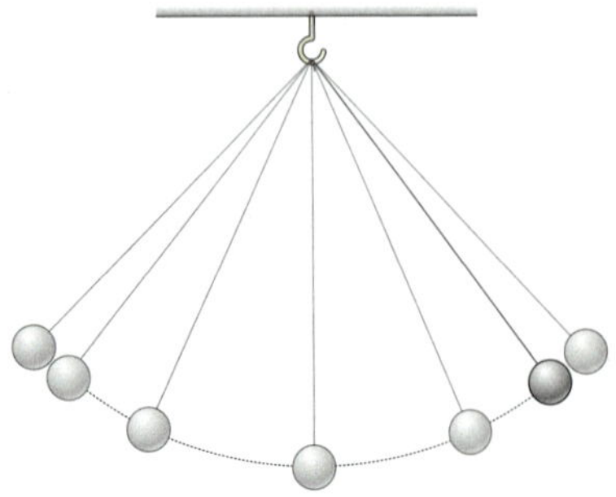

01 Schwingendes Fadenpendel

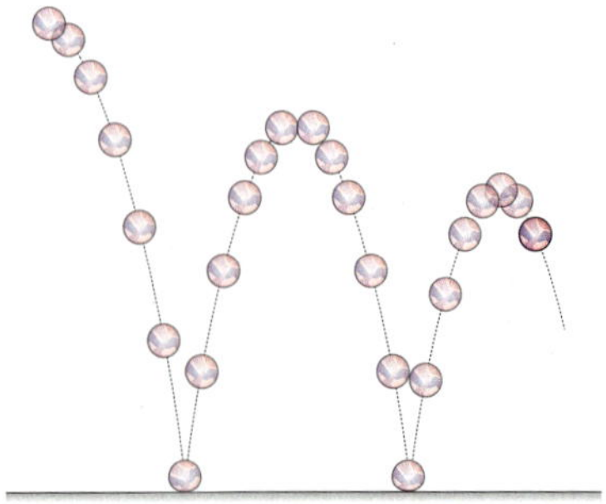

02 Hüpfender Gummiball

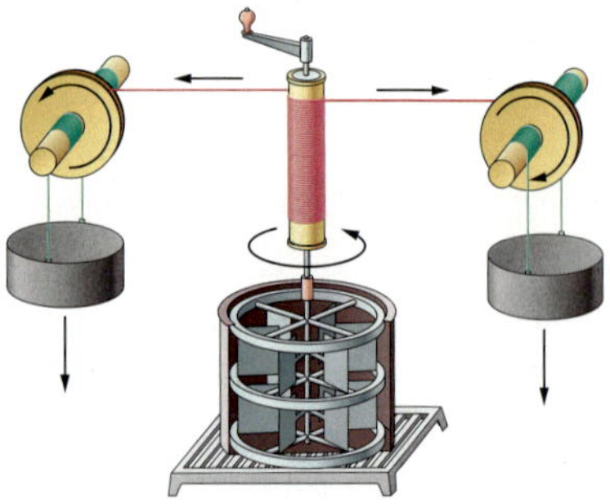

03 Versuch von JOULE

VERSUCHE ▸ Überprüfe das Prinzip von der Energieerhaltung ...

V1 ... beim Fadenpendel

Material:

Kleiner, nicht zu leichter Gegenstand (z. B. Flummi), Faden, Klebeband, Stift

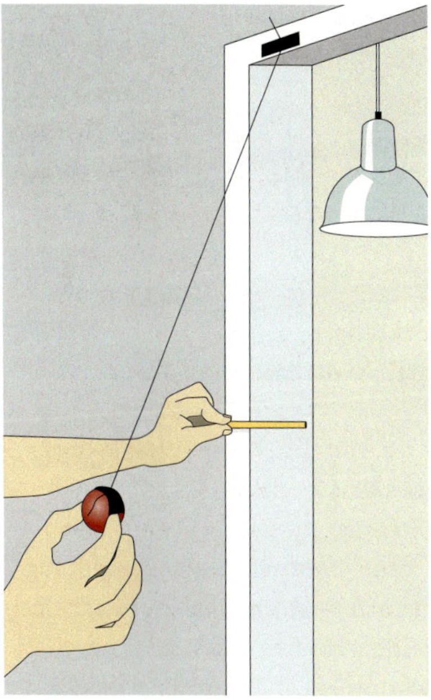

04 Fadenpendel

Durchführung:

a) Baue das Pendel auf. Achte auf eine stabile Aufhängung.

b) Starte das Pendel aus einer bestimmten Höhe. Erreicht es auf der anderen Seite die gleiche Höhe?

c) Halte den Stift so, dass der Faden teilweise von ihm aufgehalten wird und nur der untere Teil weiter schwingt. Starte das Pendel. Welche Höhe erreicht es auf der anderen Seite? Bestätigt die Beobachtung das Prinzip von der Energieerhaltung? Erkläre.

d) Versuche, das Pendel zum Überschlag um den Stift zu bringen. Die Energieerhaltung hilft dir bei der Planung.

V2 ... bei hüpfenden Bällen

Material:

Verschiedene Bälle (z. B. Flummi, Glasmurmel, Tischtennisball), verschiedene Böden (z. B. Teppich, Fliesen, PVC), Meterstab

Durchführung:

a) Lasse einen Ball aus 1,0 m Höhe fallen. Miss, wie hoch er nach dem Aufprall wieder kommt. Wiederhole die Messung mehrmals.

b) Führe Versuch a) mit verschiedenen Bällen und verschiedenen Böden durch. Vergleiche deine Messwerte. Stelle eine Vermutung auf, warum die verschiedenen Ball-Boden-Kombinationen zu unterschiedlichen Ergebnissen führen.

c) Ein Mitschüler fragt dich, ob du ihm das Prinzip der Energieerhaltung anhand eines hüpfenden Balls erklären könntest. Welche Ball-Boden-Kombination ist hierfür am besten geeignet? Begründe.

d) Dem Mitschüler wird bestimmt auch auffallen, dass der Ball nicht mehr ganz die ursprüngliche Höhe erreicht. Schreibe für ihn eine Erklärung, warum die Energie trotzdem erhalten bleibt.

Material A ▸ In der Halfpipe

A1 Im Bild unten siehst du eine Bildfolge eines Skaters in einer Halfpipe.

05 Ein Skater in der Halfpipe

a) Gib für jedes Bild die vorkommenden Energieformen an. Beschreibe die Energieumwandlung während der Bewegung des Skaters.

b) Wenn man statt des Skaters einen Ball in der Halfpipe rollen lässt, dann erreicht der Ball auf der anderen Seite nicht mehr ganz seine ursprüngliche Höhe. Erkläre, was mit der „verlorenen" Energie passiert ist.

c) Ein Skater kann den „Energieverlust" ausgleichen und sogar über die Höhe kommen, aus der er gestartet ist. Überlege dir, woher die erforderliche Energie kommt. Hast du eine Idee, wie der Skater das macht?

01 Ob Läufer, Rennauto oder Wohnhaus: Alle „verbrauchen“ Energie.

Was bedeutet „Energieverbrauch“?

Der Läufer, das Rennauto, das Haus: Alle „verbrauchen“ Energie. Aber das Prinzip von der Erhaltung der Energie besagt doch, dass Energie nicht verschwinden kann! Kann Energie dann überhaupt „verbraucht“ werden?

ENDSTATION THERMISCHE ENERGIE · Der Läufer im ▸ Bild 01 A braucht für den Berglauf viel Energie. Mit einem Teil davon erhöht er seine Lageenergie. Den größten Teil aber gibt er als thermische Energie ab. Deswegen schwitzt er so sehr. Die Lageenergie, die er oben hat, nützt ihm wenig. Denn selbst, wenn er bergab läuft, braucht er noch Energie. Wenn er wieder unten ist, dann hat er die gesamte Energie an die Umgebung abgegeben.

Bei einem Autorennen wird viel Benzin verbraucht. Mit dem Benzin scheint auch die Energie zu verschwinden. Ein Teil der Energie wird für die Vorwärtsbewegung benötigt. Der größte Teil der Energie gelangt mit dem heißen Auspuffgas und über den Kühler in die Umgebung. Und auch beim Bremsen wird Energie abgegeben. ▸ Bild 01 B zeigt, dass die Bremsscheiben so heiß werden können, dass sie glühen. Die ursprünglich im Benzin enthaltene Energie ist also nicht verschwunden, sondern steckt nun als thermische Energie in der Umgebung.

Ein geheiztes Haus gibt ebenfalls Energie an die Umgebung ab. Je schlechter das Haus gedämmt ist, desto größer ist die Energieabgabe. Die Thermofotografie ist eine Methode, um die Energieabgabe sichtbar zu machen (▸ Bild 01 C). Die Bereiche, die in der Thermofotografie rötlich erscheinen, geben besonders viel Energie ab. Sie sind schlecht gedämmt.

Was wir hier für wenige Beispiele gezeigt haben, gilt allgemein:

Menschen, Tiere, Maschinen, Gebäude usw. geben die erhaltene Energie letztlich als thermische Energie an die Umgebung ab.

ENERGIE WIRD ENTWERTET · Die drei Beispiele haben noch etwas gemeinsam. Es ist unmöglich, die abgegebene Energie, die nun als thermische Energie in der Umgebung steckt, in der ursprünglichen Form zurückzubekommen. Die Energie ist sozusagen wertlos geworden. Sie kann für den Zweck, für den sie eingesetzt worden ist, nicht noch einmal eingesetzt werden. Man sagt: Die an die Umgebung abgegebene Energie ist entwertet.

Wenn Energie als thermische Energie an die Umgebung abgegeben wird, dann kann sie für den ursprünglichen Zweck nicht wieder eingesetzt werden. Sie ist entwertet.

Energie „verbrauchen" bedeutet, Energie an die Umgebung abzugeben und damit zu entwerten.

ENERGIE DER UMGEBUNG NUTZEN? · Kann die thermische Energie der Umgebung nicht doch genutzt werden? Es könnte vielleicht ein Lebewesen geben, das ausschließlich von der thermischen Energie der Umgebung lebt, oder eine Maschine, die nur mit der Energie der Umgebung ein Auto antreibt. Ein Widerspruch zum Energieerhaltungssatz wäre das nicht. Leider hat die Erfahrung gezeigt: Ein solches Lebewesen oder eine solche Maschine gibt es nicht.

1 Vergleiche Energieverbrauch und Wasserverbrauch miteinander.

2 Ein Mountainbiker fährt einen Berg hinauf und wieder hinunter. Beschreibe, auf welchen Wegen die Energie in die Umgebung gelangt.

BLICKPUNKT

Verbrennungskraftwerke und Abwärme

In Verbrennungskraftwerken werden Brennstoffe wie z. B. Kohle oder Erdöl verbrannt. Die Energie, die in den Brennstoffen steckt, wird nur zu einem kleinen Teil durch den elektrischen Strom abgegeben. Der größte Teil gelangt mit der Abwärme in die Umgebung. ▸ Bild 02 A zeigt den Aufbau eines Kohlekraftwerks: Im Kesselhaus wird Kohle verbrannt. Mit dem heißen Verbrennungsgas wird Wasser stark erhitzt. Dabei entsteht heißer Wasserdampf von etwa 550 °C. Der heiße Dampf treibt eine Dampfturbine an und diese wiederum einen Generator.

Den Energiefluss zeigt ▸ Bild 02 B: Im Kesselhaus wird die Energie vom Verbrennungsgas auf den Wasserdampf übertragen. Die Turbine entnimmt dem Dampf einen Teil seiner thermischen Energie und überträgt sie auf den Generator. Den Rest gibt der Dampf an das Kühlwasser ab (Abwärme). Der Generator gibt die erhaltene Energie dagegen fast vollständig durch den elektrischen Strom ab.

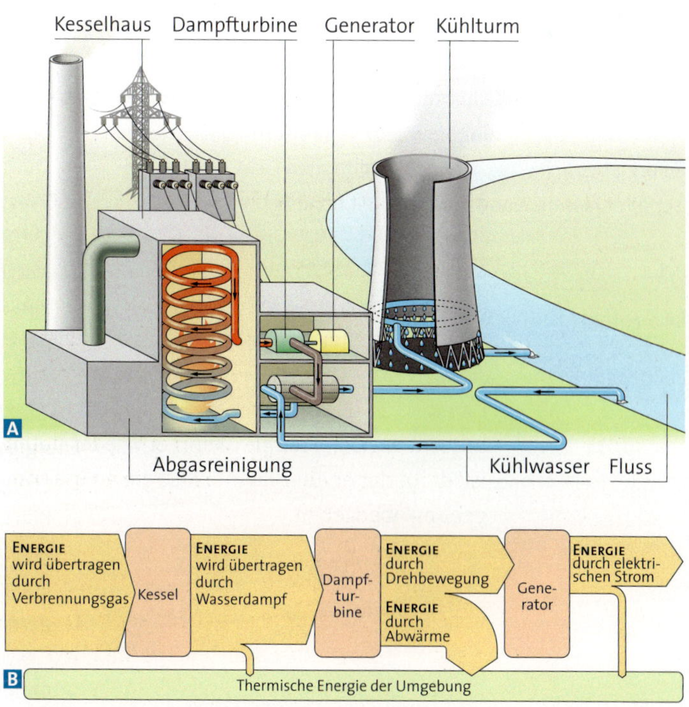

02 Kohlekraftwerk: **A** Aufbau, **B** Energieflussdiagramm

BLICKPUNKT

Verantwortungsvoller Umgang mit Energie

Es gibt viele gute Gründe, mit Energie verantwortungsvoll umzugehen:

- Ein großer Anteil der Energieversorgung beruht auf den Energieträgern Kohle, Erdöl, Erdgas und Uran. Diese Energieträger sind nicht erneuerbar und die Vorräte sind begrenzt.
- Der Abbau der nicht erneuerbaren Energieträger hat schwerwiegende Auswirkungen auf die Umwelt.
- Die Verbrennung der fossilen Brennstoffe Kohle, Erdöl und Erdgas führt zu einem Anstieg des Kohlenstoffdioxidgehalts der Atmosphäre und damit zu einer Verstärkung des Treibhauseffekts.
- Auch die Verwendung der erneuerbaren Energien aus Wind, Wasser und Sonne ist mit Eingriffen in die Umwelt verbunden.
- Außerdem kann man durch effiziente Nutzung von Energie viel Geld sparen.

Mit Energie sorgsam umzugehen, bedeutet in erster Linie weniger Energie verwenden. ▸ Bild 01 zeigt den Energiebedarf eines Haushalts: Der mit Abstand größte Anteil der Energie wird zum Heizen verwendet. Hier lohnt es sich besonders, auf Energiesparmöglichkeiten zu achten. Die Beleuchtung macht hingegen nur einen geringen Teil des Energiebedarfes aus. Dennoch sollte man Licht nicht eingeschaltet lassen, wenn man es nicht benötigt.

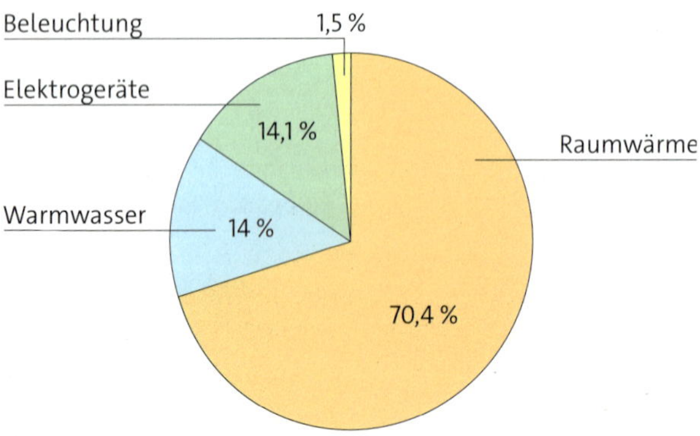

01 Energiebedarf privater Haushalte in Deutschland 2017

Tipps zum Energiesparen

- Heizung herunter drehen! Jedes Grad weniger spart rund 6 % Heizenergie! Für ein gesundes Raumklima reichen in Wohnräumen 18 °C bis 20 °C. In Räumen, in denen man sich nicht lange aufhält, sind 16 °C ausreichend.
- Thermostatventil richtig bedienen! Behutsam drehen anstatt ständig zwischen Stellung 0 und 5 wechseln. Tagsüber zwischen 2 und 3, nachts zwischen 1 und 2 einstellen.

- Kurz und kräftig lüften! Zum Lüften Heizung ausdrehen und Fenster weit öffnen. Die Luft wird ausgetauscht, die Wände bleiben warm. Kein Dauerlüften bei gekipptem Fenster!
- Stecker ziehen oder Steckdosenleiste mit Schalter benutzen! Elektrische Geräte wie Computer und Fernseher benötigen auch im Stand-by-Betrieb Energie, ebenso Ladegeräte für Handys usw.

- Nicht benötigte Lampen ausschalten!
- Kurz duschen statt baden! Am besten mit wassersparenden Duschköpfen. Diese senken den Wasserverbrauch und den Energiebedarf um 30 % bis 50 %.

- Mit dem Bus oder dem Fahrrad zur Schule fahren! Der Bus braucht pro Fahrgast im Durchschnitt nur einen Liter Kraftstoff auf 100 km, das Auto etwa acht Liter.

Energiesparen auch in der Schule

Das Folgende gelingt am besten im Team:

- Klärt, ob es an eurer Schule Regeln zum Energiesparen gibt. Wenn ja, wie lauten sie? Wenn nein, dann überlegt euch, wie ihr den Energiebedarf an eurer Schule verringern könnt. Wo lohnt es sich besonders?
- Gestaltet ein Plakat mit Energiesparregeln.
- Sprecht mit eurem Klassenlehrer darüber.
- Nehmt Kontakt zur Schülervertretung auf.

VERSUCHE ▸ Energie – „verbraucht" und wieder gefunden!

V1 ... beim Hinunterrutschen

Zum Anheben eines Körpers braucht man Energie. Wenn man den Körper wieder hinunterrutschen lässt, dann bekommt man die Energie nicht mehr zurück. Du untersuchst, wo die Energie nun ist.

Material:

Schwerer Gegenstand (ca. 1 kg), Schnur

Durchführung:

Befestige den Gegenstand an der Schnur. Hebe ihn an der Schnur hoch. Lasse anschließend den Gegenstand wieder hinunter, indem du die Schnur vorsichtig durch die Hand rutschen lässt. Beschreibe deine Beobachtung. Erkläre, was beim Hinunterrutschen mit der Energie passiert.

V2 ... beim Verformen

Zum Verformen eine Körpers braucht man Energie. Wenn der Körper nicht elastisch ist, dann bekommt man die Energie nicht mehr zurück. Du untersuchst, wo die Energie nun ist.

Material:

Draht (z. B. ein Kleiderbügel aus der Reinigung)

Durchführung:

Biege den Draht an einer Stelle schnell mehrfach hin und her, sodass ein Knick entsteht. Berühre direkt anschließend den Draht an der Knickstelle mit den Fingern. Beschreibe deine Beobachtung. Erkläre, was mit der Energie passiert, die man zum Verformen des Drahts benötigt.

V3 ... beim Bewegen

Wegen der Reibung braucht man Energie, um einen Körper zu bewegen. Du untersuchst, wo die Energie anschließend ist.

Material:

Thermometer, Wäscheklammer

Durchführung:

a) Klemme die Wäscheklammer an die Spitze des Thermometers. Drehe das Thermometer mehrfach in der Klammer und achte auf die Temperatur. Beschreibe deine Beobachtung. Erkläre, was mit der Energie passiert.

b) Untersuche, welchen Einfluss die Anzahl der Umdrehungen des Thermometers hat. Halte deine Ergebnisse in einer Tabelle fest. Erkennst du eine Gesetzmäßigkeit? Erkläre.

Material A ▸ Achterbahn

A1 Silver-Star ist die höchste Achterbahn Europas. Die Wagen rollen nach einer 69° steilen Abfahrt über mehrere unterschiedlich hohe Hügel und durch einige Steilkurven. Das Bild unter dem Foto zeigt den Verlauf einer anderen Achterbahn.

a) An welcher Stelle erreichen die Wagen die größte Geschwindigkeit?

b) An welcher Stelle zwischen A und G ist die Geschwindigkeit der Wagen am kleinsten?

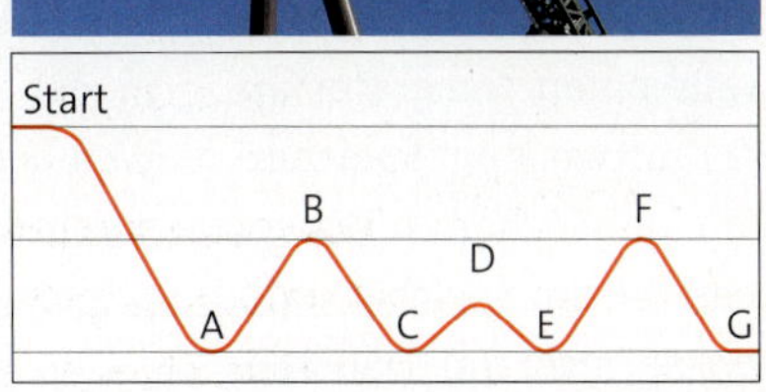

A2 Setze die im Bild rechts angegebenen Teile zu einer Achterbahn zusammen. Die Geschwindigkeitsangaben helfen dir, die richtige Reihenfolge der Teile zu finden.

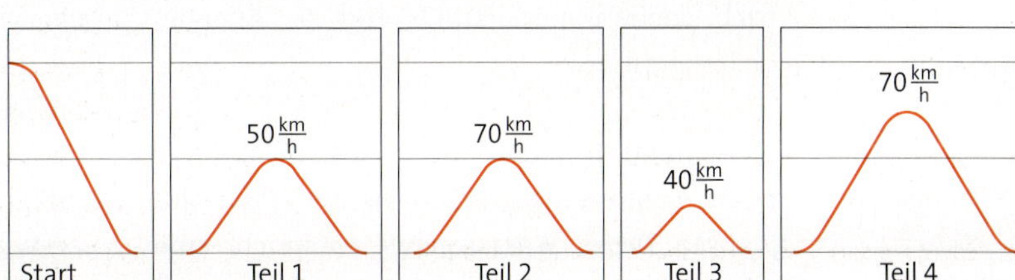

Material B ▸ „Energieverbrauch"

B1 Im Alltag spricht man oft von „Energieerzeugung", „Energieverbrauch" und „Energiesparen".

a) Erkläre, was damit aus physikalischer Sicht gemeint ist.

b) Erkundige dich, welche Geräte bei dir zuhause viel Energie „verbrauchen". Gib die fünf vermutlich größten „Energieverbraucher" an.

c) Erstelle eine Liste, wie du und deine Familie sinnvoll Energie „sparen" können.

01 Stausee mit Wasserkraftwerk vorne links im Bild

Δ ist ein griechischer Großbuchstabe, genannt „Delta“.

Energieübertragung und Leistung

Morgens zwischen sieben und acht Uhr werden sehr viele elektrische Geräte eingeschaltet. Der Bedarf an elektrisch übertragener Energie steigt schnell an. Um in kurzer Zeit viel Energie bereitstellen zu können, werden spezielle Wasserkraftwerke eingesetzt.

ENERGIE AUF ABRUF · Im Stausee (▸ Bild 01) sind viele Millionen Kubikmeter Wasser gespeichert. Wenn Energie benötigt wird, dann lässt man Wasser aus dem Stausee durch Rohre zum Kraftwerk fließen. Das Wasser strömt mit großer Geschwindigkeit auf die Turbinen. Die Turbinen treiben jeweils einen Generator an. Man nennt ein solches Kraftwerk ein **Speicherkraftwerk,** weil mit dem gespeicherten Wasser auch Energie gespeichert ist. Ein Speicherkraftwerk läuft normalerweise nicht im Dauerbetrieb, sondern nur dann, wenn der Energiebedarf groß ist.

ENERGIEMENGE UND ZEITSPANNE · Wir betrachten nun eine gewisse Menge Wasser im Stausee. Dieser Wassermenge entspricht eine gewisse Energiemenge, die als Lageenergie gespeichert ist. Einmal lässt man diese Wassermenge in kurzer Zeit, sagen wir in zehn Minuten, auf die Turbinen strömen. Ein anderes Mal strömt dieselbe Wassermenge in zwanzig Minuten auf die Turbinen. Die übertragene Energiemenge ist in beiden Fällen gleich. Aber im zweiten Fall wird pro Minute nur halb so viel Energie übertragen.

DIE LEISTUNG · Für die Energieübertragung sind also zwei Größen wichtig: Erstens die übertragene **Energiemenge ΔE** („Delta E“), zweitens die zugehörige **Zeitspanne Δt** („Delta t“), in der diese Energiemenge übertragen wird. Weil beide Größen bei der Energieübertragung eine wichtige Rolle spielen, hat man eine neue physikalische Größe eingeführt, die **Leistung P.**

Dabei gilt:

1. Je größer die Energiemenge ΔE ist, die in einer gewissen Zeitspanne Δt übertragen wird, desto größer ist die Leistung P.
2. Je größer die Zeitspanne Δt ist, in der eine gewisse Energiemenge ΔE übertragen wird, desto kleiner ist die Leistung P.

EINE GLEICHUNG FÜR DIE LEISTUNG · Zur Berechnung der Leistung benötigt man eine Gleichung. Wie die Gleichung für die Leistung sinnvollerweise lautet, machen wir uns anhand eines Modellkraftwerks klar (▸ Bild 02). Statt eines Stausees hat das Modellkraftwerk ein Becken in zwei Metern Höhe mit zehn Liter Wasser und statt einer Turbine hat es ein Wasserrad. Wenn das Wasser vollständig aus dem Becken auf das Wasserrad fließt, dann wird insgesamt eine Energiemenge von etwa 200 J übertragen.

Das Modellkraftwerk kann mit unterschiedlichen Düsen betrieben werden. Wenn die große Düse verwendet wird, dann dauert es 20 s bis das Wasser aus dem Becken geflossen ist. Bei der kleinen Düse dauert der Vorgang 40 s, also doppelt so lange. Sinnvollerweise sollte die Leistung dann nur halb so groß sein. Welche Gleichung führt zu diesem Ergebnis? – Du kannst dir leicht klar machen, dass die folgende Gleichung das Gewünschte ergibt:

$$P = \frac{\Delta E}{\Delta t}.$$

▸ Tabelle 03 zeigt, dass die Leistung für die kleine Düse tatsächlich halb so groß ist, wie für die große Düse. Für die Einheit der Leistung ergibt sich $1\,\frac{\text{J}}{\text{s}}$. Da die Leistung eine wichtige Größe ist, wurde dafür eine eigene Einheit festgelegt. Diese ist ein **Watt** (1 W).

Wenn eine Energiemenge ΔE in der Zeitspanne Δt übertragen wird, dann gilt für die Leistung P:

$$P = \frac{\Delta E}{\Delta t}.$$

Die Einheit der Leistung ist $1\,\frac{\text{J}}{\text{s}} = 1\,\text{W}$ (Watt).

Weitere wichtige Einheiten sind:

Ein Milliwatt:	1 mW	=	0,001 W,
Ein Kilowatt:	1 kW	=	1000 W,
Ein Megawatt:	1 MW	=	1000 kW.

Typische Werte der Leistung zeigt ▸ Tabelle 04.

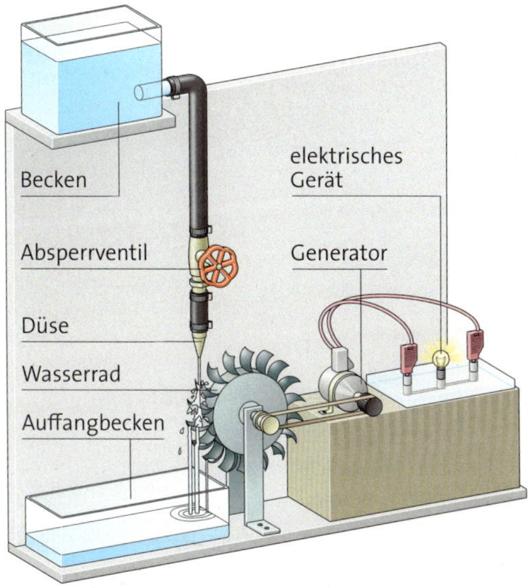

02 Modell eines Speicherkraftwerks

Große Düse (ΔE = 200 J, Δt = 20 s)
$P = \frac{\Delta E}{\Delta t} = \frac{200\,\text{J}}{20\,\text{s}} = 10\,\frac{\text{J}}{\text{s}} = 10\,\text{W}$
Kleine Düse (ΔE = 200 J, Δt = 40 s)
$P = \frac{\Delta E}{\Delta t} = \frac{200\,\text{J}}{40\,\text{s}} = 5\,\frac{\text{J}}{\text{s}} = 5\,\text{W}$

03 Leistung des Modellkraftwerks

Mensch, Ausdauersport	100–200 W
Mensch, kurzzeitige Höchstleistung	bis 1500 W
Pferd, Dauerleistung	500–1000 W
Automotor bei Vollgas	40–200 kW
Energiesparlampe	10–20 W
Haarföhn	1–2 kW
Windenergieanlage	bis 5 MW
Wasserturbine	bis 400 MW
Dampfturbine	bis 1600 MW

04 Leistung in Natur und Technik

1 Erläutere den Unterschied zwischen den Größen Energie und Leistung.

2 Gib die Energiemenge an, die eine Lampe bei einer Leistung von 25 W in 1 s, 2 s, 5 s, 10 s abgibt.

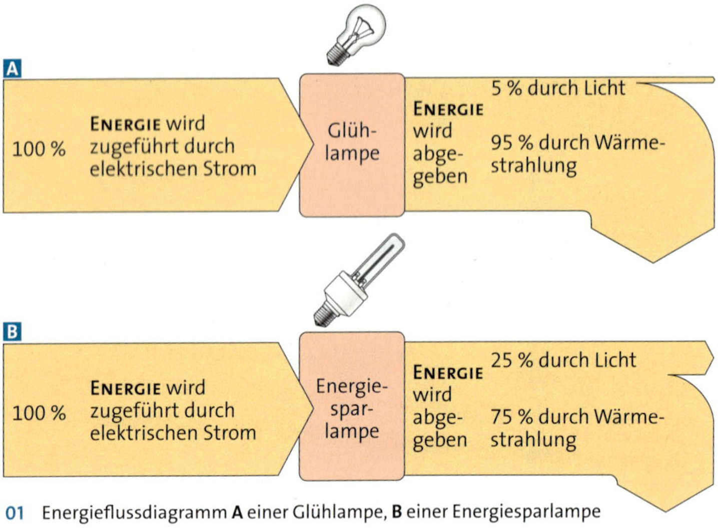

01 Energieflussdiagramm **A** einer Glühlampe, **B** einer Energiesparlampe

Elektromotor	bis 99 %
Generator	bis 99 %
Verbrennungsmotor (Benzin)	weniger als 35 %
Verbrennungsmotor (Diesel)	weniger als 50 %
Wasserkraftwerk	80–90 %
Windenergieanlage	weniger als 50 %
Kohlekraftwerk	35–40 %
Solarzelle (elektrisch)	10–20 %
Solarkollektor (thermisch)	bis 85 %

02 Wirkungsgrade einiger Energiewandler

EINGANGS- UND NUTZLEISTUNG · Eine Glühlampe mit der Aufschrift 100 W und eine Energiesparlampe mit der Aufschrift 20 W sind etwa gleich hell. Wie kann das sein? Bei Elektrogeräten ist es üblich, die sogenannte **Eingangsleistung** anzugeben. Bei der Glühlampe beträgt die Eingangsleistung 100 W. Das bedeutet, dass die Lampe pro Sekunde 100 J Energie durch den elektrischen Strom bekommt. Die Glühlampe gibt allerdings nur etwa 5% der erhaltenen Energie wie gewünscht durch das sichtbare Licht ab (▸ Bild 01 A). 95% der Energie führen zu einer Erwärmung der Umgebung. Die Lampe nutzt also nur 5% der Eingangsleistung für den gewünschten Zweck. Die sogenannte **Nutzleistung** beträgt folglich 5 W. Die Energiesparlampe nutzt immerhin etwa 25% der zugeführten Energie. Bei gleicher Nutzleistung benötigt die Energiesparlampe daher nur ein Fünftel der Eingangsleistung der Glühlampe.

Glühlampen und Energiesparlampen werden zunehmend durch LED-Lampen ersetzt.

DER WIRKUNGSGRAD · Was wir am Beispiel der Lampen erklärt haben, gilt auch für alle anderen Energiewandler. Alle Geräte und Maschinen geben einen mehr oder weniger großen Anteil der zugeführten Energie auf eine unerwünschte Art ab. Um zu beschreiben, wie gut ein Energiewandler die zugeführte Energie auf die gewünschte Art abgibt, hat man den Begriff des **Wirkungsgrads** η („eta") eingeführt. Bei der Glühlampe beträgt der Wirkungsgrad nur $\eta \approx 5\% = 0{,}05$. Bei der Energiesparlampe ist der Wirkungsgrad immerhin $\eta \approx 25\% = 0{,}25$. Weitere Beispiele zeigt ▸ Tabelle 02.

η ist ein griechischer Buchstabe, genannt „eta".

Der Wirkungsgrad η gibt an, welcher Anteil der zugeführten Energie auf die gewünschte Art genutzt wird. Der Wirkungsgrad hat keine Einheit.

LEISTUNG BEIM AUTO · Was bedeutet die Angabe 60 kW bei einem Automotor? Anders als bei Elektrogeräten gibt man beim Automotor die maximale Nutzleistung an. Die tatsächliche Leistung hängt davon ab, wie sehr der Fahrer das Gaspedal drückt. Die Angabe 60 kW bedeutet also, dass der Motor bei Vollgas pro Sekunde 60 kJ Energie durch die Drehbewegung abgibt. Wie du schon weißt, ist die Energieumwandlung beim Automotor ziemlich ungünstig, denn der größte Teil der mit dem Benzin zugeführten Energie gelangt mit dem Auspuffgas und über das Kühlwasser in die Umgebung. Dies erklärt den geringen Wirkungsgrad (▸ Tabelle 02).

ALTERNATIVE ANTRIEBE · Elektrisch angetriebene Autos haben einige Vorteile: Ein guter Elektromotor hat einen Wirkungsgrad von über 95%. Er ist außerdem viel leiser und gibt keine Abgase ab. Beim Bremsen kann man den Elektromotor als Generator betreiben und zumindest einen Teil der Energie in einem Akku speichern.

VERSUCHE ▸ Leistung, Energie und Wirkungsgrad beim Erhitzen von Wasser

Material:

Tauchsieder, Becherglas, Herdplatte, verschiedene Kochtöpfe, Thermometer, Stoppuhr, Energie-/Leistungsmessgerät

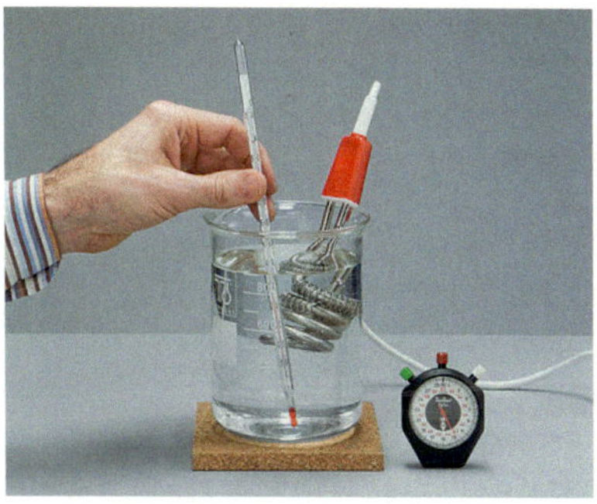

Im Alltag wird heißes Wasser an vielen Stellen benötigt. Du untersuchst, wovon es abhängt, wie viel Energie für das Erhitzen von Wasser benötigt wird.

Vorsicht beim Umgang mit heißem Wasser!

V1 Übertragene Energiemenge und Temperaturzunahme

Durchführung:

a) Lies auf dem Tauchsieder die Leistung ab. Fülle einen Liter Wasser in ein Becherglas. Bestimme die Temperatur des Wassers.

b) Erhitze das Wasser mit dem Tauchsieder um 10 K. Rühre dabei mit dem Thermometer um und miss die zur Temperaturerhöhung benötigte Zeit.

c) Erhitze das Wasser nun um 5 K (15 K, 20 K). Gehe wie bei b) vor. Miss jeweils die benötigte Zeitspanne.

d) Berechne für die verschiedenen Temperaturzunahmen jeweils aus der Zeitspanne und der Leistung des Tauchsieders die übertragene Energiemenge. Zeige, dass diese Energiemenge und die Temperaturzunahme proportional zueinander sind.

V2 Mehr Wasser – mehr Energie?

Durchführung:

a) Führe V1a) und V1b) entsprechend mit anderen Wassermengen durch. Halte jeweils die benötigte Zeitspanne und die Masse des erhitzten Wassers in einer Tabelle fest.

b) Berechne für die verschiedenen Wassermengen jeweils aus der Zeitspanne und der Leistung des Tauchsieders die übertragene Energiemenge. Zeige, dass diese Energiemenge und die Masse des erhitzten Wassers proportional zueinander sind.

V3 Große oder kleine Töpfe?

Durchführung:

a) Ein Liter Wasser soll auf einer Herdplatte erhitzt werden. Es sind aber nur Töpfe da, die nicht zur Herdplatte passen. Was vermutest du: Ist es besser einen zu großen oder einen zu kleinen Topf zu benutzen? Sammle Gründe für deine Vermutung.

b) Plane einen Versuch, mit dem du deine Vermutung überprüfen kannst. Führe den Versuch durch.

c) Um einen Liter Wasser um 10 K zu erhitzen, benötigt man theoretisch 42 kJ. Bestimme die Energiemenge, die du hierzu mit der Herdplatte benötigst. Bestimme den Wirkungsgrad.

V4 Andere Möglichkeiten?

Durchführung:

Wie lässt sich Wasser im Alltag möglichst „energiesparend" erhitzen? In V1 und V3 hast du verschiedene Möglichkeiten kennen gelernt. Wie sieht es mit Wasserkochern, Mikrowellenherden usw. aus? Untersuche mit eigenen Versuchen.

Material A ▸ Leistung und Energie bei Mensch und Pferd

A1 Der mittlere Energiebedarf eines Erwachsenen beträgt etwa 10 000 kJ pro Tag. Fast die gesamte zugeführte Energiemenge gelangt als thermische Energie in die Umgebung. Der Mensch wirkt also wie eine Heizung. Berechne die Heizleistung des menschlichen Körpers.

A2 Bei sportlicher Tätigkeit steigt der Energiebedarf des Menschen. Für eine Stunde Radfahren bei $20\,\frac{km}{h}$ „verbraucht" der Sportler ca. 2000 kJ. Die Nutzleistung des Sportlers beträgt dabei ca. 130 W. Berechne den Wirkungsgrad beim Radfahren.

A3 Vor der Erfindung von Motoren wurden Pferde als Arbeitstiere eingesetzt. Die durchschnittliche Dauerleistung eines Pferdes beträgt etwa 750 W. Dies entspricht der veralteten Leistungseinheit 1 PS („Pferdestärke"). Berechne die Energie, die ein Pferd an einem Arbeitstag (8 h) abgeben kann.

Bedeutung der Energie

Ohne Energie können Pflanzen, Tiere und Menschen nicht leben.
Energie benötigt man zum Betrieb von Maschinen und Geräten.
Die Energiemenge wird mit *E* bezeichnet.
Die Einheit für die Energiemenge ist ein Joule (1 J).

Energie kann gespeichert und übertragen werden

Prinzip von der Energieerhaltung: Energie kann weder entstehen noch verschwinden. Sie bleibt erhalten. Dieses Prinzip gilt für jeden Vorgang in Natur und Technik.

Energiespeicher: Energie kann gespeichert werden. Beispiele für Energiespeicher sind Treibstoffe und Lebensmittel.

Energieübertragung: Energie kann übertragen werden. Die Energieübertragung kann auf verschiedene Arten erfolgen, z. B. durch Licht, durch den elektrischen Strom, durch die Drehbewegung einer Achse usw.

Bei der Energieübertragung sind **Energiewandler** wichtig. Ein Energiewandler bekommt die Energie auf eine bestimmte Art und gibt sie gleichzeitig auf eine andere Art wieder ab.
Eine **Energieübertragungskette** besteht aus mehreren hintereinander angeordneten Energiewandlern.

Um Energieübertragungsvorgänge übersichtlich darzustellen, verwendet man **Energieflussdiagramme.** Dabei notiert man, auf welche Art die Energie übertragen wird (▸ Bild 01).

Energieformen

Energie hat viele verschiedene Gesichter. Man spricht auch von verschiedenen Energieformen. Energieformen können sich ineinander umwandeln.

Um einen Körper zu beschleunigen, braucht man Energie. Ein sich bewegender Körper hat **Bewegungsenergie.**
Je schneller er sich bewegt, desto größer ist seine Bewegungsenergie.

Um einen Körper hochzuheben, braucht man Energie. Ein angehobener Körper hat **Lageenergie.**
Je höher er sich befindet, desto größer ist seine Lageenergie.

Um einen Körper zu verformen, braucht man Energie. Ein elastisch verformter Körper hat **Spannenergie.**
Je stärker er verformt ist, desto größer ist seine Spannenergie.

Um einen Körper zu erhitzen, braucht man Energie.
Je höher die Temperatur des Körpers ist, desto größer ist seine **thermische Energie.**

01 Energieflussdiagramm; Energiewandler sind rot, Energiespeicher grün markiert.

Nutzung von Energie

Menschen, Tiere, Maschinen, Gebäude usw. geben die erhaltene Energie letztlich als thermische Energie an die Umgebung ab.

Wenn Energie als thermische Energie an die Umgebung abgegeben wird, dann kann sie für den ursprünglichen Zweck nicht wieder eingesetzt werden. Man sagt: Die Energie ist **entwertet.**

Verantwortungsvoller Umgang mit Energie: Die Vorräte an nicht erneuerbaren Energieträgern sind begrenzt. Abbau und Nutzung der nicht erneuerbaren Energieträger haben schwerwiegende Folgen für die Umwelt. Auch die Nutzung erneuerbarer Energien hat nachteilige Folgen für die Umwelt. Effiziente Nutzung von Energie schont die Umwelt und spart Geld.

Leistung

Für die Energieübertragung ist der Quotient aus übertragener Energiemenge ΔE und der zugehörigen Zeitspanne Δt wichtig. Dieser Quotient heißt **Leistung *P***.

$P = \frac{\Delta E}{\Delta t}$.

Die Einheit der Leistung ist $1\,\frac{\text{J}}{\text{s}} = 1\,\text{W}$ (Watt).

Wirkungsgrad: Der Wirkungsgrad eines Geräts oder einer Maschine gibt an, welcher Anteil der zugeführten Energie auf die gewünschte Art genutzt wird. Der Wirkungsgrad hat keine Einheit. Er wird oft in Prozent angegeben.

Der Wirkungsgrad wird mit η bezeichnet.

Überprüfe dich selbst:

Kann ich ...

... erklären, wozu Lebewesen und Maschinen Energie benötigen und wie sie diese erhalten?

... die Eigenschaften der Energie (speicherbar, übertragbar, umwandelbar, nicht erzeugbar und nicht vernichtbar) erläutern?

... Energieübertragungsvorgänge mit Worten und durch Energieflussdiagramme beschreiben?

... mit dem Prinzip von der Energieerhaltung argumentieren?

... beschreiben, wie man zu Aussagen wie dem Prinzip von der Energieerhaltung gekommen ist?

... anhand von Beispielen erläutern, was man unter Energieentwertung versteht?

... die Alltagsbegriffe „Energieverbrauch" und „Energie sparen" physikalisch deuten?

... Möglichkeiten zur effizienteren Energienutzung insbesondere in meiner Umgebung aufzeigen?

... Alltagssituationen mithilfe des Energiebegriffs beschreiben?

... den Begriff der Leistung erklären und ihn zum Energiebegriff abgrenzen?

... mit Leistung und Energie rechnen?

... den Begriff des Wirkungsgrads erklären?

... mit dem Wirkungsgrad rechnen?

Magnetismus und Elektrizität

In diesem Kapitel beschäftigst du dich mit

- Eigenschaften von Magneten. Du lernst ein Modell kennen, das die grundlegenden Eigenschaften veranschaulicht.
- den Bestandteilen eines elektrischen Stromkreises. Du erfährst, wann Strom fließt und welche Stoffe den elektrischen Strom leiten. Du beschäftigst dich mit den Wirkungen des elektrischen Stroms und wie diese in technischen Geräten ausgenutzt werden.
- Gemeinsamkeiten zwischen elektrischen Stromkreisen und anderen Stromkreisen, z.B. dem Wasserstromkreis. Du lernst wichtige physikalische Größen des elektrischen Stromkreises kennen und untersuchst, wie diese zusammenhängen. Dabei lernst du auch, wie man mit Messgeräten umgeht.
- dem Zusammenhang von elektrischem Strom und Energie. Durch den elektrischen Strom werden Haushalte und Fabriken mit Energie versorgt. Du erfährst dabei, dass zwar der elektrische Strom im Kreis fließt, die Energie aber im Gerät abgegeben wird.

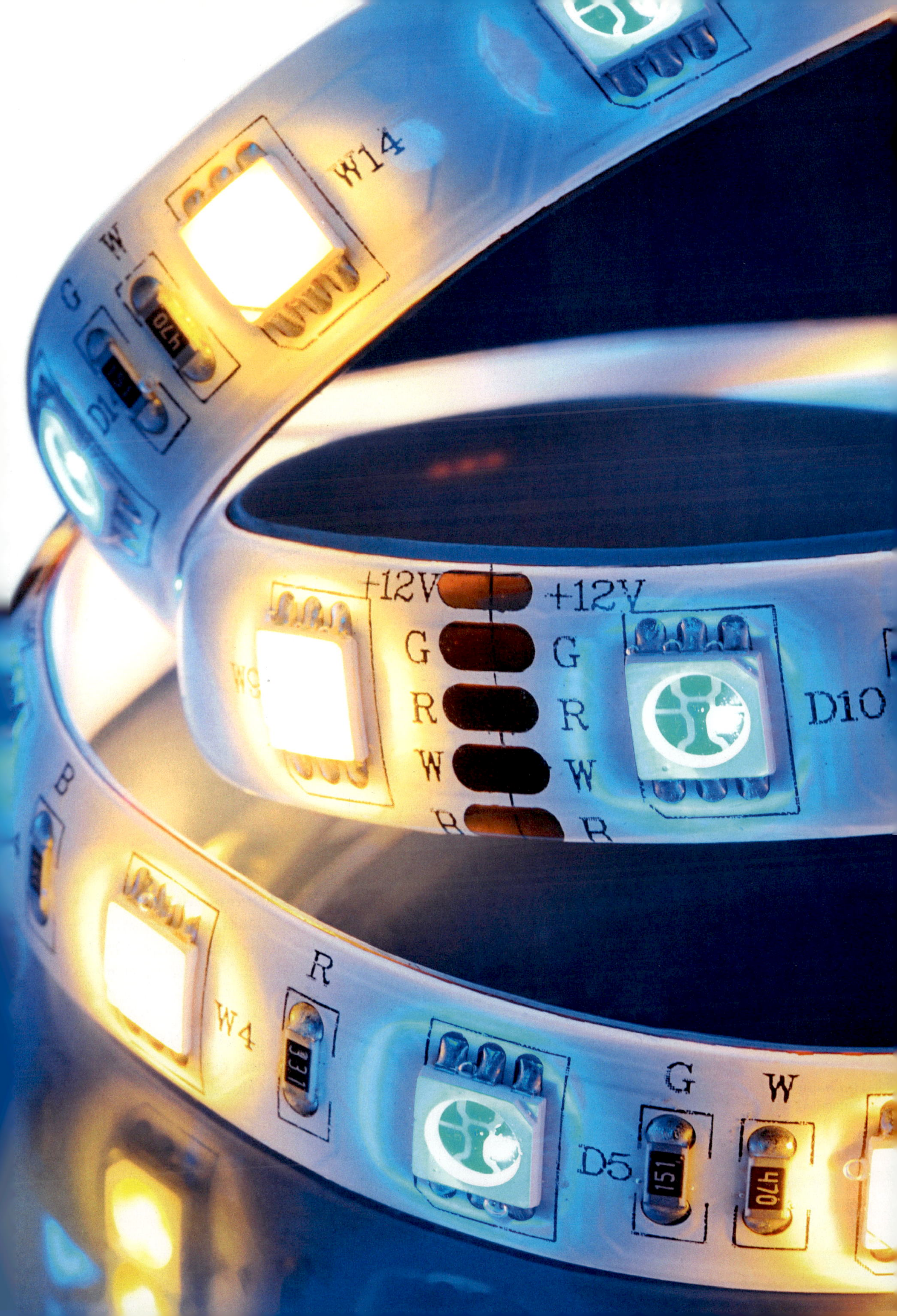
W14
W
G
+12V
G
R
W
+12V
G
R
W
D10
R
W4
331
G
W
D5
151
470

01 Modellauto bei „Kopfüber"-Fahrt

Magnete im Alltag

An der Unterseite von Noahs Auto kleben Magnete. Nun kann es auch kopfüber an einem Eisenträger entlangfahren. Wenn der Träger aus Aluminium wäre, dann würde das nicht funktionieren. Was steckt dahinter?

MAGNETE WIRKEN ANZIEHEND · Du kannst leicht herausfinden, welche Körper ein Magnet anzieht. Hierzu benötigst du einen Magneten und verschiedene Gegenstände. Wenn du den Magneten nacheinander an verschiedene Gegenstände hältst, dann stellst du fest: Der Magnet zieht nur Körper an, die bestimmte Stoffe enthalten. So haftet eine Eisenschraube am Magneten, nicht aber eine Glasmurmel. Nur Körper, die Eisen, Nickel oder Kobalt enthalten, werden angezogen. Man bezeichnet diese Körper auch als **ferromagnetisch.** Besonders starke Magnete werden aus Eisen und dem seltenen Neodym hergestellt. Die Stoffe Nickel und Kobalt werden bei der Stahlerzeugung verwendet.

ferromagnetisch von ferrum (lat.): Eisen

Magnete wirken auf Körper, die Eisen, Nickel oder Kobalt enthalten. Körper aus solchen Stoffen nennt man ferromagnetisch.

Das Auto kann also nur an ferromagnetischen Trägern kopfüber entlangfahren, aber beispielsweise nicht an einem Aluminiumträger.

WER ZIEHT WEN AN? · Du fragst dich vielleicht: Ziehen die Magnete am Modellauto den Eisenträger an oder zieht der Eisenträger die Magnete an?
Wir klären diese Frage mit einem Experiment. Hierzu legen wir einen Stabmagneten und eine ferromagnetische Spielzeugmaus jeweils auf einen Wagen. Zunächst nähern wir den Magneten vorsichtig der Maus. Wir beobachten, dass sich die Maus auf den Magneten zubewegt (▸ Bild 02A).

Wenn wir nun umgekehrt die Maus dem Magneten nähern, dann bewegt sich der Magnet auf die Maus zu (▸ Bild 02B). Der Magnet zieht also die Spielzeugmaus an, die Maus aber auch den Magneten. Allgemein gilt:

Ein Magnet und ein ferromagnetischer Körper ziehen sich gegenseitig an.

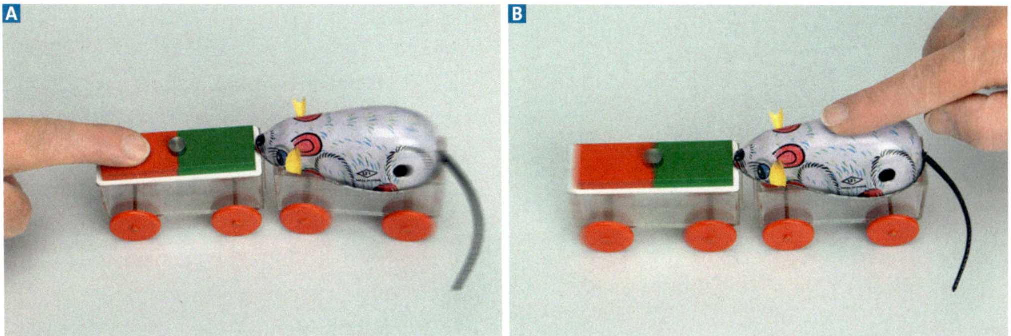

02 Wechselwirkung:
A Die Spielzeugmaus wird bei Annäherung vom Magneten angezogen.
B Der Magnet wird bei Annäherung von der Spielzeugmaus angezogen.

ALLTÄGLICHE BEGLEITER · Die gegenseitige Anziehung von Magneten und ferromagnetischen Körpern nutzen wir in vielen Lebensbereichen. Du findest Magnete an der Hafttafel im Klassenraum, aber auch in vielen Geräten: Bei Kühlschränken sorgen Magnetbänder in den Dichtungen dafür, dass die Tür verschlossen bleibt. Du kannst mit einem Magneten auch Zettel an die Kühlschranktür heften. In der Küche und im Werkraum sorgen Magnetschienen für Ordnung: Messer oder Werkzeuge lassen sich wie in ▸ Bild 03 sehr übersichtlich daran aufhängen.
Du findest Magnete auch in Magnetbaukästen oder an Spielzeugen wie in ▸ Bild 04.

MAGNETE HABEN POLE · Wirken eigentlich alle Stellen eines Magneten gleich stark auf ihre Umgebung? Diese Fragen kannst du mit einem Versuch wie in ▸ Bild 05 klären: Lege einen Stabmagneten in eine mit Nägeln gefüllte Schüssel und hebe ihn dann wieder langsam an. Zahlreiche Nägel haften am Magneten – das gilt besonders für die Enden des Magneten. In der Mitte des Magneten haftet kaum ein Nagel.

Noch genauer kannst du dies untersuchen, indem du mit einem einzelnen Nagel an einem Stabmagneten entlangfährst. An den Enden des Stabmagneten spürst du, dass die Anziehung besonders groß ist. Zur Mitte hin wird die Anziehung zwischen Magnet und Nagel immer schwächer. Genau in der Mitte ziehen sich beide gar nicht mehr an.

Auch anders geformte Magnete haben Stellen, an denen ihre magnetische Wirkung besonders groß ist. Die Stellen der stärksten Anziehung eines Magneten heißen Pole.

An den Polen eines Magneten ist seine Wirkung am größten.

03 Werkzeuge an der Magnetschiene

04 Eisenbahn mit Magnetkupplungen

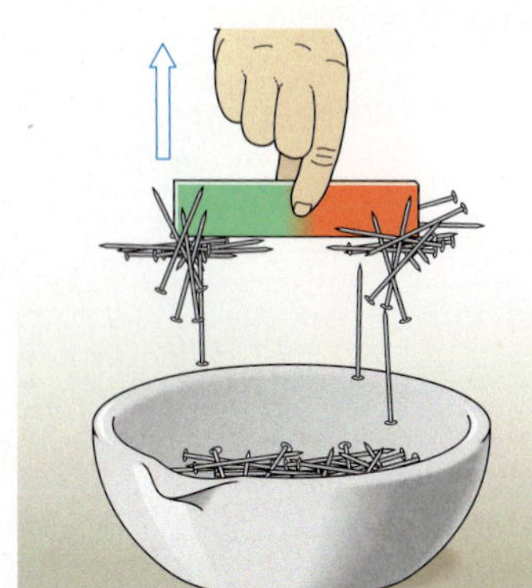

05 Nägel haften am Magneten.

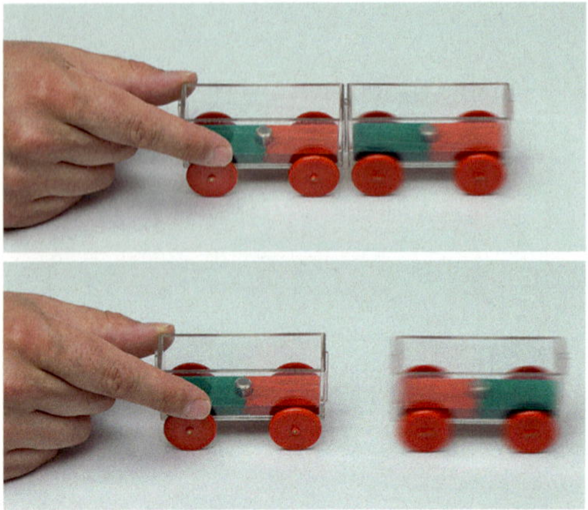

01 Magnete auf Wagen

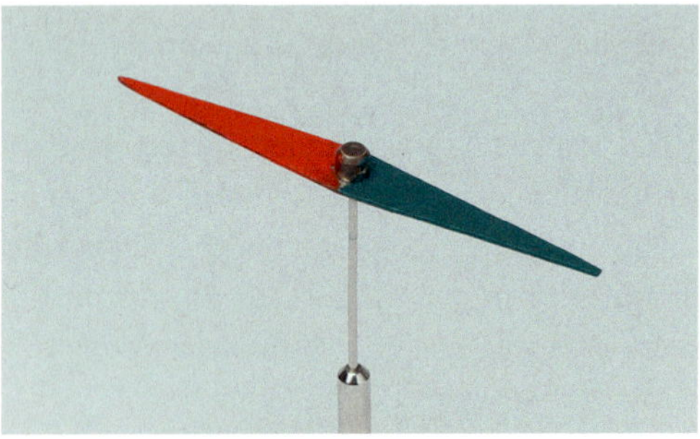

02 Magnetnadel

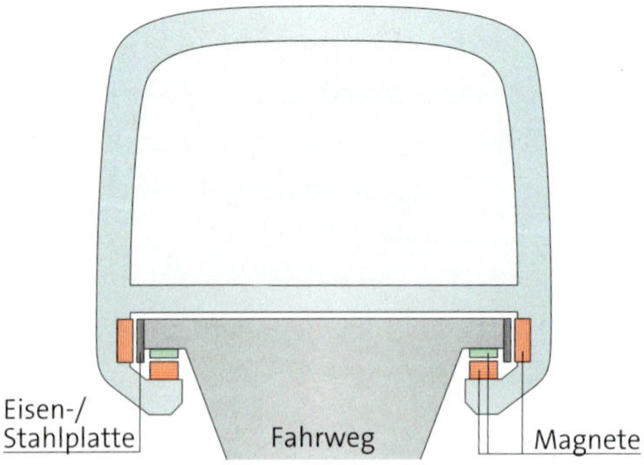

03 Prinzip einer Magnetschwebebahn

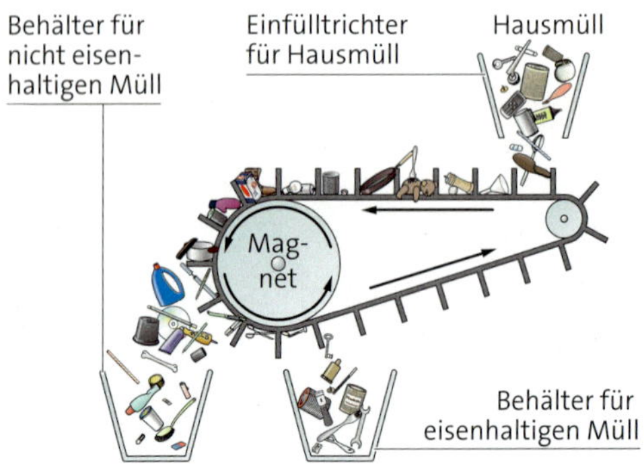

04 Müllsortiermaschine

DIE POLREGEL · Was geschieht, wenn zwei Magnete zusammenkommen? In ▸ Bild 01 siehst du mögliche Versuchsanordnungen, mit deren Hilfe wir diese Frage beantworten können. Beide Magnete liegen jeweils auf einem Wagen. Ihre Pole sind farblich gekennzeichnet.
Im oberen Foto liegt zunächst der rot markierte Pol des linken Stabmagneten dem grün markierten Pol des rechten Stabmagneten gegenüber. Wir beobachten, dass sich die beiden Magnete aufeinander zubewegen: Sie ziehen sich also gegenseitig an.
Im unteren Teil von ▸ Bild 01 liegen sich gleichfarbige Pole gegenüber. Die beiden Magnete stoßen einander ab!

Jeder der beiden Magnete hat also offenbar zwei unterschiedliche Pole. Sie werden als **magnetischer Südpol** und **magnetischer Nordpol** bezeichnet. Man kennzeichnet den magnetischen Südpol in der Regel grün und den magnetischen Nordpol rot.

Jeder Magnet hat zwei unterschiedliche Magnetpole.
Polregel: Gleiche Pole stoßen sich ab, ungleiche Pole ziehen sich an.

Im ▸ Bild 02 siehst du eine drehbare Magnetnadel. Die Nadel verhält sich wie ein Stabmagnet und stellt sich immer nach der Polregel ein. So lässt sich mit der Magnetnadel herausfinden, wo die Pole eines magnetisierten Körpers liegen.

1 Jemand behauptet, dass Metalle von einem Magneten angezogen werden. Nimm Stellung zu dieser Aussage.

2 Erläutere, wie die Magnetschwebebahn im ▸ Bild 03 über dem Fahrweg schweben kann.

3 Eine Firma entwickelt eine Müllsortiermaschine. Erläutere, wie die Maschine im ▸ Bild 04 funktioniert.

VERSUCHE ▸ Magnete

In den folgenden Versuchen untersuchst du die Wirkung eines Magneten auf verschiedene Gegenstände.

V1 Welche Münzen werden angezogen?

Material:

Magnet, verschiedene Gegenstände

Durchführung:

Teste selbst, welche Münzen vom Magneten angezogen werden. Lege hierzu eine Tabelle an. Finde auch heraus, aus welchem Material die jeweilige Münze besteht.

Münze	Material	Wird angezogen
2 Euro		
1 Euro		
1 Cent	Eisen, Kupfer	Ja

V2 Finde den Magneten!

Material:

Stabmagnet und ein gleich aussehender Eisenstab

Durchführung:

Vor dir liegen zwei völlig gleich aussehende Stäbe. Nur einer der Stäbe ist ein Magnet. Der andere besteht aus Eisen. Entwickle mit deinem Nachbarn einen Versuch, um ohne Hilfsmittel herauszufinden, welcher der beiden Stäbe der Magnet ist.

V3 Ironman-Frühstück

Material:

eisenhaltige Cornflakes, Plastikbeutel, Plastikschüssel, starker Magnet, heißes Wasser, Löffel oder Stößel

Durchführung:

Überprüfe, ob die Cornflakes tatsächlich mit Eisen angereichert sind. Zerstampfe die Cornflakes mit dem Stößel in einer Schüssel und fülle das Cornflakes-pulver in den Plastikbeutel. Gib Wasser dazu und lasse die Mischung 20 Minuten stehen. Kippe den verschlossenen Beutel dann vorsichtig auf die Seite. Was beobachtest du, wenn du nun mehrmals langsam mit einem Pol des Magneten an der Unterseite des Beutels entlangstreichst? Erkläre deine Beobachtung.

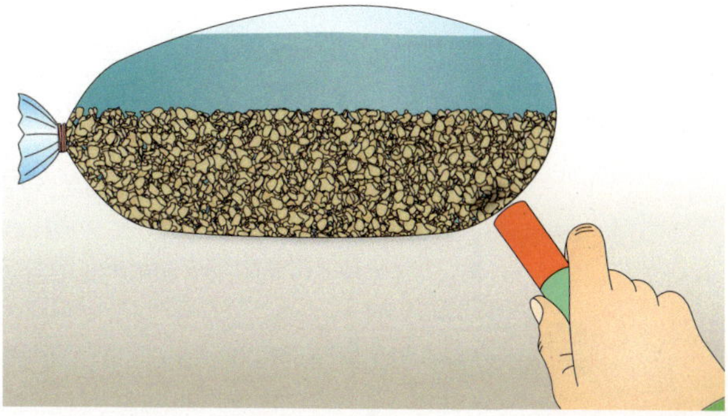

Material A ▸ Magnete

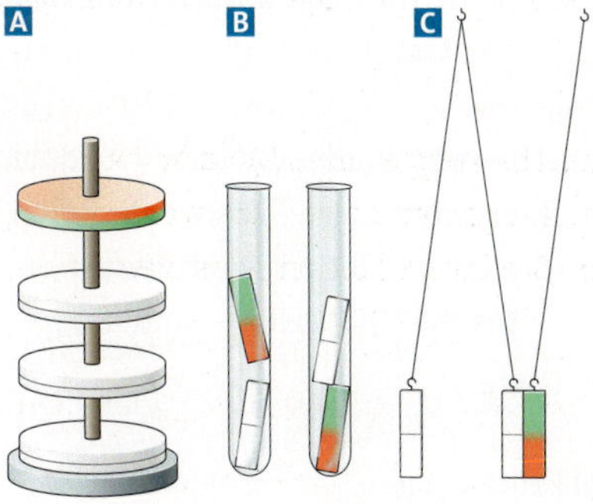

A1 **a)** Übertrage die Abbildung links in dein Heft und zeichne die fehlenden Pole ein.
b) Ergänze über den Magneten in Abbildungsteil B jeweils einen zusätzlichen Magneten . Der magnetische Südpol soll nach unten zeigen. Achte auf die Abstände.
c) Nun werden die Glasröhrchen einander angenähert. Erläutere die Auswirkungen.

A2 Max hängt einen Magneten an den Ausleger seines Spielzeug-kranwagens.
„Nun zieht der Magnet den Wagen aus Eisen an. Der Wagen fährt jetzt ohne weiteren Antrieb, oder? Ein Magnetomobil!“
a) Fährt das Magnetomobil wirklich?
Stelle eine begründete Vermutung auf.
b) Überprüfe in einem Experiment.

01 Eisennägel werden von einer Schere angezogen.

Magnetisieren und Entmagnetisieren

Beim Experimentieren mit Magneten hast du vielleicht schon einmal festgestellt, dass Gegenstände aus Eisen plötzlich selbst zu einem Magneten werden und andere Gegenstände aus Eisen anziehen – wie zum Beispiel die Schere in ▸ Bild 01. Wie kann es dazu kommen?

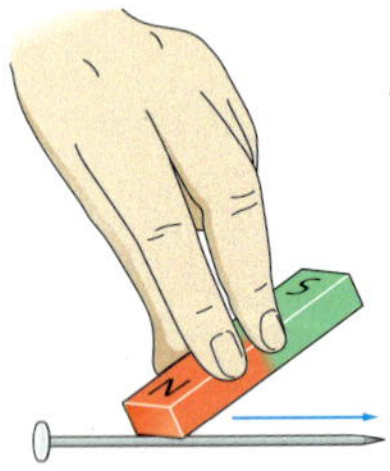

02 Ein Nagel wird magnetisiert.

MAGNETISIEREN · Vermutlich ist die Schere durch Berührung mit einem Magneten selbst zum Magneten geworden. Um zu überprüfen, ob man einen Körper auf diese Weise magnetisieren kann, streichen wir wie im ▸ Bild 02 mit einem Pol eines Stabmagneten mehrmals in derselben Richtung über einen langen Eisennagel. Anschließend wirkt der Nagel wie ein Magnet und zieht z.B. Büroklammern aus Metall an.

Die gleiche Wirkung lässt sich erzeugen, indem man den Nagel über einen Pol des Magneten zieht. Auch andere Gegenstände aus Eisen, Nickel und Kobalt lassen sich so magnetisieren.

Ferromagnetische Körper kann man magnetisieren, indem man sie mit einem Pol eines Magneten überstreicht.

GIBT ES MAGNETE MIT NUR EINEM POL? · Die Magnete, die du kennst, haben einen Nordpol und einen Südpol. Der Nagel wurde aber nur mit einem der magnetischen Pole berührt. Hat der Nagel dadurch auch nur einen Pol erhalten? Wir überprüfen dies mit einer kleinen, drehbaren Magnetnadel. Der unterschiedliche Ausschlag der Magnetnadel an den Enden des Nagels zeigt: Der Nagel hat am einen Ende einen Nord- und am anderen Ende einen Südpol.

Lassen sich die Pole voneinander trennen? Um das herauszufinden, zerteilen wir den magnetisierten Nagel. Die Untersuchung mit der Magnetnadel zeigt: Beide Bruchstücke haben jeweils einen magnetischen Nord- und einen Südpol. Egal wie oft wir das Zerteilen wiederholen, jedes noch so kleine Bruchstück ist wieder ein vollständiger Magnet mit Nord- und Südpol (▸ Bild 03).

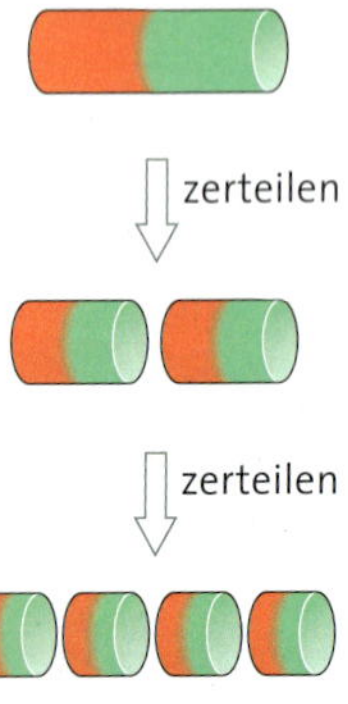

03 Die Teilstücke des Nagels sind vollständige Magnete.

Es gibt keinen Magneten mit einem einzelnen magnetischen Pol. Beim Zerteilen eines Magneten entstehen jeweils neue Magnete mit Nord- und Südpol.

DAS ELEMENTARMAGNETEMODELL · Wir führen unseren Versuch in Gedanken fort: Wenn wir die Bruchstücke immer weiter zerteilen, dann erhalten wir in diesem Gedankenexperiment immer kleinere Magnete. Die kleinstmöglichen Magnete nennen wir **Elementarmagnete.** Nach diesem **Modell** stellen wir uns vor, dass ein Magnet aus sehr vielen dieser Elementarmagnete besteht. Die Elementarmagnete haben jeweils einen festen Platz, können sich aber drehen.
Wenn ein Eisennagel nicht magnetisiert ist, dann zeigen die Elementarmagnete in beliebige Richtungen wie im ▸ Bild 04 A. Hierdurch heben sich ihre Wirkungen nach außen hin auf.

Anders verhält es sich bei einem magnetisierten Nagel: Seine Elementarmagnete befinden sich an den gleichen Stellen wie zuvor. Sie weisen jetzt aber alle in dieselbe Richtung (▸ Bild 04 B).

Mit dem Elementarmagnetemodell können wir auch erklären, was beim Durchbrechen des magnetisierten Nagels geschieht: Wenn wir den Nagel durchbrechen, bleiben die Elementarmagnete wie im ▸ Bild 05 geordnet. An den Bruchstellen finden sich daher wieder magnetische Pole.

Kann unsere Modellvorstellung auch erklären, was beim Magnetisieren und Entmagnetisieren geschieht?

MAGNETISIEREN IM MODELL · In unserem nicht magnetisierten Eisennagel sind die Elementarmagnete zunächst ungeordnet. Wie im ▸ Bild 04 A zeigen sie in alle möglichen Richtungen. Nach außen ist keine magnetische Wirkung festzustellen. Erst wenn man mit einem Magneten über den Eisennagel streicht, dann richten sich die Elementarmagnete gleichsinnig aus: Alle Nordpole der Elementarmagnete zeigen nach rechts, alle Südpole zum anderen Ende. Dadurch addieren sich die Wirkungen der Elementarmagnete. Nur an den Enden bilden sich so die magnetischen Pole. Dadurch hat der Nagel an einem Ende einen Nordpol, am anderen einen Südpol erhalten. Der Nagel ist jetzt magnetisiert.

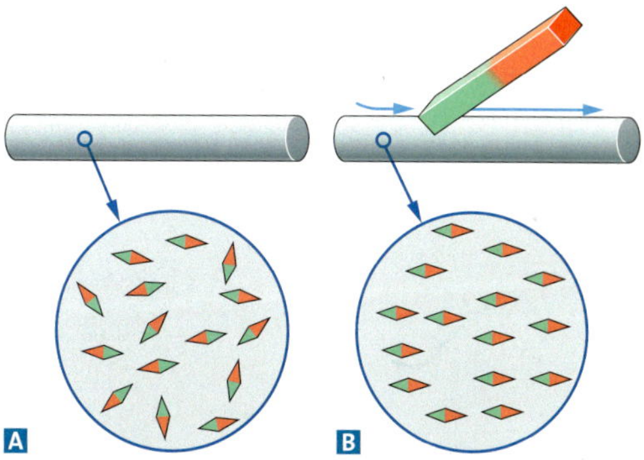

04 Modell eines **A** nicht magnetisierten und eines **B** magnetisierten Eisennagels

Nach dem Modell der Elementarmagnete stellt man sich die Magnetisierung eines ferromagnetischen Körpers als einheitliche Ausrichtung der Elementarmagnete vor.

1 Ein Stabmagnet fällt herunter und zerbricht in der Mitte. Jemand sagt: „Das grüne Stück ist ein magnetischer Südpol, das rote Stück ein magnetischer Nordpol". Nimm Stellung zu dieser Aussage.

2 Jemand streicht mit dem Südpol eines Stabmagneten über einen Eisennagel immer hin und her. Erkläre, weshalb der Nagel nicht magnetisiert wird.

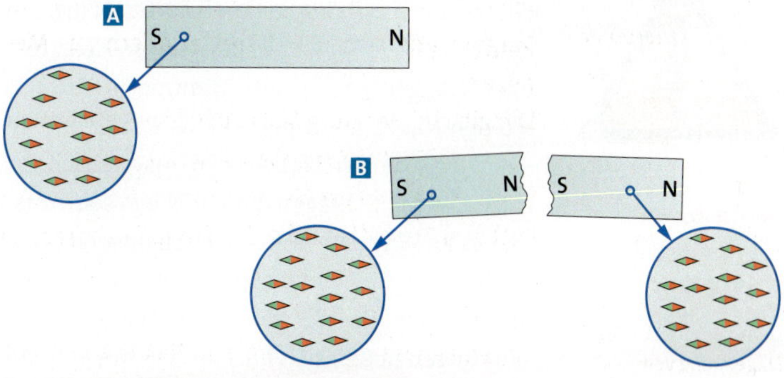

05 Durchbrechen eines magnetisierten Nagels im Modell

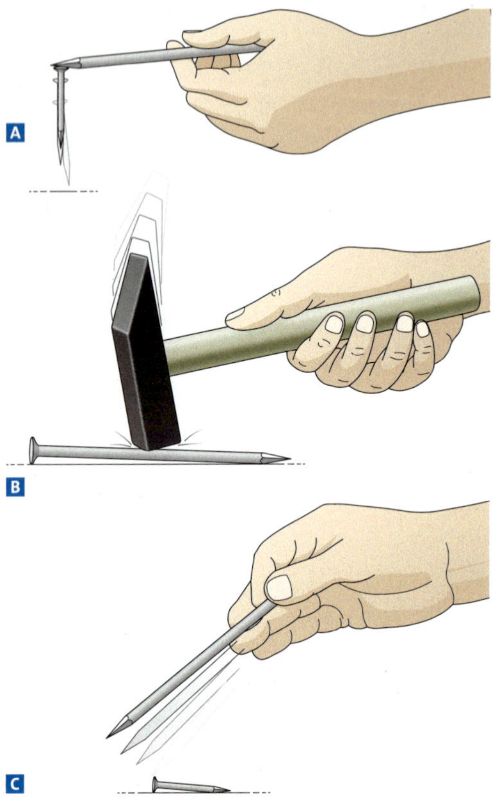

01 Entmagnetisieren durch Erschüttern

ENTMAGNETISIEREN IM MODELL · Bei einem magnetisierten Eisennagel sind nach unserer Modellvorstellung die Elementarmagnete des Eisennagels alle einheitlich ausgerichtet. Wenn wir den Nagel entmagnetisieren wollen, müssen wir die Elementarmagnete in Unordnung bringen. Aber wie schaffen wir das?

Wir versuchen es mit heftigen Erschütterungen. Hierzu legen wir den magnetisierten Nagel auf eine feste Unterlage, zum Beispiel ein Holzbrett, und schlagen mit einem Hammer mehrmals auf den Nagel. Anschließend testen wir wie im ▸ Bild 01C, ob der Nagel noch magnetisch ist. Nach einigen Schlägen hat der Nagel seine magnetische Wirkung verloren. Nach unserem Modell weisen die Elementarmagnete nun wieder in beliebige Richtungen. Ihre magnetischen Wirkungen heben sich nach außen hin auf und es gibt keine magnetischen Pole mehr.

Achtung: Verletzungsgefahr!

Gibt es noch eine weitere Möglichkeit, den Nagel zu entmagnetisieren?

Du weißt bereits, dass sich die Teilchen eines Stoffs nach dem Teilchenmodell bei hohen Temperaturen heftiger bewegen als bei Zimmertemperatur. Entmagnetisiert die heftigere Bewegung auch unseren Eisennagel?
Um dies zu klären, erhitzen wir den magnetisierten Nagel längere Zeit in der Flamme eines Bunsenbrenners. Die anschließende Prüfung mit der Magnetnadel zeigt: Wir haben eine weitere Möglichkeit gefunden, den Nagel zu entmagnetisieren.
In unserer Modellvorstellung werden durch das Erhitzen des Nagels die Elementarmagnete in Unordnung gebracht. Sie weisen anschließend in beliebige Richtungen.

Ein ferromagnetischer Körper wird durch Erschütterungen oder Erhitzen entmagnetisiert. Hierdurch werden die Elementarmagnete in seinem Inneren in Unordnung gebracht.

1 Beschreibe, wie man einen magnetisierten Gegenstand wieder entmagnetisieren kann.

2 „Magnetpapier" hat eine speziell beschichtete Rückseite. Dadurch haftet es auf ferromagnetischen Flächen. Man benutzt das Papier, um damit Hinweis- und Werbeschilder zu drucken und anschließend an magnetisierbaren Flächen anzubringen. Tintenstrahldrucker sprühen beim Drucken winzige Tröpfchen auf die Papierschicht. Laserdrucker dagegen fixieren die Schrift- oder Bildpartikel bei hohen Temperaturen.
Erkläre, warum man Magnetpapier nicht mit Laserdruckern bedrucken soll.

3 „Bitte die Magnete nicht fallen lassen!" Begründe diese Regel mithilfe des Modells der Elementarmagnete.

VERSUCHE ▸ Magnetisieren und Entmagnetisieren

In den folgenden Versuchen untersuchst du, wie Magnete aufeinander einwirken.

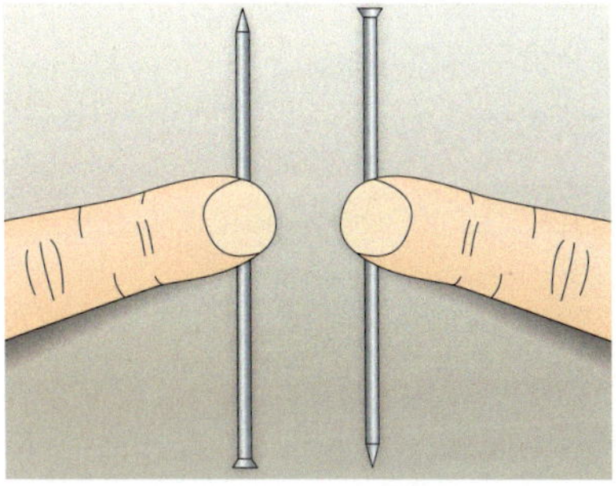

02

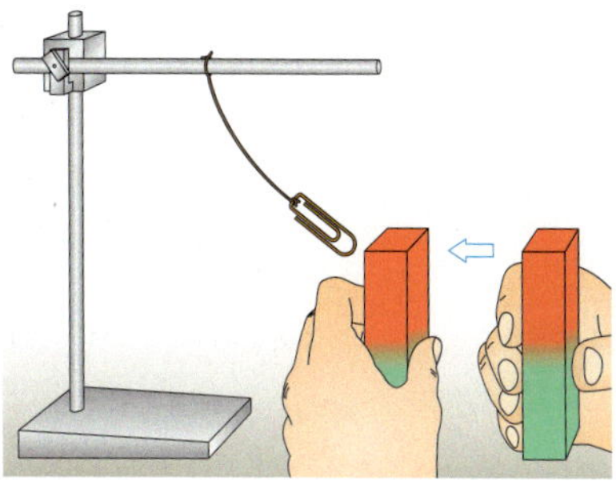

03

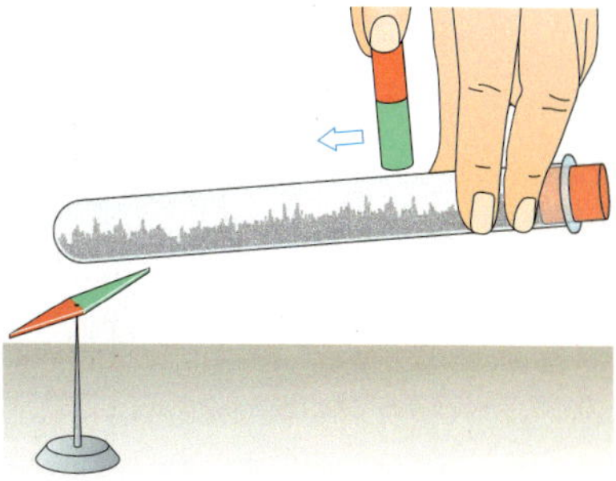

04

V1 Magnetisiere Eisennägel

Material:
zwei Nägel aus Eisen mit möglichst kleinem Kopf, Magnet

Durchführung:
Magnetisiere die beiden Nägel. Nun schiebe die Nägel wie im ▸ Bild 02 langsam aufeinander zu. Wenn die Nägel nur noch einen Zentimeter voneinander entfernt sind, nimm beide Finger weg und überlasse die Nägel sich selbst.Wiederhole den Versuch, nachdem du einen der Nägel umgedreht hast.

a) Erkläre die Magnetisierung der Nägel mit dem Modell der Elementarmagnete.

b) Nenne und erkläre deine Beobachtung.

V2 Büroklammer am Faden

Material:
zwei Stabmagnete, Stativ, an einem Faden aufgehängte Büroklammer

Durchführung:
Nähere die an einem Faden hängende Büroklammer zunächst einem Stabmagneten. Die Klammer soll wie im ▸ Bild 03 angezogen werden, ohne den Magneten zu berühren. Nun schiebe langsam den zweiten Stabmagneten an den ersten Magneten heran und beobachte die Wirkung.
Wiederhole den Versuch. Drehe den zweiten Magneten diesmal um. Beschreibe und erkläre, was du gesehen hast.

V3 Ein Modell zum Anfassen

Material:
Reagenzglas, Eisenfeilspäne, Kompassnadel, Stabmagnet

Durchführung:
Fülle das Reagenzglas mit Eisenfeilspänen und verschließe es.

a) Magnetisiere den Inhalt des Reagenzglases. Überprüfe die Magnetisierung mit der Kompassnadel.

b) Schüttle nun das Reagenzglas und überprüfe erneut mit der Magnetnadel (▸ Bild 04).

c) Stelle in einer Tabelle dar,
- was dieses Modell gut veranschaulicht,
- wo du Grenzen des Modells siehst.

Präsentiere deine Ergebnisse.

Material A ▸ Magnetisieren und Entmagnetisieren

A1 Jans Hausschlüssel ist durch das schwere Gitter des Abtreters gefallen. Jan kann das Gitter nicht anheben. Ein Magnet passt nicht durch die Löcher des Gitters. Erläutere, wie Jan seinen Schlüssel dennoch mit einem Magneten und einem langen Schraubendreher zurückbekommen kann.

01 Warum schwebt der Stift?

Das Magnetfeld

Der Stift schwebt frei über der blauen Unterlage. Auf den ersten Blick ist das überraschend. Aber vielleicht vermutest du es schon: In der Unterlage und im Stift befinden sich Magnete. Wirken Magnete auch über diese Entfernung hinweg?

WIRKUNG OHNE DIREKTEN KONTAKT · Wir untersuchen genauer, über welche Entfernung Magnete aufeinander wirken. Dazu legen wir einen Stabmagneten auf einen Wagen und nähern ihm vorsichtig einen zweiten Stabmagneten. Bereits in einiger Entfernung, also lange bevor sich die Magnete berühren, beobachten wir die magnetische Wirkung: Entsprechend der Polregel wird der Wagen mit dem Magneten angezogen oder abgestoßen.

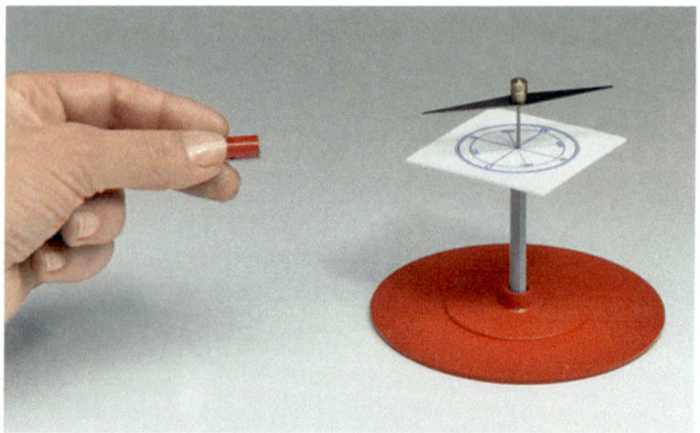

02 Magnet und Magnetnadel

Mit einer drehbar gelagerten Magnetnadel können wir die magnetische Wirkung wie im ▸ Bild 02 in noch größerer Entfernung beobachten. Je empfindlicher ein Messgerät ist, desto größer ist der Abstand, in dem man die Wirkung eines Magneten noch messen kann: Die Wirkung des Magneten lässt zwar mit der Entfernung nach, reicht aber unendlich weit.

In der Umgebung eines Magneten gibt es also eine magnetische Wirkung auf andere Magnete und magnetisierbare Körper. Man sagt: Der Magnet hat ein Magnetfeld.

Magnete werden von einem unsichtbaren Magnetfeld umgeben.
Hier wirken magnetische Anziehung und Abstoßung ohne direkten Kontakt.

Nun können wir erklären, warum der Stift im ▸ Bild 01 schwebt: Die in Stift und Unterlage eingelassenen Magnete stoßen sich auch über größere Entfernung hinweg ab.

DAS MAGNETFELD · Wir wissen bereits, dass es in der Umgebung des Magneten Anziehung und Abstoßung gibt. Können wir das Magnetfeld auch sichtbar machen? Hierzu untersuchen wir, wie ein Stabmagnet auf einen magnetisierten Nagel wirkt. Dazu befestigen wir den Stabmagneten am Rand eines Wasserbeckens (▸ Bild 03). Der magnetisierte Nagel steckt in einem Schwimmkorken. Sein oberes Ende ist der magnetische Nordpol. Es ist den Polen des Stabmagneten stets näher als der unter Wasser liegende Südpol. Deshalb wirkt der Stabmagnet vor allem auf den Nordpol des schwimmenden Magneten.

Wenn wir den Nagel beim Nordpol des Stabmagneten im Wasser loslassen, dann wird er zunächst abgestoßen. Er bewegt sich langsam auf einer geschwungenen Bahn vom Nordpol weg und schließlich zum Südpol des Stabmagneten hin. Wenn wir den Versuch mehrfach wiederholen, dann beobachten wir verschiedene Bahnen. Auf diese Weise können wir uns nach und nach ein Bild vom Magnetfeld machen.

Aber wir haben noch andere Möglichkeiten, uns einen Überblick über das Magnetfeld eines Stabmagneten zu verschaffen: Hierzu nutzen wir Magnetnadeln oder Eisenfeilspäne auf einer Glasplatte (▸ Bild 04 A, B). Die magnetisierten Eisenfeilspäne ordnen sich so an, dass man sich dazu passende geschwungene Linien vorstellen kann.

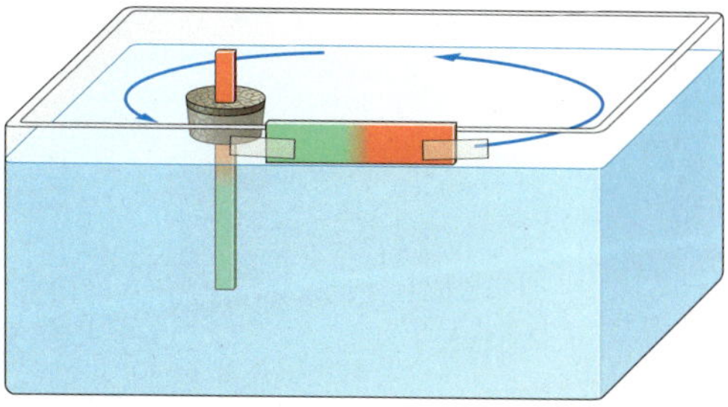

03 Schwimmender Magnet im Magnetfeld

DAS FELDLINIENMODELL · Die geschwungenen Linien denkt man sich nicht nur dort, wo sie zufällig sichtbar gemacht werden, sondern überall im Magnetfeld. Sie heißen **Feldlinien.** Mithilfe solcher Linien können wir uns Magnetfelder besser vorstellen und in Zeichnungen darstellen. Magnetnadeln richten sich im Magnetfeld immer entlang der gedachten Feldlinien aus. Deshalb kann man den Feldlinien eine Richtung geben. Die Pfeilspitze an einer Feldlinie weist in die Richtung, in die sich die Magnetnadel mit dem Nordpol ausrichtet, wie im ▸ Bild 04 C. Da die Richtung der Feldlinien eindeutig ist, können sich Feldlinien nicht kreuzen.

/// Magnetnadeln oder Eisenfeilspäne richten sich im magnetischen Feld entlang der (gedachten) Feldlinien aus. Feldlinienbilder verdeutlichen die magnetische Wirkung in der Umgebung eines Magneten.

1 Unter einem Tisch ist ein Stabmagnet angebracht. Erläutere, wie du seine genaue Lage herausfinden kannst, ohne nachzusehen.

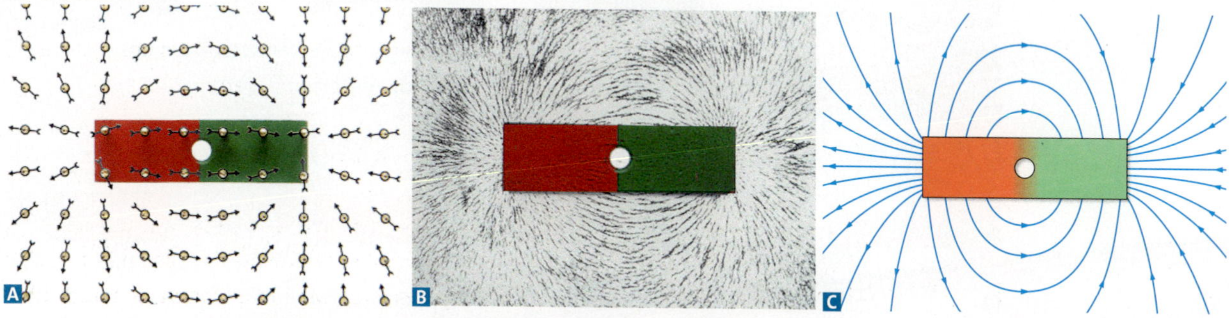

04 Veranschaulichung des Magnetfelds eines Stabmagneten durch **A** Magnetnadeln, **B** Eisenfeilspäne und **C** im Feldlinienmodell

01 Räumliches Muster des Magnetfelds

RÄUMLICHE MAGNETFELDER · Das Magnetfeld um einen Magneten ist nicht flach wie ein Blatt Papier, sondern es befindet sich überall in der Umgebung des Magneten. Ein Magnetfeld ist stets räumlich ausgedehnt. Im ▸ Bild 01 befindet sich ein Stabmagnet in einem Plexiglasbehälter, in dem sich Eisenfeilspäne in einer Flüssigkeit befinden. Nach Schütteln des Behälters ordnen sich die Eisenfeilspäne in allen Raumrichtungen um den Magneten an. So wird das räumliche Muster des Magnetfelds sichtbar.

MEHRERE STABMAGNETE · Auch komplizierte Magnetfelder lassen sich mithilfe des Feldlinienmodells übersichtlich in Zeichnungen darstellen. Im ▸ Bild 02 A liegen sich Nord- und Südpol von zwei Stabmagneten unter einer Glasscheibe gegenüber. Wenn man die Scheibe mit Eisenfeilspänen bestreut, dann ordnen sich die Eisenfeilspäne entlang von Linien an, die von dem Pol des einen Magneten zum Pol des anderen führen. Im Feldlinienmodell verlaufen die Feldlinien vom Nordpol des einen Magneten zum Südpol des anderen Magneten (▸ Bild 02 B).

Im ▸ Bild 03 A liegen sich die Nordpole von zwei Stabmagneten unter einer Glasscheibe gegenüber. Die Eisenfeilspäne zeigen ein anderes Muster als im ▸ Bild 02 A. In der Mitte zwischen den Magneten scheinen sich die Spuren voneinander abzustoßen. Sie laufen nach oben und unten ohne sich zu berühren. – An dem Verlauf der Feldlinien kann man erkennen, ob sich zwei Magnete anziehen oder abstoßen.

1 Erkläre, wie man mit einer Magnetnadel die Pole eines Stabmagneten bestimmen kann. Funktioniert das auch mit einer Büroklammer?

2 Nenne Eigenschaften, die du beim Zeichnen eines Feldlinienbildes beachten musst.

3 Erkläre, weshalb sich Feldlinien nicht schneiden können.

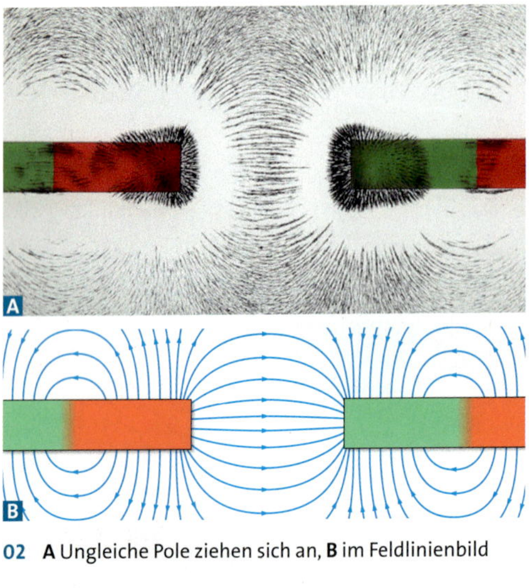

02 **A** Ungleiche Pole ziehen sich an, **B** im Feldlinienbild

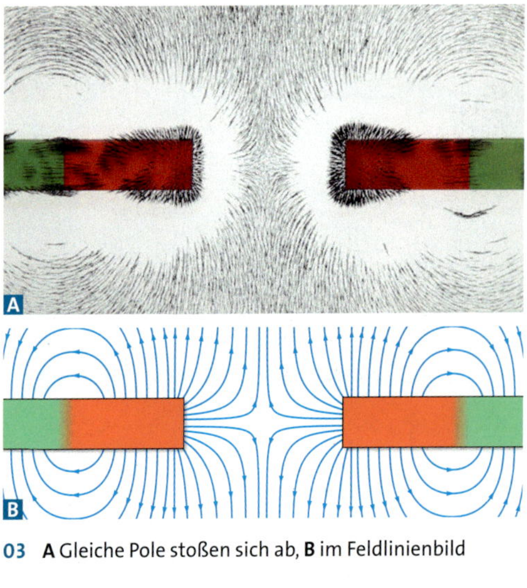

03 **A** Gleiche Pole stoßen sich ab, **B** im Feldlinienbild

VERSUCH ▸ Wie kann man Magnetfelder abschirmen?

Viele empfindliche Geräte muss man gegen Magnetfelder abschirmen, damit sie richtig funktionieren. Teste selbst, welche Materialien hierzu benutzt werden könnten.

V1 Abschirmumg der magnetischen Wirkung

Material:

Magnet, Büroklammer aus Metall, verschiedene Gegenstände, z. B. Papier, Holzplatte, Aluminiumplatte, Eisenplatte, Trinkglas, PET-Flasche

Durchführung:

Halte das jeweilige Material wie im ▸ Bild 04 zwischen Magnet und Büroklammer. Trage deine Beobachtungen in eine Tabelle. Vergleiche deine Ergebnisse mit denen deiner Mitschüler und formuliert gemeinsam einen Merksatz.

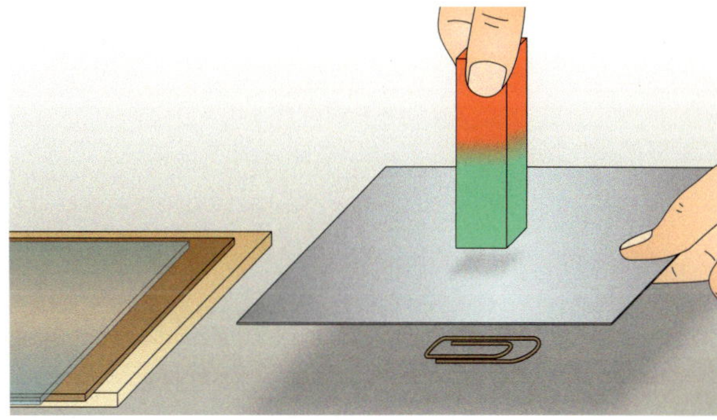

04 Kann man Magnetfelder abschirmen?

Material A ▸ Magnetfelder

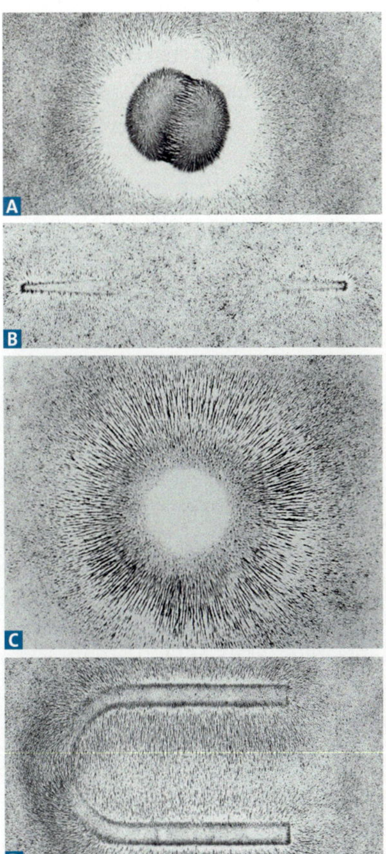

05

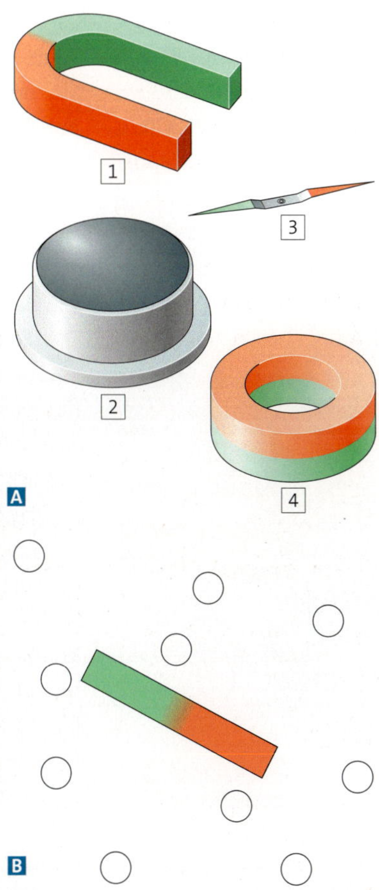

06

A1 Ordne den vier durch Eisenfeilspäne dargestellten Magnetfeldern im ▸ Bild 05 die entsprechenden Magnete im ▸ Bild 06 A zu.

A2 Zeichne das Feldlinienbild eines Hufeisenmagneten.

A3 **a)** Übertrage die Zeichnung im ▸ Bild 06 B auf Transparentpapier.
b) Zeichne an den vorgegebenen Markierungen ein, wie sich kleine Magnetnadeln im Magnetfeld des Stabmagneten dort jeweils ausrichten würden.
c) Zeichne zwei magnetische Feldlinien ein, die durch die Magnetnadeln angedeutet werden.

A4 Ein Stabmagnet und ein gleich geformter Eisenstab liegen sich gegenüber. Zeichne das Feldlinienbild für den Fall ein, dass der Südpol des Magneten zum Eisenstab zeigt. Ändert sich etwas, wenn der Nordpol zum Eisenstab zeigt? Begründe.

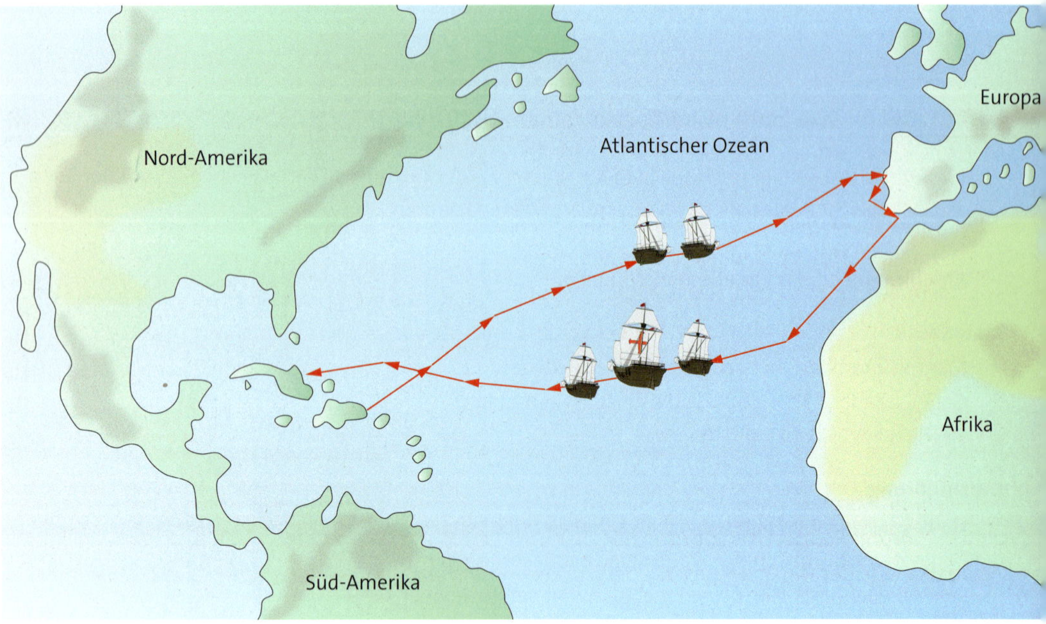

01 Route des KOLUMBUS bei seiner Entdeckungsfahrt nach Amerika

Wies der Kompass nach Norden?

02 Wenn du einen Stabmagneten an einen Faden hängst, dann weist er in Nord-Süd-Richtung.

Am 3.8.1492 brach KOLUMBUS mit drei Segelschiffen von Spanien nach Westen auf, um einen Seeweg nach Indien zu finden. Ein Kompass sollte den Weg weisen. Doch mitten auf dem Atlantik schien die Kompassnadel immer mehr nach Nordwesten zu zeigen, je weiter sie vordrangen. Die Mannschaft machte sich Sorgen, da selbst KOLUMBUS sich dieses Verhalten des Kompasses nicht erklären konnte.

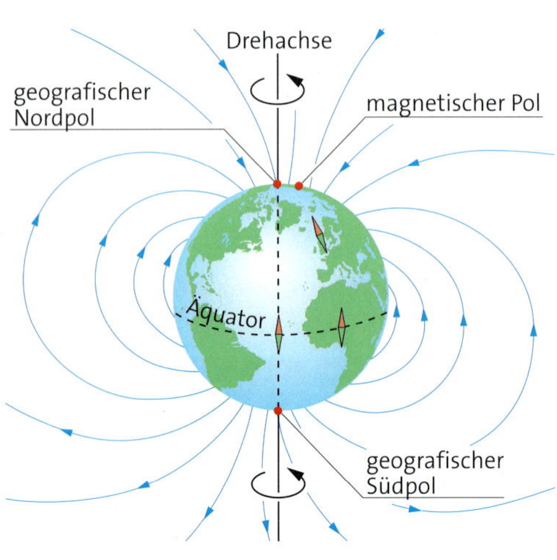

03 Magnetische Feldlinien der Erde

SO FUNKTIONIERT DER KOMPASS · Das Kernstück eines Kompasses ist eine Magnetnadel. Sie orientiert sich nach magnetischen Feldlinien, genauso wie der Stabmagnet im ▸ Bild 02.

/// Eine Magnetnadel richtet sich entlang magnetischer Feldlinien aus.

Die Erde ist von einem Magnetfeld umgeben. Das Feldlinienbild der Erde ähnelt dem eines Stabmagneten (▸ Bild 03). Die Magnetnadel im Kompass, kurz „Kompassnadel", richtet sich im Magnetfeld der Erde aus.
Am arktischen Magnetpol zeigen die Feldlinien senkrecht in die Erde. Dieser Pol liegt in Nordkanada. Da der Nordpol der Kompassnadel dorthin zeigt, befindet sich in Nordkanada physikalisch ein magnetischer Südpol. Der Südpol der Kompassnadel zeigt zum antarktischen Magnetpol. Er liegt vor der Küste der Antarktis in Richtung Australien.
In Europa zeigt der Kompass ziemlich genau nach Norden. Daher waren KOLUMBUS und seine Seeleute so überrascht, als der Kompass mitten auf dem Atlantik nach Nordwesten zeigte.

SO ENTDECKTE KOLUMBUS DEN FEHLER · Die Erde dreht sich um ihre Achse (▸ Bild 03). Wenn man von der Erde zum Himmel schaut, dann scheinen sich daher alle Sterne am Himmel von Osten nach Westen zu bewegen. Nur der Stern senkrecht über der Drehachse scheint still zu stehen (▸ Bild 04). Das ist der Polarstern. Er steht senkrecht über dem geografischen Nordpol. Das ▸ Bild 07 zeigt, wie du ihn findest. Der geografische Nordpol liegt auf der Drehachse. Daher steht der Polarstern still – genau im Norden. Durch Vergleich der Kompassnadel mit der Position des Polarsterns konnte KOLUMBUS den Fehler in der Anzeige des Kompasses erkennen.

04 Langzeitaufnahme des Nachthimmels: Die Sterne erzeugen kreisförmige Spuren und scheinen sich in 24 Stunden einmal um den Polarstern zu drehen.

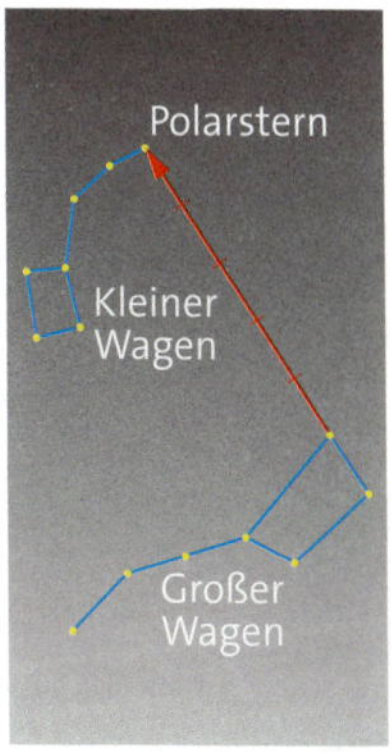

07 Wenn du die Hinterachse um den Faktor 6 verlängerst, dann gelangst du zum Polarstern.

SO ENTSTEHT DAS ERDMAGNETFELD · Bei einem Vulkanausbruch kommt es gelegentlich zu Blitzen, selbst wenn es dort gar keine Gewitterwolken gibt (▸ Bild 05). Die Elektrizität des Blitzes entsteht anscheinend durch die Lava, die der Vulkan herausschleudert. Das heiße, flüssige Gestein in der Erde kann offenbar auch Elektrizität hervorrufen. Darüber hinaus kann das flüssige Gestein des Erdinneren auch Magnetismus erzeugen.

05 Lavablitze bei einem Vulkanausbruch

Das flüssige Innere der Erde strömt und verschiebt sich. Dadurch verändert sich das Erdmagnetfeld im Laufe der Jahre. In den letzten hundert Jahren verschob sich der arktische Magnetpol um 1100 Kilometer (▸ Bild 06).

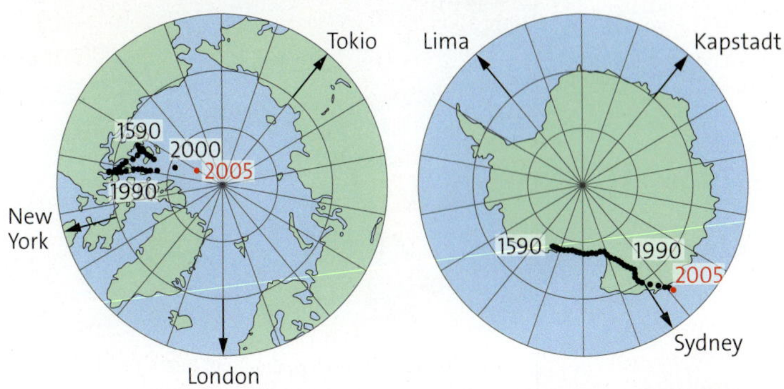

06 Verschiebung der Magnetpole: Die Pole bewegten sich auf den dargestellten Bahnen.

1) Entwickle einen Versuch, durch den man den Nordpol einer magnetisierten Nähnadel mithilfe des Erdmagnetfelds bestimmen kann.

2) Erkläre, warum die Sterne am Himmel kreisförmige Spuren auf einer Langzeitaufnahme erzeugen.

3) Berechne, wie weit der arktische Magnetpol während der letzten hundert Jahre im Mittel pro Jahr wanderte.

BLICKPUNKT

01 Leistungsfähige Minicomputer oder Smartphones bestimmen die Richtung der magnetischen Feldlinien durch einen elektronischen Kompass.

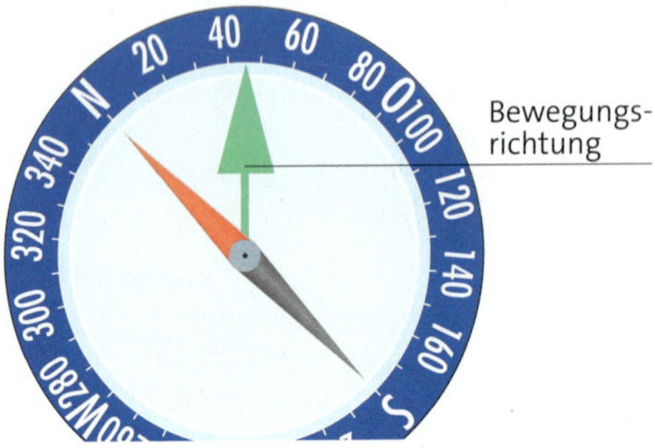

02 Ein Kompass mit Windrose zeigt alle Himmelsrichtungen zugleich an.

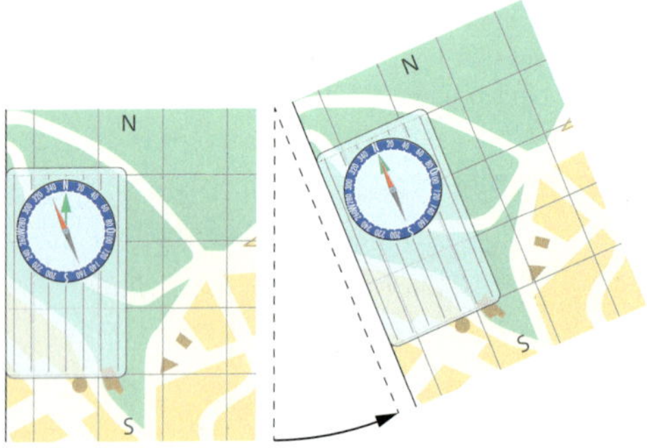

03 Der obere Rand einer Landkarte stellt Norden dar und wird im Gelände nach Norden gedreht.

04 Die Küstenseeschwalbe fliegt quer über den Atlantik. Dabei kann sie sich nicht an Küstenlinien orientieren, sondern nutzt ihren Magnetsinn.

Navigation mit Magnetismus

Durch die Windrose im Kompass erkennst du alle Himmelsrichtungen zugleich. Beispielsweise ist im ▸ Bild 02 Nordwesten links bei etwa 310 °. Als Wanderer oder Bootsfahrer kannst du deine aktuelle Bewegungsrichtung ablesen – im Bild ist es Nordost. Anschließend kannst du deine Richtung korrigieren oder beibehalten.

Mit einem Kompass kannst du eine Landkarte nach Norden ausrichten (▸ Bild 03). Das nennt man Einnorden. Leistungsfähige mobile Minicomputer oder Smartphones enthalten einen Kompass (▸ Bild 01). Sie drehen mit dessen Hilfe eine Landkarte in die passende Richtung. Ein solcher Kompass stellt die Ausrichtung des magnetischen Felds elektronisch fest.

Auch Tiere orientieren sich mithilfe des Magnetfelds der Erde. Die Küstenseeschwalbe fliegt zweimal jährlich tausende von Kilometern über den Atlantik (▸ Bild 04). Sie hat einen Magnetsinn, mit dem sie das Magnetfeld wahrnehmen kann. Die Küstenseeschwalbe kann so jederzeit ihren Kurs bestimmen und korrigieren. Ähnlich wie andere Zugvögel kann sie auch den Stand der Sterne nutzen.

Die Küstenseeschwalbe zieht nicht nur über den gleichen Ozean wie seinerzeit KOLUMBUS, sie nutzt auch die gleichen Navigationsarten.

1 Der Nutzer eines Smartphones möchte nach Westen wandern. Er hält sein Smartphone in Bewegungsrichtung (NW, ▸ Bild 01).
Gib an, in welche Richtung er sich drehen sollte.

2 Erläutere, wozu ein Minicomputer neben der Position auch die Richtung des Erdmagnetfelds anzeigt.

VERSUCHE ▸ Bau eines Kompasses

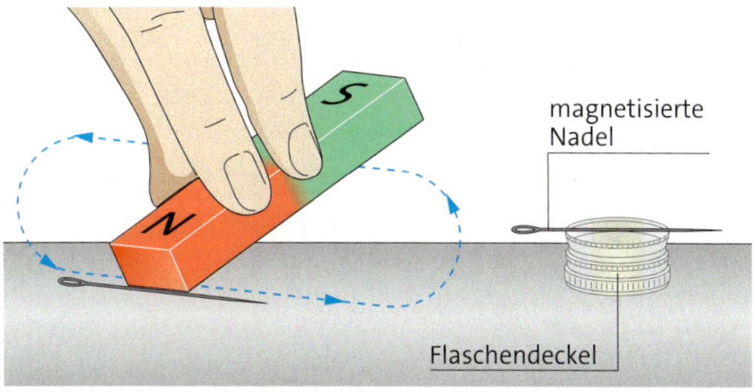

05

Material:

Flaschendeckel, Nadel, Klebestreifen, Magnet, Becher mit Wasser

Durchführung:

Magnetisiere die Nadel. Klebe die Nadel mit dem Klebestreifen auf den Flaschendeckel und lasse ihn auf dem Wasser schwimmen.

V1 Bestimme die vier Himmelsrichtungen. Fertige dazu eine Skizze an.

V2 Stelle mit deinem Kompass fest, an welchem Ende der Magnet den Nordpol hat

Material A ▸ Missweisung

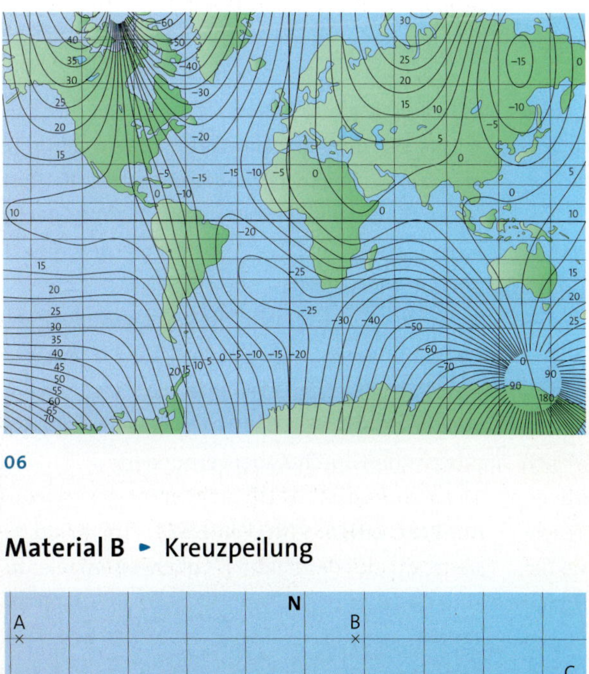

06

Nach KOLUMBUS hat man die Fehlanzeige des Kompasses, die sogenannte Missweisung, auf der ganzen Erde bestimmt (▸ Bild 06). Beispielsweise zeigt die Kompassnadel in Irland 10° zu weit nach Westen. Der Kurs muss entsprechend um 10° nach Osten korrigiert werden.

A1 Gib die typische Missweisung für Deutschland an.

A2 Gib die maximale Missweisung auf der Route des KOLUMBUS an.

A3 Nenne Ursachen für die Missweisung.

Material B ▸ Kreuzpeilung

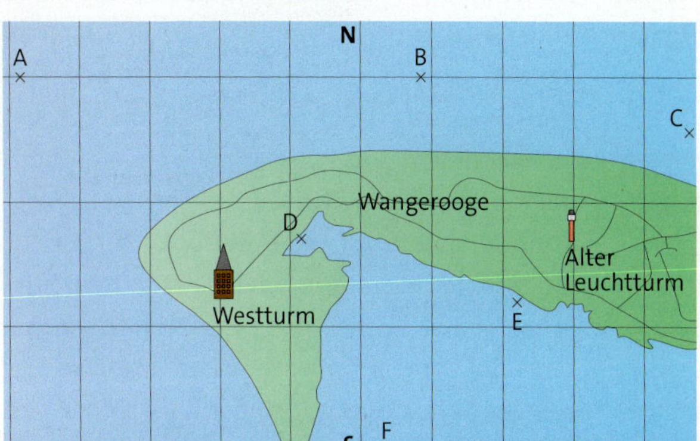

07

B1 Ein Segler sieht den Westturm im Südwesten und den alten Leuchtturm im Südosten. Gib an, an welcher der Positionen A bis F im Bild links sich der Segler befindet.

B2 Dieses Verfahren der Ortsbestimmung heißt Kreuzpeilung. Erläutere, wie man die Position mithilfe von zwei Geraden bestimmen kann.

01 Kinder reparieren ein Fahrrad.

Elektrische Stromkreise

Dir ist es sicher schon mal passiert, dass das Licht an deinem Fahrrad nicht anging. Vielleicht hast du dann auch den Hinweis bekommen: „Deine Lampe leuchtet nicht, weil der Stromkreis unterbrochen ist." Aber wo sollst du jetzt nach dem Fehler suchen? Was ist überhaupt nötig, damit elektrischer Strom fließen kann?

02 Verschiedene Fahrraddynamos

DER STROMKREIS AM FAHRRAD · Die Fehlersuche bei der Fahrradbeleuchtung gestaltet sich manchmal gar nicht so einfach. Da hilft es, wenn du weißt, welche Bauteile zur Beleuchtung dazugehören und welche Aufgabe sie haben: Es gibt die Lampe, die Kabel und den Dynamo. Der Dynamo kann seitlich am Reifen laufen oder in der Radnabe versteckt sein (▸ Bild 02). Manche Fahrradlampen werden statt mit einem Dynamo auch über eine Batterie betrieben.

Aus dem Energiekapitel weißt du, dass eine leuchtende Glühlampe Energie abgibt. Das erkennst du z. B. am Licht, das die Lampe abstrahlt. Die erforderliche elektrische Energie zum Betrieb der Fahrradlampe liefert eine **elektrische Energiequelle,** kurz „elektrische Quelle". Wenn es sich hierbei um einen Dynamo handelt, dann musst du ihm selbst erst Energie zuführen, indem du das Fahrrad antreibst. Auch die Batterie ist eine elektrische Quelle. Ihr muss aber nicht ständig Energie zugeführt werden. Sie ist ein **Energiespeicher.**

Die Glühlampe benötigt elektrische Energie zum Betrieb. Man bezeichnet sie daher als ein **elektrisches Gerät.** Elektrische Quellen und Geräte werden durch Kabel verbunden.

AUFBAU EINES STROMKREISES · Im ▸ Bild 03 siehst du zwei einfache Möglichkeiten, wie du eine Glühlampe an eine Batterie anschließen kannst. In beiden Fällen müssen das Gewinde und das Kontaktplättchen der Glühlampe mit jeweils einem Anschluss der Batterie verbunden werden. Diese Anschlussstellen der Batterie nennt man **Pluspol** und **Minuspol.**
Eine solche Verbindung einer elektrischen Quelle mit einem elektrischen Gerät heißt elektrischer Stromkreis. Dabei ist „Kreis" nicht im Sinne von „kreisförmig", sondern im Sinne von „Kreislauf" zu verstehen. Ein „Stromkreislauf" hat – wie andere Kreisläufe auch – keinen An-

fang und kein Ende. Der elektrische Strom fließt von der Quelle zum Gerät und wieder zur Quelle zurück. Die elektrische Energie wird dabei von der Quelle zum Gerät transportiert (▸ Bild 04).

Ein elektrischer Strom fließt nur dann, wenn der Stromkreis geschlossen ist. Dabei wird elektrische Energie von der Quelle zum Gerät transportiert.

GERÄT UND QUELLE MÜSSEN PASSEN · Wenn du statt der Glühlampe einen Haartrockner an die Batterie anschließt, dann funktioniert er nicht. Du musst ihn an eine Steckdose anschließen. Umgekehrt darfst du eine Fahrradlampe niemals an eine Steckdose anschließen! Das wäre viel zu gefährlich, außerdem würde das die Glühlampe zerstören.
Auf elektrischen Quellen finden sich Angaben über die sogenannte **elektrische Spannung.** Eine einfache Batterie ist z.B. mit 1,5 V („1,5 Volt") beschriftet. Auch auf elektrischen Geräten stehen meist Spannungsangaben. Wozu dienen sie?

Wir schließen eine Glühlampe mit der Aufschrift 4 V an eine 1,5-V-Batterie an. Sie leuchtet nicht. Wenn wir sie an eine Flachbatterie mit 4,5 V anschließen, dann leuchtet sie normal hell. Schließen wir die Lampe an eine Blockbatterie mit 9 V an, dann leuchtet sie sehr hell, brennt aber nach kurzer Zeit durch. Offensichtlich bedeutet die Aufschrift 4 V auf der Glühlampe, dass man sie an eine elektrische Quelle von etwa 4 V anschließen muss, damit sie wie gewünscht leuchtet.

03 Glühlampe an einer Batterie

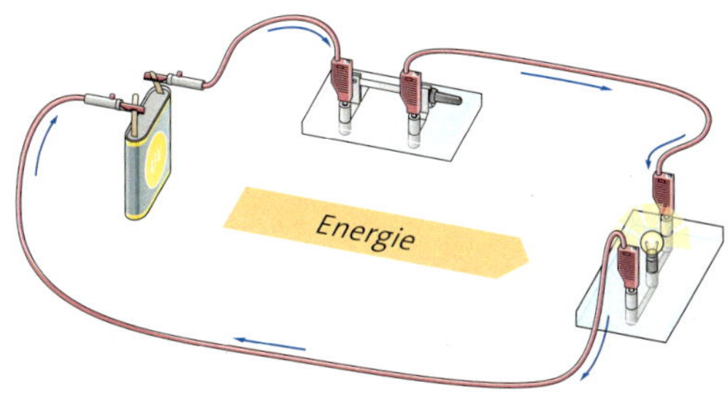

04 Durch den elektrischen Strom wird Energie von der Batterie zur Glühlampe transportiert.

Ein elektrisches Gerät benötigt eine passende elektrische Quelle. Die Spannungsangaben von Gerät und Quelle müssen so gut wie möglich übereinstimmen.

An der Spannungsangabe lässt sich auch erkennen, wie gefährlich eine elektrische Quelle ist. An einer Steckdose liegen 230 V an. Diese Spannung ist lebensgefährlich. Nur mit Spannungen unter 25 V darfst du experimentieren.

1 Untersuche deine eigene Fahrradbeleuchtung genauer. Mache Angaben zur elektrischen Quelle.

2 Gib Elektrogeräte aus deinem Umfeld an, die nicht mit 230 V Spannung betrieben werden. Gib auch die entsprechenden Spannungen an.

GEFAHRENHINWEIS

Umgang mit Elektrizität

- Experimentiere niemals mit dem elektrischen Strom aus der Steckdose!
- Berühre niemals die Buchsen einer Steckdose oder eine schadhafte Leitung mit bloßen Händen oder einem Werkzeug!
- Benutze beim Experimentieren nur Batterien oder spezielle Netzgeräte der Schule als elektrische Quellen!

05 Batterie 1,5 V „Micro" (AAA)

06 Flachbatterie 4,5 V

07 Blockbatterie 9 V

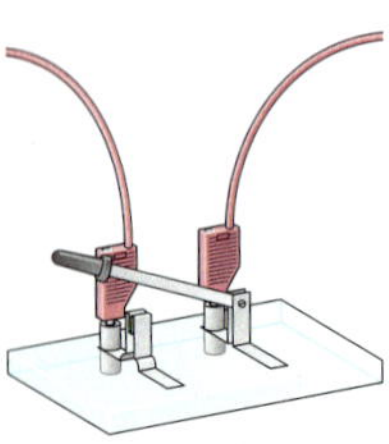

01 Schalter

02 Achtung: Kurzschluss – nicht nachmachen!

UNTERBROCHENE STROMKREISE · Wenn die Fahrradbeleuchtung plötzlich nicht mehr funktioniert, dann liegt das nicht daran, dass Gerät und Quelle nicht zueinander passen. Schließlich leuchten die Lampen ja kurz vorher noch.

Stattdessen liegt meist eine Unterbrechung des Stromkreises vor. Deswegen kann kein Strom fließen und keine Energie von der elektrischen Quelle zur Lampe transportiert werden: Die Lampe leuchtet nicht.

Ursachen können z.B. gelockerte Kontakte zwischen Kabel und Lampe, ein gebrochenes Kabel oder eine durchgebrannte Glühlampe sein.

SCHALTER UNTERBRECHEN STROMKREISE · Es gibt auch Situationen, in denen der Stromkreis absichtlich unterbrochen wird. Das ist z.B. bei einem batteriebetriebenen Rücklicht der Fall. Das Licht soll nur eingeschaltet sein, wenn du mit dem Fahrrad fährst. Hier eignet sich ein Schalter wie im ▸ Bild 01. Je nach Stellung des Schalters ist der Stromkreis geschlossen oder unterbrochen.

KURZSCHLUSS · Manchmal leuchtet die Fahrradlampe nicht, weil ein sogenannter Kurzschluss vorliegt. Bei einem Kurzschluss sind beide Pole der elektrischen Quelle direkt miteinander verbunden (▸ Bild 02).

Wenn wir diese Schaltung ausnahmsweise aufbauen, dann beobachten wir, dass die Leitungen und die Batterie sehr warm werden. Die Quelle gibt ihre Energie im Kabel und in der Quelle selbst ab. Es fehlt ein Gerät, das die elektrische Energie aufnehmen könnte. Die Quelle kann dabei leicht zerstört werden. Außerdem wird das Kabel möglicherweise so heiß, dass ein Brand entsteht.

Einen Kurzschluss erhält man auch, wenn es eine leitende Verbindung der Pole am elektrischen Gerät vorbei gibt (▸ Bild 03 B). Der Strom fließt in dieser Schaltung nicht durch die Lampe sondern durch das rote Kabel. Auch in diesem Fall wird die Energie der Quelle nicht im Gerät abgegeben.

LEUCHTDIODEN · Immer mehr Fahrradlampen nutzen Leuchtdioden (LEDs) statt einer Glühlampe. LEDs nutzen die Energie effektiver zur Lichterzeugung als Glühlampen. Bei gleicher Energiezufuhr leuchten sie heller, werden aber nicht so warm.
Im Unterschied zu einer Glühlampe musst du bei Anschluss einer LED auf die Polung achten. Das lange Beinchen der LED muss mit dem Pluspol und das kurze mit dem Minuspol einer elektrischen Quelle verbunden werden, damit die LED leuchtet. Wenn du sie andersherum anschließt, dann leuchtet sie nicht.

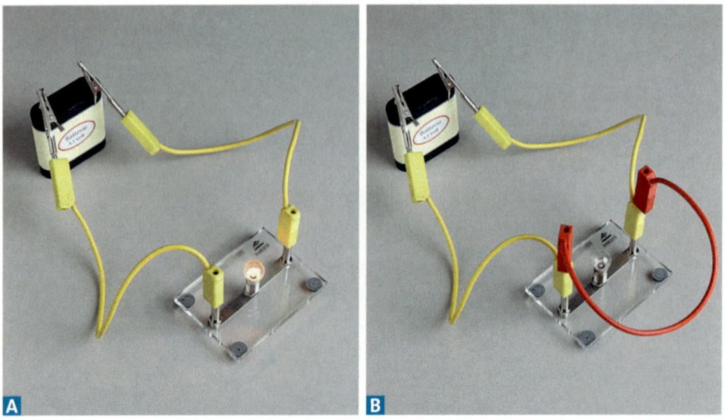

03 **A** Korrekter Stromkreis. **B** So nicht!

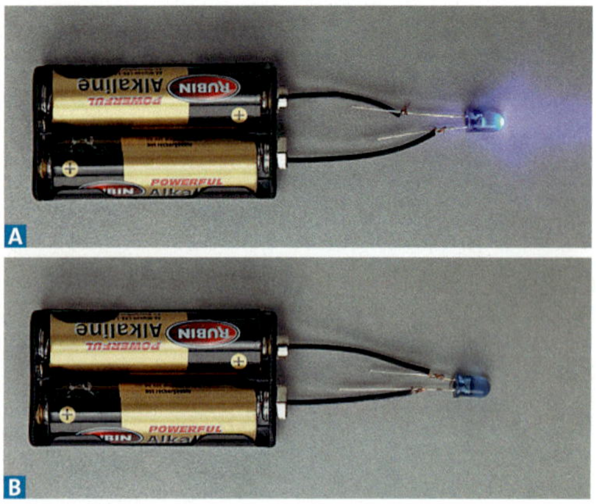

04 Anschließen einer Leuchtdiode

VERSUCHE ► Glühlampe im Stromkreis

Mit den folgenden Versuchen untersuchst du genauer, wie du eine Glühlampe anschließen musst, damit sie leuchtet.

V1 Kontakte der Glühlampe

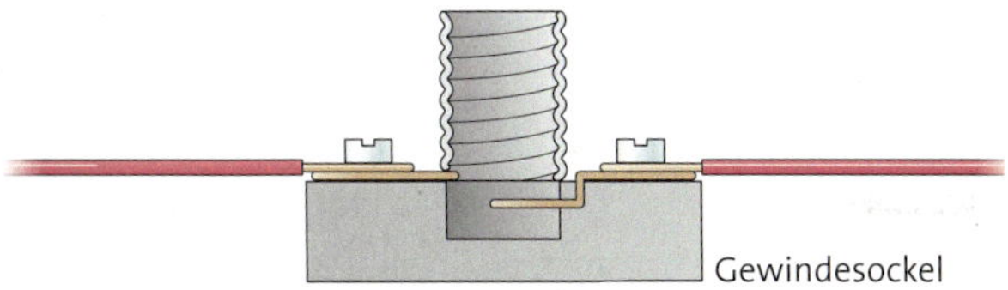

05

Material:

Flachbatterie, Glühlampe, Fassung, Kabel

Durchführung:

Schließe einen Gewindesockel über Kabel an eine Batterie an.

a) Schraube die Glühlampe ein. Gib an, wann sie zu leuchten beginnt.

b) Zeichne die Glühlampe von Seite 209 ab. Ergänze nun die Fassung, sodass in deiner Zeichnung die Kontakte zwischen ihnen deutlich zu erkennen sind.

c) Beschreibe deinem Sitznachbarn den Weg des Stroms durch die Fassung und die Glühlampe.

V2 Stromkreise

06

Material:

Flachbatterie, Glühlampe, Kabel, Klemmen

Durchführung:

Im ► Bild 06 siehst du verschiedene Möglichkeiten, eine Glühlampe mit einer Batterie zu verbinden.

a) Überlege zunächst, bei welchen Anordnungen die Lampe leuchten wird. Überprüfe dein Ergebnis, indem du die verschiedenen Schaltungen ausprobierst. Achtung: Unterbrich den Stromkreis sofort, wenn die Lampe nicht leuchtet!

b) In einigen Fällen leuchtet die Lampe nicht. Begründe jeweils, warum dies so ist.

Material A ► Elektrischer Strom im Alltag

07

08

25 000 Menschen noch immer ohne Strom

Münster – 28.11.2005 Seit drei Tagen sind die Menschen rund um die Kleinstadt Ochtrup bereits von der Stromversorgung abgeschnitten. Auslöser war ein Schneesturm, der den gesamten 25. November über anhielt und über 50 cm Neuschnee mit sich brachte. Unter dem Gewicht von Eis und Schnee knickten mehr als 80 Strommasten um. Damit ging für die Bevölkerung viel mehr als nur das Licht aus. Es droht nun die vierte Winternacht ohne Heizung.

A1 Gib eine Erklärung dafür, dass die Oberleitung bei der Eisenbahn nur aus einer Leitung bestehen muss, während der elektrische Stadtbus zwei Oberleitungen benötigt.

A2 Stelle dir vor, bei euch fällt der Strom ebenfalls für mindestens einen ganzen Tag aus. Schreibe darüber einen Artikel für die Schülerzeitung.

BLICKPUNKT

Was passiert im Stromkreis?
Wenn du eine Leuchtdiode verwenden möchtest, dann musst du auf die richtige Polung achten, damit sie leuchtet. Warum ist das so?

Ähnliche Fragen stellten sich auch die Wissenschaftler des 19. Jahrhunderts, seit der italienische Physiker ALESSANDRO VOLTA um 1800 den ersten Vorläufer einer elektrischen Batterie entwickelt hatte. Niemand wusste, was in elektrischen Stromkreisen genau geschieht. Aber bald stellte sich heraus, dass manche Experimente je nach Polung der Batterie unterschiedlich verlaufen. Die Physiker beobachteten zum Beispiel, dass Kompassnadeln in der Nähe stromdurchflossener Leiter abgelenkt werden. Die Richtung dieser Ablenkung hängt dabei von der Polung der Batterie ab. Daraus schlossen die Forscher, dass der elektrische Strom in einer bestimmten Richtung durch den Stromkreis fließen muss.

Um sich über derartige Experimente und deren Deutung besser unterhalten zu können, legte der französische Physiker ANDRÉ-MARIE AMPÈRE 1822 die **Stromrichtung** fest: Der Strom fließt vom Pluspol der elektrischen Quelle durch die Leiter zum Minuspol und innerhalb der Quelle zurück zum Pluspol.

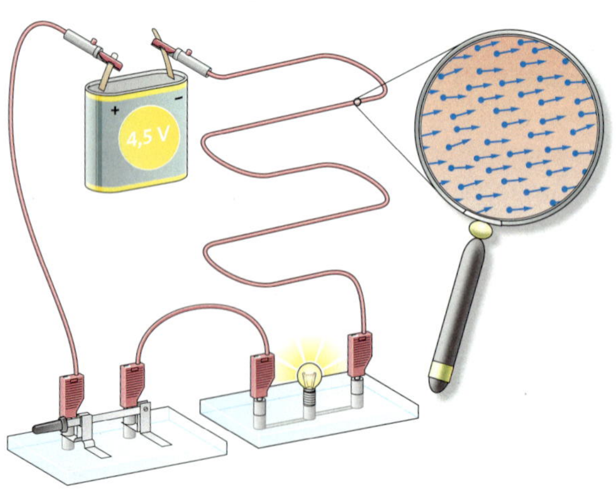

01 Beim Schließen des Stromkreises leuchtet die Glühlampe sofort auf.

Was strömt denn da?
Ende des 19. Jahrhunderts wurden winzige elektrisch geladene Teilchen entdeckt, die für die Stromleitung wichtig sind. Diese sogenannten **Elektronen** sind Bestandteil aller Stoffe.

In Metallen, aus denen die meisten Leiter bestehen, kann sich ein Teil der Elektronen relativ frei bewegen. Wenn ein Stromkreis geschlossen wird, dann bewegen sich diese Elektronen langsam in eine gemeinsame Richtung. Es ergibt sich ein elektrischer Strom, der von der elektrischen Quelle angetrieben wird. Allerdings bewegen sich die Elektronen vom Minuspol zum Pluspol der elektrischen Quelle – also entgegen der von AMPÈRE festgelegten Stromrichtung. Bezieht man sich auf die Elektronenbewegung, so spricht man oft von der „physikalischen" Stromrichtung.

Wenn du den Schalter im Stromkreis aus ▸ Bild 01 schließt, dann leuchtet die Glühlampe sofort auf. Da die Kabel sehr lang sind, können die Elektronen in der kurzen Zeit aber nicht von der Quelle bis in die Glühlampe gelangt sein. Dafür bewegen sie sich mit einigen Metern pro Stunde viel zu langsam. Die Glühlampe leuchtet sofort auf, weil die Leitungen bereits überall bewegliche Elektronen enthalten. Diese setzen sich alle gemeinsam in Bewegung, sobald der Schalter geschlossen wird – also auch diejenigen Elektronen, die sich bereits in der Nähe der Glühlampe befinden.

Durch den Stromfluss wird Energie von der Quelle auf die Geräte übertragen. Die Elektronen bleiben dabei aber nicht im Gerät, sondern strömen hindurch und kehren zur elektrischen Quelle zurück. Strom wird also nicht „verbraucht".

Auch beim „Wasserverbrauch", verschwindet das Wasser selbst nicht. Es wird bloß verschmutzt und verliert dadurch zeitweilig seinen Nutzen. Mit der umgangssprachlichen Rede vom „Stromverbrauch" ist also eine Umwandlung und letztlich auch eine Entwertung der elektrischen Energie gemeint.

1 Erläutere, weshalb der Begriff „Stromverbrauch" im physikalischen Sinn falsch ist.

METHODE

Der Wasserstromkreis als Modell für den elektrischen Stromkreis

Da man den elektrischen Strom nicht sehen kann, sind die Vorgänge im elektrischen Stromkreis recht unanschaulich. Aus diesem Grund machen wir uns ein Modell. Du weißt schon, dass Modelle eine Vereinfachung der Wirklichkeit darstellen. Dies hast du z.B. schon beim Teilchenmodell kennen gelernt.

Der Wasserstromkreis ist ein Modell für den elektrischen Stromkreis. Man kann aus einer Pumpe, einem Wasserrad und Schläuchen einen solchen Wasserstromkreis aufbauen und damit experimentieren. Dabei zeigen sich viele Übereinstimmungen zwischen Wasser- und elektrischem Stromkreis. ▸ Tabelle 02 stellt diese übersichtlich zusammen.

Modell und Wirklichkeit stimmen natürlich nicht in allem überein. So muss man die Schläuche erst mit Wasser füllen, bevor man den Wasserstromkreis in Betrieb nehmen kann. Dagegen muss man die Leitungen eines Stromkreises nicht erst mit Elektronen füllen. Sie sind schon in den Leitungen, Geräten und Energiequellen enthalten.

Schläuche sind hohl, Drähte nicht. Dass in einem Draht dennoch überhaupt etwas fließen kann, ist nur schwer vorstellbar. Aber die Elektronen sind auch keine Flüssigkeit wie Blut oder Wasser.

2 Fasse mit eigenen Worten zusammen, worin Gemeinsamkeiten und Unterschiede von Wasser- und elektrischem Stromkreis bestehen. Findest du noch weitere Übereinstimmungen und Unterschiede?

Wasserstromkreis	Elektrischer Stromkreis
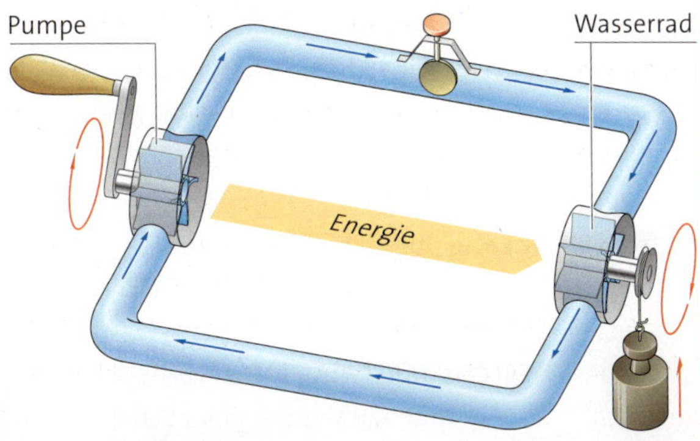 Das Wasser fließt im Kreis.	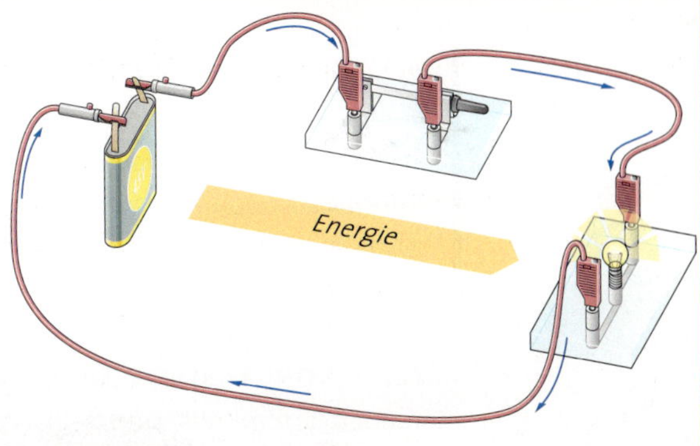 Der elektrische Strom fließt im Kreis.
Fließendes Wasser wird als Wasserstrom bezeichnet.	Fließende Elektronen werden als elektrischer Strom bezeichnet.
Es geht kein Wasser verloren.	Es geht kein elektrischer Strom verloren.
Wenn man einen Absperrhahn öffnet, dann beginnt das Wasser im ganzen Wasserstromkreis sofort zu fließen. Schließt man den Hahn, dann hört das Wasser sofort auf zu fließen.	Wenn man einen Schalter schließt, dann beginnt der elektrische Strom sofort im ganzen Stromkreis zu fließen. Öffnet man den Schalter, dann hört der Strom sofort auf zu fließen.
Die Pumpe treibt den Wasserstrom an. Dazu braucht die Pumpe Energie.	Die Batterie treibt den elektrischen Strom an. Dazu braucht die Batterie Energie.
Die Energie wird durch den Wasserstrom von der Pumpe auf das Wasserrad übertragen.	Die Energie wird durch den elektrischen Strom von der Batterie auf die Lampe übertragen.

02 Übereinstimmungen von Wasserstromkreis und elektrischem Stromkreis

01 Verkabelung in einem Sicherungskasten

Leiter und Nichtleiter

In einem Sicherungskasten sind sehr viele Kabel verlegt. Dabei müssen die verschiedenen Stromwege klar voneinander getrennt bleiben. Wie sind Stromkabel aufgebaut, um dies sicherzustellen? Welche Materialien eignen sich dafür?

AUFBAU VON KABELN · Für einen funktionierenden Stromkreis sind selbstverständlich Kabel wichtig, die den Strom gut leiten. Gleichzeitig dürfen aber keine zusätzlichen Stromwege oder Kurzschlüsse entstehen, wenn die Kabel einander berühren. Daher werden die Kabel mit einem Material umgeben, das den Strom nicht leitet. Diese Materialien heißen **Nichtleiter** oder **Isolatoren.** Auf diese Weise fließt der Strom nur auf den vorgesehenen Wegen und transportiert dabei elektrische Energie zu den Geräten im Stromkreis.

Das hat noch einen weiteren Vorteil: Man kann mehrere zusammengehörige Kabel, die sogenannten Adern, zu einem größeren Kabel zusammenfassen. Du kennst vermutlich die dreiadrigen Elektrokabel, wie sie in den Haushalten genutzt werden (▸ Bild 02). Zwei der Kabeladern sind nötig, um ein Elektrogerät mit Strom zu versorgen. Die dritte, meist gelb-grüne Ader ist wichtig für den Schutz vor möglichen Elektrounfällen.

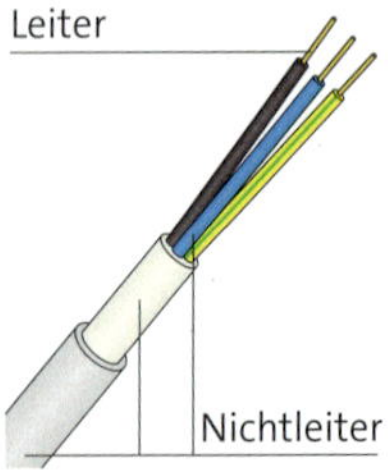

02 Elektrokabel

WELCHE MATERIALIEN LEITEN STROM? · Dieser Frage gehen wir mit einer Schaltung wie im ▸ Bild 03 nach. Wenn wir die freien Kontakte direkt miteinander verbinden, dann leuchtet die LED hell. Die Kabel, die Klemmen und die LED sind offenbar gute Leiter. Jetzt befestigen wir die freien Kontakte nacheinander an verschiedenen Gegenständen. Wir beobachten, dass die LED jeweils unterschiedlich hell leuchtet. Je heller sie leuchtet, desto besser leitet der Körper den Strom.

Entscheidend ist dabei, aus welchem Material der Körper besteht. So gibt es z.B. Büroklammern aus Metall oder aus Kunststoff. Die Ergebnisse einiger Versuche mit Festkörpern zeigt ▸ Tabelle 04.

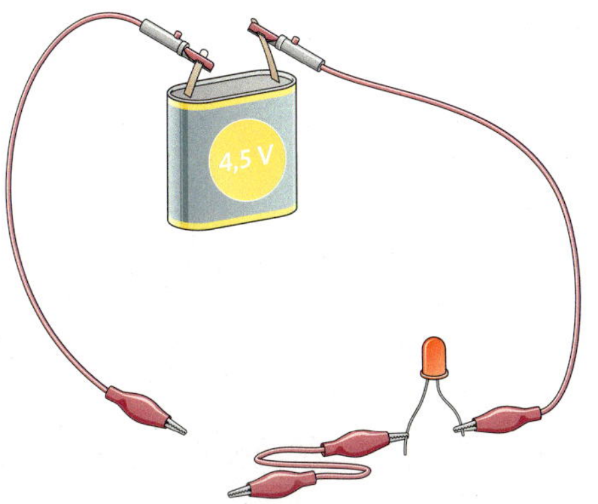

03 Welche Stoffe leiten den elektrischen Strom?

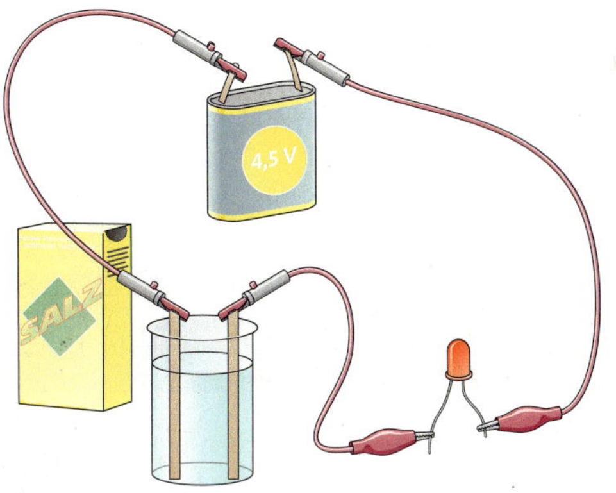

05 Leitet Wasser elektrischen Strom?

Als Ergebnis der Versuche können wir festhalten:

> Metalle sind gute elektrische Leiter.
> Glas, Keramik und Kunststoffe leiten den Strom nicht. Man bezeichnet sie als Nichtleiter oder Isolatoren.

FLÜSSIGKEITEN · Bisher haben wir in unserem Versuch nur Festkörper untersucht. Du weißt aber auch, dass du im Badezimmer vorsichtig mit elektrischen Geräten umgehen musst. Deshalb prüfen wir, wie gut Wasser und andere Flüssigkeiten Strom leiten.

Wir ersetzen im Versuchsaufbau die Lücke im Stromkreis durch ein Gefäß mit zwei Metallstäben und füllen dieses mit Leitungswasser

Körper	Material	Leitet Strom?
Schere	Metall	Ja
Lineal	Holz	Nein
Geodreieck	Kunststoff	Nein
Büroklammer	Metall	Ja
Büroklammer	Kunststoff	Nein
Bleistiftmine	Grafit	Ja (schwach)
Physikbuch	Papier	Nein
Schlüssel	Metall	Ja
Becher	Porzellan	Nein
Radiergummi	Kunststoff	Nein

04 Ergebnisse der Untersuchung von Festkörpern

(▸ Bild 05). Die LED leuchtet nur schwach. Leitungswasser leitet den Strom demnach nur schlecht. Gibt man aber Salz in das Wasser, leitet das Gemisch besser. Die im Wasser gelösten Stoffe sorgen dafür, dass normales Wasser den Strom leitet. Aus diesem Grund sollte man beim Baden keine elektrischen Geräte bedienen oder auf den Wannenrand stellen.. Hochreines Wasser dagegen ist ein Nichtleiter.

Weitere Beispiele: Waschmittellauge oder Zitronensäure leiten relativ gut. Pflanzenöl dagegen leitet praktisch nicht.

> Flüssigkeiten leiten elektrischen Strom meist schlechter als Festkörper.
> Gelöste Stoffe in Flüssigkeiten sorgen für eine bessere Stromleitung.

Da Flüssigkeiten elektrischen Strom leiten können, musst du auf alle Fälle den Kontakt von elektrischen Quellen und Geräten mit Flüssigkeiten meiden! Also darfst du Quellen oder Geräte nicht nass reinigen und solltest auch keine Getränke darauf abstellen. Außerdem sollten deine Hände immer trocken sein!

1 Gib an, welche Materialien du für die Herstellung eines Stromkabels nutzen würdest. Begründe deine Antwort.

2 Benenne Gegenstände, die bei dir zu Hause elektrisch isoliert sind.

01 Gewitterblitz

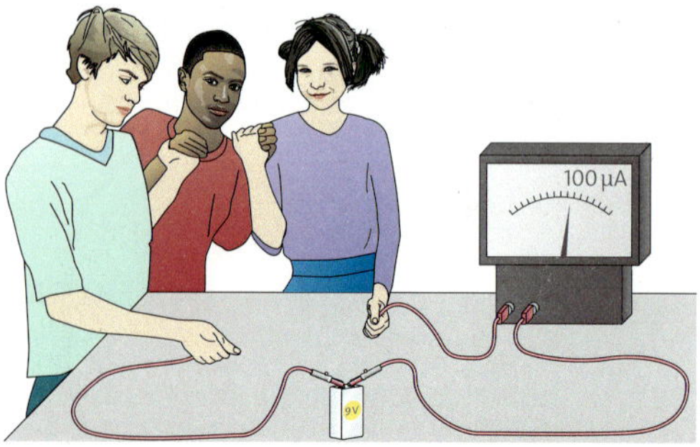

02 Durch die Menschenkette fließt ein Strom.

LUFT – EIN NICHTLEITER? · Wenn du einen Schalter in einem elektrischen Stromkreis öffnest, dann fließt kein Strom mehr. Luft scheint den elektrischen Strom also normalerweise nicht zu leiten. Trotzdem kennst du eine Situation, in der auch Luft elektrischen Strom leitet: Entlang eines Gewitterblitzes (▸ Bild 01) ist die Luft für kurze Zeit leitend. Der Grund dafür liegt in der sehr hohen Spannung zwischen Wolke und Erde. Über 100 Millionen Volt können hier auftreten. Das ist mehr als 40 000-mal so viel wie bei unserer Netzspannung!
Auch andere Gase können unter bestimmten Bedingungen Strom leiten. Dies wird z.B. in Leuchtstofflampen genutzt.

DER MENSCH ALS ELEKTRISCHER LEITER · Wir können in unsere „Teststrecke" auch Menschen gefahrlos einbauen (▸ Bild 02). Allerdings verwenden wir nun statt der LED ein Strommessgerät. Es ist noch empfindlicher als eine LED. Der Versuch zeigt, dass auch der Mensch den elektrischen Strom leitet. Der menschliche Körper enthält viel Wasser und Salz. Blut, Schweiß und Urin leiten den elektrischen Strom sehr gut. Wenn ein genügend großer Strom durch unseren Körper fließt, dann kann das zu schweren Verletzungen oder gar zum Tod führen. Besonders groß ist die Gefahr bei feuchten Händen. Dann kann der Strom besonders leicht durch die Haut dringen.

Leitet gut
Silber
Kupfer
Aluminium
Eisen
Konstantan
Graphit
Säuren
Waschmittellauge
Salzwasser
Leitungswasser
feuchte Erde
nasses Holz
destilliertes Wasser
Pflanzenöl
Motorenöl
Luft
Papier
Wolle
Glas, Gummi
Porzellan
Leitet nicht

03 Leiter und Nichtleiter

/// Der menschliche Körper ist ein elektrischer Leiter.

WARUM IST STROM GEFÄHRLICH? · Auch ohne äußere Einflüsse fließen im menschlichen Körper schwache elektrische Ströme. Sie dienen der Übertragung von Informationen innerhalb der Nerven oder zur Steuerung von Muskeln und Herz.

Wenn der Mensch zum Teil eines elektrischen Stromkreises wird, dann führt der von außen kommende Strom zu Störungen der inneren Ströme: Kleine Ströme reizen die Nerven nur wenig. Wenn du dir z.B. eine 4,5-V-Flachbatterie an die Zunge hältst, dann führt der dadurch verursachte Strom nur zu einem Kribbeln und einem leicht säuerlichen Geschmack im Mund. Große Ströme überlagern aber die Nervenströme. Die Folge sind Verkrampfungen und Herzrhythmusstörungen, die zum Herzstillstand und damit zum Tod führen können. Außerdem kommt es zu Verbrennungen.

1 Stellt euch vor, Luft wäre ein Leiter. Diskutiert, welche Konsequenzen das im Alltag hätte.

2 Erläutere die Gefahr, die von einem Haartrockner am Badewannenrand ausgeht. Vergleiche hierzu die Situation mit einer am Rand liegenden Armbanduhr.

3 Notiere Verhaltensregeln für den Umgang mit elektrischen Geräten in Badezimmer und Küche.

VERSUCHE ▸ Leiter und Nichtleiter

In diesen Versuchen untersuchst du, wie gut Flüssigkeiten und du selbst den elektrischen Strom leiten.

V1 Stromleitung von Flüssigkeiten

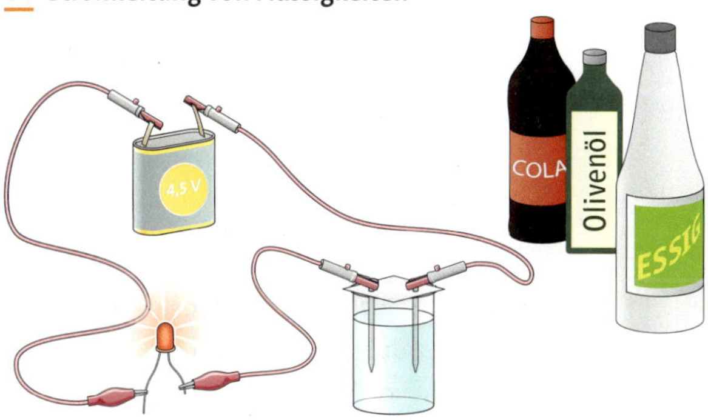

04

Material:

Flachbatterie, LED, Kabel mit Krokodilklemmen, Nägel, Pappe, Glas, Leitungswasser, Pflanzenöl, Essig, Cola

Durchführung:

Baue den Versuch wie im ▸ Bild 04 auf. Achte darauf, dass das lange Bein der LED mit dem Pluspol der Batterie verbunden ist. Teste die Schaltung, indem du die Nägel aneinanderhältst.

a) Untersuche, wie gut die verschiedenen Flüssigkeiten Strom leiten. Notiere deine Beobachtungen.

b) Ordne die Flüssigkeiten entsprechend deiner Ergebnisse aus Versuchsteil a).

V2 Ungefährliche Ströme durch den Körper

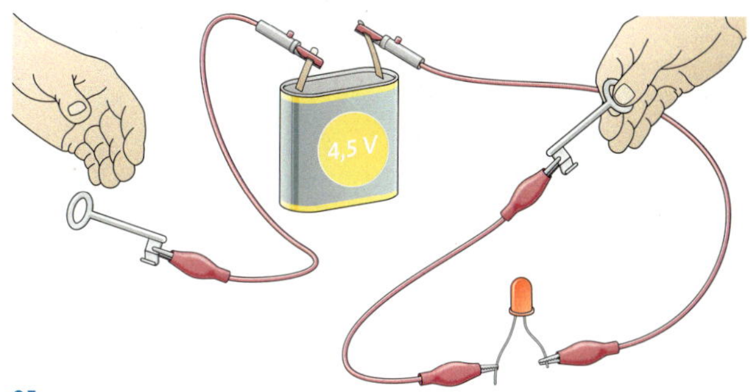

05

Material:

4,5-V-Batterie, LED, Kabel mit Krokodilklemmen, zwei Schlüssel

Durchführung:

Baue einen Stromkreis auf, bei dem zwei Kabel offen enden. Klemme je einen Schlüssel an die Enden der Kabel.

a) Untersuche, wie gut dein Körper den Strom leitet. Nimm je einen Schlüssel in eine Hand. Drücke erst schwach und dann stark zu und beobachte dabei die LED. Notiere deine Beobachtungen.

b) Wiederhole Versuchsteil a) mit feuchten Händen.

Material A ▸ Lügendedektor

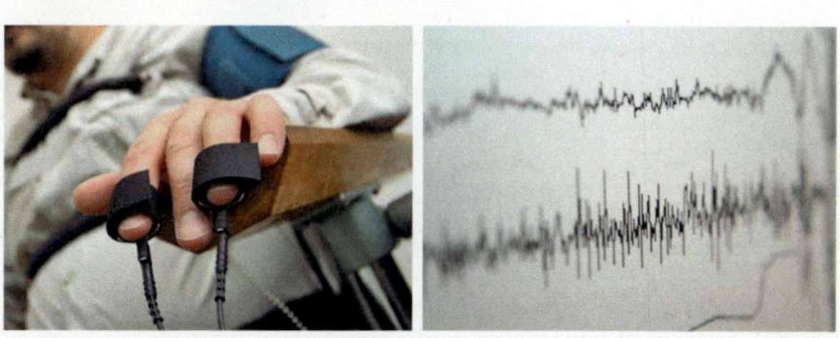

06

A1 Bei einem Lügendetektor wird ein Stromkreis geschlossen, indem einer Person elektrische Kontakte an die Finger gesetzt werden. Der Person werden dann Fragen gestellt. Wenn sie bei der Beantwortung lügt, dann fließt mehr Strom als bei wahren Antworten. Erkläre, wie dies zustande kommt.

Material B ▸ Leiter im Alltag

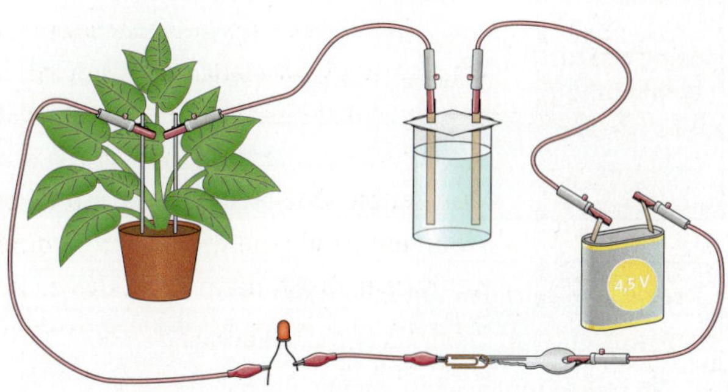

07

B1 Die LED im ▸ Bild 07 leuchtet nicht, obwohl der Stromkreis geschlossen ist. Begründe die Änderungen, die nötig sind, damit die LED leuchtet.

METHODE

Schaltungen und Symbole

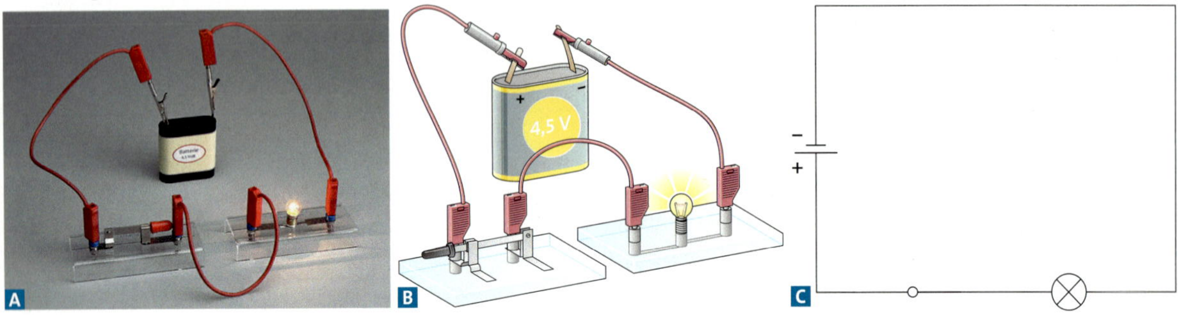

01 Darstellungsformen eines Stromkreises: **A** Foto, **B** genaue Zeichnung, **C** Schaltskizze

▸ Bild 01 zeigt jeweils die gleiche Schaltung in drei verschiedenen Darstellungen. Da es meist sehr umständlich wäre, in einer Schaltung die Lampe, den Motor, den Kühlschrank oder den Computer einzuzeichnen, hat man sich auf einfache, internationale Symbole geeinigt. Während Begriffe wie Lampe, Motor, Schalter, Batterie oder Kabel in jeder Sprache einen anderen Namen haben, werden die Symbole (kleine, einfache Zeichnungen) in der ganzen Welt verstanden.

Deutsch	Schalter
Englisch	switch
Französisch	interrupteur
Russisch	ключ
Türkisch	şalter
Finnisch	kytkin
Malaysisch	beralih

Die folgende Tabelle zeigt einige Schaltsymbole

Elektrische Quelle (Batterie)	– +
Elektrische Quelle (allgemein)	– +
Elektrischer Leiter	
Elektrische Verbindung	
Keine elektrische Verbindung	
Sicherung	

Glühlampe	
Leuchtdiode (LED)	zum Pluspol / zum Minuspol
Motor	M
Schalter	
Wechselschalter	
Taster	

Regeln zum Zeichnen von Schaltskizzen

- Verwende stets einen Bleistift und ein Lineal.
- Zeichne Leitungen stets gerade und rechtwinklig.
- Eine elektrische Quelle hat immer zwei Pole.
- Zeichne Symbole nicht über Eck.
- Zeichne Kontaktstellen stets als gefüllte Kreise.

Regeln zum Aufbau einer Schaltung

- Lege die Bauteile übersichtlich auf den Tisch.
- Ordne die Teile so wie in der Schaltskizze an.
- Beginne mit dem Aufbau an einem Pol der elektrischen Quelle. Verbinde den zweiten Pol der Quelle erst dann, wenn du die Schaltung überprüft hast.

METHODE

Sicherer Umgang mit elektrischem Strom

Aus deiner Umgebung kennst du viele elektrische Geräte wie Lampen, Fernseher, Handys oder Mixer. Sicher bist du mit ihrem Umgang vertraut. Batteriewechsel und das Aufladen von Akkus gehören zum Alltag. Doch während die Verwendung von Batterien oder der ordnungsgemäße Gebrauch von Spielzeugtrafos ungefährlich ist, ist die Spannung an einer Steckdose lebensgefährlich. Gerade im Haushalt kommt es immer wieder zu lebensbedrohlichen Unfällen.

Bastle daher nie an der elektrischen Anlage im Haus herum und überlasse die Reparatur von Haushaltsgeräten stets den Fachleuten! Beachte auch beim einfachen Umgang mit Elektrogeräten immer die unten stehenden Sicherheitsregeln!

Sicheres Experimentieren · Wenn du experimentierst, dann musst du immer sorgfältig und vorsichtig sein. Achte beim Arbeiten mit elektrischen Schaltungen immer darauf, dass du dich nicht verletzt und keinen elektrischen Schlag bekommst (▸ Sicherheitsregeln). Zugleich sollen aber auch die Bauteile wie Glühlampen, LEDs oder Netzgeräte nicht beschädigt werden, damit sie auch weiterhin in Schülerexperimenten eingesetzt werden können.

Beginne beim Experimentieren immer erst dann mit dem Aufbau deiner Schaltungen, wenn dir der Arbeitsauftrag wirklich klar ist. Häufig ist es sinnvoller, zunächst einen Schaltplan zu zeichnen und nicht direkt die Schaltung aufzubauen. Mit ein wenig Übung sind die Schaltpläne schnell erstellt und viel übersichtlicher als die Schaltungen selbst. Fehler sind dann leichter zu finden. Wenn der Schaltplan fertig ist, dann hast du einen einfachen Bauplan, den du mit den richtigen Bauteilen leicht umsetzen kannst.

Wenn doch einmal etwas passiert, dann ist es vor allem wichtig, Ruhe zu bewahren. Wenn du gerade in der Schule experimentierst, dann drücke im Notfall den Not-Aus-Schalter (▸ Bild 02), der alle Strom- und Gaszuleitungen im Raum unterbricht. Berühre aber bei einem Stromunfall niemals die betroffene Person direkt oder mit einem leitenden Gegenstand, solange der Stromkreis noch nicht unterbrochen ist. Informiere sofort deinen Lehrer oder deine Lehrerin.

02 Not-Aus-Schalter

Sicherheitsregeln zum Umgang mit Elektrizität

- Berühre niemals blanke Kabel oder die Kontakte einer Steckdose – auch nicht nur einen!
- Ziehe Netzkabel immer am Stecker, nicht am Kabel selbst aus der Steckdose.
- Benutze keine Geräte mit defekten Leitungen.
- Hantiere nicht mit feuchten Händen an elektrischen Geräten.
- Nutze keine an eine Steckdose angeschlossenen Geräte, wenn du in der Badewanne bist oder auf feuchtem Boden stehst.
- Ziehe immer erst den Stecker aus der Steckdose, bevor du ein Gerät feucht abwischst.
- Schraube keine Elektrogeräte auf und lass Reparaturen nur von Fachleuten durchführen.

Regeln zum Experimentieren

- Beachte stets die Exprimentieranweisungen.
- Sorge zunächst für einen freien Arbeitsplatz und bemühe dich immer um einen übersichtlichen Aufbau.
- Experimentiere nur mit trockenen Händen.
- Nutze nur Batterien oder spezielle Netzgeräte mit Spannungen unter 25 Volt.
- Achte darauf, dass die Quelle und die Geräte zueinander passen.
- Vermeide Kurzschlüsse.
- Schalte die Quelle erst nach einer Kontrolle der aufgebauten Schaltung ein.
- Schalte die Quelle vor jedem Umbau der Schaltung aus.

01 Elektrifiziertes Modellhaus

Einfache Schaltungen

In großen Räumen werden häufig mehrere Lampen mit einem einzigen Lichtschalter gleichzeitig ein- und ausgeschaltet. Manchmal werden auch mehrere Schalter im gleichen Raum genutzt.
Wie funktionieren solche Schaltungen?

SCHALTUNGEN VON MEHREREN LAMPEN · Wenn große Räume gleichmäßig erhellt werden sollen, dann sind meist mehrere Lampen erforderlich. So können sie verschiedene Bereiche des Raums ausleuchten. Die Lampen lassen sich oft gemeinsam ein- und ausschalten. Wenn eine Lampe durchbrennt, dann leuchten die anderen trotzdem weiter.
In einem kleinen Experiment möchten wir herausfinden, wie die Lampen dafür in den Stromkreis eingebaut werden müssen. Dazu schließen wir zwei Glühlampen und einen Schalter an eine elektrische Quelle an. Dies kann man grundsätzlich auf zwei Arten tun (▸ Bild 02, 04). In beiden Fällen lassen sich die Lampen mit dem Schalter gemeinsam schalten.

UNVERZWEIGTER STROMKREIS · Im ersten Fall (▸ Bild 02) liegen die Glühlampen in einer

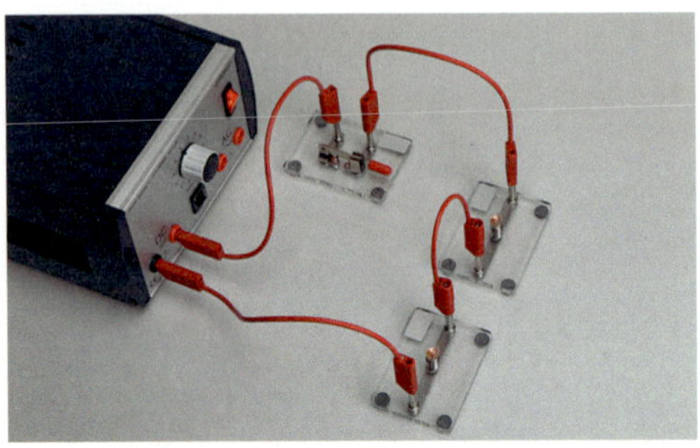

02 Reihenschaltung von zwei Glühlampen

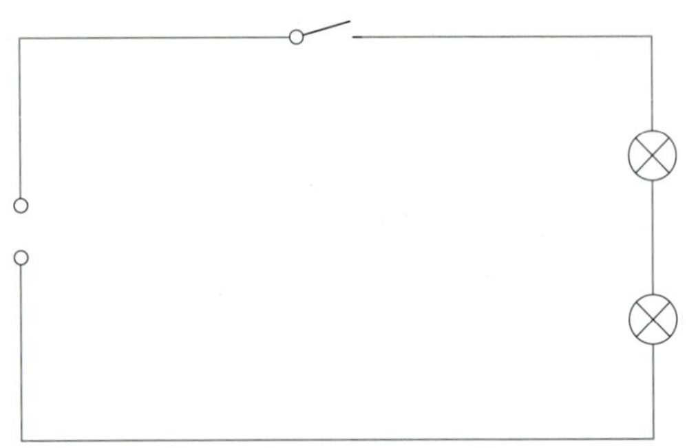

03 Reihenschaltung – Schaltplan

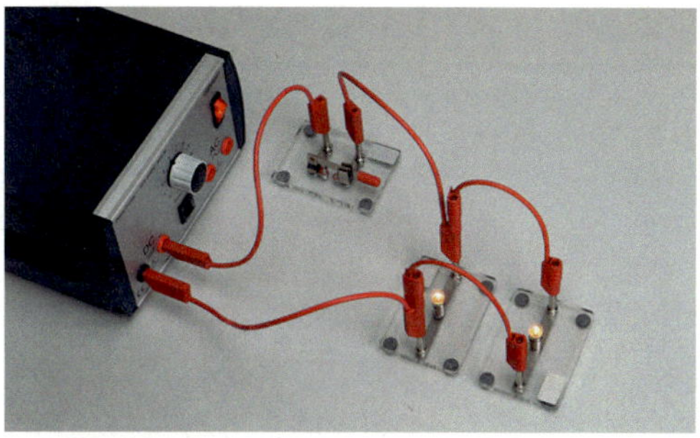

04 Parallelschaltung von zwei Glühlampen

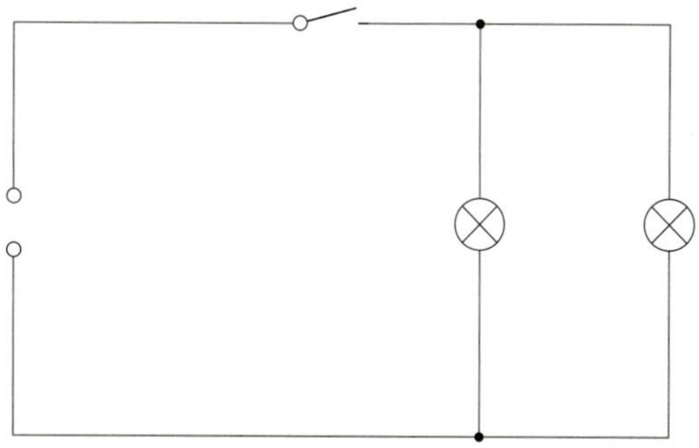

05 Parallelschaltung – Schaltplan

Reihe im Stromkreis. Daher heißt diese Schaltung **Reihenschaltung.** Da es in diesem Fall nur einen einzigen Stromweg gibt, spricht man auch von einem unverzweigten Stromkreis.

Dieser Stromkreis ist nur dann geschlossen, wenn alle Glühlampen intakt und richtig eingeschraubt sind. Sobald eine der Lampen durchbrennt oder wir sie aus der Fassung drehen, erlischt auch die andere. Damit eignet sich die Reihenschaltung nicht für die Beleuchtung von Räumen. Hier soll das Licht schließlich weiterhin leuchten, auch wenn eine der Lampen nicht mehr funktioniert.

In Versuchen können wir noch einen weiteren Nachteil der Reihenschaltung beobachten: Je mehr Glühlampen in Reihe geschaltet sind, desto schwächer leuchten sie. Je mehr Lampen in Reihe geschaltet werden, desto geringer ist der Strom in der Schaltung.

VERZWEIGTER STROMKREIS · Im zweiten Fall verbinden wir beide Glühlampen direkt mit den Polen der elektrischen Quelle, wie im ▸ Bild 04. Wie du im Schaltplan (▸ Bild 05) erkennen kannst, verzweigt sich der Stromkreis bei diesem Aufbau. Jede Lampe hat ihren eigenen Stromkreis. Eine solche Schaltung heißt **Parallelschaltung.**

Wenn wir nun eine der beiden Glühlampen aus der Fassung drehen, dann leuchtet die andere unverändert weiter: Der Stromweg durch die eine Lampe ist zwar unterbrochen, der Stromweg durch die andere aber nicht.

Ein weiterer Vorteil der Parallelschaltung liegt darin, dass hier die Glühlampen in den Teilstromkreisen heller leuchten als in der Reihenschaltung mit mehreren Glühlampen. In den Teilstromkreisen fließt also mehr Strom als in der Reihenschaltung.

In einer Reihenschaltung befinden sich die Bauteile in einem unverzweigten Stromkreis.
In einer Parallelschaltung verzweigt sich der Weg des Stroms zu den verschiedenen Bauteilen.

1 Viele Schaltungen bestehen aus Kombinationen von Reihen- und Parallelschaltungen verschiedener Bauteile. Vergleiche für die im ▸ Bild 06 dargestellte Schaltung die Helligkeiten der einzelnen baugleichen Glühlampen. Begründe deine Aussagen.

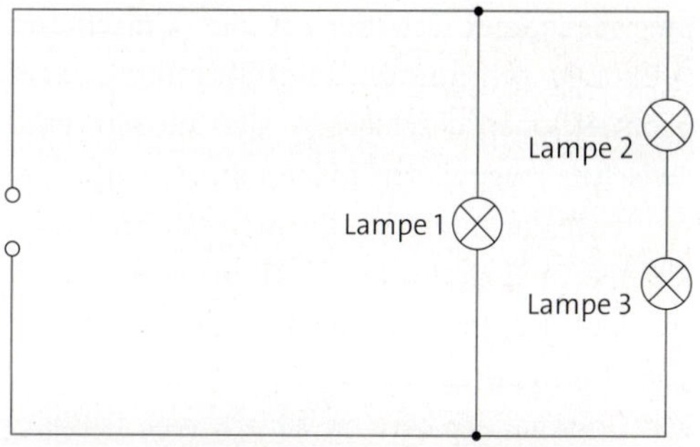

06 Reihen- und Parallelschaltungen kombiniert

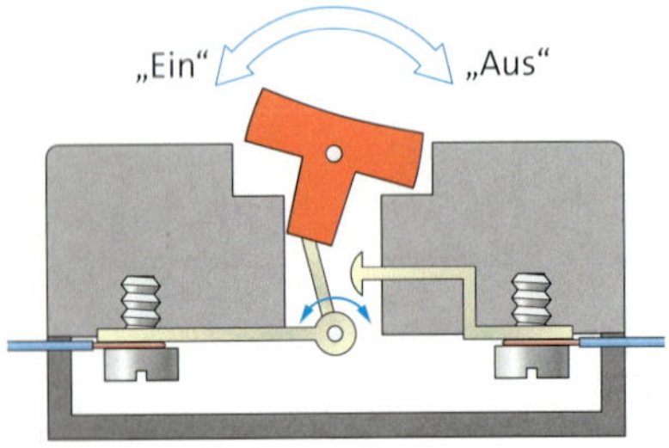

01 Schalter

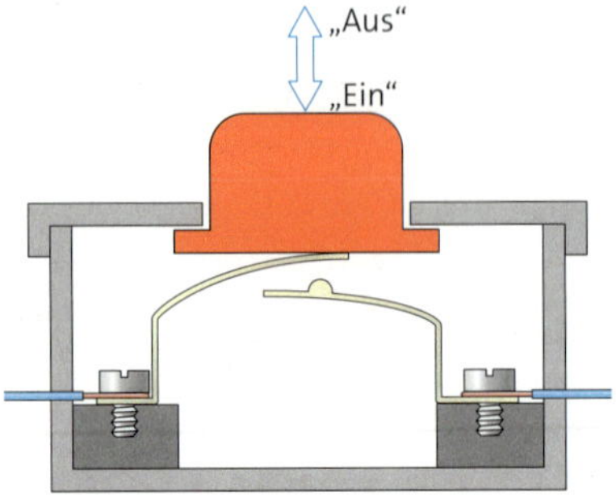

02 Taster

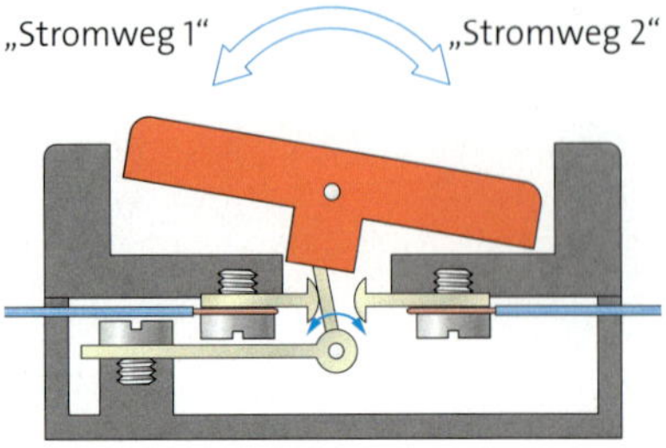

03 Umschalter

SCHALTER IM STROMKREIS · In vielen alltäglichen Schaltungen werden nicht nur mehrere Lampen gemeinsamen ein- und ausgeschaltet. Häufig befinden sich auch mehrere Schalter in einem Stromkreis. Dabei treten verschiedene Sorten von Schaltern auf.

Die Schalter, die wir bisher genutzt haben, haben zwei Stellungen: In der Stellung „Aus“ unterbricht der Schalter den Stromkreis, bei „Ein“ ist der Stromkreis geschlossen. Im Gegensatz zu Experimentierschaltern sind die Schalter in Wohnräumen so gebaut, dass niemand direkt mit ihren Anschlüssen in Berührung kommen kann (▸ Bild 01). Denn hier liegen lebensgefährliche Spannungen an. Solche Schalter findest du als Lichtschalter oder als Hauptschalter an Elektrogeräten.

Eine andere Sorte Schalter kommt bei Türklingeln vor. Der Klingelton soll nur so lange ertönen, wie der Schalter gedrückt wird. Das erreicht man mit **Tastern** (▸ Bild 02).

Ein besonderer Schalter ist der **Umschalter** (▸ Bild 03). Mit ihm wird der Stromkreis nicht geöffnet oder geschlossen. Stattdessen wird zwischen zwei verschiedenen Stromwegen gewechselt, die unterschiedliche Geräte enthalten können. Im Gegensatz zu Geräten in einer Parallelschaltung werden sie aber nie gleichzeitig vom Strom durchflossen.
Mit Umschaltern können wir z.B. eine Fußgängerampel aufbauen. Bei einer Fußgängerampel dürfen die rote und die grüne Lampe nie gleichzeitig leuchten. Um dies sicherzustellen, wechseln wir mit einem Umschalter zwischen den Stromwegen der grünen und der roten Lampe (▸ Bild 04).

ANORDNUNG VON SCHALTERN · Oft werden Computer, Drucker, Scanner und häufig noch weitere Geräte an eine gemeinsame Steckerleiste angeschlossen, die einen eigenen Schalter hat. Dieser ist dann mit den Schaltern der einzelnen Geräte in Reihe geschaltet. Auf diese Weise lassen sich auch Geräte komplett stromlos schalten, die sonst im Stand-by-Betrieb bleiben würden. Dann kannst du nur drucken, wenn du den Schalter des Druckers und den der Steckerleiste gleichzeitig schließt. Man spricht von einer **UND-Schaltung** (▸ Bild 05).

1 Beschreibe verschiedene Schalter und ihre Funktion.
Gib jeweils Beispiele für den Einsatz der Schalter an.

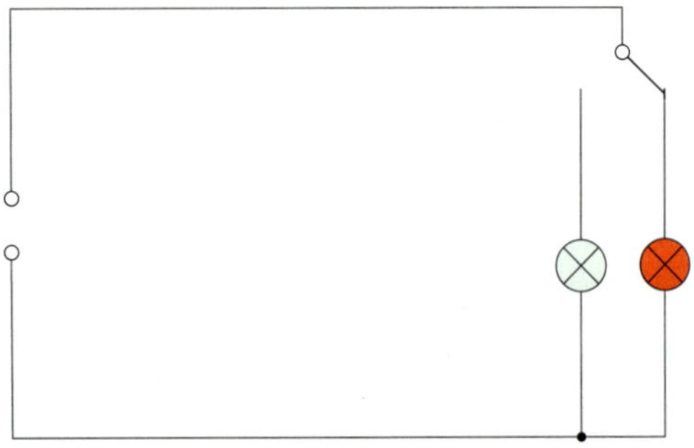
04 Schaltung einer Fußgängerampel

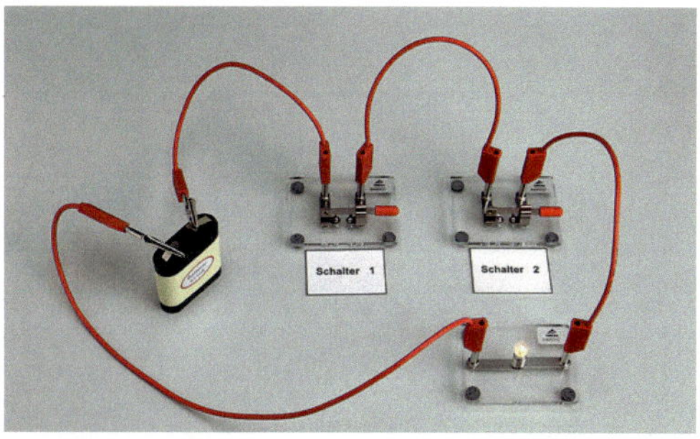

05 UND-Schaltung

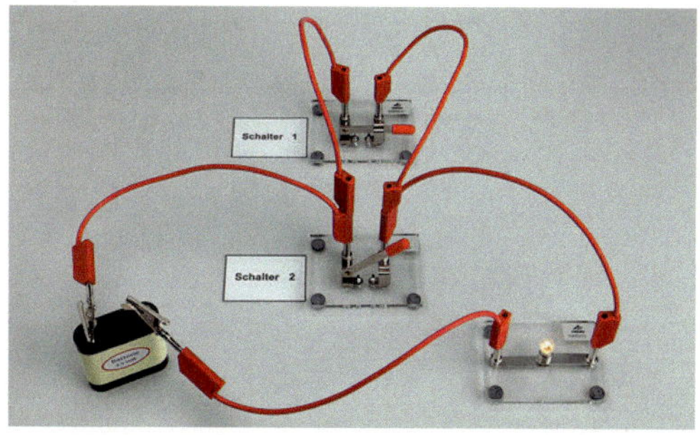

06 ODER-Schaltung

Die Klingel einer Wohnung in einem Mehrfamilienhaus muss dagegen in zwei verschiedenen Fällen läuten: Entweder wird die Klingeltaste an der Haustür gedrückt oder die an der Wohnungstür. Da die Klingel läutet, wenn der eine oder der andere Taster gedrückt wird, spricht man hier von einer **ODER-Schaltung.** Dazu werden die Taster wie die Schalter im ▸ Bild 06 parallel geschaltet.
UND- und ODER-Schaltung sind im ▸ Bild 07 übersichtlich zusammengestellt.

Bei einer UND-Schaltung sind die Schalter in Reihe geschaltet.
Bei einer ODER-Schaltung sind die Schalter parallel geschaltet.

2 Die Innenbeleuchtung im Auto geht an, wenn eine der Türen geöffnet wird. Gib den Schaltungstyp an. Begründe.

3 Eine Spülmaschine lässt sich nur einschalten, wenn die Tür dicht geschlossen ist. Dafür sorgt ein versteckter zweiter Schalter.
a) Du kennst sicher den eigentlichen Einschaltknopf eurer Spülmaschine. Gib an, wo sich der zweite Schalter befinden könnte. Begründe.
b) Gib begründet an, ob hier eine UND- oder eine ODER-Schaltung vorliegt.

4 Eine Heckenschere ist mit zwei Schaltern ausgestattet. Erkläre, weshalb.

UND-Schaltung	ODER-Schaltung
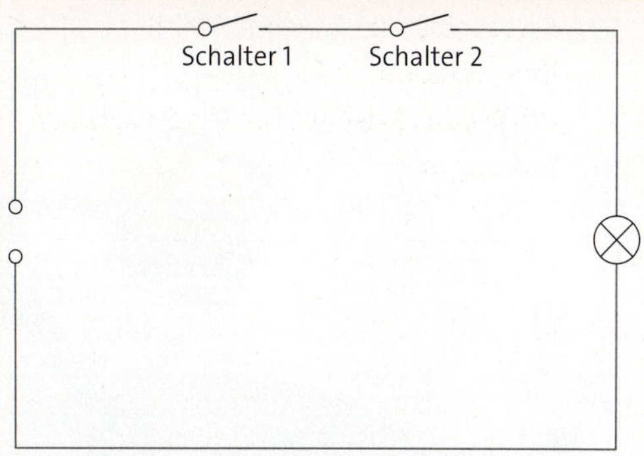	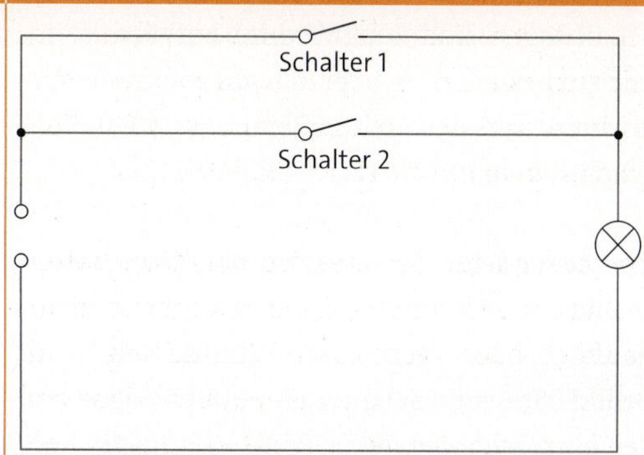
Die Schalter 1 und 2 sind in Reihe geschaltet.	Die Schalter 1 und 2 sind parallel geschaltet.
Die Lampe leuchtet, wenn Schalter 1 und Schalter 2 geschlossen sind.	Die Lampe leuchtet, wenn Schalter 1 oder Schalter 2 geschlossen ist.

07 Übersicht UND- und ODER-Schaltung

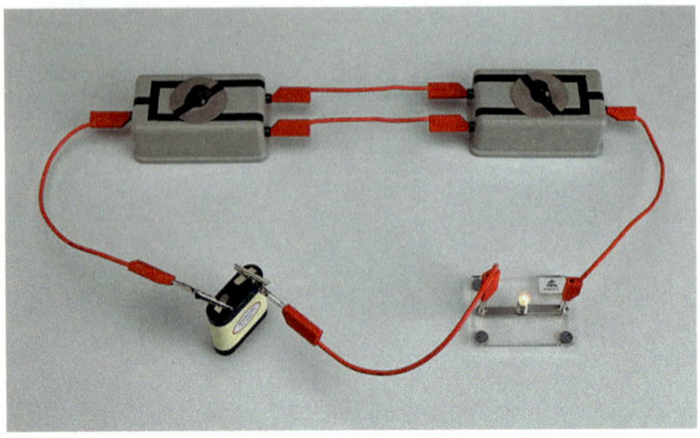

01 Foto einer Wechselschaltung

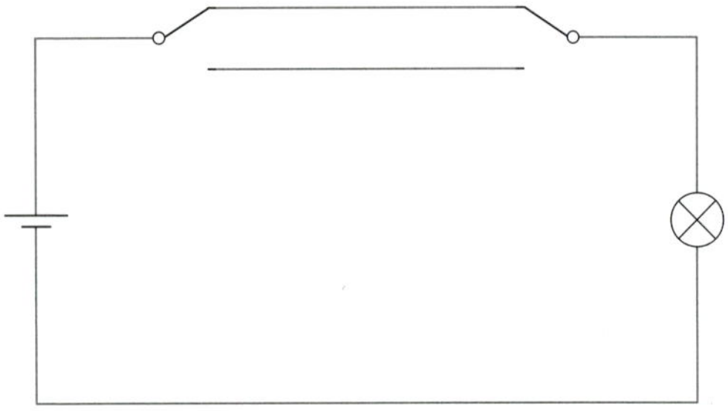

02 Wechselschaltung

WECHSELSCHALTUNG · In großen Räumen oder im Flur ist es wichtig, nicht den ganzen Raum durchqueren zu müssen, um an den Schalter zukommen. Mithilfe der sogenannten **Wechselschaltung** können an zwei Stellen des Raums Schalter angebracht werden (▸ Bild 01), um das Licht ein- und auszuschalten.

Um eine Wechselschaltung zu erhalten, verbindest du zwei gegenüberliegende Umschalter so miteinander, dass die Lampe leuchtet (▸ Bild 02). Wenn du nun einen der beiden Umschalter umlegst, dann sind beide möglichen Stromwege unterbrochen. Die Lampe leuchtet nicht. Sowohl mit dem ersten als auch mit dem zweiten Umschalter kannst du den Stromkreis aber wieder schließen.

KOMBINIERTE SCHALTUNGEN · Die meisten Schaltungen sind komplizierter aufgebaut. Im Prinzip bestehen sie aber alle aus mehreren ineinander verschachtelten Reihen- und Parallelschaltungen.

Wie bereits bei der UND-Schaltung erwähnt, schließt man Computer, Drucker und Scanner häufig an eine gemeinsame Steckerleiste an (▸ Bild 03). Deren Schalter ist mit den Schaltern der einzelnen Geräte in Reihe geschaltet. Die Geräte selbst jedoch sind über die Anschlüsse der Steckerleiste parallel zueinander geschaltet. Dies ist nötig, damit die einzelnen Geräte unabhängig voneinander betrieben werden können.

1 Notiere Beispiele von UND-, ODER- und Wechselschaltungen aus deiner Umgebung und beschreibe ihren Nutzen.

2 Zeichne die Wechselschaltung von ▸ Bild 02 mit allen möglichen Schalterstellungen auf.
Kennzeichne jeweils, ob die Lampe leuchtet oder nicht.

3 Entwirf einen Schaltplan für die Steckerleiste im ▸ Bild 03.

4 Zeichne möglichst viele unterschiedliche Schaltpläne mit je einer Batterie, zwei Schaltern und drei Glühlampen. Benenne jeweils die auftretenden Schaltungstypen.

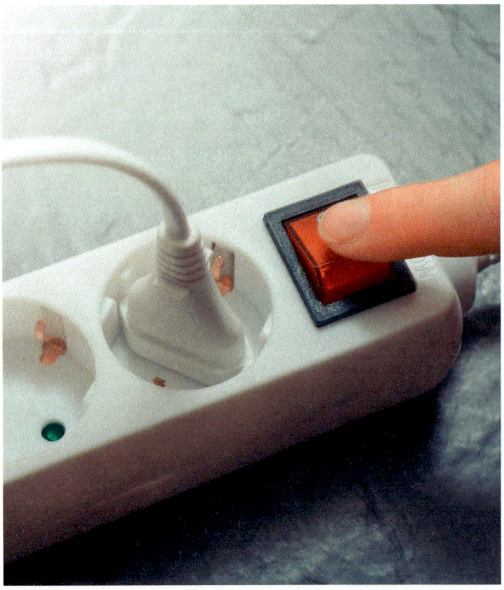

03 Geräte an einer Steckerleiste

VERSUCHE ▸ Aufbau von Schaltungen

In den folgenden Versuchen verwendest du die verschiedenen Schaltungstypen und kombinierst sie.

Material:
drei Glühlampen in verschiedenen Farben, Batterie, zwei Schalter, zwei Umschalter, Kabel, Klemmen

Durchführung:

V1 Der Motor einer Heckenschere darf nur laufen, wenn jede Hand einen Schalter gedrückt hält.
a) Erkläre dies und zeichne einen passenden Schaltplan.
b) Ersetze den Motor durch eine Lampe und prüfe die Schaltung.

V2 Die Lampen in der Schaltung rechts (▸ Bild 04) sind alle gleich.
a) Wie ändert sich die Helligkeit der Lampen L_1 bis L_3, wenn man die Schalter S_1 oder S_2 oder beide zugleich schließt?
b) Baue die Schaltung auf und überprüfe deine Vorhersagen.
c) Benenne den vorliegenden Schaltungstyp bei geschlossenen Schaltern.

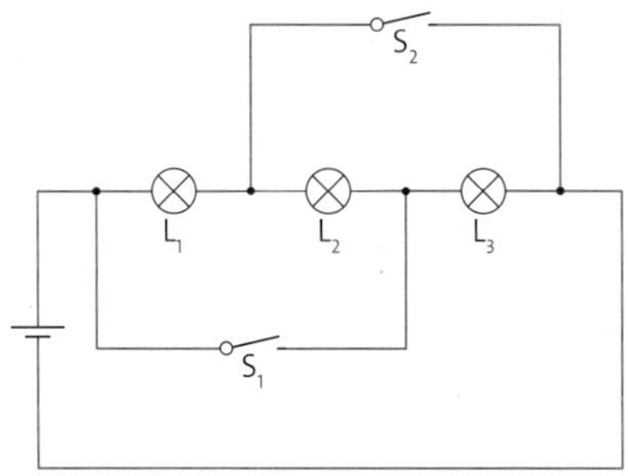

04

V3 Eine dreifarbige Ampel schaltet in folgenden Phasen:
grün – gelb – rot – gelb – grün.
a) Entwirf eine passende Schaltung mit zwei Umschaltern.
b) Die meisten Ampeln in Deutschland schalten aber
grün – gelb – rot – gelb/rot – grün.
Füge einen zusätzlichen Schalter in den Schaltplan ein, um dies zu erreichen. Beschrifte die drei Schalter dabei mit S_1, S_2, S_3.
c) Baue die Schaltung aus Versuchsteil b) auf und teste sie.
d) Erstelle eine Tabelle und gib darin die Schalterstellungen für die einzelnen Ampelphasen an.

Material A ▸ Knobelschaltungen

A1 Betrachte die drei Schaltungen im ▸ Bild 06 A–C.
a) Erkläre zu den Schaltungen A und B, welche Schalter jeweils geschlossen sein müssen, damit die Lampe leuchtet.
b) Schaltung C enthält Umschalter. Diese haben die Schalterstellungen „oben" und „unten".
Benenne die Stellungen der drei Schalter, bei denen die Lampe leuchtet.

A2 Über Tims Heft ist Tinte ausgelaufen und dabei muss er heute seine Ergebnisse abgeben! Zum Glück hat er die Anforderungen an die Schaltung aufgeschrieben:
Drei Lampen sind mit drei Schaltern S_1, S_2 und S_3 verbunden und leuchten. Wird S_1 geöffnet, gehen alle Lampen aus. Wird nur S_2 geöffnet, geht nur L_1 aus, und wird nur S_3 geöffnet, erlöschen L_2 und L_3.
Hilf Tim und zeichne seine Schaltung neu.

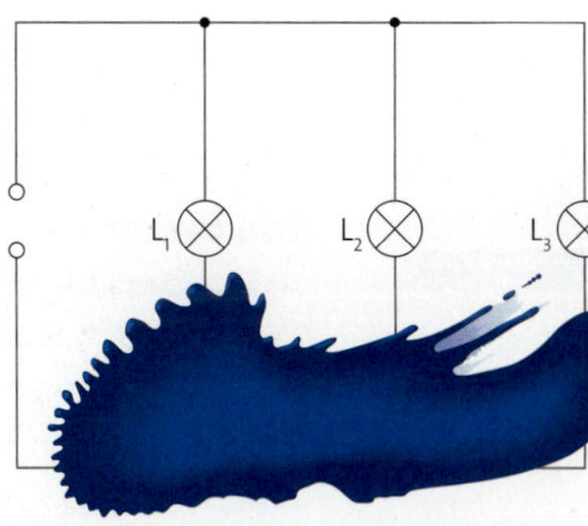

05 Tims verunglückte Schaltskizze

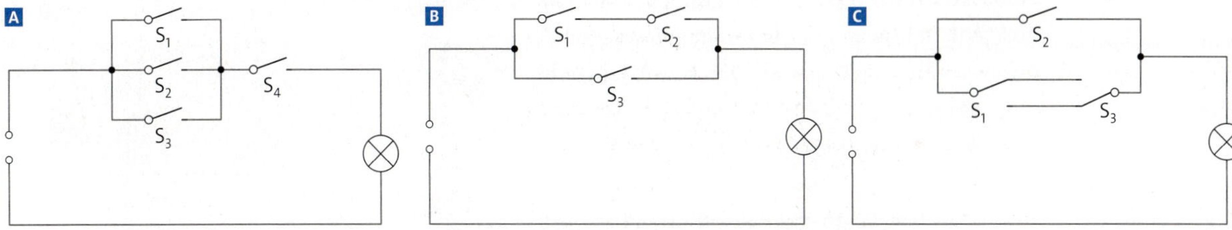

06 Knobelschaltungen

01 Glühende Wendeln einer Kochplatte

02 Warme Luft aus dem Föhn trocknet die Haare.

Wirkungen des elektrischen Stroms

Wir können uns ein Leben ohne die vielen elektrischen Geräte kaum mehr vorstellen. Auch wenn die Funktionsweise dieser Geräte sehr unterschiedlich ist, beruhen sie doch alle auf den Wirkungen des elektrischen Stroms. Die wichtigsten Wirkungen des Stroms wollen wir nun untersuchen.

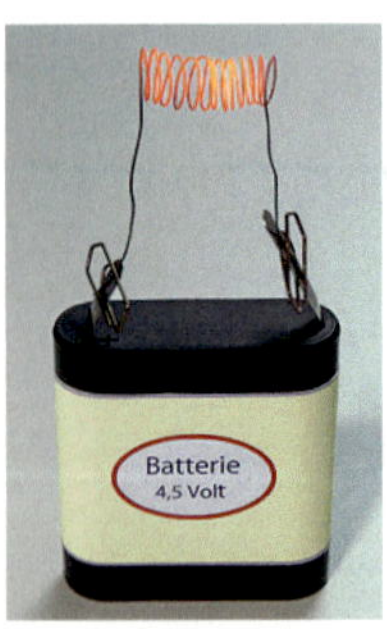

03 Selbstgewickelte Glühwendel

Die Glühwendel ist ein Energiewandler. Sie gibt die durch den elektrischen Strom zugeführte Energie als thermische Energie ab.

WÄRMEWIRKUNG · Beim Elektroherd werden die Speisen mithilfe des Stroms erhitzt. Unter der Glasplatte erkennt man die glühenden Wendeln (▸ Bild 01). Du kannst eine solche Wendel selbst herstellen und zum Glühen bringen. Dazu musst du einen dünnen Eisendraht zu einer Wendel wickeln und an eine Batterie anschließen (▸ Bild 03). Die Wendel wird so heiß, dass sie sogar glüht. Wenn du die Hand über die Wendel hältst, dann kannst du die Hitze spüren. Wir erkennen daran, dass bei der Wärmewirkung Energie in die Umgebung abgegeben wird.

Könnte man statt der Wendel nicht auch einen geraden Draht verwenden? Probieren wir es aus: Wir nehmen drei gleich lange und gleich dünne Drähte. Den ersten spannen wir gerade ein, den zweiten wickeln wir zu einer lockeren Wendel und den dritten zu einer engen Wendel (▸ Bild 04). Wenn Strom durch die drei Drähte fließt, dann können wir beobachten, dass die enge Wendel stark, die lockere Wendel nur schwach, aber der gerade Draht gar nicht glüht. Zwar werden alle Drähte heiß, doch die enge Wendel wird am heißesten. Das liegt daran, dass die eng beieinander liegenden Drahtwindungen sich gegenseitig Energie zustrahlen. Dadurch heizen sie sich zusätzlich auf. Der gerade Draht strahlt die Energie dagegen gleich in die Umgebung ab.

Die dicken, roten Kabel im ▸ Bild 04 werden nicht merklich warm. Warum das so ist, wirst du erst später verstehen.

/// Wenn Strom durch einen Draht fließt, dann kann das eine Erwärmung des Drahts bewirken.

Viele elektrische Geräte nutzen das Prinzip der gewendelten Glühdrähte, z.B. der Föhn und das

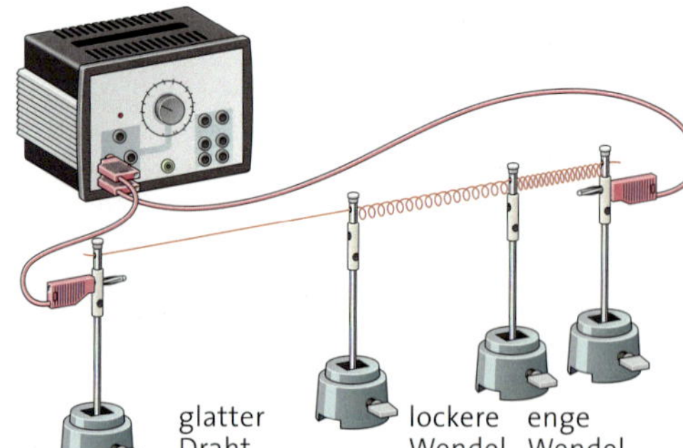

04 Untersuchung der Wärmewirkung

Bügeleisen. Auch eine Glühlampe beruht auf diesem Prinzip. Die Wendel einer Glühlampe wird sogar noch viel heißer und leuchtet viel heller als unsere selbstgewickelte Wendel. Eine Glühlampe nutzt allerdings nur etwa 5 % der zugeführten Energie zur Erzeugung von sichtbarem Licht. Den größten Teil der Energie geben Glühlampen mit unsichtbarer Wärmestrahlung ab. Im Haushalt werden sie daher immer mehr durch Energiespar- oder LED-Lampen ersetzt. Diese nutzen die zugeführte Energie besser aus.

Die meisten Elektrogeräte, die die Wärmewirkung nutzen, benötigen viel Energie. Man sollte sie daher nur dann einsetzen, wenn sie wirklich gebraucht werden.

1 Nenne möglichst viele Haushaltsgeräte, die die Wärmewirkung des elektrischen Stroms nutzen.

2 Glühlampen werden im Haushalt nicht mehr so häufig eingesetzt. Erläutere.

07 Glühlampen nutzen die Wärmewirkung.

BLICKPUNKT

Temperaturschalter

Eine Kochplatte oder ein Bügeleisen darf nicht zu heiß werden. Mit einem Schalter aus einem Bimetallstreifen kann man die Temperatur regeln. Wir bauen eine solche Schaltung in einem Modellversuch nach (▸ Bild 05).

Zu Beginn bei kalter Glühlampe schließt der unverbogene **Bimetallstreifen** den Stromkreis. Die Glühlampe leuchtet und erhitzt den Bimetallstreifen. Wenn eine bestimmte Temperatur erreicht ist, dann biegt sich der Bimetallstreifen nach oben: Der Stromkreis ist unterbrochen, die Glühlampe erlischt. Dadurch sinkt die Temperatur und der Bimetallstreifen biegt sich zurück und schließt den Stromkreis wieder. Der Temperaturschalter öffnet also den Stromkreis bei zu hoher und schließt ihn bei zu niedriger Temperatur.

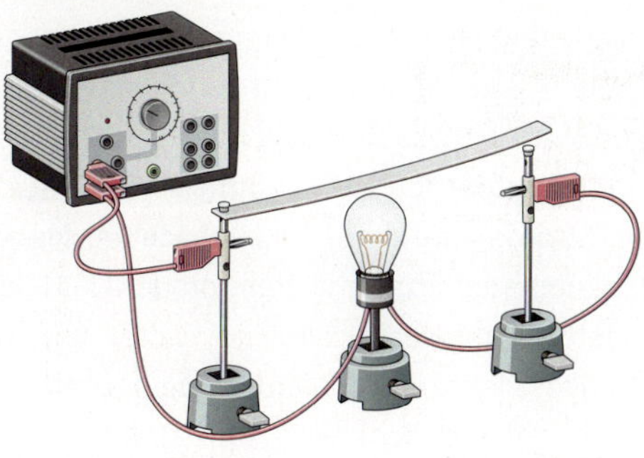

05 Temperaturregelung durch Bimetallstreifen

Schmelzdrahtsicherung

Um zu verhindern, dass zu starke Ströme Leitungen oder Geräte zerstören, verwendet man elektrische Sicherungen. Sie sollen den Stromkreis unterbrechen, wenn der Strom zu stark wird. In einem Modellversuch bauen wir einen dünnen Draht in den Stromkreis ein (▸ Bild 06). Wir überbrücken die Glühlampe mit einem Kabel und erzeugen damit einen Kurzschluss. Der starke Strom, der nun fließt, erhitzt den dünnen Schmelzdraht so sehr, dass dieser schmilzt und wie gewünscht den Stromkreis unterbricht, bevor Schlimmeres geschieht.

Schmelzdrahtsicherungen werden häufig in elektrischen Geräten und im Auto eingesetzt. Im Haus verwendet man meistens Sicherungsautomaten, die den Stromkreis unterbrechen, ohne dass sie zerstört werden.

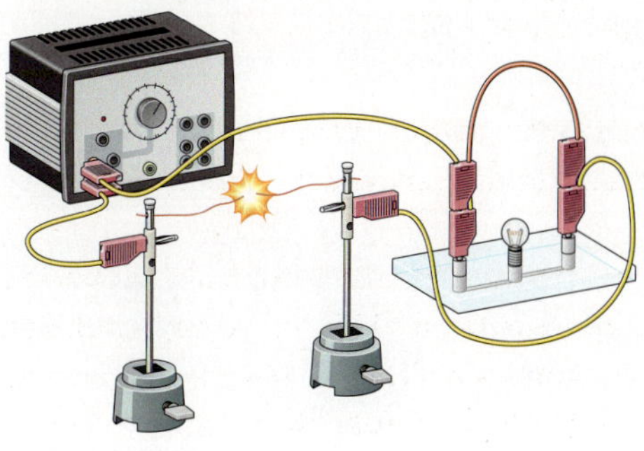

06 Beim Kurzschluss schmilzt der Schmelzdraht.

08 Gerätesicherung

09 Autosicherungen

Bimetallstreifen: Zwei Metalle, z. B. Messing und Eisen sind fest miteinander verbunden. Bei Erwärmung dehnen sich die Metalle unterschiedlich aus. Das führt zur Krümmung des Streifens.

01 Elektromagnet

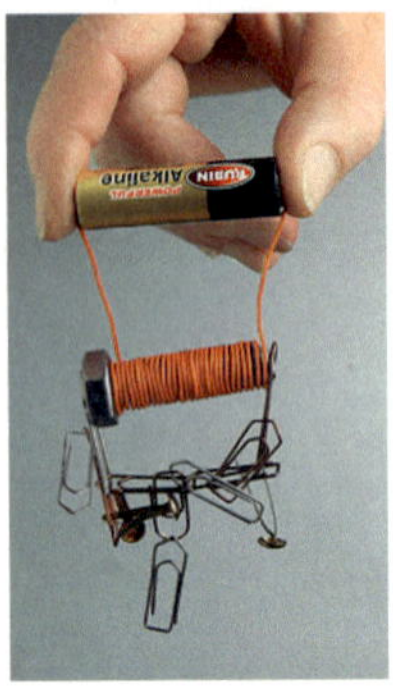

02 Elektromagnet – selbstgebaut

MAGNETISCHE WIRKUNG · Elektromagneten können große Lasten heben und sie lassen sich ein- und ausschalten. Du kannst einen solchen Magneten einfach nachbauen, indem du einen isolierten Kupferdraht viele Male um einen Eisenstab wickelst. Schließt du die Drahtenden an eine Batterie an, so kannst du beobachten, wie der Stab eisenhaltige Gegenstände anzieht. Nach diesem Prinzip funktioniert ein Elektromagnet.

Mit kleinen Magnetnadeln können wir die Wirkung des Elektromagneten genauer untersuchen (▸ Bild 03 A). Wir stellen fest, dass die eine Seite des Elektromagneten die Südpole der Magnetnadeln anzieht (im Bild 03 A rechts), die andere Seite die Nordpole (im Bild 03 A links). Dieser Elektromagnet verhält sich also wie ein Stabmagnet (▸ Bild 03 B) mit einem Nordpol rechts und einem Südpol links. Vertauschen wir Plus- und Minuspol der Batterie, dann vertauschen sich auch Nord- und Südpol des Elektromagneten.

Denk daran:
Ein Magnet hat Nord- und Südpol – eine Batterie hat Plus- und Minuspol!

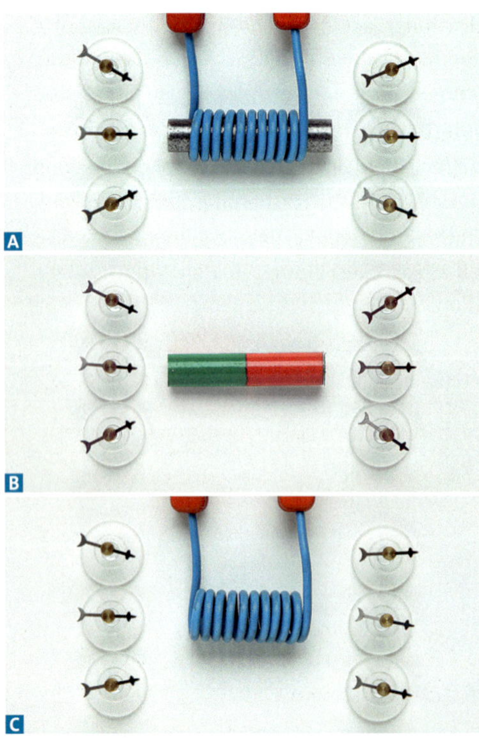

03 Vergleich der magnetischen Wirkung
A Elektromagnet mit Eisenstab,
B Stabmagnet,
C schraubenförmig gewickelter Draht

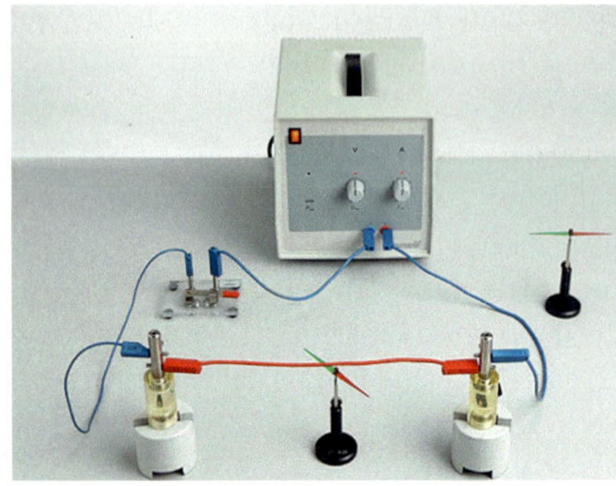

04 Auch ein stromdurchflossener Draht zeigt eine magnetische Wirkung.

Was ist die Ursache der magnetischen Wirkung? Welche Rolle spielt dabei der Draht, welche Rolle der Eisenstab? Zur Klärung dieser Fragen entfernen wir den Eisenstab aus dem Elektromagneten von ▸ Bild 03 A. Wir beobachten, dass der vom Strom durchflossene schraubenförmige Draht die Magnetnadeln auf die gleiche Weise ausrichtet wie der Elektromagnet (▸ Bild 03 C). Folglich ist der Strom die Ursache der magnetischen Wirkung. Ohne Eisenstab ist die magnetische Wirkung allerdings nur schwach. Der Eisenstab verstärkt die magnetische Wirkung erheblich.

Zeigt nun ein gerader Kupferdraht, durch den ein Strom fließt, ebenfalls schon eine magnetische Wirkung? Zur Beantwortung dieser Frage spannen wir einen Kupferdraht in Nord-Süd-Richtung, verbinden ihn über einen Schalter mit den Polen einer regelbaren elektrischen Quelle und stellen eine Magnetnadel unter den Draht (▸ Bild 04). Sobald wir den Schalter schließen, wird die Magnetnadel abgelenkt. Mit dem Drehknopf an der Quelle, können wir die Stärke des Stroms verändern. Wir beobachten, dass die Magnetnadel immer weiter von der Nord-Süd-Richtung abgelenkt wird, je weiter wir den Drehkopf aufdrehen. Zum Schluss stellt sich die Nadel fast senkrecht zum Draht ein. Der Ausschlag der Magnetnadel zeigt uns also die Stärke des Stroms an.

Wenn wir in der Anordnung von ▸ Bild 04 Plus- und Minuspol der elektrischen Quelle vertauschen, dann zeigt die Nadel zur anderen Seite des Drahts.

Wir schließen aus diesem Versuch, dass auch ein gerader Draht, durch den ein Strom fließt, von einem Magnetfeld umgeben ist.

Ein stromdurchflossener Draht ist von einem Magnetfeld umgeben.
Das nutzt man beim Elektromagneten aus.
Ein Elektromagnet besteht aus mindestens einer Wicklung Draht um einen Eisenstab und hat einen Nord- und einen Südpol.

1 Welchen Vorteil hat ein Elektromagnet gegenüber einem Dauermagneten?

2 Nenne einige Einsatzmöglichkeiten von Elektromagneten.

3 Warum haben wir bei den Untersuchungen zur magnetischen Wirkung keine Eisendrähte verwendet?

4 Im Versuch nach ▸ Bild 04 haben wir den Draht in Nord-Süd-Richtung gespannt. Erkläre, warum man die magnetische Wirkung nicht beobachten kann, wenn der Draht in Ost-West-Richtung verläuft.

BLICKPUNKT

Elektrische Klingel

Eine Klingel besteht im Wesentlichen aus einem Elektromagneten, einem elastischen Metallstab und einer Glocke (▸ Bild 05). Schließt man den Klingelschalter, dann zieht der Elektromagnet den Metallstab an und dieser schlägt gegen die Glocke. Dabei hat sich der Metallstab aber auch von der Kontaktstelle entfernt. Der Stromkreis ist somit unterbrochen, der Metallstab wird nicht mehr angezogen und schwingt zurück. Dadurch wird der Stromkreis wieder geschlossen, der Metallstab wird wieder angezogen und der Vorgang wiederholt sich.

Sicherungsautomat

Ein Sicherungsautomat ist ein Schalter, der den Stromkreis unterbricht, wenn der Strom zu stark ist. ▸ Bild 06 zeigt die Funktionsweise: Ist der Strom zu stark, dann zieht der eingebaute Elektromagnet den am Kippschalter befestigten Eisenstab an. Dadurch kippt der Schalter in die untere Stellung und der Stromkreis ist unterbrochen (im Bild rechts). Die Feder verhindert, dass der Schalter in die obere Stellung zurückspringt. Den Sicherungsautomaten kann man wieder einschalten, wenn man den Fehler, z. B. ein defektes Gerät, beseitigt hat.

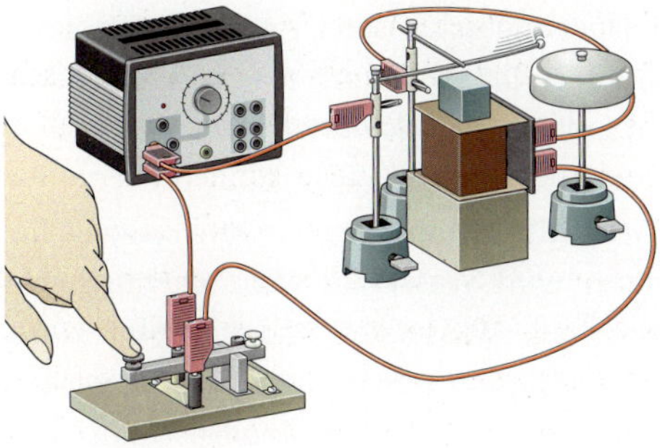

05 Modellversuch zur elektrischen Klingel

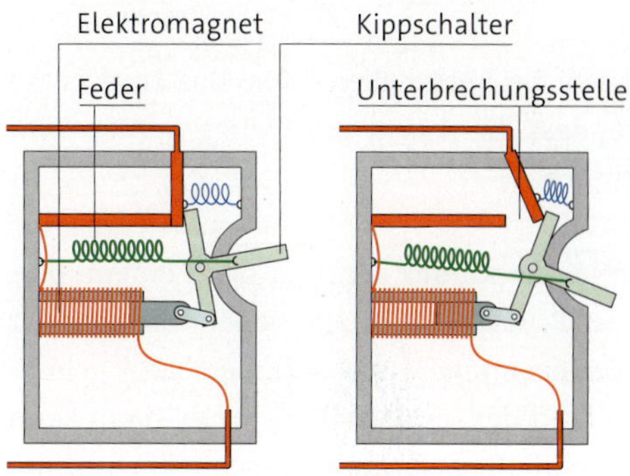

06 Sicherungsautomat

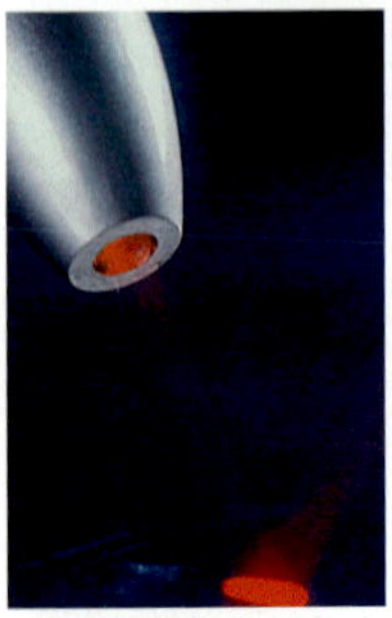

01 Laserpointer

02 LED-Lampe für ein Fahrrad

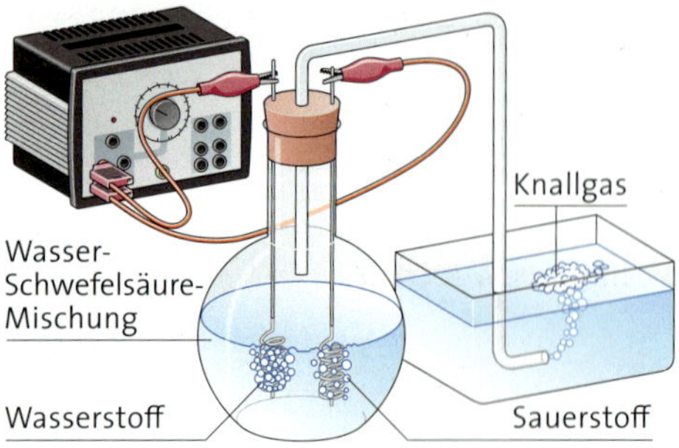

03 Knallgaszelle

04 LEDs strahlen je nach Material verschieden farbiges Licht aus

LICHTWIRKUNG · In vielen Bereichen werden Glühlampen heute durch Leuchtdioden ersetzt. Typische Einsatzmöglichkeiten sind: Fahrrad- und Autobeleuchtung, Ampelanlagen, Wohnraumbeleuchtung usw. Wir können hier nicht erklären, wie eine LED funktioniert. Nur so viel: Sie besitzt keinen Glühdraht. Stattdessen enthält sie einen speziellen Leuchtkörper. Wenn Strom durch die LED fließt, dann sendet der Leuchtkörper Licht aus, ohne dabei merklich warm zu werden. Dabei wird fast die gesamte zugeführte Energie dazu verwendet, um Licht zu erzeugen. Leuchtdioden zeigen eine Lichtwirkung nahezu ohne Wärmewirkung.

Die Leuchtkörper können nur einfarbiges Licht aussenden. Es gibt sie für rotes, gelbes, grünes und blaues Licht. Weiße Leuchtdioden arbeiten mit einem Trick: Sie enthalten zum Beispiel je einen Leuchtkörper für rotes, grünes und blaues Licht. Durch Farbaddition ergibt sich dann der Farbeindruck weiß.

Vorsicht bei sehr hellen LEDs: Das Licht ist so grell, dass die Augen geschädigt werden können.

GEFAHRENHINWEIS

Richte den Strahl eines Laserpointers nie auf Personen oder Tiere! Bringe keinen Laserpointer mit in die Schule.

Auch **Laserpointer** arbeiten nach einem ähnlichen Prinzip wie Leuchtdioden. Ihr Licht ist besonders intensiv und außerdem stark gebündelt. Trifft der Laserstrahl ins Auge, dann kann es dauerhaft geschädigt werden. Daher sind Laserpointer kein Spielzeug und in der Schule verboten.

CHEMISCHE WIRKUNG · Du weißt schon, dass Wasser mit Salz oder Säure den elektrischen Strom leitet. Überraschenderweise verändern sich dabei die beteiligten Stoffe. Man spricht deshalb von der chemischen Stromwirkung.

▸ Bild 03 zeigt eine sogenannte Knallgaszelle: Zwei Drähte tauchen in ein Gemisch aus Wasser und etwas Schwefelsäure. Schließen wir die Zelle an eine elektrische Energiequelle an, dann können wir beobachten, wie an den Drähten Gasblasen aufsteigen. Wir leiten das entstandene Gas in eine Schale mit Wasser und einigen Tropfen Spülmittel. Darin bildet das aufsteigende Gas Schaumblasen. Zündet man die Blasen an, dann explodiert das Gas mit einem lautem Knall.

Beobachten wir die Gasentwicklung genauer, dann stellen wir fest, dass an dem einen Draht deutlich mehr Gasblasen entstehen als an dem anderen Draht. Tatsächlich entstehen hier zwei verschiedene Gase: An dem Draht, der am Minuspol angeschlossen ist, entsteht Wasserstoff. An dem Draht, der am Pluspol angeschlossen ist, entsteht Sauerstoff.

Wenn also Strom durch die Knallgaszelle fließt, dann wird Wasser in seine chemischen Bestandteile Wasserstoff und Sauerstoff zersetzt. Die bei diesem Vorgang benötigte Energie steckt nun in dem explosiven Knallgasgemisch. Zündet man dies, dann wird die Energie wieder freigesetzt.Wir hören dies am lauten Knall.

VERSUCHE ▸ Zu den Stromwirkungen

Für die folgenden Versuche benötigst du eine geeignete elektrische Energiequelle (z.B. 4,5-V-Batterie, 6-V-Akku oder Netzgerät), Kabel, Klemmen, Schalter.

V1 Glühwendeln wickeln

Material:
Eisendrähte unterschiedlicher Dicke (0,1 mm und 0,2 mm), verschieden dicke Stricknadeln

Durchführung:
Wickle verschiedene Glühwendeln. Notiere Dicke und Länge des Drahts, sowie Durchmesser und Windungszahl der Wendeln. Untersuche, welche Wendel am hellsten leuchtet.

V2 Bau eines Elektromagneten

Material:
2 m isolierter Draht, Eisenschraube mit Mutter, Klebeband, Büroklammern, Magnetnadel

Durchführung:
Baue einen Elektromagneten. Teste mit den Büroklammern die Stärke des Elektromagneten. Untersuche das Magnetfeld mithilfe der Magnetnadel.

V3 Magnetische Wirkung

Material:
60 cm isolierter Draht, passende Glühlampe, Kompass möglichst mit Gradskala oder Geodreieck

Durchführung:
Baue eine Schaltung aus dem Draht und der Lampe auf. Drehe den Kompass so, dass er mit der Nordrichtung der Magnetnadel übereinstimmt. Lege dann den Draht in Nord-Süd-Richtung über den Kompass.

a) Schließe den Schalter und beobachte die Magnetnadel. Miss den Winkel zwischen Draht und Magnetnadel.

b) Wickle den Draht einmal, zweimal, dreimal, ... um den Kompass und miss jeweils die Auslenkung der Magnetnadel.
Fasse deine Beobachtungen zusammen und erkläre sie.

c) Vertausche Plus- und Minuspol der beiden Drahtanschlüsse. Beschreibe, wie sich die Auslenkung der Magnetnadel ändert. Erkläre.

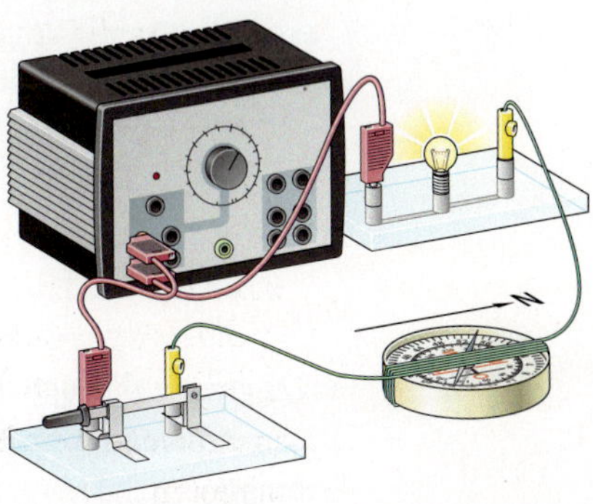

Material A ▸ Glühlampe und Energiesparlampe

1879 entwickelte der Amerikaner T. A. EDISON die erste brauchbare Glühlampe. Über 100 Jahre lang wurden in Haushalten zur Beleuchtung hauptsächlich Glühlampen eingesetzt. Da ihr Wirkungsgrad sehr gering ist, ersetzte man sie durch Energiesparlampen. Eine solche Lampe besteht aus einer gebogenen Glasröhre, die mit einem Gas gefüllt ist, das beim Betrieb der Lampe leuchtet. Allerdings ist das ausgesendete Licht für unsere Augen größtenteils unsichtbar. Daher ist die Innenseite der Glasröhre mit einem Leuchtstoff beschichtet. Er wandelt das unsichtbare Licht in sichtbares um. Eine Energiesparlampe benötigt bei gleicher Helligkeit sehr viel weniger Energie und hält sehr viel länger. Da Energiesparlampen Schadstoffe enthalten, verwendet man sie heute immer seltener. Stattdessen werden zunehmend LED-Lampen genutzt.

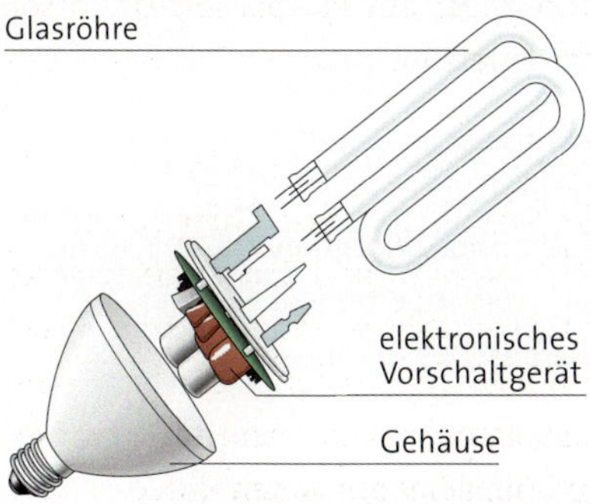

A1 Eine 70-W-Glühlampe kann man durch eine 7-W-LED-Lampe ersetzen. Berechne für beide Lampen den jährlichen Energiebedarf (in kWh), wenn sie täglich jeweils fünf Stunden eingeschaltet sind.
(1 kWh = 1 kW · 1 h; 1 J = 1 W · 1 s)

A2 Informiere dich, wie viel 1 kWh kostet. Berechne dann die jährliche Kostenersparnis durch Tausch einer 70-W-Glühlampe durch eine 7-W-LED-Lampe.

Eigenschaften von Magneten

Magnetische Wirkung: Magnete wirken auf Körper, die Eisen, Nickel oder Kobalt enthalten. Körper aus solchen Stoffen nennt man **ferromagnetisch.**
Ein Magnet und ein ferromagnetischer Körper ziehen sich gegenseitig an.

Magnetpole: Die Stellen des Magneten mit der stärksten Wirkung auf seine Umgebung heißen Pole. Jeder Magnet hat einen **Nordpol** und einen **Südpol.** Es gibt keinen Magneten mit nur einem Pol.

Polregel: Gleiche Pole stoßen sich ab, ungleiche Pole ziehen sich an.

Elementarmagnetemodell

Im Inneren von ferromagnetischen Körpern sind in der Modellvorstellung **Elementarmagnete** enthalten. Dabei handelt es sich um kleine, nicht mehr teilbare magnetische Bereiche mit zwei Polen.

In einem **unmagnetisierten** Körper liegen die Elementarmagnete völlig ungeordnet vor.
In einem **magnetisierten** Körper sind die Elementarmagnete regelmäßig angeordnet.

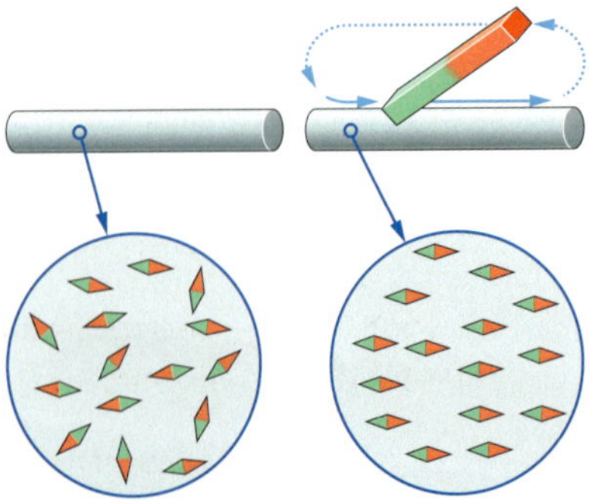

Magnetfeld

Ein Magnet wirkt auch über große Entfernungen hinweg auf andere Magnete oder ferromagnetische Körper. Das beschreibt man mit dem Magnetfeld. Dieses hat eine Struktur, die man mithilfe von **Feldlinien** darstellen kann. Die Richtung der Feldlinien entspricht der Richtung, in die der Nordpol einer Magnetnadel auf dieser Feldlinie zeigt.

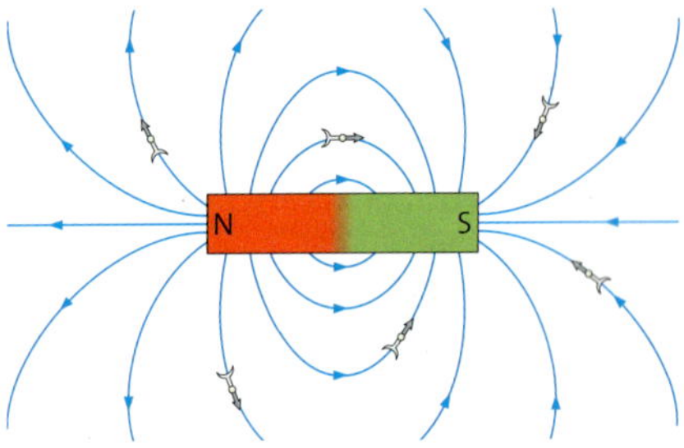

Erdmagnetfeld: Die Erde ist von einem Magnetfeld umgeben. Es ähnelt dem Feld eines Stabmagneten. Der magnetische Südpol der Erde liegt in der Arktis. Der magnetische Nordpol der Erde liegt in der Antarktis.

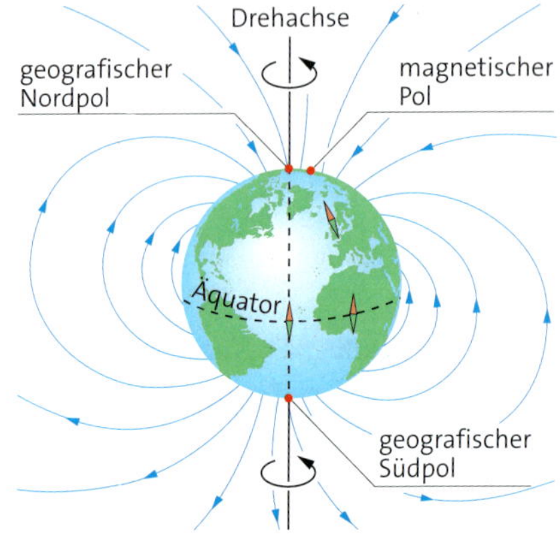

Der elektrische Strom

Ein elektrischer Strom ist die gerichtete Bewegung von elektrischen Teilchen.

Stromkreise: Die Grundelemente des Stromkreises sind:
- **elektrische Energiequelle** (z. B. Batterie),
- **elektrische Leiter** (z. B. Kabel),
- **elektrisches Gerät** (z. B. Lampe).

Ein elektrischer Strom kann nur dann fließen, wenn der Stromkreis geschlossen ist.

Metalle sind gute elektrische **Leiter.** Glas, Keramik und Kunststoffe leiten den Strom nicht. Sie werden als **Nichtleiter** bzw. **Isolatoren** bezeichnet. Flüssigkeiten leiten elektrischen Strom meist schlechter als Festkörper. Gelöste Stoffe in Flüssigkeiten sorgen für eine bessere Stromleitung.

Elektrische Schaltungen

Reihenschaltung: Die Bauteile, z. B. Lampen, befinden sich in einem unverzweigten Stromkreis.

Parallelschaltung: Der Weg des Stroms verzweigt sich zu den verschiedenen Bauteilen, z. B. Lampen.

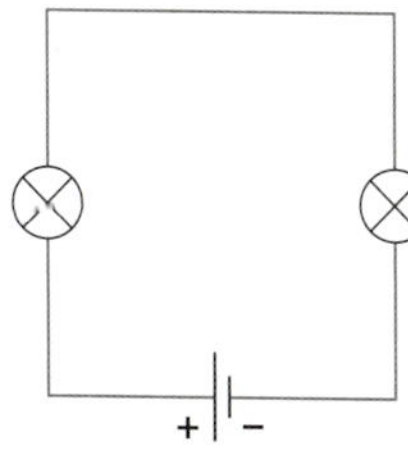

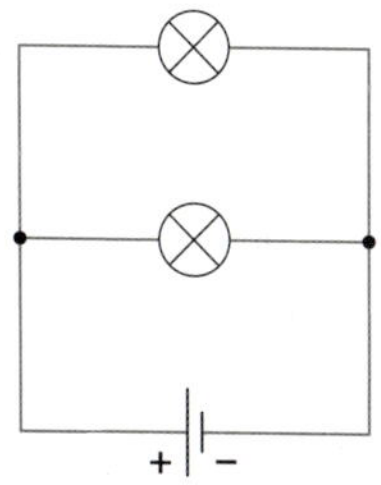

UND-Schaltung: Die Schalter sind in Reihe geschaltet. Nur wenn alle Schalter geschlossen sind, dann fließt Strom.

ODER-Schaltung: Die Schalter sind parallel geschaltet. Es fließt Strom, sobald mindestens einer der Schalter geschlossen ist.

Wechselschaltung: Zwei Umschalter werden so verbunden, dass zwischen zwei unterschiedlichen Stromwegen gewechselt werden kann.

Stromwirkungen

Elektrische Ströme können wir nicht sehen, wir können sie nur an ihrer Wirkung erkennen. Wirkungen des elektrischen Stroms sind: **Wärme, Licht,** die **magnetische Wirkung** und die **chemische Wirkung.**
Die magnetische Wirkung nutzt man beim **Elektromagneten** aus.

Überprüfe dich selbst:

Kann ich …

… die Wirkung von Magneten auf einen anderen Magneten oder einen sonstigen Körper beschreiben?

… mit dem Modell der Elementarmagnete die Magnetisierung und Entmagnetisierung erklären?

… mit diesem Modell die Anziehung zwischen einem Magneten und einem ferromagnetischen Körper erklären?

… begründen, dass es keinen Magneten mit einem einzigen Pol gibt?

… den Begriff der magnetischen Feldlinie erklären?

… das Erdmagnetfeld beschreiben?

… die Grundelemente des elektrischen Stromkreises benennen?

… Beispiele für Leiter und Nichtleiter nennen?

… die Funktion einer Sicherung erklären?

… die Symbole für Lampe, Schalter, Batterie, Wechselschalter, Motor, Leuchtdiode erkennen und zeichnen?

… die Regeln zum Zeichnen elektrischer Schaltskizzen sicher anwenden?

… aus einer gegebenen Schaltskizze eine Schaltung aufbauen?

… von einer gegebenen Schaltung eine Schaltskizze erstellen?

… den Energietransport im elektrischen Stromkreis erläutern?

… die Wirkungen des elektrischen Stroms beschreiben und einfache elektrische Geräte damit erklären?

Fortbewegung und Mobilität

In diesem Kapitel beschäftigst du dich mit

- der Bewegung von Körpern. Du lernst, dass es verschiedene Arten von Bewegung gibt. Dabei erfährst du, wie man mit der Geschwindigkeit Bewegungen beschreiben kann, und wie man sie misst. Du erweiterst deine Fähigkeiten, Diagramme zu erstellen und daraus Informationen zu entnehmen.
- Änderungen von Bewegungen. Dabei lernst du den Begriff der Beschleunigung kennen. Du erfährst, welcher Zusammenhang zwischen Geschwindigkeit und Beschleunigung besteht.

01 ICE und Modelllokomotive

Einfache Bewegungen

Ohne Bewegung sähe unser Leben ziemlich langweilig aus. Schon die Beschreibung von Bewegungen ist interessant, weil sie z. B. bei einem ICE, einer Modelllokomotive oder bei dir selbst so unterschiedlich sind.

BEWEGUNGEN AUFZEICHNEN · Wir betrachten eine möglichst einfache Bewegung. Die Modelllokomotive im ▸ Bild 01 fährt mit gleichbleibender Geschwindigkeit geradeaus. Wenn sich die Lokomotive bewegt, dann befindet sie sich nach einer gewissen Zeit an einem anderen Ort. Wir wollen die Bewegung der Modelllokomotive genauer untersuchen. Dabei gehen wir folgendermaßen vor:

Der Metronom im ▸ Bild 01 erzeugt jede Sekunde einen Knack und gibt so die Zeitabstände vor.

Nach dem Start ändern wir die Einstellung des Trafos nicht mehr. Dann sollte die Geschwindigkeit der Modelllokomotive gleich bleiben. Jede Sekunde markieren wir den **Ort,** an dem sich die Lok befindet, mit einem blauen Strich (▸ Bild 01). Die **Strecke s,** die die Lok in der **Zeit t** zurückgelegt hat, können wir nun anhand der Striche bestimmen. Dabei messen wir immer die vom Startpunkt aus zurückgelegte Strecke. In den ersten beiden Zeilen von ▸ Tabelle 02 stehen die Messwerte.

In der 1. Sekunde legt die Lok die Strecke bis zum ersten blauen Strich zurück. Nach 2 Sekunden hat sie die Strecke bis zum zweiten blauen Strich zurückgelegt usw.

DIE GESCHWINDIGKEIT · Die Messwerte in ▸ Tabelle 02 zeigen, dass die Lok in der doppelten (dreifachen) Zeit etwa die doppelte (dreifache) Strecke zurücklegt. In der dritten Zeile haben wir den Quotienten $\frac{s}{t}$ berechnet. Du erkennst daran, dass die Messwerte **quotientengleich** sind. Aus dem Mathematikunterricht weißt du: Wenn zwei Größen quotientengleich sind, dann sind sie **proportional** zueinander. Die zurückgelegte Strecke s ist proportional zu der dafür benötigten Zeit t, kurz: $s \sim t$.

Man nennt den konstanten Quotienten $\frac{s}{t}$ die **Geschwindigkeit v:**

$\frac{s}{t} = v$, v ist konstant.

Die Geschwindigkeit v, hier etwa $0{,}10\,\frac{\text{m}}{\text{s}}$, gibt an, dass die Lok in einer Sekunde die Strecke von etwa 0,10 m zurückgelegt hat (lies: „0,10 Meter pro Sekunde").

t in s	0	1,0	2,0	3,0	4,0
s in m	0	0,11	0,18	0,30	0,42
$\frac{s}{t}$ in $\frac{\text{m}}{\text{s}}$	–	0,11	0,09	0,10	0,11

02 „Blaue" Messwerte

t in s	0	1,0	2,0	3,0	4,0
s in m	0	0,15	0,32	0,44	0,60
$\frac{s}{t}$ in $\frac{\text{m}}{\text{s}}$	–	0,15	0,16	0,15	0,15

03 „Rote" Messwerte

In einem zweiten Versuch lassen wir die Lok schneller fahren. Wir markieren wieder jede Sekunde den Ort der Lok, diesmal mit einem roten Strich (▸ Bild 01). Die zurückgelegten Strecken tragen wir in die 2. Zeile der ▸ Tabelle 03 ein. Die 3. Zeile zeigt den der Quotienten $\frac{s}{t}$. Wieder bleibt der Quotient $\frac{s}{t}$ gleich, aber diesmal beträgt er etwa $0{,}15\,\frac{\text{m}}{\text{s}}$ (▸ Tabelle 03).

EIN DIAGRAMM ZEIGT MEHR · Die Messwerte lassen sich übersichtlich in ein Koordinatensystem einzeichnen. Die Zeit t wird auf der Rechtsachse abgetragen, die Strecke s wird auf der Hochachse abgetragen. Ein solches Diagramm nennt man ***t-s*-Diagramm.** Das *t-s*-Diagramm verrät uns viel über die Bewegung.

1. Wenn die Messwerte auf einer Geraden liegen, dann ist die Geschwindigkeit v konstant.
2. Je steiler der Graph im *t-s*-Diagramm verläuft, desto größer ist die Geschwindigkeit v.
3. Für jede Zeit t auf der t-Achse können wir die zurückgelegte Strecke s auf der s-Achse ablesen.

Beispiele: Bei der blauen Geraden lesen wir bei der Zeit $t = 2\,\text{s}$ die zugehörige Strecke $s = 0{,}2\,\text{m}$ ab. Der Quotient $\frac{s}{t}$ ergibt $v = \frac{0{,}2\,\text{m}}{2\,\text{s}} = 0{,}1\,\frac{\text{m}}{\text{s}}$.
Bei der roten Geraden lesen wir bei der Zeit $t = 2\,\text{s}$ die zugehörige Strecke $s = 0{,}3\,\text{m}$ ab. Der Quotient $\frac{s}{t}$ ergibt $v = \frac{0{,}3\,\text{m}}{2\,\text{s}} = 0{,}15\,\frac{\text{m}}{\text{s}}$.
Diese Werte stimmen mit den Werten aus ▸ Tabelle 02, 03 überein.

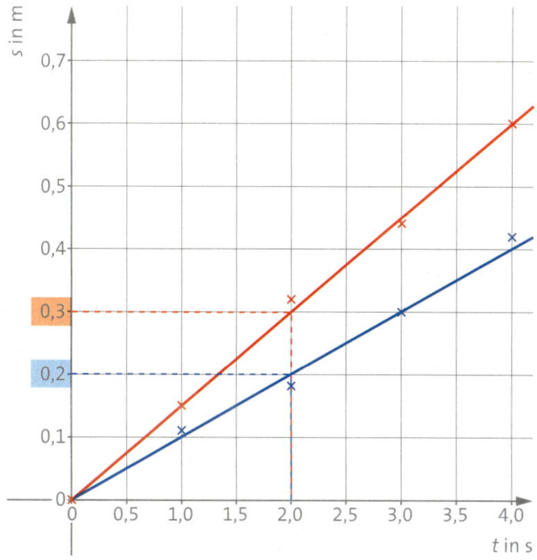

04 *t-s*-Diagramme der Modelllokomotive

$v = \frac{0{,}3\,\text{m}}{2\,\text{s}} = 0{,}15\,\frac{\text{m}}{\text{s}}$

$v = \frac{0{,}2\,\text{m}}{2\,\text{s}} = 0{,}10\,\frac{\text{m}}{\text{s}}$

EINHEITEN · In den Beispielen hast du die Geschwindigkeit in der Einheit $\frac{\text{m}}{\text{s}}$ berechnet. Aus dem Straßenverkehr und von deinem Fahrradtachometer kennst du die Einheit $\frac{\text{km}}{\text{h}}$. Wie rechnet man die Einheiten ineinander um?

Dabei können wir schrittweise vorgehen. Du weißt, dass 1 km gleich 1000 m sind. Eine Stunde hat 60 Minuten, das sind 3600 Sekunden.

$1\,\frac{\text{km}}{\text{h}} = \frac{1000\,\text{m}}{3600\,\text{s}} = \frac{1}{3{,}6}\,\frac{\text{m}}{\text{s}}$.

$\frac{\text{m}}{\text{s}} \xrightarrow{\cdot 3{,}6} \frac{\text{km}}{\text{h}}$

$\frac{\text{km}}{\text{h}} \xrightarrow{:3{,}6} \frac{\text{m}}{\text{s}}$

Bei Bewegungen mit konstanter Geschwindigkeit v ist die zurückgelegte Strecke s proportional zur benötigten Zeit t, kurz: $s \sim t$.
Der Proportionalitätsfaktor $\frac{s}{t}$ ist die Geschwindigkeit v. Es gilt:
$s = v \cdot t$.

1 Beschreibe, wie du an einem *t-s*-Diagramm erkennen kannst, ob sich ein Körper mit konstanter Geschwindigkeit bewegt.

2 Auf deinem Fahrradtachometer liest du die Geschwindigkeiten $18\,\frac{\text{km}}{\text{h}}$, $36\,\frac{\text{km}}{\text{h}}$ ab. Rechne diese Geschwindigkeiten in die Einheit $\frac{\text{m}}{\text{s}}$ um.

METHODE

Messfehler

Auswerten einer Messreihe – Ausgleichsgeraden · Beim Versuch auf S. 236 haben wir erwartet, dass die berechneten Geschwindigkeiten in einer Messreihe stets gleich sind. Die Berechnungen in der Tabelle zeigen aber Schwankungen. Auch im Diagramm auf der vorherigen Seite siehst du, dass die Messwerte nicht alle auf der Geraden liegen. Dafür gibt es zwei Gründe, die Zeit- und die Streckenmessung.

Jede Messung, außer der Zählung, hat einen Messfehler. Der Begriff Fehler klingt so, als würde man etwas falsch machen. Das ist aber im Allgemeinen nicht so. Messgeräte wie Uhr, Maßband und selbst eine Lichtschranke können nicht ganz genau messen. Deshalb spricht man auch von **Messungenauigkeit.**

Wir wollen uns hier zunächst auf den Fehler der Zeitmessung beschränken und uns ein Beispiel anschauen: In der Klasse 7a haben fünf Schüler die gleiche Zeitspanne gemessen. Der Lehrer sagte zum Beginn der Messung „Start" und nach einer bestimmten Zeit wieder „Stopp". Die folgenden Werte wurden dabei aufgenommen: 7,63 s; 7,236 s; 7,5 s; 7,74 s; 7,42 s.

Welcher Wert ist richtig? · Zunächst sieht der zweite Messwert sehr genau aus. Hier wurde auf $\frac{1}{1000}$ s genau gemessen, während der dritte Messwert nur auf $\frac{1}{10}$ s genau gemessen wurde. Wie kommt es zu den Schwankungen bei den Messwerten? Zwischen dem kleinsten Messwert (7,236 s) und dem größten Messwert (7,74 s) ist eine Differenz von mehr als 0,5 s. Eine so große Differenz ist mit der Qualität der Messgeräte nicht zu erklären. Hier ist die Reaktionszeit der Schülerinnen und Schüler die entscheidende Fehlergröße. Wenn man aber bei der Aufnahme der Messwerte mit der Stoppuhr eine Reaktionszeit von ca. 0,5 s annehmen kann, dann ist die Angabe von $\frac{1}{1000}$ s nicht sinnvoll. Dies täuscht eine nicht vorhandene Genauigkeit vor.

Bewegungsaufnahme · Ein Schüler fährt mit gleichbleibender Geschwindigkeit mit dem Fahrrad. In Abständen von vier Metern wird jeweils die Zeit gemessen und in ein *t-s*-Diagramm eingetragen. Bei der grafischen Auswertung der Messwerte berücksichtigen wir jetzt die Ungenauigkeit der Zeitmessung. Da jede Zeitmessung ungenau ist, ersetzen wir die Kreuze durch waagerechte Striche, die sogenannten **Fehlerbalken.** Die Länge der Balken entspricht der Messgenauigkeit, in unserem Beispiel: ± 0,5 s, also 1 cm.

Wir wissen, dass zwischen Strecke und Zeit ein proportionaler Zusammenhang besteht. Die Messpunkte sollten auf einer Geraden liegen. Die Fehlerbalken geben dir eine Hilfe, wie du eine sogenannte **Ausgleichsgerade** zeichnen kannst. Sie verläuft nicht unbedingt durch die Messpunkte, aber durch die Fehlerbalken. Die Ausgleichsgerade „verträgt" sich also mit den Messwerten und ihren Fehlerbalken.

Es ist aber nicht immer richtig, eine Ausgleichsgerade zu zeichnen. Wenn die Geschwindigkeit *v* nicht konstant ist, dann sind auch die Strecke *s* und die Zeit *t* nicht mehr proportional zueinander.
Genau genommen müsste man zu jedem Messwert die Ungenauigkeit mit angeben. Wenn man aber weiß, dass die Messwerte z. B. auf einer Geraden liegen müssten, dann kann man auf die Fehlerbalken verzichten. Du kannst dann die Ausgleichsgerade wie im ▸ Bild 02 zeichnen.

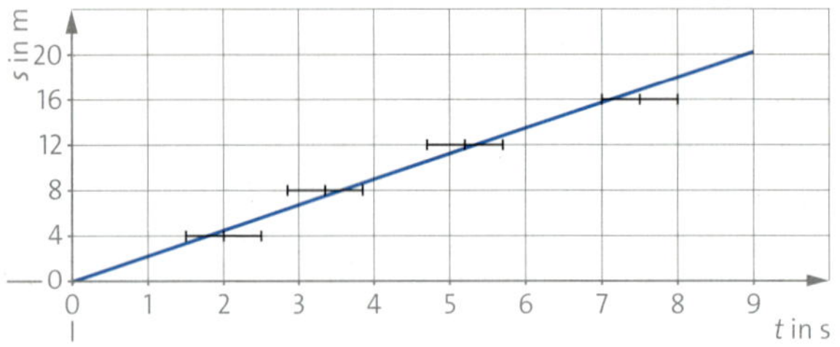

01 *t-s*-Diagramm mit Fehlerbalken

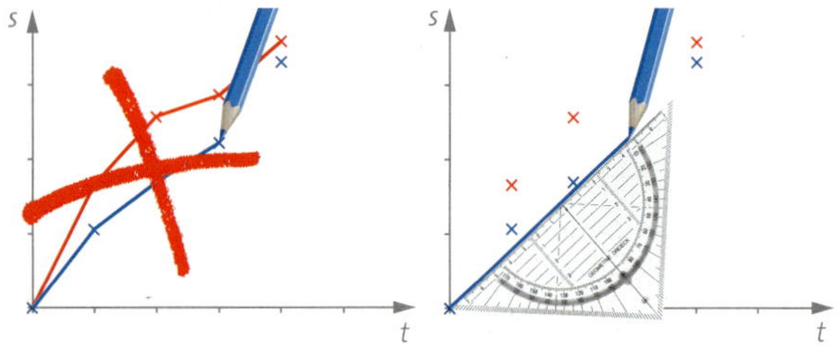

02 **A** So nicht! **B** Sondern so!

VERSUCHE ▸ Bewegung mit konstanter Geschwindigkeit

Material:

Durchsichtiges Duschgel, möglichst schmales, hohes Glas mit Deckel, ein Korn Popcorn-Mais o. Ä., Folienstift, Stoppuhr

Durchführung:

Fülle das Glas voll Duschgel und lasse das Maiskorn hineinfallen. Schließe den Deckel.

V1 Beobachte die Bewegung des Maiskorns. Beschreibe die Bewegung beim Eintauchen. Wie bewegt es sich anschließend? Durch Umdrehen des Glases kannst du den Versuch wiederholen.

V2 Markiere am Glas etwa 1 cm unterhalb der Oberfläche eine Startlinie und dann von dort aus alle 1,0 cm eine Linie. Miss jeweils die Zeit, die das Maiskorn für die Strecke 1,0 cm, 2,0 cm usw. benötigt. Erstelle ein *t*-*s*-Diagramm und bestimme die Geschwindigkeit des Maiskorn.

V3 Experimentiere mit anderen Gegenständen. Bestimme auch deren Geschwindigkeit. Bleibt sie überhaupt konstant?

V4 Untersuche, welche Eigenschaften einer Flüssigkeit die Bewegung des Korns beeinflussen. Führe entsprechende Versuche durch.

Material A ▸ Einheiten

Höchstgeschwindigkeiten	
Licht im Vakuum	300 000 $\frac{km}{s}$
Schall in Luft	1224 $\frac{km}{h}$
Erde um Sonne	30 $\frac{km}{s}$
Regentropfen	9 $\frac{m}{s}$
Fußball	100 $\frac{km}{h}$
Auto (in der Stadt)	50 $\frac{km}{h}$
Mensch (laufend)	12 $\frac{m}{s}$

A1 Rechne die Werte in der Tabelle in $\frac{m}{s}$ um und ordne sie nach der Größe.

A2 In der Seefahrt werden Geschwindigkeiten üblicherweise in Knoten (kn) angegeben. Informiere dich, wie man Knoten in $\frac{km}{h}$ umrechnet. Erkläre, wie es zu dem Namen kommt.

A3 Ein Polizist hält eine ältere Dame im Auto an: „Sie sind in der Stadt über 70 Kilometer in der Stunde gefahren!" Da sagt die Dame: „Aber so lange bin ich doch noch gar nicht unterwegs!" Überlege dir für den Polizisten eine freundliche Antwort, die die Sache physikalisch korrekt erklärt.

Material B ▸ Geschwindigkeit, Ort und Zeit

B1 Ein ICE braucht 37 Minuten von Frankfurt/M. nach Mannheim (78 km). Berechne die Geschwindigkeit.

B2 Herr Meyer fährt einen Teil seines Arbeitsweges über die Autobahn. Normalerweise fährt er mit 100 $\frac{km}{h}$. Auf dem Hinweg konnte er heute nur 80 $\frac{km}{h}$ fahren. Er sagt: „Ich fahre heute mit 120 $\frac{km}{h}$ zurück. So habe ich die Zeit wieder eingespart!" Bewerte Herrn Meyers Aussage.

B3 Im Sportunterricht sollten die Schülerinnen und Schüler 10 s mit konstanter Geschwindigkeit laufen. Dazu hat Paula Messwerte (▸ Tabelle unten) aufgenommen.

a) Stelle die Messwerte in einem *t*-*s*-Diagramm dar und zeichne eine Ausgleichsgerade ein.

b) Zeichne die Fehlerbalken für einen Messfehler von 0,5 s ein. Überprüfe, ob die Werte innerhalb der Fehlerbalken liegen. Nimm Stellung zu der Aussage: „Paula ist nicht mit konstanter Geschwindigkeit gelaufen."

t in s	0	1,3	2,3	3,4	4,2	5,1	6,5
s in m	0	10,0	20,0	30,0	40,0	50,0	60,0

01 Auf die Plätze – Fertig — Los

Die Geschwindigkeit ändert sich

Paula ist eine gute Sprinterin. Nach dem Start wird Paula immer schneller. Wie man ihre Geschwindigkeit bestimmen kann, wirst du in diesem Abschnitt lernen.

Im letzten Abschnitt hast du gelernt, wie du Bewegungen mit konstanter Geschwindigkeit berechnen kannst. Viele Bewegungen im Alltag erfolgen aber nicht mit konstanter Geschwindigkeit. Schon im ▸ Bild 01 siehst du, dass sich Paulas Geschwindigkeit ändert. Die Strecke, die Paula in gleichen Zeitabschnitten jeweils zurücklegt, wird nämlich immer größer. Da die Geschwindigkeit nicht konstant ist, kannst du die Geschwindigkeit auch nicht mit der bekannten Gleichung $v = \frac{s}{t}$ berechnen.

DIE GESCHWINDIGKEIT · Da sich die Geschwindigkeit im Laufe der Bewegung ändert, wählt man einen möglichst kleinen **Zeitabschnitt** $\boldsymbol{\Delta t}$, in dem sich die Geschwindigkeit kaum ändert. Die in diesem Zeitabschnitt zurückgelegte **Strecke** bezeichnen wir mit $\boldsymbol{\Delta s}$.

Der griechische Großbuchstabe Δ („Delta") bezeichnet die Differenz:
$\Delta t = t_2 - t_1$
$\Delta s = s_2 - s_1$

In ▸ Tabelle 02 wurden die aus ▸ Bild 01 abgelesenen Messwerte aufgenommen.

Wenn man die Differenz zweier benachbarter Zeiten berechnet, dann erhält man den Zeitabschnitt Δt. Wenn man die Differenz zweier benachbarter Streckenmessungen berechnet, dann erhält man die Strecke Δs. Die Geschwindigkeit v legt man nun als Quotient aus der Strecke Δs und dem Zeitabschnitt Δt fest.

$$v = \frac{\Delta s}{\Delta t}.$$

Diese Gleichung kannst du nur verwenden, wenn die Zeitabschnitte so klein sind, dass sich die Geschwindigkeit währenddessen praktisch nicht ändert.

Anhand ▸ Tabelle 02 siehst du, wie Paulas Geschwindigkeit mit der Zeit immer größer wird.

t in s	s in m	Δt in s	Δs in m	v in $\frac{m}{s}$
0	0			
		0,25	0,1	0,4
0,25	0,1			
		0,25	0,5	2,0
0,50	0,6			
		0,25	**0,7**	**2,8**
0,75	1,3			
		0,25	1,1	4,4
1,0	2,4			

($\Delta t = 0{,}25$ s; $\Delta s = 0{,}7$ m)

02 Paulas Start – Messwerttabelle

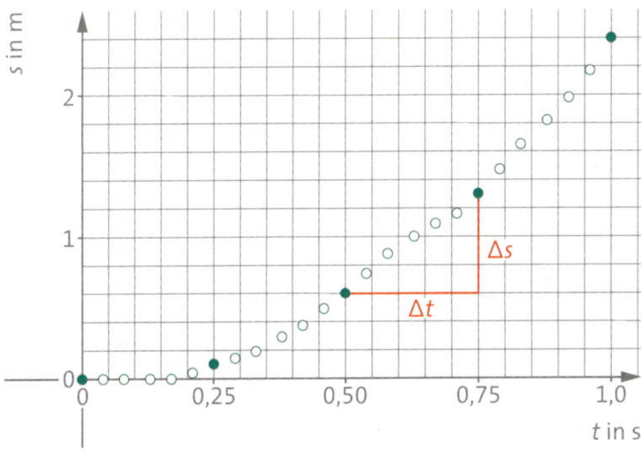

03 *t*-*s*-Diagramm für Paulas Start

Die vier Einzelbilder im ▸ Bild 01 sind Teile von 25 Bildern, die während des Starts aufgenommen wurden (▸ Bild 03). Die grünen Punkte im Diagramm zeigen die Messwerte der Einzelbilder. Die Kreise stellen weitere Messwerte dar. Du erkennst schnell, dass du durch die dargestellten Messwerte keine Ausgleichsgerade zeichnen kannst. Das wäre hier auch nicht richtig. Da die Geschwindigkeit nicht konstant ist, sind Strecke *s* und Zeit *t* auch nicht proportional zueinander. Der Graph ist keine Ursprungsgerade. Das rot dargestellte Dreieck zeigt dir, wie du Δs und Δt aus dem Diagramm ablesen kannst.:

Für hinreichend kleine Zeitabschnitte Δt und Strecken Δs gilt für die Geschwindigkeit *v*:
$v = \frac{\Delta s}{\Delta t}$.

1 Der Pkw im ▸ Bild 04 wird von $36\ \frac{\text{km}}{\text{h}}$ in 2 Sekunden bis zum Stillstand abgebremst. Stelle die Bewegung in einem *t*-*s*- und einem *t*-*v*-Diagramm dar und bestimme die Geschwindigkeit nach 0,5 s, 1,0 s und 1,5 s.

2 Ein Pkw fährt mit einer Geschwindigkeit von $36\ \frac{\text{km}}{\text{h}}$. Berechne die Zeit, die der Pkw benötigt, um eine 0,5 m lange Strecke zu durchfahren.

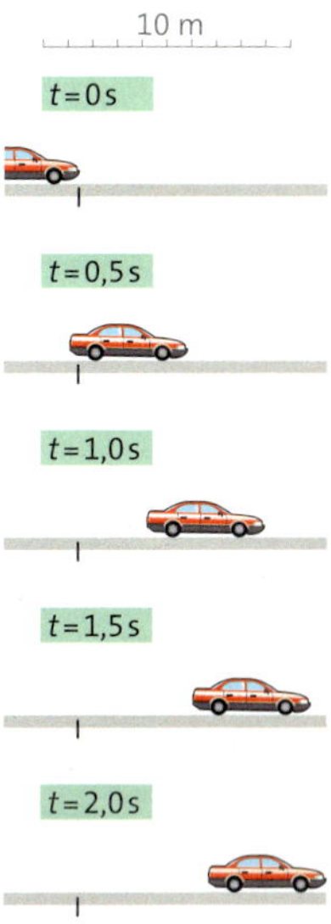

04 Bremsvorgang

BLICKPUNKT

Geschwindigkeitskontrollen

Um die Geschwindigkeit von Autos zu messen, verwendet die Polizei oft Lichtschranken. Hierbei wird die Zeit gemessen, die ein Fahrzeug benötigt, um die Lichtschranken zu passieren. Die Zeitmessung startet, wenn das grüne Lichtbündel unterbrochen wird, und stoppt, sobald das rote unterbrochen wird. Die Zeitmessung ist so präzise, dass man mit dieser kurzen Strecke die Geschwindigkeit genau bestimmen kann.

Beispiel mit Lösung: Ein Pkw wurde „geblitzt". Die Messstrecke Δs ist 0,6 m lang. Die Zeit, die der Pkw für diese Strecke benötigte, betrug 0,04 s. Berechne die Geschwindigkeit des Pkw.

- Schreibe auf, welche der gegebenen Größen du benötigst und welche Größe gesucht ist.
- Notiere die Gleichung, die dir zur Verfügung steht, und stelle sie nach der gesuchten Größe um. Setze die bekannten Werte ein. Achte darauf, dass du die Einheiten mitschreibst.
- Formuliere dein Ergebnis in einem Satz.

Gegeben: $\Delta s = 0{,}6\ \text{m}$, $\Delta t = 0{,}04\ \text{s}$ gesucht: *v*

Lösung: $v = \frac{\Delta s}{\Delta t}$

$v = \frac{0{,}6\ \text{m}}{0{,}04\ \text{s}} = 15\ \frac{\text{m}}{\text{s}} = 54\ \frac{\text{km}}{\text{h}}$.

Antwort: Die Geschwindigkeit betrug $54\ \frac{\text{km}}{\text{h}}$.

Die Durchschnittsgeschwindigkeit wird häufig auch mit $\overline{v}$ bezeichnet.

WAS HEISST HIER KLEIN? · Wie klein muss Δt wirklich sein? Die Zeitspanne Δt, die man zum Bestimmen der Geschwindigkeit betrachtet, sollte so klein sein, dass sich die Geschwindigkeit in ihr praktisch nicht ändert. Deshalb kann man bei der Bewegung mit konstanter Geschwindigkeit (siehe Seite 236) als Δt die gesamte vergangene Zeit betrachten.

Bei Paulas Start (Seite 240) hatten wir jeweils $\Delta t = 0{,}25\,\text{s}$ gewählt. Das war hier sinnvoll, da so der Rechenaufwand erträglich war, auch wenn Paula bestimmt während jeder viertel Sekunde schneller geworden ist. Selbst wenn wir hier versucht hätten, genauer zu sein, wären wir bald an eine Grenze gestoßen, denn die Bilder können nicht beliebig genau ausgemessen werden.

Ändert sich die Geschwindigkeit während der Zeitspanne Δt, so nennt man die mit $v = \frac{\Delta s}{\Delta t}$ berechnete Geschwindigkeit auch **Durchschnittsgeschwindigkeit.**

METHODE

t-s-Diagramme erzählen Geschichten

Kurz vor dem Klingeln kommt Sina außer Atem in die Schule. „Das war aber knapp!", sagt sie zu ihrer Freundin Tina. „Ich bin ganz normal zuhause losgelaufen. Als ich an der Fußgängerampel stand, ist mir eingefallen, dass ich meinen Turnbeutel vergessen hatte. Da bin ich schnell nach Hause gerannt und habe ihn geholt. Dann musste ich mich aber beeilen!"

Sinas Geschichte kann man auch in einem t-s-Diagramm darstellen. Dabei erfährt man zwar nicht, warum sie wieder nach Hause gelaufen ist, aber man erkennt ohne Mühe, wie sie sich bewegt hat (▸ Bild 01).

Anders als die Modelllokomotive (siehe Seite 236) oder Paula beim Start (siehe Seite 240) ist Sina sicher nicht immer geradeaus gelaufen und in den einzelnen Abschnitten nicht mit ganz konstanter Geschwindigkeit.

Trotzdem kann man sich mit diesem vereinfachten t-s-Diagramm einen Überblick über die Bewegung verschaffen.

1 **a)** Berechne, wie schnell sich Sina in den einzelnen Abschnitten bewegt hat.
b) Berechne Sinas Durchschnittsgeschwindigkeit auf ihrem Schulweg.
c) Sina geht direkt zur Schule. An der Ampel muss sie 150 s warten. Zeichne ein Diagramm für Sinas Schulweg. Berechne die Durchschnittsgeschwindigkeit. Wähle für die einzelnen Abschnitte die gleichen Geschwindigkeiten.

2 Das t-s-Diagramm im ▸ Bild 02 beschreibt eine Begebenheit im Stadtpark. Schreibe eine passende Geschichte.

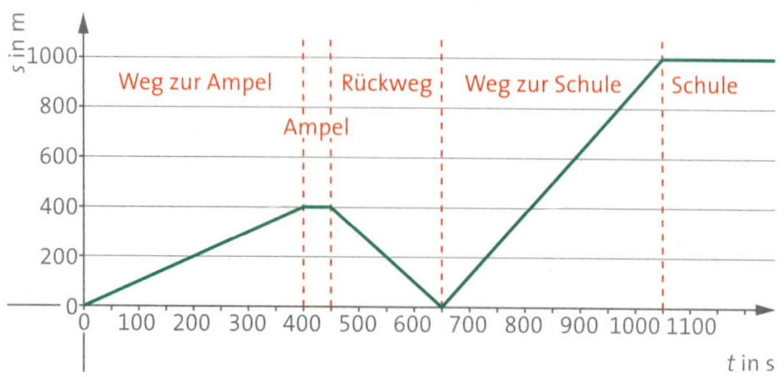

01 Sinas Geschichte

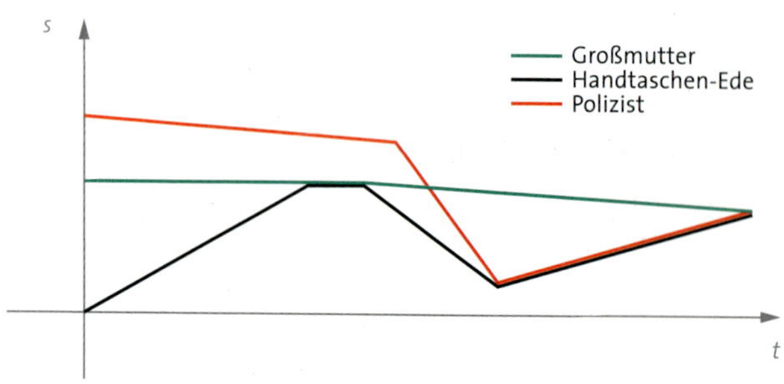

02 Neulich im Stadtpark

VERSUCHE ▸ Die Geschwindigkeit

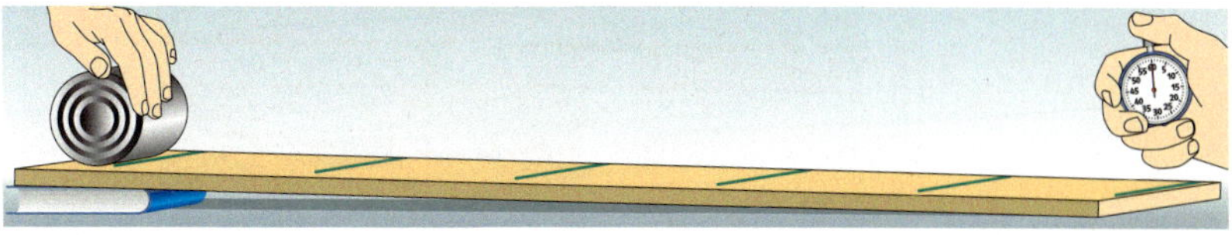

Material:

Kleine Konservendose oder Paketbandrolle, Brett (länger als 1 m), Buch, Lineal, Stoppuhr

Durchführung:

Markiere an einem Ende des Brettes eine Startlinie für die Dose und mache von dort aus alle 20 cm einen Strich. Lege das Brett so auf das Buch, dass die Dose in 4–5 s das Brett hinunterrollt.

V1 Beobachte die Bewegung der Dose. Schreibe auf, woran man erkennt, dass ihre Geschwindigkeit zunimmt.

V2 Miss jeweils die Zeit, die die Dose für 20 cm, 40 cm usw. benötigt. Wiederhole dabei die Messungen mehrfach. Erläutere, weshalb Mehrfachmessungen sinnvoll sind.

V3 Erstelle ein *t*-*s*-Diagramm und bestimme die Geschwindigkeit der Dose in den einzelnen Abschnitten.

Material A ▸ Der Fahrradcomputer

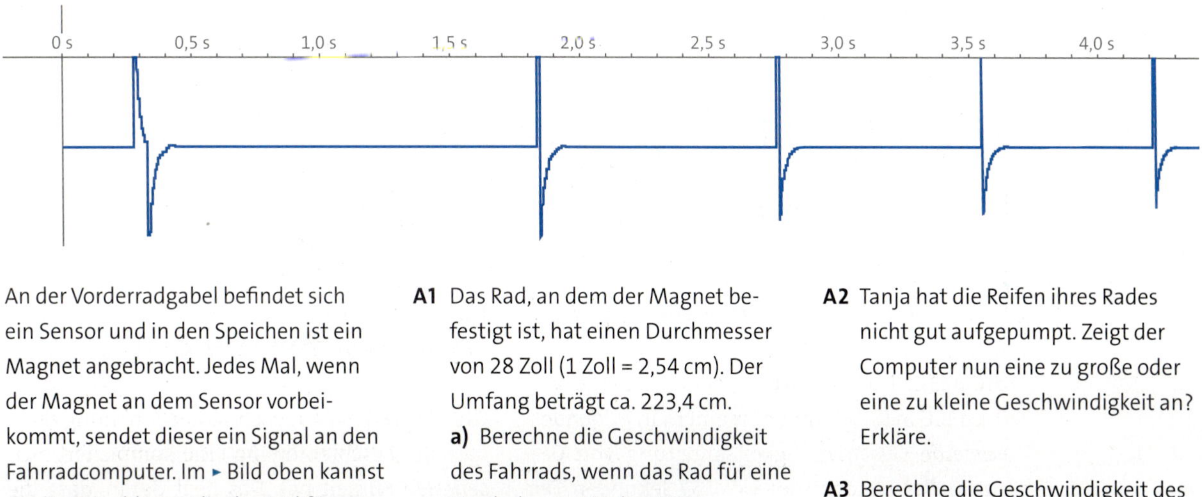

An der Vorderradgabel befindet sich ein Sensor und in den Speichen ist ein Magnet angebracht. Jedes Mal, wenn der Magnet an dem Sensor vorbeikommt, sendet dieser ein Signal an den Fahrradcomputer. Im ▸ Bild oben kannst du die Zeit ablesen, die das Rad für eine Umdrehung benötigt. Die in dieser Zeit zurückgelegte Strecke kann man aus dem Radumfang berechnen.

A1 Das Rad, an dem der Magnet befestigt ist, hat einen Durchmesser von 28 Zoll (1 Zoll = 2,54 cm). Der Umfang beträgt ca. 223,4 cm.
a) Berechne die Geschwindigkeit des Fahrrads, wenn das Rad für eine Umdrehung 0,5 s benötigt.
b) Berechne die Zeit, die das Rad bei einer Geschwindigkeit von 25 $\frac{\text{km}}{\text{h}}$ für eine Umdrehung benötigt.

A2 Tanja hat die Reifen ihres Rades nicht gut aufgepumpt. Zeigt der Computer nun eine zu große oder eine zu kleine Geschwindigkeit an? Erkläre.

A3 Berechne die Geschwindigkeit des 28-Zoll-Fahrrads in den einzelnen Zeitabständen (▸ Bild oben).

Material B ▸ Mit dem Auto unterwegs

Aus einer Sicherheitsbroschüre:
- Der Sicherheitsabstand beträgt 2 Sekunden Abstand zum vorfahrenden Fahrzeug.
- Mindestabstand sollte immer der halbe Tachowert in Meter sein (bei 100 $\frac{\text{km}}{\text{h}}$ also 50 m).

B1 **a)** Im Text links werden 2 s als Abstand angegeben. Bewerte die Aussage. Informiere dich.
b) Der „halbe Tachowert“ ist einfacher zu bestimmen. Vergleiche diese Angabe mit der 2 s-Forderung.

B2 Auf Landstraßen beträgt der Abstand zwischen zwei Leitpfosten 50 m. Beschreibe, wie du damit die Geschwindigkeit eines Autos bestimmen kannst, ohne auf den Tacho zu schauen.

BMW Z4 sDrive 28i

Preis:	43950 €
Hubraum:	1997 ccm
Leistung:	180 kW (245 PS)
von 0 auf 100:	5,7 s
Höchstgeschwindigkeit:	250 km/h
Verbrauch:	6,8 l

SMART Roadster Coupé Brabus

Preis:	24950 €
Hubraum:	698 ccm
Leistung:	74 kW (101 PS
von 0 auf 100:	9,8
Höchstgeschwindigkeit:	195 km/h
Verbrauch:	5,2

01 Aus einem Autoquartett

Die beschleunigte Bewegung

Hannah und Jonas spielen mit einem Autoquartett. Die meisten der Angaben auf den Karten sind ihnen klar. Aber was bedeutet „von 0 auf 100 in 5,7 Sekunden" eigentlich genau?

DIE BESCHLEUNIGUNG · Mit der Aussage „von 0 auf 100 in 5,7 Sekunden" meint man Folgendes: Für eine Geschwindigkeitsänderung von $0\,\frac{\text{km}}{\text{h}}$ auf $100\,\frac{\text{km}}{\text{h}}$ benötigt der BMW 5,7 Sekunden. Der Smart benötigt für dieselbe **Geschwindigkeitsänderung** 9,8 Sekunden.

Man kann beide Beschleunigungsvorgänge gut vergleichen, wenn man die Geschwindigkeitsänderung Δv durch den dafür benötigten Zeitabschnitt Δt dividiert. Den Quotienten aus Δv und Δt nennt man die **Beschleunigung *a*:**

Größensymbol *a* für acceleration (engl.: Beschleunigung)

$$a = \frac{\Delta v}{\Delta t}.$$

Für die Beschleunigung des BMW ergibt sich demnach:

$$a = \frac{\Delta v}{\Delta t} = \frac{100\,\frac{\text{km}}{\text{h}}}{5{,}7\text{ s}} = \frac{27{,}8\,\frac{\text{m}}{\text{s}}}{5{,}7\text{ s}} = 4{,}9\,\frac{\text{m}}{\text{s}^2}.$$

Für den Smart ist:

$$a = \frac{\Delta v}{\Delta t} = \frac{100\,\frac{\text{km}}{\text{h}}}{9{,}8\text{ s}} = \frac{27{,}8\,\frac{\text{m}}{\text{s}}}{9{,}8\text{ s}} = 2{,}8\,\frac{\text{m}}{\text{s}^2}.$$

Die Beschleunigung des BMW ist also fast doppelt so groß wie die des Smart.

DIE EINHEIT · Das Ergebnis der Rechnung zeigt, dass die Beschleunigung eine kompliziert aussehende Einheit hat. Das liegt daran, dass die Beschleunigung ein Maß dafür ist, wie schnell sich die Geschwindigkeit ändert. Wenn sich die Geschwindigkeit in einer Sekunde um $1\,\frac{\text{m}}{\text{s}}$ ändert, dann schreibt man für den Quotienten aus Geschwindigkeitsänderung Δv und Zeitabschnitt Δt:

$$a = \frac{\Delta v}{\Delta t} = \frac{1\,\frac{\text{m}}{\text{s}}}{1\text{ s}} = 1\,\frac{\frac{\text{m}}{\text{s}}}{\text{s}} = 1\,\frac{\text{m}}{\text{s}^2}.$$

Der Quotient aus der Geschwindigkeitsänderung Δv und dem dafür benötigten Zeitabschnitt Δt heißt Beschleunigung a:
$a = \frac{\Delta v}{\Delta t}$.
Die Einheit der Beschleunigung ist $1\,\frac{\text{m}}{\text{s}^2}$.

BESCHLEUNIGUNG BESTIMMEN · Bei der beschleunigten Bewegung ändert sich die Geschwindigkeit. Hannah und Jonas untersuchen die beschleunigte Bewegung in einem Experiment genauer. Dazu lassen sie eine rote und eine blaue Kugel auf verschieden geneigten Ebenen hinabrollen (▸ Bild 02). Dabei nehmen Hannah und Jonas Messwerte für Zeit, Strecke und Geschwindigkeit auf (▸ Tabelle 03). Für die Messung filmen sie z.B. die Bewegung der Kugel und werten die Einzelbilder aus.

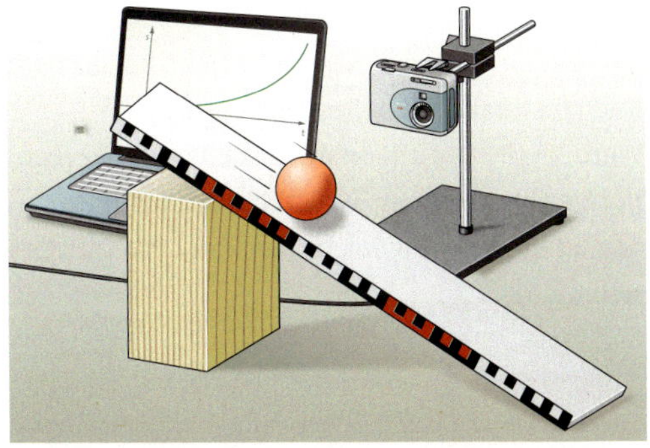

02 Kugel-Experiment

Die Messwerte stellen Hannah und Jonas in einem *t*-*s*- und einem *t*-*v*-Diagramm dar (▸ Bild 04 A und B). Bei dem *t*-*s*-Diagramm fällt schnell auf, dass man durch die Messwerte keine Ausgleichsgerade legen kann. Im *t*-*v*-Diagramm hingegen kann man eine Ausgleichsgerade durch die Messwerte zeichnen. Sie verläuft durch den Ursprung. Also sind der Zeitabschnitt Δt und die Geschwindigkeitsänderung Δv proportional zueinander.
Wenn der Zeitabschnitt Δt und die Geschwindigkeitsänderung Δv proportional zueinander sind, dann ist der Quotient $\frac{\Delta v}{\Delta t}$ ist konstant. Da dieser Quotient die Beschleunigung a angibt, ist die Beschleunigung konstant. Für die Geschwindigkeitsänderung gilt:

$\Delta v = a \cdot \Delta t.$

Wenn die Geschwindigkeitsänderung Δv und Zeitabschnitt Δt proportional zueinander sind, dann gilt:
$\Delta v = a \cdot \Delta t$. Beschleunigung a ist konstant.

	Rote Kugel		Blaue Kugel	
t in s	*s* in m	*v* in $\frac{m}{s}$	*s* in m	*v* in $\frac{m}{s}$
0,0	0,0	0,0	0,0	0,0
0,2	0,1	0,8	0,1	0,6
0,4	0,3	1,6	0,2	1,2
0,6	0,7	2,4	0,5	1,8
0,8	1,3	3,4	1,0	2,4
1,0	2,0	4,0	1,5	3.0

03 Messwerttabelle

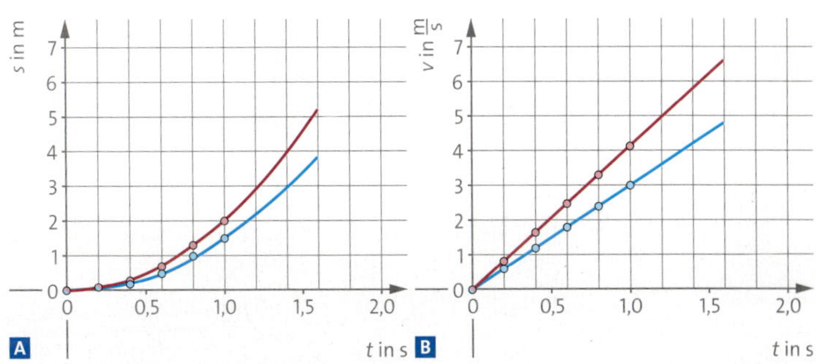

04 **A** *t*-*s*-Diagramm, **B** *t*-*v*-Diagramm

1 Berechne die Beschleunigung der roten Kugel zu zwei weiteren Zeiten und vergleiche diese miteinander (▸ Bild 05).

2 Berechne die Beschleunigung der blauen Kugel zu drei verschiedenen Zeiten und kommentiere das Ergebnis.

3 Beschreibe den Einfluss der Beschleunigung auf den Verlauf des Graphen im *t*-*v*-Diagramm.

Berechnung der Beschleunigung der roten Kugel in der Zeit von $t = 0{,}4$ s bis $t = 0{,}6$ s (▸ Tabelle 03).
Gegeben: t von 0,4 s bis 0,6 s und v von 1,6 $\frac{m}{s}$ bis 2,4 $\frac{m}{s}$. Gesucht: a.

Lösung: $a = \frac{\Delta v}{\Delta t}$

$$a = \frac{2{,}4\,\frac{m}{s} - 1{,}6\,\frac{m}{s}}{0{,}6\,s - 0{,}4\,s} = \frac{0{,}8\,\frac{m}{s}}{0{,}2\,s}$$

$$a = 4\,\frac{m}{s^2}.$$

Die Beschleunigung der roten Kugel beträgt 4 $\frac{m}{s^2}$.

05 Beispielrechnung

ÜBERSICHT ÜBER BEWEGUNGEN · Die folgende Tabelle gibt dir eine Übersicht zu den im Buch bisher behandelten Bewegungen.
Wenn du Bewegungen untersuchst und Berechnungen vornehmen willst, dann musst du zunächst klären, um welche Art von Bewegung es sich handelt.

1 Beschreibe, wie du mithilfe eines t-s-Diagramms entscheiden kannst, ob es sich um eine Bewegung mit konstanter oder nicht konstanter Geschwindigkeit handelt.

2 Beschreibe, welche Informationen du einem t-v-Diagramm entnehmen kannst.

<table>
<tr><th>Diagramm</th><th>Bewegung mit konstanter Geschwindigkeit</th><th>Bewegung mit konstanter Beschleunigung</th></tr>
<tr><td>t-s-Diagramm</td><td>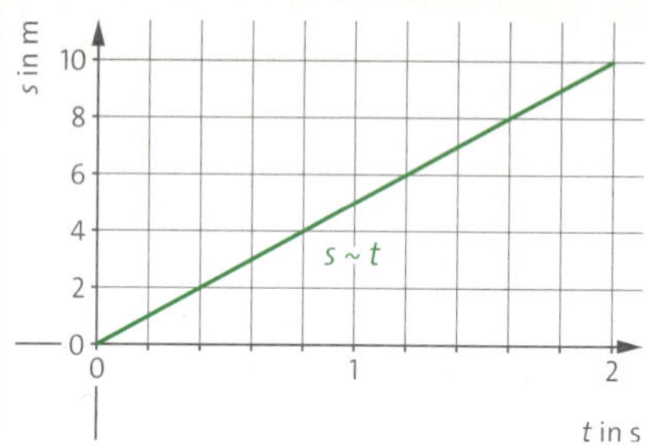

$s = v \cdot t$
In gleichen Zeiten werden gleiche Strecken zurückgelegt.</td><td>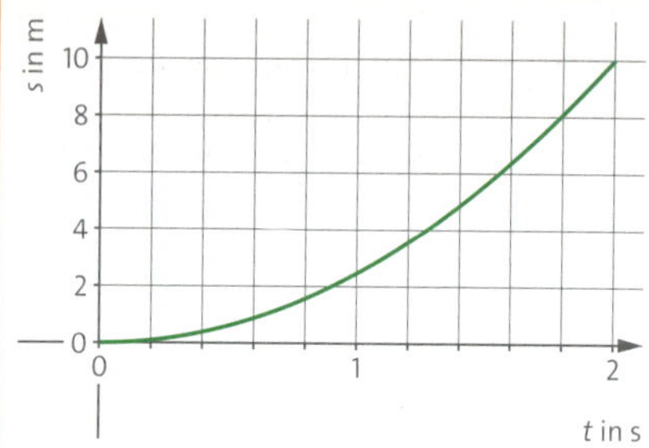

In gleichen Zeiten werden zunehmend längere Strecken zurückgelegt.</td></tr>
<tr><td>t-v-Diagramm</td><td>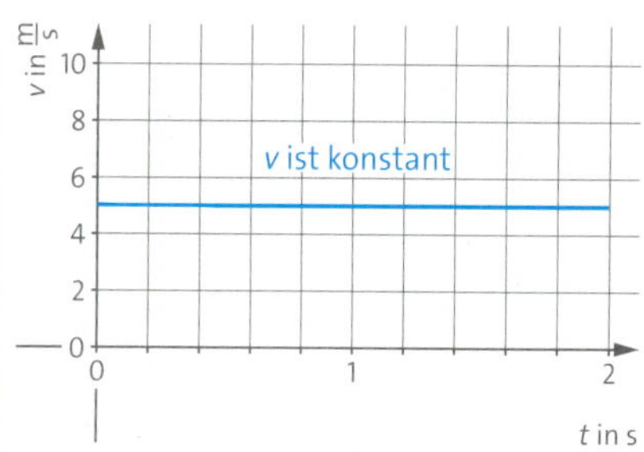

$v = \frac{s}{t}$
Die Geschwindigkeit ändert sich nicht.</td><td>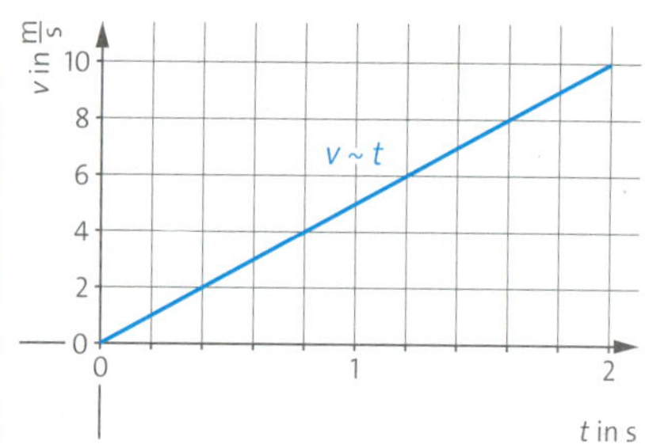

$v = \frac{\Delta s}{\Delta t}$; $\Delta v = a \cdot \Delta t$
Die Geschwindigkeit steigt gleichmäßig.</td></tr>
<tr><td>t-a-Diagramm</td><td>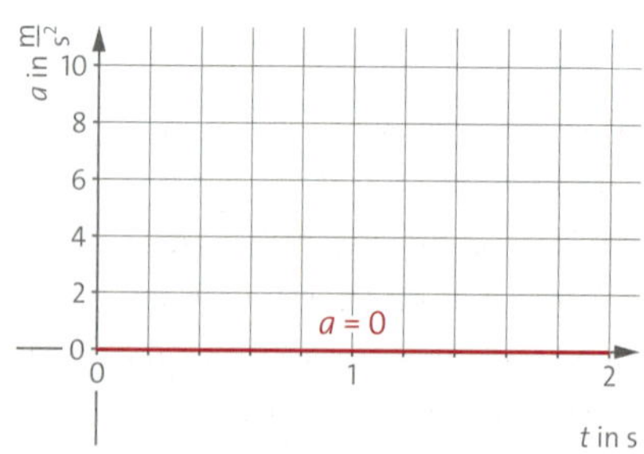

$a = 0$
Die Beschleunigung ist null.</td><td>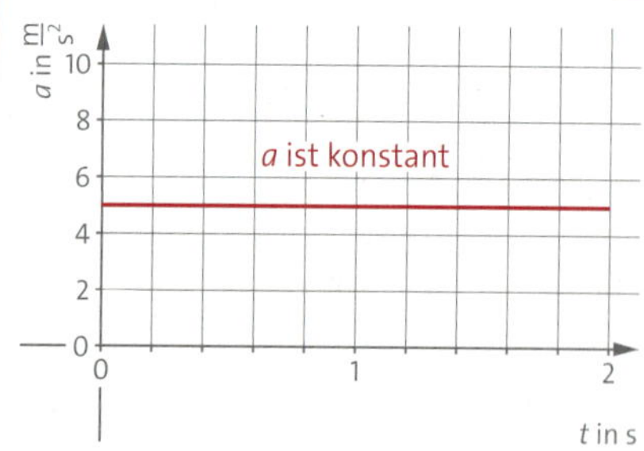

$a = \frac{\Delta v}{\Delta t}$
Die Beschleunigung ändert sich nicht.</td></tr>
</table>

01 Übersicht über Bewegungen

Material A ▸ Rollende Kugel

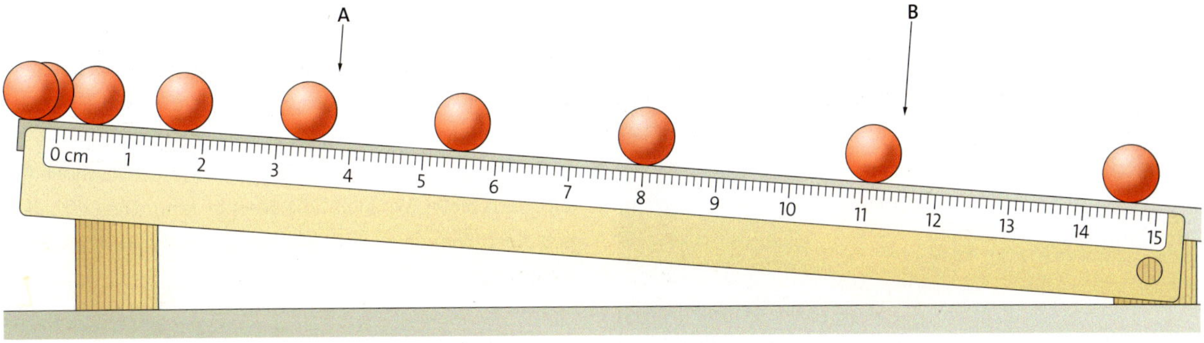

02 Die Kugel rollt die Schräge hinunter.

Mit einer Kamera wurde die abgebildete Kugel zu verschiedenen Zeiten aufgenommen. Die Zeit zwischen zwei Aufnahmen beträgt jeweils 0,25 s.

A1 Berechne die Geschwindigkeit der Kugel in den Positionen A und B.

A2 a) Fertige zur Bewegung der Kugel eine Messwerttabelle an. Zeit und Strecken kannst du der Grafik entnehmen.
b) Berechne jeweils die Geschwindigkeit v und die Beschleunigung a.

A3 Fertige zur Bewegung der Kugel ein t-s-Diagramm, ein t-v-Diagramm und ein t-a-Diagramm an.

Material B ▸ Umgang mit Diagrammen

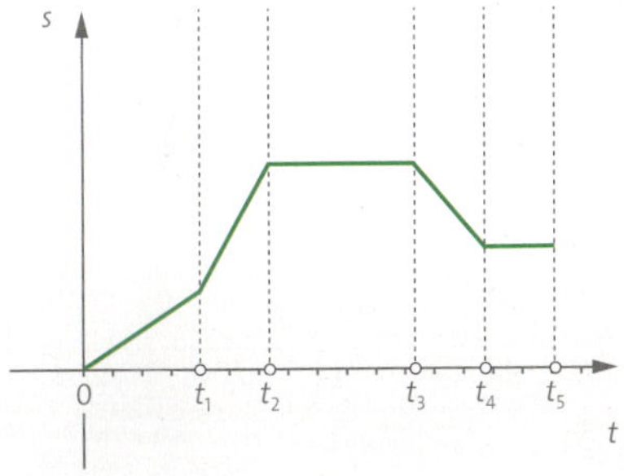

03 t-s-Diagramm

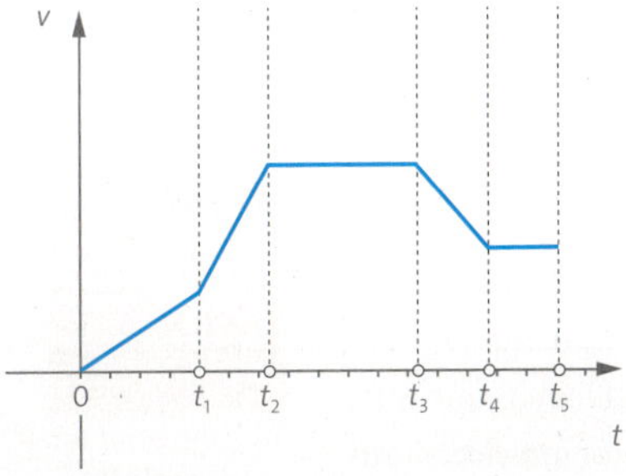

04 t-v-Diagramm

B1 Beschreibe die in den Diagrammen dargestellten Bewegungen (▸ Bild 03 und 04). Nutze dazu die angegebenen Zeitabschnitte.

B2 Fertige zur Bewegung im ▸ Bild 03 das zugehörige t-v-Diagramm und zur Bewegung im ▸ Bild 04 das zugehörige t-a-Diagramm an.

Material C ▸ Turmspringer

05 Sprung vom 10-m-Turm

C1 Der Turmspringer wird mit etwa $10\,\frac{m}{s^2}$ beschleunigt. Nach gut 1,4 s trifft er auf die Wasseroberfläche.
a) Berechne die Geschwindigkeit des Springers in 0,2-s-Intervallen.
b) Ermittle jeweils die Durchschnittsgeschwindigkeit in den einzelnen Intervallen.

C2 a) Berechne mithilfe der Durchschnittsgeschwindigkeiten die in den einzelnen Zeitintervallen zurückgelegten Strecken.
b) Berechne mit den Werten aus a) die gesamte Fallstrecke. Bewerte das Ergebnis.
c) Trage die Werte aus a) in ein t-s-Diagramm ein. Ermittle die Zeit, nach der der Springer die halbe Fallstrecke zurückgelegt hat.

BLICKPUNKT

Nutzen und Probleme individueller Mobilität

01 Luftballon: Konstante Geschwindigkeit bei Luftreibung

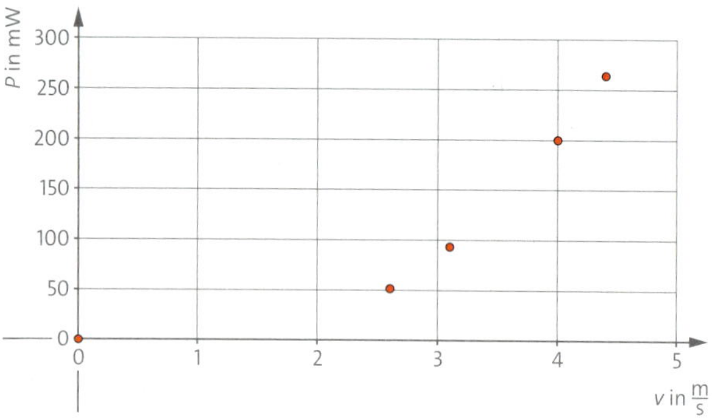

02 Geschwindigkeit und Leistung bei Luftreibung

Wir besuchen Freunde und Verwandte, wir fahren zur Schule, zum Einkaufen oder in den Urlaub. Meistens nutzen wir dabei Kraftfahrzeuge. Hierbei werden in Deutschland rund 80% der im Personenverkehr gefahrenen Kilometer individuell zurückgelegt, meistens mit dem Auto. Das Auto bringt also einen großen Nutzen für unsere Mobilität. Aber es gibt auch Probleme, beispielsweise den Energiebedarf.

Energiebedarf · Ein Auto benötigt selbst dann Energie, wenn es mit konstanter Geschwindigkeit fährt. Das liegt hauptsächlich an der Luftreibung. Das Auto gibt beim Fahren also ständig Energie an die Umgebung ab. Diese Energie muss gleichzeitig zugeführt werden, damit die Bewegungsenergie und damit die Geschwindigkeit gleich bleibt. Das erkunden wir mit folgendem Modellversuch:
Wir lassen einen Luftballon fallen und messen die Geschwindigkeit, beispielsweise mit einer Digitalkamera (▸ Bild 01). Anfangs wird der Ballon schneller, nach einer halben Sekunde stellt sich eine konstante Geschwindigkeit von 2,6 $\frac{m}{s}$ ein. Der Luftballon fällt, er verliert also ständig Höhenenergie – aber er gewinnt keine Bewegungsenergie, da seine Geschwindigkeit gleich bleibt. Wo bleibt die Energie dann? Der Luftballon gibt diese Energie durch Luftreibung an die Luft ab. Beim Auto ist es ebenso.

Und wie hängt der Betrag dieser durch Luftreibung abgegebenen Energie von der Geschwindigkeit ab? Schauen wir uns nochmal den Luftballon an:
Bei $v = 2{,}6\ \frac{m}{s}$ sinkt der Luftballon in 0,1 s um 0,26 m. Man kann berechnen, dass sich dabei die Lageenergie des Ballons um 0,0052 J verringert. Diese Energie geht während 0,1 s durch die Reibung an die Luft verloren. Die entsprechende Leistung beträgt:

$$P = \frac{\Delta E}{\Delta t} = \frac{0{,}0052\ \text{J}}{0{,}1\ \text{s}} = 0{,}052\ \text{W} = 52\ \text{mW}.$$

Durch weitere Versuche kann man ermitteln, wie diese Leistung von der Geschwindigkeit abhängt. Dazu erhöht man die Masse, indem man etwas Draht unten um den Ballon wickelt. Folgende Werte wurden so gemessen:

m in g	2	3	4	5	6
v in $\frac{m}{s}$	2,6	3,1	3,6	4	4,4
P in mW	52	93	144	200	264

Wenn man die Messwerte in einem *v*-*P*-Diagramm darstellt (▸ Bild 02), dann erkennt man: Offensichtlich steigt der Energieverlust mit zunehmender Geschwindigkeit stark an. Mit konstant hoher Geschwindigkeit zu fahren erfordert viel mehr Energie als mit konstant niedriger Geschwindigkeit zu fahren. Hinzu kommt der Energiebedarf beim Beschleunigen.

Individualverkehr erfordert also viel Energie. Diese erhalten die meisten Autos durch Verbrennung von Benzin oder Diesel. Diese fossilen Brennstoffe sind begrenzt und ihre Verbrennung belastet sowohl die Luft in den Städten und damit die Gesundheit als auch das Klima auf der Erde. Wie können wir diese Probleme lösen?

Problemlösung · Es gibt eine Problemlösung durch **Busse, Bahnen, und Flugzeuge.** Diese fahren bei gleicher Geschwindigkeit günstiger, weil viele Fahrgäste in einem Fahrzeug sitzen. Dadurch sinkt der Energiebedarf pro Fahrgast. Zudem entlasten weniger Autos die Straßen, es gibt seltener Staus. Das spart Zeit, Nerven und Energie. Allerdings fliegen Flugzeuge sehr schnell, daher benötigt ein Fluggast bei gleicher Strecke kaum weniger Energie als ein Autofahrer.

Wenn man mit Bus, Bahn oder Flugzeug reist und am Ziel ein Auto benötigt, dann kann man dort einen Leihwagen mieten. Ob man dabei auch Geld sparen kann, das analysieren wir in folgendem Beispiel:

Herr Mustermann möchte zu einem Urlaubsort in der Entfernung x reisen und dort 500 km mit einem Auto fahren. Wenn er mit seinem Auto fährt, betragen die Kosten k etwa 0,3 € je km. Die Kosten insgesamt errechnen sich so:

$$k = 0{,}3\,\frac{€}{\text{km}} \cdot (2\,x + 500\text{ km}).$$

Wenn Herr Mustermann mit dem Bus zum Urlaubsort fährt, zahlt er 0,06 € je km für den Bus und 600 € für einen Leihwagen einschließlich 500 km Fahrstrecke. Seine Kosten betragen also:

$$k = 0{,}06\,\frac{€}{\text{km}} \cdot 2\,x + 600\text{ €}.$$

Wir stellen beide Gesamtkosten in einem x-k-Diagramm dar (▸ Bild 03). Hier erkennt man, dass die Busfahrt (blaue Gerade) zunächst teurer als die Autofahrt (rot) ist. Ab einer Entfernung von etwa 938 km ist die Fahrt mit dem Bus günstiger.

Eine weitere Problemlösung sind **Elektro- und Wasserstoffautos** (▸ Bild 04): Sie fahren gesünder, weil sie nicht die Luft in den Städten verschmutzen. Wenn sie mit regenerativ gewonnener elektrischer oder Wasserstoff-Energie fahren, dann belasten sie auch nicht das Klima.

Kann man in Deutschland die jährlich im Verkehr benötigte Energie von 1000 Mrd. kWh überhaupt regenerativ gewinnen? Betrachten wir z. B. die von der Sonne gelieferte Energie: Auf einen Quadratmeter Fläche treffen jährlich 1000 kWh an Sonnenenergie. Ein einfaches modernes Solarmodul wandelt 20 % davon in elektrische Energie um, also 200 kWh. Eine Fläche von 1 km² würde folglich eine Energie von 1000 · 1000 · 200 kWh = 0,2 Mrd. kWh liefern. Eine Fläche von 5000 km² könnte also den Energiebedarf decken. 5000 km² entsprechen 1,4 % der Fläche Deutschlands von 357 000 km².

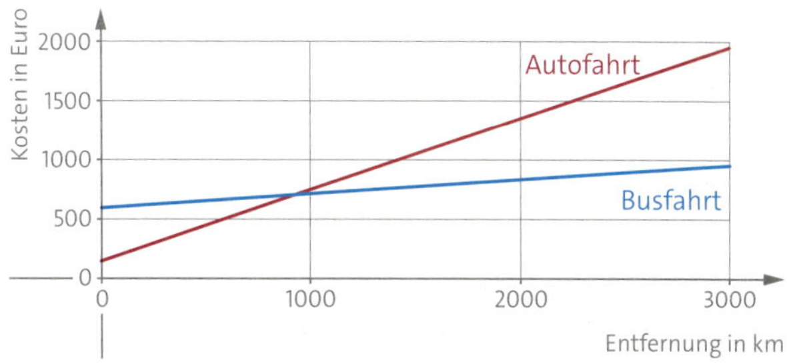

03 Vergleich der Kosten für Busfahrt (rot) und Autofahrt (blau)

04 Elektroauto

Eine dritte Problemlösung, zumindest für kürzere Strecken, sind **Fahrräder:** Radfahren belastet nicht die Umwelt, ist gesund und platzsparend. In Deutschland werden jährlich insgesamt 32 000 Mio. Kilometer mit dem Fahrrad zurückgelegt. Bei 80 Mio. Einwohnern legt jede Person per Fahrrad im Mittel jährlich folgende Strecke zurück:
s = 32 000 Mio. km : 80 Mio. = 400 km.

1 **a)** Ein Auto stößt je Kilometer 132 g des klimaschädlichen Gases Kohlenstoffdioxid (CO_2) aus. Berechne die Masse an CO_2 für 400 km.
b) Schätze die Strecke ab, die du jährlich mit dem Fahrrad zurücklegst. Berechne die Masse an Kohlenstoffdioxid, die ein Auto auf dieser Strecke ausstoßen würde.

Körper in Bewegung

Um die Bewegung eines Körpers zu beschreiben, gibt man an, an welchem **Ort** sich der Körper zu welcher Zeit, genauer zu welchem **Zeitpunkt,** befindet.

Die Beschreibung der Bewegung kann zum Beispiel durch eine Markierung in einer Karte mit zugehöriger Zeitangabe oder in einem *t*-*s*-Diagramm (▸ Bild 01) erfolgen.

***t-s*-Diagramm:** Das *t*-*s*-Diagramm der Bewegung eines Körpers stellt den Ort s eines Körpers zu verschiedenen Zeitpunkten t dar.

Strecke: Eine Strecke gibt den Abstand zweier Orte an, an denen sich ein Körper zu einer bestimmten Zeit befindet.

Zur Zeit t_1 befindet sich der Körper am Ort s_1, zum späteren Zeitpunkt t_2 befindet er sich am Ort s_2. Die Strecke ist dann gegeben durch die Differenz $s_2 - s_1$. Für die Differenz schreibt man auch Δs.

Statt Strecke sagt man auch **Weg.**

Zeitabschnitt: Der Zeitabschnitt bezeichnet die Differenz zweier Zeitpunkte: $t_2 - t_1$. Für die Differenz schreibt man auch Δt. Statt Zeitabschnitt sagt man auch Zeitintervall oder Zeitspanne.

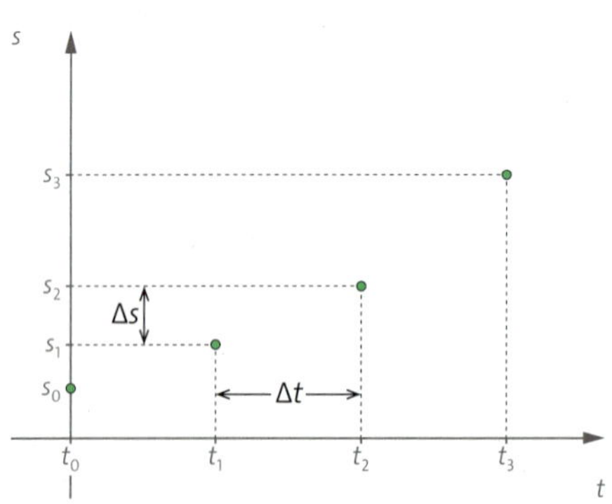

01 *t*-*s*-Diagramm der Bewegung eines Körpers

Geschwindigkeit

Geradlinige Bewegung: Der Körper bewegt sich geradeaus. Er durchläuft keine Kurven.

Geschwindigkeit: Wenn bei einer Bewegung in einem kleinen Zeitabschnitt Δt die Strecke Δs zurückgelegt wird, dann gilt für die Geschwindigkeit v:

$v = \frac{\Delta s}{\Delta t}$.

Wenn sich die Geschwindigkeit v nicht ändert, dann ist die zurückgelegte Strecke s proportional zu der dafür benötigten Zeit t, kurz: $s \sim t$. In diesem Fall gilt:

$v = \frac{s}{t}$.

Das zugehörige *t*-*s*-Diagramm ist eine Ursprungsgerade (▸ Bild 02). Die Steigung der Geraden gibt die Geschwindigkeit an. Je steiler die Gerade verläuft, desto größer ist die Geschwindigkeit.

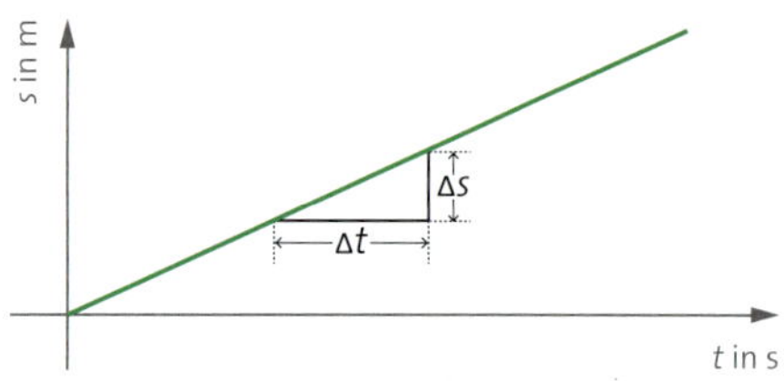

02 *t*-*s*-Diagramm einer Bewegung mit konstanter Geschwindigkeit

Einheiten: Die Einheit der Geschwindigkeit ist $1\,\frac{\text{m}}{\text{s}}$.

Umrechnung von $\frac{\text{km}}{\text{h}}$ in $\frac{\text{m}}{\text{s}}$ und umgekehrt:

$1\,\frac{\text{km}}{\text{h}} = \frac{1000\text{ m}}{3600\text{ s}} = \frac{1}{3{,}6}\,\frac{\text{m}}{\text{s}}$.

$1\,\frac{\text{m}}{\text{s}} = 3{,}6\,\frac{\text{km}}{\text{h}}$.

Durchschnittsgeschwindigkeit: Wenn sich die Geschwindigkeit während des Zeitabschnitts Δt ändert, dann nennt man die mit $v = \frac{\Delta s}{\Delta t}$ berechnete Geschwindigkeit auch die Durchschnittsgeschwindigkeit (▸ Bild 03).

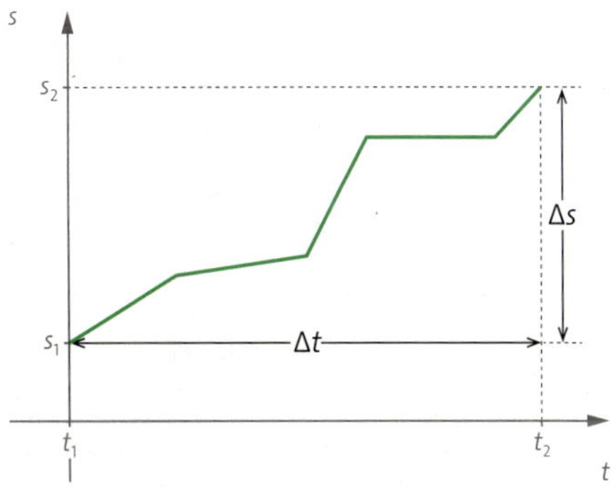

03 *t-s*-Diagramm zur Durchschnittsgeschwindigkeit

Beschleunigung

Beschleunigung: Die Beschleunigung eines Körpers gibt an, wie stark sich seine Geschwindigkeit in einem bestimmten Zeitabschnitt ändert.

Wenn die Beschleunigung a gleich bleibt, dann ist die Geschwindigkeitsänderung Δv proportional zum Zeitabschnitt Δt, kurz: $\Delta v \sim \Delta t$. Es gilt:

$$a = \frac{\Delta v}{\Delta t}.$$

Die Einheit der Beschleunigung ist $1\,\frac{\text{m}}{\text{s}^2}$.

***t-v*-Diagramm:** Das *t-v*-Diagramm der Bewegung eines Körpers stellt die Geschwindigkeit eines Körpers zu verschiedenen Zeitpunkten dar.

Das *t-v*-Diagramm einer Bewegung mit konstanter Beschleunigung ist eine Ursprungsgerade (▸ Bild 04).

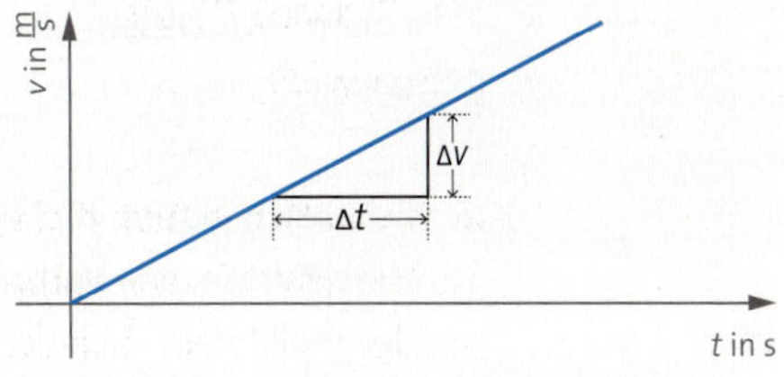

04 *t-v*-Diagramm einer Bewegung mit konstanter Beschleunigung

Überprüfe dich selbst:

Kann ich ...

... den Zusammenhang zwischen der Geschwindigkeit, der zurückgelegten Strecke und der dafür benötigten Zeit beschreiben?

... Beispiele aus dem Alltag für Geschwindigkeiten angeben?

... aus einer Messreihe für Zeit und Strecke ein *t-s*-Diagramm erstellen?

... ein *t-s*-Diagramm sinnvoll einsetzen und eine Ausgleichsgerade einzeichnen?

... den Begriff der Durchschnittsgeschwindigkeit erklären?

... anhand einer Messreihe für Zeit und Strecke die Bewegung eines Körpers beschreiben und daraus die Geschwindigkeit berechnen?

... anhand eines *t-s*-Diagramms oder eines *t-v*-Diagramms die Bewegung eines Körpers beschreiben?

... beschreiben, was eine beschleunigte Bewegung ist?

... die Einheit der Beschleunigung angeben?

... beschreiben, wie sich eine Bewegung mit konstanter Geschwindigkeit und eine beschleunigte Bewegung im *t-s*-Diagramm unterscheiden?

... kann ich Nutzen und Probleme individueller Mobilität beschreiben?

METHODE

Verhaltensregeln in Fachräumen

Physik-, Biologie und Chemieraum sind Fachräume, die sich von Klassenzimmern unterscheiden. Du findest in der Nähe deines Platzes einen Strom-, Wasser- und einen Gasanschluss, damit hier Stoffe untersucht und Experimente durchgeführt werden können. Wenn du experimentierst, dann musst du einige Verhaltensregeln befolgen, um Verletzungen und Unfälle zu vermeiden.

- Beim Experimentieren darfst du nicht essen und trinken!
- Vorsicht beim Umgang mit starken Magneten (Neodym)! Es besteht Quetschgefahr. Wenn zwei Magnete aufeinander prallen, dann können sie splittern.
- Vorsicht beim Umgang mit Lasern und LED-Lampen! Schaue niemals direkt in das Licht! Leuchte niemals mit dem Laser in die Augen anderer!
- Experimentiere niemals mit elektrischem Strom aus der Steckdose! Verwende stattdessen Batterien oder Schüler-Netzgeräte.
- Bei einigen Versuchen musst du eine Schutzbrille und/oder Schutzhandschuhe tragen (▸ Bild 01). Du solltest lange Haare oder zu lockere Kleidung zusammenbinden.
- Versuche, bei denen ätzende oder giftige Gase auftreten, müssen in einem Abzug mit geschlossener Scheibe durchgeführt werden!
- Achte beim Umgang mit heißen Flüssigkeiten darauf, dass du dich nicht verbrühst!

Wenn aber doch einmal etwas passieren sollte, dann musst du wissen, was zu tun ist.

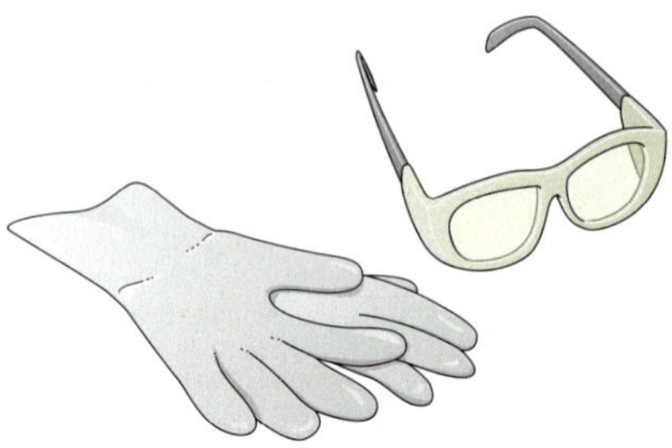

01 Schutzhandschuhe und Schutzbrille

02 Not-Aus-Schalter

03 Der kürzeste Fluchtweg

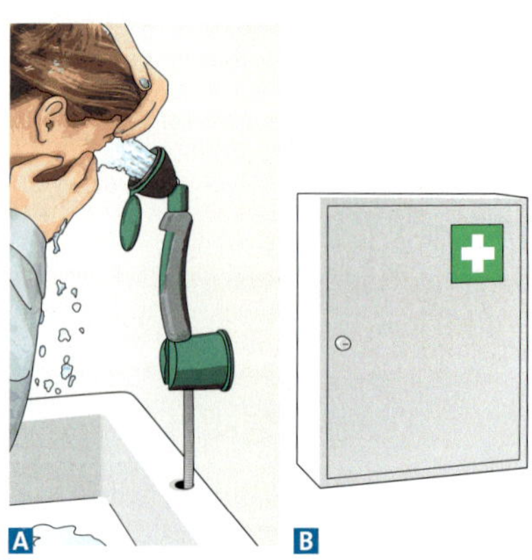

04 **A** Augendusche, **B** Erste-Hilfe-Kasten

05 Feuerlöscher und Löschdecke

Was tun bei einem Unfall? · Ein **Not-Aus-Schalter** ist neben den Türen und am Lehrerpult zu finden (▸ Bild 02). Wenn du ihn betätigst, dann sind alle Gas- und Stromleitungen unterbrochen.

Der kürzeste **Fluchtweg** ins Freie wird durch ein grünes Schild angezeigt (▸ Bild 03). Bei einer Feueralarm-Übung wird man diesen Weg mit dir abgehen, sodass du ihn im Ernstfall nicht mehr suchen musst.

Um ein Feuer zu löschen, befinden sich im Raum ein **Feuerlöscher** und eine **Löschdecke** (▸ Bild 05). Frage deine Lehrerin oder deinen Lehrer, wie man sie einsetzt.

Falls ein Spritzer einer ätzenden Flüssigkeit ins Auge gerät, muss das Auge sofort mit Wasser gespült werden. Für diesen Fall ist eine **Augendusche** an einem Waschtisch vorhanden (▸ Bild 04 A).

Zusätzlich gibt es im Raum einen **Erste-Hilfe-Kasten** mit Verbandsmaterial für den Fall, dass sich jemand verletzen sollte (▸ Bild 04 B).

Gefahrstoffe · Auf vielen Verpackungen von Chemikalien und Stoffen im Alltag findest du orange oder rot-weiße Gefahrensymbole (▸ Bild 06). Die rot-weißen Symbole sind die international eingeführten Zeichen, die seit 2015 überall verwendet werden müssen. Sie weisen auf Gefahren hin, die beim Einsatz des jeweiligen Stoffs bestehen. Im Unterricht werden die Verhaltensregeln im Umgang mit Gefahrstoffen besprochen.

Entsorgung von Abfällen · Bei Versuchen entstehen genauso wie im Alltag Abfälle. Diese dürfen aber nur dann in den Müll oder in das Abwasser gegeben werden, wenn sie für die Umwelt ungefährlich sind. Deswegen gibt es auch an deiner Schule ein System, dass Versuchsreste nach Gefahrstoffen sortiert sammelt. Die entsprechenden Behälter werden später zum Sondermüll gegeben. Erkundige dich, wie an deiner Schule die Sortierung vorgenommen wird.

Der Gasbrenner · Wenn du mit dem Gasbrenner arbeitest, dann musst du sehr vorsichtig sein (▸ Bild 07). Achte darauf, dass weder Haare noch leicht entzündliche Kleidung in die Flammen geraten. Das gilt auch für den Umgang mit Kerzen.
Vielleicht wird auch an deiner Schule ein Brenner-Führerschein abgenommen. Beim Einsatz des Brenners musst du zunächst darauf achten, dass dieser stabil auf der Tischmitte steht und ein Gasanzünder bereit liegt. Die Schraube für die Gaszufuhr und die sogenannte Luftschraube müssen geschlossen sein. Wenn alle eine Schutzbrille tragen, kannst du den Schlauch des Brenners mit der Gasleitung verbinden. Nun öffnest du nacheinander den Gashahn am Tisch und die Gaszufuhr des Brenners und zündest das ausströmende Gas sofort an. Der Brenner zeigt jetzt eine gelbe Flamme. Wenn du die Einstellschraube für die Luftzufuhr öffnest, wird die Flamme blau und beginnt zu rauschen. Sie kann bis zu 1200 °C heiß werden.

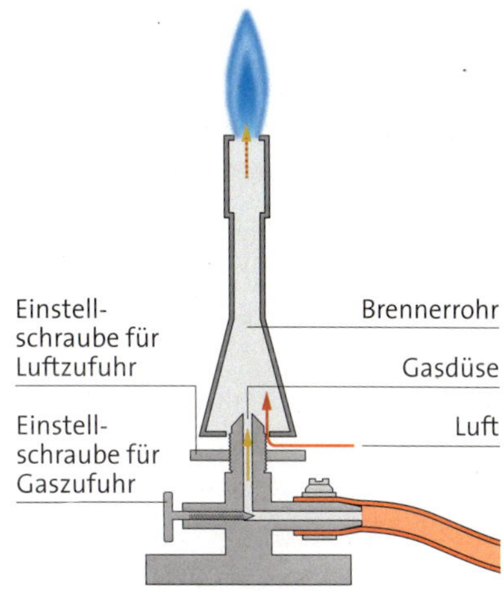

07 Schnittzeichnung eines Teclu-Brenners

Europäische Symbole	Bedeutung	Neue GHS-Symbole
	Explosionsgefährlich	
 F, F+	Leichtentzündlich F, Hochentzündlich F+	
	Brandfördernd	
	Ätzend	
 T, T+	Giftig T, Sehr giftig T+	
	Gesundheitsschädlich	
	Reizend	
	Umweltgefährlich	

06 Gefahrensymbole

METHODE

Basiskonzepte schaffen Ordnung
Naturwissenschaftler brauchen Übersicht und Ordnung, um ihre Erkenntnisse leichter anwenden, vertiefen und erweitern zu können.

Die Naturwissenschaften sind in Fachgebiete wie Chemie, Physik oder Biologie gegliedert. Die Physik ist ihrerseits in unterschiedliche Teilgebiete unterteilt, von denen du einige in diesem Buch kennengelernt hast: die Lehre vom Licht, vom Schall und von der Elektrizität. Es gibt jedoch weitere Möglichkeiten, naturwissenschaftliche Inhalte zu ordnen.

In einem Bücherregal kannst du die Bücher entweder nach Autoren sortieren oder indem du Fantasyromane zu Fantasy, Kriminalromane zu den Krimis oder Gedichtbände zu Gedichten legst. In den Naturwissenschaften ordnet man neben der Einteilung in Fachgebiete auch nach wiederkehrenden Grundideen. So kann man die physikalischen Inhalte aus diesem Buch mithilfe von vier Grundideen, auch **Basiskonzepte** genannt, ordnen (▸ Bild 01):

- Das Konzept der **Energie:** Sowohl der Schall als auch das Licht übertragen Energie. Auch der elektrische Strom überträgt Energie. Alle Vorgänge in Natur und Technik kannst du in Energieumwandlungsketten darstellen.
- Das Konzept der **Struktur der Materie:** Mithilfe des Teilchenmodells kannst du die verschiedenen Aggregatzustände erklären. Auch andere Eigenschaften von Stoffen wie ihre Ausdehnung beim Erwärmen lassen sich damit verstehen.
- Das Konzept der **Wechselwirkung:** Ein Magnet zieht ein Stück Eisen an. Gleichzeitig zieht aber auch das Eisenstück den Magneten an. Wenn Körper einander gegenseitig beeinflussen, dann spricht man von einer Wechselwirkung.
- Das Konzept des **Systems:** Sonne, Mond und Erde sind ein Beispiel für ein System. Innerhalb dieses Systems kannst du Sonnen- und Mondfinsternisse erklären.

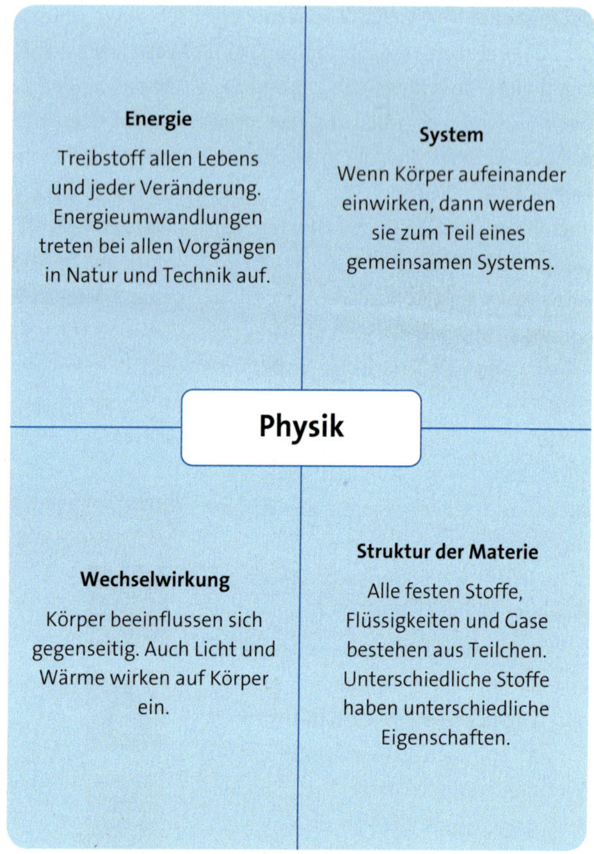

01 Die Basiskonzepte der Physik

Die vier Basiskonzepte helfen, Zusammenhänge und Ähnlichkeiten zwischen den einzelnen Teilgebieten zu erkennen. Sie ermöglichen außerdem unterschiedliche Blickwinkel auf ein bestimmtes Phänomen. Dadurch werden bei der Betrachtung des Phänomens je nach Sichtweise unterschiedliche Schwerpunkte gesetzt. Das siehst du am Beispiel der Fahrradbeleuchtung auf der nächsten Seite.

Die Basiskonzepte helfen außerdem, Verbindungen zu anderen Naturwissenschaften zu sehen. So spielt zum Beispiel der Begriff Energie auch in der Chemie und der Biologie eine Rolle: Pflanzen erhalten ihre Energie mit der Strahlung der Sonne (Physik) und bauen damit Zucker auf (Chemie), um leben und wachsen zu können (Biologie).

Wir betrachten die vier Basiskonzepte am Beispiel der Fahrradbeleuchtung

System

- Jeder Stromkreis ist ein System.
- Der Stromkreis der Fahrradbeleuchtung besteht aus dem Dynamo, elektrischen Kabeln und Lämpchen.
  Bei älteren Fahrrädern gehört der Rahmen auch dazu.
- Die Fahrradbeleuchtung ist ein Teil eines größeren Systems, das aus Fahrer und Fahrrad besteht.

Struktur der Materie

- Die Kupferdrähte in den Kabeln sind gute elektrische Leiter. Die Isolierung muss aus nichtleitenden Stoffen bestehen.
- Im Gegensatz zum Kupferdraht wird die Glühwendel im Lämpchen heiß, weil sie viel dünner ist und aus einem anderen Material besteht.

Energie

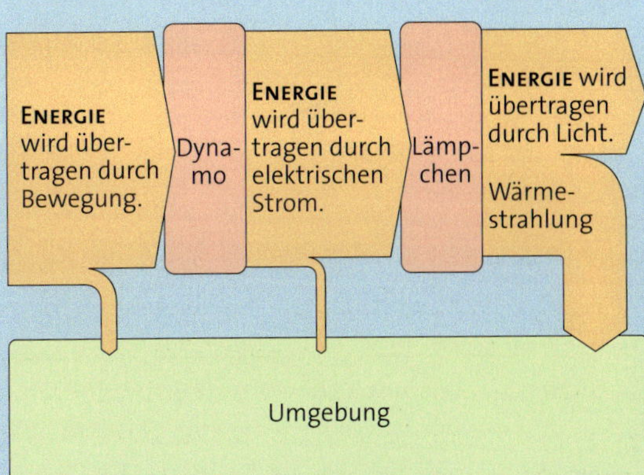

- Das Fahrrad wird durch das Anbringen des Dynamos abgebremst. Ein Teil der Energie, die in der Bewegung steckt, wird an den Dynamo abgegeben.
- Der Dynamo wandelt die Energie der Bewegung in elektrische Energie um. Durch den elektrischen Strom wird die Energie zum Lämpchen übertragen. Dort wird sie in Form von Licht und Wärmestrahlung abgegeben.

Wechselwirkung

- Durch die Wärmewirkung des elektrischen Stroms wird der Draht in einem Lämpchen so heiß, dass er Licht abstrahlt.
- Das Rad dreht das Rädchen am Dynamo, der Dynamo bremst das Rad.

1 Betrachte die Vorgänge beim Kochen von Reis aus der Sicht der vier Basiskonzepte. Gehe vor wie beim Beispiel der Fahrradbeleuchtung.

Physikalische Größen

Größe	Symbol	Einheit	Gleichung
Beschleunigung	a	$1\,\frac{m}{s^2}$	$a = \frac{\Delta v}{\Delta t}$ $\Delta v = a \cdot \Delta t$
Dichte	ρ	$1\,\frac{g}{cm^3} = 1000\,\frac{kg}{m^3}$	$\rho = \frac{m}{V}$
Energie	E	1 J 1 kWh = 3,6 MJ	$\Delta E = F \cdot \Delta s$
Frequenz	f	$1\,Hz = 1\,\frac{1}{s}$	$f = \frac{n}{t}$
Geschwindigkeit	v	$1\,\frac{m}{s}$	$v = \frac{s}{t}$ $v = \frac{\Delta s}{\Delta t}$
Länge, Strecke	l, s	1 m	
Leistung	P	$1\,\frac{J}{s} = 1\,W$	$P = \frac{\Delta E}{\Delta t}$
Masse	m	1 kg	$m = \rho \cdot V$
Temperatur	ϑ, T	1 °C, 1 K	0 °C ≙ 273 K
Volumen	V	$1\,m^3$ $1\,\ell = 1000\,cm^3$	
Wirkungsgrad	η		$\eta = \frac{\Delta E_{nutz}}{\Delta E_{zugeführt}} = \frac{P_{nutz}}{P_{zugeführt}}$
Zeit	t	1 s	

Vorsilben für dezimale Vielfache und Teile von Einheiten

Vorsilbe	Deka (da)	Hekto (h)	Kilo (k)	Mega (M)	Giga (G)
Zahlenwert	10	100	1000	1 000 000	1 000 000 000
Potenz	10^1	10^2	10^3	10^6	10^9

Vorsilbe	Dezi (d)	Zenti (c)	Milli (m)	Mikro (µ)	Nano (n)
Zahlenwert	0,1	0,01	0,001	0,000 001	0,000 000 001
Potenz	10^{-1}	10^{-2}	10^{-3}	10^{-6}	10^{-9}

Dichte von Festkörpern, Flüssigkeiten und Gasen

Feste Körper	$\frac{g}{cm^3}$	Flüssigkeiten	$\frac{g}{cm^3}$	Gase	$\frac{g}{cm^3}$
Aluminium	2,70	Benzol	0,8790	Ammoniak	0,0007710
Blei	11,34	Diethylether	0,7160	Chlor	0,0032100
Eisen	7,86	Ethanol	0,7910	Helium	0,0001780
Jenaer Glas	2,50	Glycerin	1,2600	Kohlenstoffdioxid	0,0019800
Gold	19,30	Petroleum	0,8500	Luft	0,0012930
Kupfer	8,93	Quecksilber	13,5500	Sauerstoff	0,0014300
Platin	21,40	Wasser	0,9986	Stickstoff	0,0012500
Silber	10,51	Spiritus (95 %)	0,812	Wasserdampf (100 °C)	0,0006000
Wolfram	19,30	Pflanzenöl	0,920	Wasserstoff	0,0000899
Zink	7,14				

Flüssigkeiten: 18 °C; Gase: 0 °C und 1013 hPa

Heizwert (Endprodukte gasförmig bei Normaldruck auf 20 °C abgekühlt)

Stoff	$\frac{MJ}{kg}$	Stoff	$\frac{MJ}{kg}$	Stoff	$\frac{MJ}{kg}$
Anthrazit	32,3	Benzin	44 bis 53	Acetylen	48,2
Braunkohle (roh)	7,6 bis 11,6	Brennspiritus	40	Erdgas	38,2
Holz frisch/trocken	10,0/15,5	Dieselkraftstoff	41 bis 44	Kohlenstoffmonoxid	10,1
Hüttenkoks	29,0	Erdöl	42 bis 48	Methan	50,0
Torf (trocken)	15,5	Ethanol	27	Propan	46,5
Trockenspiritus	19,0	Heizöl	43	Steinkohlegas	36,0
Steinkohle	32,5	Methanol	20	Wasserstoff	120,0

Schallgeschwindigkeit

in Gasen (bei 0 °C)		in Flüssigkeiten (bei 16 °C)		in Feststoffen (bei 18 °C)	
Kohlenstoffdioxid	260 $\frac{m}{s}$	Benzin	1130 $\frac{m}{s}$	Eis (bei 0 °C)	3250 $\frac{m}{s}$
Sauerstoff	315 $\frac{m}{s}$	Petroleum	1330 $\frac{m}{s}$	Eichenholz	3400 $\frac{m}{s}$
Luft	331 $\frac{m}{s}$	Wasser (rein)	1468 $\frac{m}{s}$	Beton	4000 $\frac{m}{s}$
Wasserstoff	1270 $\frac{m}{s}$	Glycerin	1900 $\frac{m}{s}$	Eisen (Stahl)	5170 $\frac{m}{s}$

A

B

C

D

E

BILDQUELLENVERZEICHNIS

Titelbild: SCIENCE PHOTO LIBRARY/GUSTOIMAGES/SPL – akg-images: 9.6, 28.1, Fototeca Gilardi: 9.5, UIG/PHAS: 155 B – Astrocom, Martinsried: 85.3 – Bislin, C., Sargans, Schweiz: 130.1 – Buric, Ralf: 139.A2 – Carl Zeiss, Jena: 105.7 – Clip Dealer/ Ervin Monn: 54.3 – Cornelsen Experimenta GmbH, Berlin: 138.1 C, 200.2 – Cornelsen Verlag GmbH: 20.1, 106.2, 206.1 – Cornelsen/Markus Gaa, Heidelberg: 7.4 (3), 14.1, 19.4, 19.5, 23.2, 24.1, 24.2, 24.3, 24.4, 35.2 (3), 36.1, 40.2, 40.3, 42.3 (3), 44 (3), 45 (3), 48 (03), 49.4, 53.5, 53.6, 55.2, 57.3, 69.3, 69.4 (3), 82 (3), 86.1 l., 86.2, 86.3, 87.5, 88.3 (2), 89.5, 90.2, 92.2, 92.3, 92.4, 102.1, 110.1, 111.5 A, 111.5 B, 112.1, 121.4, 126.2, 129.V1, 133.6 (4), 136.1, 141.3, 187 o., 200.1, 204.2, 208.1, 255 o.l. – Cornelsen/Michael J. Fabian, Hannover: 73.3, 135.4 A, 135.4 B, 193.A, 193.B, 202.2 A, 202.2 B, 203.5 (4), 210.3 (2), 210.4 (2), 218.1 A, 220.2, 221.4, 223.5, 223.6, 224.1, 226.3, 227.7, 228.2, 228.3 (3), 228.4, 236.1 u., 239.V1, 241.BP, 157.3 (5) – Cornelsen/Oliver Meibert, Berlin: 12.1, 12.2, 12.3, 22.1, 39.4, 110.2, 117 u., 124.1, 124.3, 125.4, 156.2, 194.1 (2), 194.2, 196.1, 240.1 (4) – Döring, Volker, Hohen Neuendorf: 98.V2, 108.3, 153.4, 169.4 – dpa Picture-Alliance/ZUMA Press/ZUMAPRESS.com: 121.5 – Evonik In¬dustries, Essen: 6 r.o. – FLIR Systems Wilsonville/USA: 108.2 – GAP artwork cologne: 50.2 – GlowImages: 131.2 A – Hagedorn, Andreas, Braunschweig: 138.1 B – Imago Stock & People GmbH/Leemage: 205.5, Panthermedia/raingod: 145.4 A, Seeliger – Jugendwerkstatt Bauhof, Berlin/Susanne Hanke: 84.1 – Kasper, Dr. Lutz, Freiburg: 144.2 (3), 154.2 (2) – Leybold Didactic GmbH, Hürth: 58.3 – Mahler, Fotograf, Berlin: 113.4, 147.4, 151.A1 – mauri¬tius images/Alamy: 141.4, 146.3, 166.1 M., 176.2, 230.1, alamy stock photo/CHP Newswire/CHP Newswire: 156.1, CJM Photography: 180.1 r.o., The History Collection: 8.2, MediaWorldImages: 126.1 A, Andrea Leiber: 136.2, Andrea Marka: 153.5, Bridge: 144.1, imageBroker/Guenter Fischer: 168.2, Ina Peters/Westend61: 3 l., 17.1, Nikky: 166.1 r., P. Widmann: 165.2, Photo Researchers: 29.5, Rene Meyer: 249.4, Science Source: 88.1, SELF: 131.3, Superstock: 99.1 F, World History Archive/United Archives/United Archives /World History Archive: 31.4 – Miniatur Wunderland Hamburg GmbH: 220.1 – NASA: 27.7, 174.2 – Danilo Pivato: 29.3 – Nekes, Werner, Mülheim: 85.4 – NTL Austria: 202.1 – panthermedia/Ivan Montero: 166.1 l., Wilfried Martin: 101.6 A, 101.6 B – Parth, Thomas, Halstenbeck: 177.3 A, 177.3 B – picture-alliance/Andreas Frank: 114.1, APA/Hans Klaus Techt/picturedesk.com: 18.1, Arco Images GmbH: 27.4, dpa: 108.4, 109.5, dpa/Arne Dedert: 6 l.o., dpa/Gladys Chai von der Laage: 75 l., dpa/Gladys Chai von der Laage: 134.1 A, dpa/ Jussi Nukari: 56.1, Helga Lade Fotoagentur: 60.2, Sven Simon: 11 u., ZB: 52.1, 140.2, ZB/Peer Grimm: 216.1 – Rager, Bruno, Esslingen: 59.V1 – Rübbelke, Antonius, Düsseldorf: 192.1 – Ruhmke, Dieter: 101.4, 101.5 – sciencephotolibrary/NOAA PMEL Vents Program: 137.4, POWER AND SYRED: 132.3, Walker, M.I.: 132.1 – Schott AG, Mainz: 81.1 – Shutterstock/Alexander Mak: 131.2 A, A. and I. Kruk: 4 r., 163.1, Africa Studio: 94.1, 165.4, alekso94: 134.3, Alexey Kabanov: 227.8, Allexxandar: 30.1, Allyson Kitts: 217.6 r., Andrew Zarivny: 184.1, Andrey_Popov: 164.1 u.r., antoniodiaz: 52.2, Bocman1973: 38.1, bogdan ionescu: 106.1, Bryan Neuswanger: 148.1, busik: 99.1 C, Can Balcioglu: 149.3 r., canbedone: 172.1, CapturePB: 226.1, Daisy Daisy: 60.1, David Crockett: 5 r., 235.1, David Dea: 158.1, Dejan Dundjerski: 40.1, Delpixel: 26.2, demarcomedia: 5 l., 191.1, 255 o.r., Devenorr: 224.3, Direk Yiamsaensuk: 64.1 B, EpicStockMedia: 48.1 A, Ernest Vursta: 198 l., EstrellaBuena: 209.5, 209.7, fizkes: 53.3, frameft: 114.3, francesco de marco: 64.1 A, GagliardiPhotography: 70.2, Galyna Andrushko: 48.1 B, gornostay: 64.1 C, Grisha Bruev: 112.2, HQ3DMOD: 209.6, hyotographics: 176.1, Igor Zh: 11 o., IgorNP: 149.3 M., Ivan Smuk: 180.1 u.r., Jerry Lin: 145.4 B, John D Sirlin: 66.2, Joseph Sohm: 127.6, Juan R. Velasco: 248.1, Kit Honum: 26.1 (Mond), 183 A, knipsdesign: 36.2, KOKALA VIEW: 63 V2, Lapina: 53.7, Lightspring: 143 A2, Luca Arsinel: 205.4, Lukas Gojda: 143.3, manfredxy: 100.3, masik0553: 165.3, Michael O'Reilly: 32.3, mitifoto: 211.8, Monkey Business Images: 164. o.r., Mr Twister: 39.5, muratart: 236.1, NATALIA61: 132.2, Naypong Studio: 131.4 A, NDT: 152.2, Nightman1965: 214.1, nikkytok: 137.3, nuttawut meepralan: 32.1, pefostudio5: 217.6 l., Petar An: 228.1, PHILIPIMAGE: 208.2 o., Pikoso.kz: 120.1, Poggensee: 139 A1, PRILL: 169.5 r., Rasulov: 152.1, Reika: 150.1, Reystleen: 104.3, ribeiroantonio: 211.7, robbin lee: 26.1 (Luftballon), Sergey Novikov: 66.1, Sirius3001: 174.1, SJ Travel Photo and Video: 255 u.r., solarseven: 67.5, StockLynx: 158.4, Stockshakir: 226.2, Stocksnapper: 154.3 A, TheHighestQualityImages: 101.7, THEJAB: 33.4, TijanaM: 164.1 o.l., Tom Wildoner: 21.4, VikaRayu: 193.4, Vivid Cafe: 230.2, vlabo: 230.4, Voyagerix: 42.2, vulcano: 168.1, watandaon: 227.9, Wellford Tiller: 104.1, William Perugini: 180.1 l., yuyangc: 90.1, Yzoa: 72.1, zamuruev: 126.1 B, Zastolskiy Victor: 97.4, Zoom Team: 4 l., 119.1 – stock.adobe.com/Amir Kaljikovic: 10.1, Anna: 99.1 G, ArTo: 164. u.l., Brianne Passano/Brie Photography: 193.3, Dan Race: 86.1 r., Distraction Arts: 54.4, DutchScenery: 154.1, Edler von Rabenstein: 149.3 u., Feldberger: 159.6, fl0ri0604: 134.1, Ingo Bartussek: 109.7, Jörg Lantelme: 34.1, Jose Ignacio Soto: 19.3, Mallivan: 154.1 u., Mechanik: 9.7, micro_photo: 103.4, Oliver Krüger: 8.1, Phototom: 76.1, Ralf Geithe: 208.2 u., Rosi Art: 54.1, Sandro Götze: 9.4, ThKatz: 89.4 – SunWatch/AstroMedia, Neustadt i. Holst.: 138.1 D – TopicMedia/Jochen Tack: 173.5 – Used with permission of Tyco Fire Protection Products: 143.A1 (4) – Volkswagen AG, Wolfsburg: 7.5 M., 134.1 B – Wienbruch, Ursula, Aach: 76.2 – www.coulorbox.de/Andreas Berheide: 133.7, Frank Gaertner – www.franky242.net: 140.1 – xrphoto: 138.1 A